역사천문학 시리즈 1

시헌력의 시작

숭정역서에 기술된 태양의 운동

강민정·김석주·서원모·이면우·최승언 공저

교육과학사

전통시대 동아시아문명이 공유한 역법(曆法) 체계는 현대 천문학의 모태가 된 서양 천문학과 완전히 다른 길을 걸어 기원 이전부터 17세기 중반까지 유구한 역사를 개척해 왔다. 원(元)의 수시력(授時曆, 1281)을 이은 명(明)의 대통력(大統曆, 1384)이 청(淸)의 시헌력(時憲曆, 1645)으로 대체된 것이 그 마지막이었다. 동아시아의 역법은 역원(曆元), 세실(歲實, 1회귀년의 일수) 등의 기본 천문 상수, 호시할원(弧矢割圓), 평립정삼차(平立定三差) 등의 수학적 방법, 일전(日躔), 월리(月離), 교식(交食), 중성(中星) 등의 계산 절차, 영축입성(盈縮立成), 황적도율입성(黃赤道率立成) 등 간편한 계산을 위한 수치계산표로 구성되었다. 동아시아 역법사에서 70여 종의 역법이 새로 반포되고 폐기되기를 반복한 것은 새로운 왕조의 건국이라는 과학 외적인 원인을 제외하면 관측 기술과 수학의 발달에 따라 발전을 거듭한 것이었다.

우수한 수학적 방법과 계산 절차의 수립으로 천문현상을 정확히 예측하던 수시력과 대통력도 고정된 천문 상수로 수백 년 이상 그 정확성을 유지할 수는 없었다. 춘분점과 근일점의 이동 등 천상 자체의 변화가 300년 이상 누적되었기 때문이다. 대통력을 대체할 새로운 역법의 필요성이 대두되던 중에 새로운 체계의 서양역법이 소개되어 동아시아 전통역법의 양식 속에 내용을 채운 것이 청의 시헌력이다. 시헌력은 동아시아 천문역법 내적으로 충만해진 변화 발전의 동력에 16세기 중반 이후 발달한 서유럽 천문학의 결실이 유입되어 동서양의 천문역법이 융합된 결정체였다.

이 책은 그 융합의 첫 단추를 끼웠다고 할 만한 《숭정역서(崇禎曆書)》(1631~1634)의 태양 이론편 〈일전역지(日躔曆指)〉와 그 계산절차 및 계산수치표가 종합된 〈일전표(日躔表)〉의 내용을 정리하고 분석한 것이다. 〈일전역지〉와 〈일전표〉에 들어있는 내용은 대부분 16세기 후반부터 17세기 전반까지 서유럽의 티코 브라헤(Tycho Brahe, 1546~1601)와 마기니(Giovanni Antonio Magini, 1555~1617), 메티우스(Adriaan Metius, 1571~1635) 등의 책에서 동일한 내용을 발견할 수 있다. 그러면서도 시대에 따라 변화와 발전을 거듭해 온 동아시아 전통역법의 흐름의 연장선 위에 이 새로운 역법을 추가하는 것으로 상호 관계를 설정하기 위한 노력이 곳곳에 담겨 있다.

우리가 이 연구의 첫 걸음을 뗀 것은 2019년 8월 전북대에서 개최된 동아시아과학사

국제학술대회(ICHSEA 2019)에서 '종교와 과학'이라는 주제로 발표한 것이 계기가 되었다. 16세기 후반 이후 중국에 들어온 선교사들이 천주교 선교의 수단으로 서양의 과학기술을 앞세웠는데 《숭정역서》도 그러한 맥락에서 나온 책이기 때문이다. 《숭정역서》는 명말(明末)에 역법의 개정을 주창한 서광계(徐光啟, 1562~1633)의 기획과 총괄에 의해 편찬되었지만, 그 내용은 대부분 천문학에 밝은 서양인 예수회 신부들이 서양의 천문학 자료들을 이용하여 생산한 것이다.

〈일전역지〉와 〈일전표〉의 주 저자는 이탈리아 선교사 로(Giacomo Rho, 羅雅谷, 1593~1638)이다. 그는 밀라노의 법학가 집안에서 태어나 1614년에 예수회에 들어갔으며, 로마 린체이 학술원(The Academy of Lincei) 회원을 지냈는데, 수학에 특히 뛰어났다고 한다. 린체이 학술원은 1603년에 설립된 기구로, 갈릴레오(Galileo Galilei, 伽利略, 1564~1642)를 비롯하여 《숭정역서》 편찬에 참여한 아담 샬(J. Adam Schall von Bell, 湯若望, 1591~1666), 테렌츠(Joannes Terrenz, 鄧玉函, 1576~1630) 등도 초기 회원이었다. 그는 1617년 로마의 벨라르미노(Roberto Bellarmino) 추기경에게서 사제로 서품을 받은 후에 44명의 동료와 함께 동아시아 지역에 파견되었다. 처음에는 고아(Goa 인도 서해안의 봄베이 남쪽에 있는 옛 포르투갈 영토)에서 신학을 공부하고, 이후 마카오(Macao, 澳門)에서 대기하다가 1622년 네덜란드 군대가 마카오를 포위 공격하자 거주민들에게 대포 사용법을 가르쳐주고 포위가 풀리도록 하였다. 1624년 바뇨니(Alfonso Vagnone, 高一志, 1566~1640)를 따라 중국으로 들어가 산서성에서 중국의 언어와 문화를 익혔다. 1631년 북경의 역국(曆局)으로 소환되어 《숭정역서》 편찬에 참여하였다. 그는 프톨레마이오스(Ptolemaios), 티코 브라헤, 갈릴레오 시대의 많은 천문 관측 기구와 코페르니쿠스(Copernicus)의 《천체의 회전에 관하여 *De Revolutionibus Orbium Coelestium*》 등 많은 천문학 서적을 중국에 가지고 왔으며, 〈일전역지〉와 〈일전표〉 외에도 〈일전증(日躔增)〉, 〈측량전의(測量全義)〉, 〈오위표(五緯表)〉, 〈오위역지(五緯曆指)〉, 〈월리역지(月離曆指)〉, 〈월리표(月離表)〉, 〈황적정구(黃赤正球)〉, 〈주산(籌算)〉, 〈비례규해(比例規解)〉, 〈역인(曆引)〉(이상은 《숭정역서》의 일부로 간행됨), 〈일전고(日躔考)〉, 〈주야각분(晝夜刻分)〉, 〈오위총론(五緯總論)〉, 〈오성도(五星圖)〉, 〈수목토이백항년표(水木土二百恒年表)〉, 〈주세시각표(周歲時刻表)〉, 〈오위용칙(五緯用則)〉, 〈야중측시(夜中測時)〉, 〈주세경언(周歲警言)〉 등 천문학, 수학, 역법, 신학 방면에서 한문으로 쓴 많은 저서를 남겼다.

우리 연구의 첫걸음을 뗀 주제가 '종교와 과학'이요, 중심 소재가 한문 역법서 〈일전역지〉와 〈일전표〉였음으로 인해 우리의 연구에는 천문학, 신학, 한문번역 전공자가 참여하게 되었다. 여러 분과 학문의 융합 연구를 시도해 본 사람이라면 이것이 그리 녹녹한 일이 아님을 잘 알 것이다. 인적 네트워크 형성을 위한 사교 모임을 넘어 공동의 결과물을 창출하기 위한 다학제적 융합 연구인 경우에 그러하다. 구성원 모두가 역량을 발휘하여 연구에 기여하고, 그것이 다른 구성원의 연구에 실질적인 도움이 되고, 서로 배려하고 존중받는 관계를 지속적으로 유지하면서도, 목표한 공동의 성과물을 큰 차질 없이 생산해 내는 것이 이상적인 협업이지만, 실제로 진행하다 보면 어디선가 불균형이 발생하기 시작하고 결국은 융합이라는 말이 무색해지는 경우가 태반이다. 우리 연구 모임은 적어도 아직까지는 융합 연구의 시너지 효과를 톡톡히 보고 있고, 그 첫 결실로 이 책을 출간하게 되었다.

〈일전역지〉(현존하는 《숭정역서》의 〈일전역지〉는 각각 진상된 〈일전역지〉와 〈일전증〉을 최종적으로 합쳐 하나로 편찬한 것임)와 〈일전표〉는 16세기와 17세기에 발달된 서유럽 천문학의 태양운동 이론과 방법을 한문으로 기록하여 중국에 소개한 최초의 천문서적이다. 1631년 처음 편찬된 이후 여러 차례 개정되었는데, 우리는 판나이 휘집본(潘鼐彙集本; 프랑스 국립도서관본; 《숭정역서》 초기본)과 규장각본(《숭정역서》 후기본), 그리고 사고전서본(《신법산서》)의 내용을 빠짐없이 검토하였다. 검토 결과는 원문의 문장을 그대로 번역하여 서술문 형태로 옮기기보다, 내용의 갈래와 층차를 구분하고 항목을 잡아 조진(條陳)하는 방법으로 제시하였다. 이 두 문헌은 문장미의 발휘를 목적으로 하기보다 과학 내용의 전달을 목적으로 한 책이라는 점이 첫째 이유이고, 그 내용 중 상당 부분을 차지하는 수식(數式)과 도해(圖解)를 문장으로 옮기게 되면 가독성이 현저히 떨어진다는 것이 둘째 이유이다. 그렇지만 원문의 내용을 생략 없이 충분히 전달하려고 노력하였다.

또 이 두 문헌이 저술되던 때는 서양 천문학 용어에 대한 한문 대역어(對譯語)가 아직 확정되기 전이었다. 이 때문에 우리가 검토한 세 판본에서 동일한 용어가 서로 다른 의미로 사용되기도 하고, 동일한 의미가 서로 다른 용어로 표현되기도 하며, 하나의 판본 안에서도 그와 같은 문제가 드러나 있기도 하다. 서양 천문학 용어에 대한 한문 대역어의 형성 과정도 연구할 만한 주제이기에, 우리는 천문학 용어들에 대해 현대 천문학 용어로 옮기는 데 그치지 않고 한문 원문의 표현도 함께 밝혀주었다. 이를 통해 중국에 처음 소개된 서양 천문학의 내용과, 다른 한편 서양 천문학이 중국에 처음 소개될 때 어떤 형식을 취했는지 알 수 있을 것이다.

우리는 〈일전역지〉와 〈일전표〉가 참조한 서양저본을 규명하려고 노력하였다. 로가 이 두 책을 저술할 때 직접적으로 참고한 서유럽의 천문학 서적이 무엇이었는지 문헌 대조를 통해 확인해 보았는데, 소득이 적지 않았다. 태양운행 이론을 다룬 〈일전역지〉는 내용의 구성과 순서를, 태양운행 계산표들을 실은 〈일전표〉는 계산표의 형식과 수치를 비교의 준거로 삼았다. 라틴어 서적의 해독은 신학 전공자들이 연구에 참여하기에 가능한 일이었다. 이를 통해 이 시기에 이루어진 동서 과학문명 교류의 구체적인 양태를 더욱 상세하게 알 수 있을 것이다. 다만 저본 규명 작업은 〈일전역지〉와 〈일전표〉의 핵심적인 내용에 초점을 두었으며, 세부적인 내용의 의존 관계는 추후 연구 과제로 미루어 두었다.

우리는 또 이 책에서 〈일전역지〉와 〈일전표〉에 제시된 태양운동 이론과 수치들을 현대천문학적 관점에서 해석하고 평가하고자 노력하였다. 〈일전역지〉와 〈일전표〉는 태양운동과 관련한 계산법을 다룰 때 구체적인 예시를 들어 설명하는 경우가 많은데, 우리는 이를 현대적인 수식으로 바꾸어 표현함으로써 일반해법을 도출하여 현대 천문학의 방법과 비교하였다. 또 〈일전표〉의 수치표가 어떻게 계산되어 나온 것인지를 추적하여 계산 공식을 알아내고, 엑셀의 계산 도구를 이용하여 모든 수치를 다시 계산해 내어 어디에서 얼마만한 오차가 발생하였는지를 살펴보았다. 그 결과 판나이 휘집본, 규장각본, 《신법산서》에서 조금씩 달라지는 수치들에 대해 평가할 수 있었다. 이는 전적으로 천문학 전공자가 연구에 참여하기에 가능한 일이었다.

마지막으로 우리는 이 책에서 동서 문헌 비교와 계산 흐름, 그리고 천문학적 내용 이해에 근거하여 원문의 오류를 바로잡고자 노력하였다. 〈일전역지〉와 〈일전표〉가 16세기와 17세기 서유럽 천문학의 태양운동 이론과 방법을 중국에 소개한 최초의 한문 천문 서적인 만큼 그 커다란 의의는 재론의 여지가 없지만, 다른 한편으로는 저자 로가 중국의 전통천문학과 문화에 대한 이해가 깊지 않아 발생한 오류가 곳곳에 숨어 있다. 서유럽 천문학 서적에서 옮겨오는 과정에서 오류가 발생하기도 하였다. 우리의 연구성과를 바탕으로 원문의 오류를 많은 부분 바로잡을 수 있었다. 우리는 쉬원리(石雲里), 추롱페이(褚龍飛)가 최근(2017년)에 발간한 《숭정역서합교(崇禎曆書合校)》의 연구성과도 반영하였다. 이 합교본(合校本)은 판나이 휘집본 위에 세계 각지에 흩어져 있는 《숭정역서》 판본들을 수집하여 성실히 이본(異本) 대조를 수행한 결과물인데, 대체로 이문(異文)의 대조에 그치고 있다. 우리는 이 책에서 한 발 더 나아가 많은 경우에 시비 판정의 근거를 제공하고 있다.

명말에 편찬된 《숭정역서》(1631년 제1차 진상~1634년 제5차 진상)는 청초에 《서양신법역서》(1644년 진상)로 이름을 바꾸어 시헌력(1645)으로 사용되었으나, 내부에 많은 모순점이 있었다. 그 모순점들을 해소하기 위해 청나라의 학자들이 노력한 끝에 70여 년 뒤에 《역상고성(曆象考成)》(1721)이 편찬되었다. 우리는 이번 연구에 이어 추후 《역상고성》 상편 제4권 〈일전역리(日躔曆理)〉의 태양운동 내용을 정리하고 분석한 연구서를 펴낼 것이다. 본서에서 충분히 논의하지 못한 내용은 그 기회에 함께 다루고자 한다.

본서는 과학사 연구자뿐만 아니라 일반 대중도 16세기와 17세기의 서유럽 천문학이 동아시아 전통천문학적 환경 속으로 들어왔을 때 어떻게 동서 천문학의 만남과 교차가 이루어졌는지를 이해할 수 있도록 돕고자 한다. 이 책에서 다루고 있는 천문학적 내용의 이해를 위해 필요한 고전천문학의 기본 지식을 부록에 실어 두었다.

이 책이 나오는 데에는 안양대 곽문석 HK교수의 협조가 큰 도움이 되었다. 자료의 발굴과 검색에 탁월한 그는 우리가 필요한 자료를 문의할 때마다 거의 대부분 곧바로 찾아주었다. 그 덕분에 우리는 충분한 자료에 근거하여 연구를 진행할 수 있었다. 이 자리를 빌려 감사의 말씀을 드린다. 그리고 상업성이 그리 높지 않을 우리 책이 세상의 빛을 보게 된 것은 전적으로 교육과학사의 결단 덕분이다. 과학지식의 보급에 대한 사명감으로 과학서의 출간에 비용을 아끼지 않으시는 데 대해 진심으로 감사의 말씀을 드린다.

2020년 경자년 6월 저자들이 함께 서문을 쓴다.

차례

《숭정역서(崇禎曆書)》와 서광계(徐光啓)

1. 여는 글

이 글은 중국에서 최초로 서양역법의 방식을 도입하여 명말에 완성한 《숭정역서(崇禎曆書)》가 만들어지기까지의 역사적 배경의 일부를 소개한다. 《숭정역서》 이전의 중국에서는 중국 고유의 역법을 사용했었다. 그중 최고라 여겨지는 것은 원(元)의 곽수경(郭守敬, 1231～1316) 등이 관측하여 제작한 수시력(授時曆)이었다. 명나라 초기에는 이를 거의 그대로 받아들여 대통력(大統曆)이라고 명명하여 사용했었다. 그러나 명나라 말기에 이르러 월식이나 일식의 추보가 어긋나게 되자 새롭게 개력의 움직임이 있었다. 이때 마침 선교를 위해 들어온 예수회 선교사들을 통해 새롭게 서양 천문학의 지식을 도입하여 중국의 역법체계를 개편하자는 것이었다. 이러한 배경에서 서양 천문학을 도입하여 중국의 역법을 개편한 최초의 완성 작품이 바로 《숭정역서》이다.

명말에 완성된 《숭정역서》를 제1차(1631년 1월), 제2차(1631년 8월), 제3차(1632년 4월) 진상한 사람은 서광계(徐光啓, 1562～1633)였다. 서광계 사망 이후는 이천경(李天經, 1579～1659)이 제4차(1634년 7월), 제5차(1634년 12월) 진상하여 마침내 《숭정역서》가 137권으로 완성되었다. 그러나 이 역법은 바로 명나라에서 사용되지 못했다. 만주에서 새로 일어난 청의 연이은 침공이 있었기에 명의 국운은 끝나가고 있었기 때문이다. 1644년 청에 의해서 북경이 함락되었다. 이해 청은 아담 샬(J. Adam Schall von Bell, 湯若望, 1591～1666)에 의해 개편되었던 《숭정역서》의 내용을 대부분 받아들인 《서양신법역서(西洋新法曆書)》를 진상 받았다. 다음 해인 1645년(順治 2년)에 이를 시헌력(時憲曆)이라 명하여 공식 책력으로 채택했다.

《숭정역서》가 《서양신법역서》를 거쳐 시헌력으로 반포되면서 조선 중기에는 우리에게도 상당한 영향을 끼쳤다. 1636년(仁祖 14년) 병자호란 이후 우리는 청의 역법을 그대로 사용해야만 했다. 이후 시헌력의 계산법이나 원리 등을 이해하기 위해서 1645년(仁祖 23년)에 한흥일(韓興一, 1587～1651)이 시헌력 연구를 적극 건의했다. 같은 해 관상감 제조 김육(金堉, 1580～1658)이 개력에 동의했다. 그러나 복잡한 시헌력의 계산법을 이해하지 못하는 수준에서 1653년(효종 4년) 1월에 이르러 공식적으로 시헌력으로 개력을 선포했다(김슬기, 2016, 2017; 김형석, 1995; 남수선, 2009; 전용훈, 2002, 2004, 2017).

이후 시헌력의 완전한 이해에는 많은 노력을 경주해야만 했다. 더욱이 청에서는 《서양신법역서》를 1721년(康熙 60년)에 하국종(何國宗, ?～1767)과 매각성(梅瑴成, 1681～1764) 등에 의해 《역상고성(曆象考成)》이 편찬되면서 시헌력의 역원을 《숭정역서》의 1628년에서 《역상고성》의 1684년으로 변경했다. 또한 태양의 세차운동과 원지점 이동까지 반영하는 등의 크고 작은 변화가 있었다. 1742년(乾隆 7년)에는 케플러(J. Kepler, 1571～1630)의 타원궤도론과 카시니(J.D. Cassini, 1625～1712)의 관측치를 도입한 사실상의 새로운 역법인 《역상고성후편(曆象考成後編)》으로 획기적인 변화가 있었다. 이러한 역법 체계의 변화를 이해하려고 노력했던 것이 조선 후기의 역법도입의 역사가 된다(유경로, 1983).

사실 《숭정역서》는 여러 사람의 손에 의하여 완성되었다. 중국인 학자로는 서광계와 이천경뿐만 아니라 이지조(李之藻, 1565～1630) 등도 초기부터 관여했다. 사실상 서양천문학의 내용은 서양인 예수회 신부 겸 천문학자들이 다수 참여했다. 대표적인 인물은 롱고바르디(Nicolaus Longobardi, 龍華民, 1559～1654), 로(Giacomo Rho, 羅雅谷, 1593～1638), 테렌츠(Joannes Terrenz, 鄧玉函, 1576～1630), 아담샬 등을 들 수 있다. 실제로 《숭정역서》를 완성하는 과정에서는 주로 서양 천문학자들이 구술을 했고, 이를 중국학자들이 이해하고 서술하고 토론하는 과정을 통해서 완성되었다고 한다(최소자, 1987).

《숭정역서》는 서광계 한 사람만 관여한 것은 아니다. 그럼에도 불구하고 여기서 서광계를 논의하는 것은 [그림 1]의 자료를 보면 보다 분명해진다. 《숭정역서》의 개편 사업에 주도자였으며 가장 많은 노력을 경주한 사람이 바로 서광계였기 때문이다.

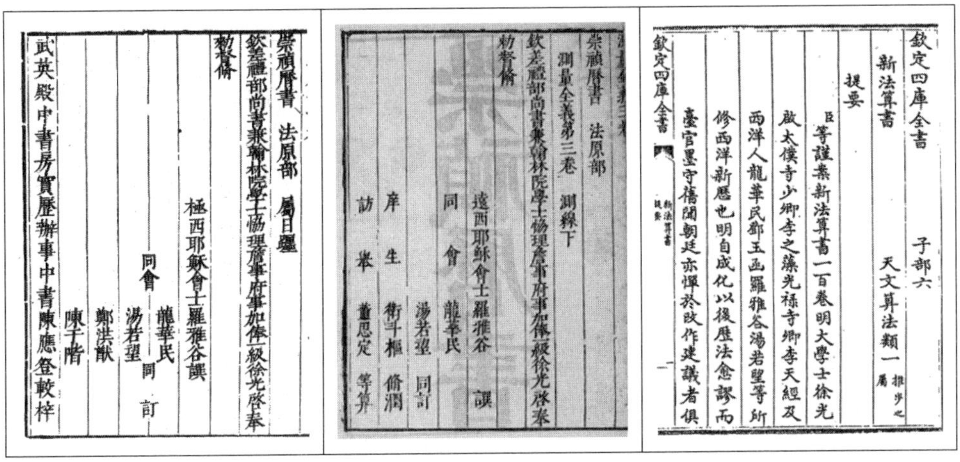
崇禎曆書 法原部 屬日躔
欽差禮部尚書兼翰林院學士協理詹事府事加俸一級徐光啓奉
勅督脩
極西耶穌會士羅雅谷譔
同會 龍華民 同訂
湯若望
鄭洪猷
陳于階
武英殿中書房實歷辦事中書陳應登較梓

崇禎曆書 法原部
測量全義第三卷 測線下
欽差禮部尚書兼翰林院學士協理詹事府事加俸一級徐光啓奉
勅督脩
遠西耶穌會士羅雅谷 譔
同會 龍華民
湯若望 同訂

欽定四庫全書 子部六
新法算書 天文算法類一 推步之屬
提要
臣等謹案新法算書一百卷明大學士徐光
啓太僕寺少卿李之藻光祿寺卿李天經及
西洋人龍華民鄧玉函羅雅谷湯若望等所
修西洋新歷也明自成化以後歷法愈謬而
臺官墨守舊聞朝廷亦憚於改作建議者俱

[그림 1] 왼쪽 : 《숭정역서》 중 〈일전역지(日躔曆指)〉 권1, 첫 페이지, 중간 : 《숭정역서》 중 〈측량전서(測量全書)〉 권3 안표지, 오른쪽 : 사고전서본 《신법산서(新法算書)》, 제요(提要), 첫 페이지

여기서는 먼저 국내외에서 《숭정역서》와 서광계에 대한 연구 현황을 간단히 조망한다. 사실상 많은 연구들이 이루어져 있지만, 이 글에서는 천문학 및 역법에 관계된 서광계 관련 연구만을 언급할 것이다. 아울러 일본과 중국에서 이루어진 서광계 관련 연구를 간단히 서술한다.

이어 《숭정역서》로의 개력 과정에 관한 역사적 맥락을 소개한다. 《숭정역서》는 최초로 중국식 서양역법이자, 처음 선보인 서양식 중국역법이다. 동서 문화 교류의 상징이 되는 역법이었다. 그렇기에 우리 연구에서는 최초로 《숭정역서》를 다루게 된 것이다.

다음으로는 중국에서 서양 천문학을 적극적으로 도입하여 사실상 《숭정역서》를 완성한 서광계에 대해서 서술한다. 그는 상소를 통해서 서양역법을 연구하고 개력 작업을 수행하는 "역국(曆局)"을 1629년에 설립했다. 여기서는 천문학과 역법에 관한 서광계의 업적만 다룬다. 천주교와의 관계, 기타 무기 기술이나 농학 지식 및 수학 등에 관해서는 다음 기회로 미루어 둔다.

이 글을 작성하는데 주된 참고가 된 것은 중국의 천문사학자 판나이(潘鼐)의 《崇禎曆書 : 附西洋新法曆書增刊十種》(2009, 上海古籍出版社)에 제시된 서(序)와 전언(前言)을 많이 참고했다. 《숭정역서》나 서광계와 관련되어서는 그의 연구 이상으로 진행된 것을 찾기 어려웠기 때문이다. 또한 《숭정역서》 편찬 전후의 역사적 배경이나 서광계에 대한 최신의 연구 성과를 소개하고 있어 많은 도움이 되었다.

2. 《숭정역서》와 서광계에 대한 연구 현황

우리나라에서 《숭정역서》에 대한 언급은 천문학의 역사를 연구하는 학자들에 의해 계속해서 언급되었다. 가장 앞선 언급은 유경로(1983)의 "조선조 후반기의 천문학"에 관한 간단한 글이다. 여기서는 조선에서 시헌력의 도입과 소화 과정을 간단하게 다루었다. 이후 강영심(2005), 구만옥(2012), 김슬기(2016, 2017), 전용훈(2002, 2004, 2017), 정성희(1995, 2001, 2005) 등에 의해서 조선에서 시헌력 도입에 대한 상세한 연구가 이루어졌다.

《숭정역서》와 서광계의 관계를 다룬 논문도 활발한 편은 아니지만 몇몇 연구물이 나왔다. 강미경(2019)은 수학적 관점에서 서광계의 생애와 사상을 다루었다. 여기서 서광계의 역법 관련 내용을 간단하게 언급했다. 최소자(1981)는 중국에서 17~18세기에 이루어진 한역 서학서에 대한 상세한 보고를 했다. 여기에서는 중국에 온 많은 선교사들의 업적과 이들이 중국이나 조선에 끼친 영향을 종합적으로 다루었지만, 《숭정역서》와 관련된 자세한 언급은 없다. 최소자(1987)는 서광계의 서학 수용 태도에 대한 상세한 연구를 진행했다. 이를 통해 서광계가 《숭정역서》를 편찬하게 된 과정을 비교적 상세하게 밝혀냈다. 또한 서광계는 종교와 학문의 균형점을 찾은 학자로, 먼저 종교를 받아들인 다음에 자연과학 분야의 학문을 적극적으로 도입한 사람으로 평가했다. 조창록(2012)은 서광계가 서양역법인 시헌력을 중국에 도입하는데 공헌한 인물로 조선의 서명응(徐命膺, 1716~1787)에 의해 높이 평가받았음을 보여주었다. 이어 조선에서 시헌력을 도입하기 위한 과정과 서광계가 편찬한 《기하원본(幾何原本)》 등의 가치 등에 대해서 언급했다.

《숭정역서》를 연구한 논문으로는 주핑이(祝平一, 2009), 박권수(2009)와 안상현(2010)의 연구가 있다. 주핑이(2009)는 규장각에 보관된 《숭정역서》가 명말에 완성된 판본이며, 현존하는 자료 중에 가장 풍부한 내용을 담고 있다고 주장했다. 박권수(2009)는 규장각 소장 명말청초의 역산서를 다루면서 《숭정역서》 편찬 과정에 대한 상세한 보고를 했다. 여기서는 서광계와 후임자에 의해 5차례에 걸쳐 진상한 《숭정역서》의 목록을 나열했으며, 현재 규장각에 소장하고 있는 《숭정역서》 서목도 작성하여 비교했다. 안상현(2010)은 외규장각에 있었던 천문학 도서 중에서 〈치력연기(治曆緣起)〉와 같은 《숭정역서》의 일부가 있었음을 밝혔다. 〈치력연기〉는 역법을 개정하기 위하여 서광계 등이 제출한 상소문을 시간 순서에 따라 정리한 것이었다.

이밖에 《숭정역서》나 서광계를 소재로 다룬 학위논문 중 참고할 만한 연구들의 일부를 소개하면 다음과 같다. 김형석(1995)은 명말의 서광계 연보와 천문역법 분야의 업적을 소개했다. 윤주영(1998)의 연구에 의하면, 중국에서 출판된 서학서 중 조선에 도입된 총 123종을 분석한 결과, 서양인 저자로는 마테오 리치(Matteo Ricci, 利瑪竇, 1552～1610)가, 중국인 저자로는 서광계가 가장 많았다고 한다. 한영정(2000)은 서양의 종교와 과학을 모두 수용한 중국의 대표적인 인물로는 서광계와 이지조를 들었는데. 이 중에서 서광계만이 종교를 먼저 수용한 후 과학을 수용한 인물로 평가했다. 신민철(2007)은 명말에 천문학 개인공부와 관련한 서광계의 해석과 《숭정역서》 편찬에 그가 기여한 바를 논증했다. 여기서 서광계는 점성술과 수리천문학을 엄연히 다른 별개의 학문으로 보았다. 그러므로 서광계는 역법 연구가 명나라 법률에서 금지하는 천문학 사습에 해당되지 않는다는 생각을 견지했다고 한다. 남수선(2009)은 명말에 이루어진 《숭정역서》가 일종의 문화번역으로 "편역(編譯)"에 해당한다고 평가했다.

우리나라에서도 서광계에 관한 단행본이 한글로 축약되어 선을 보였다. 최형섭(2010)은 중국인 학자 왕중민(王重民)이 1962년에 편집하고 교정하여 출판한 《서광계집》(상, 하)을 저본으로 삼아 극히 일부(9%)를 번역하여 『서광계 문집』으로 내놓았다. 그럼에도 불구하고 이 책은 우리나라에 서광계의 상세한 연보와 업적을 처음으로 체계 있게 소개하고 있다.

한편 일본이나 중국에서도 서광계나 《숭정역서》에 관한 연구가 상대적으로 활발하게 진행되고 있다. 특히 2007년은 서광계가 유클리드의 《기하원본》 번역을 한 400주년 기념이고, 2008년에는 상해에 천주교 성당 개교 400주년이 되면서, 서광계에 대한 일련의 기념 연구 활동이 이루어졌다(史習雋, 2012). 2010년에는 《서광계전집(徐光啓全集)》(朱維錚 · 李天綱, 2010)이 10권으로 보완 출판되었다. 이 책은 중국은 물론이고, 유럽뿐만 아니라 일본이나 한국에 흩어져 있는 전적을 모두 모아 보완한 것이었다.

서광계에 대한 중국이나 일본의 연구 경향은 다음 두 가지 방향으로 나누어진다(史習雋, 2012). 하나는 수학, 농업, 천문 등의 서양과학 분야에 대한 서광계의 공헌이고, 또 하나는 중국의 지식인 서광계가 천주교에 대해서 어떻게 도입했는지의 전형적인 사례를 분석하는 경향이다.

명말 서광계가 서양과학을 적극적으로 도입한 사안에 대해서 우더둬(吳德鐸, 1982)와 스쉬안위안(施宣圓, 1983) 등은 서광계의 과학 실천정신을 높이 평가했다. 반면에 주야쭝(朱亞宗, 1990)과 허자우(何兆武, 2004)는 서광계가 전면적인 서양화를 지향했기 때문에 오히려 중국의 과학발전을 지체했다고 비판했다(史習雋, 2012에서 재인용).

일본에서는 천문사학자 야부우치 기요시(藪内清, 1906～2000)가 서술한 《중국의 천문역법》(藪内清, 1969)이나 《명 · 청시대의 과학기술사》(藪内清 · 吉田光邦, 1970)에서 시헌력 관련 연구 결과를 볼 수 있다. 여기에서 중국과학에 서학이 끼친 영향을 다루었고 전형적인 사례로 서광계를 들었으며, 《숭정역서》의 편목을 제시했다. 하시모토 케이조(橋本敬造, 1981a, 1981b, 2003)는 서광계가 조직한 서양과학 도입 체계를 검토했고, 서광계가 제작한 망원경을 이용한 관측과 검증 및 《숭정역서》의 구성과 내용을 탐색했다. 그 결과 서광계는 당시 유럽에서 진행된 과학혁명의 모든 단계의 성과를 반영한 것으로 높이 평가했다.

이상에서는 우리나라, 중국 및 일본에서 《숭정역서》와 서광계에 관한 선행연구를 간단히 살펴보았다. 실제로 중국이나 일본에서는 다양한 관점에서 서광계와 《숭정역서》에 대한 연구가 이루어지고 있다.

3. 《숭정역서》 편찬

《숭정역서》란 명나라 말기에 서광계 등이 서양인 천문학자의 도움을 받아 편찬한 서양천문학에 기초한 역법을 말한다. 이 역서는 단순히 하나의 역법이나 책이 아니다. 무려 137권이나 되는 방대한 분량이다. 이 역서를 만드는 데 가장 많은 공헌을 한 사람은 서광계였다. 여기서는 《숭정역서》의 편찬과정과 역법의 내용 및 판본의 실태 및 서광계의 역할 등을 소개한다.

명 초기에는 원이 사용했던 수시력을 이름만 대통력으로 바꾸었을 뿐 거의 그대로 사용했다. 그러므로 명말에 이르러서는 대통력으로 추산한 일식이나 월식 예보에 1~2각 정도의 오차가 나왔다. 이러한 사정이 역법 개력의 움직임으로 이어진다.

명말 역법 개력에 대한 상소 중 구체적인 관측과 추보의 차이를 근거로 든 것은 1596년(萬曆 24년) 형운로(邢雲路, ?~?)의 상소라 할 수 있다. 그는 대통력의 일식 및 월식의 예측이 부정확하여 역법을 수정할 것을 건의했다. 물론 그 이전에도 1481년(成化 17년) 교유(教諭) 유정기(俞正己, ?~?)나, 1483년(성화 19년) 천문생(天文生) 장승(張升, ?~?) 등의 개력에 대한 상소가 끊임없이 있었다.

이후 1610년(만력 38년) 11월 1일(壬寅朔)의 일식 계산이 어긋났다. 이에 직방랑(職方郎) 범수기(范守己, ?~?)는 흠천감(欽天監)을 질타했다. 이어 흠천감의 감정(監正)이었던 주자우(周子愚, ?~?)는 적극적으로 중국에 온 서양 학자들의 천문학을 도입하자는 주장을 한다.

> 이때 흠천감 정 주자우가 상소하기를, 서양에서 귀화한 판토하(龐迪我)와 우르시스(熊三拔)는 (서양의) 자기 나라 역법을 가져왔습니다. 그 대부분이 중국 전적에 갖추지 못한 것입니다. 홍무 연간에 서역의 역법(아랍 역법인 회회력을 말함)을 중국어로 번역한 예가 있습니다. 역법을 아는 학식 있는 신하를 뽑아 흠천감의 관원을 거느리고 이러한 서적들을 모두 번역해서, 전적의 미흡한 부분을 보완하도록 하십시오.

> 於是五官正周子愚言，大西洋歸化遠臣龐迪峨，熊三撥等，攜有彼國曆法，多中國典籍所未備者. 乞視洪中譯西域曆法例，取知曆儒臣率同監官，將諸書盡譯，以補典籍之缺.[《명사(明史)》 권31，지7，역1]

주자우의 상소는 서양인 신부를 통해서 서양 천문학을 도입하자는 것이다. 이 상소를 계기로 서광계가 처음으로《숭정역서》 편찬과 인연을 맺게 된다.

1611년(만력 39년) 예부에서는 다시 형운로, 범수기, 서광계, 이지조 등이 예수회 선교사 판토하(Didace de Pantoja, 龐迪我, 1571～1618), 우르시스(Sabbathino de Ursis, 熊三拔, 1575～1620) 등과 함께 서양역법을 번역하여 이용하자는 상소문을 계속 올린바 있다. 1612년에도 이지조가 흠천감의 일식 예측 오류를 지적했다. 이러한 상황에서 숭정제는 서양의 역법을 사용하지 않고는 대통력의 오류를 고칠 수 없다는 것을 인식했다. 그러나 역법 개력 사업으로 이어지지는 못했다.

1629년(숭정 2년) 5월 초하루(乙酉朔) 일식이 일어났다. 이때 서광계는 서양의 천문학을 이용하여 추보했다. 다른 흠천감 감원들은 대통력이나 회회력을 이용하여 추보했는데, 비교해보니 서광계의 계산이 가장 잘 들어맞았다. 이러한 사실을 근거로 서광계는 7월에 예부 명의로 상소를 올려 역국(曆局) 설치를 강력하게 주장했다.

> 상세한 역법은 요 임금 때부터 시작하여 지금까지 4천년인데, 역법은 엉성한 것에서 세밀한 것으로, 부정확한 것에서 정확한 것으로 발전해 왔습니다. 한당(漢唐) 시대부터는 하루 이틀의 오차가 있었던 것이 나중에는 1～2 시간의 차이만 있게 되었습니다. 곽수경의 수시력에 이르러서는 그 이상 정밀한 것이 없을 정도가 되었습니다.
>
> …… 〈중략〉 ……
>
> 한(漢) 때에 역을 고친 횟수가 4번이고, 위(魏)에서 수(隨)에 이르기까지는 13번, 당(唐)에서 오대(五代)까지는 16번, 송(宋)에서는 18번, 금(金)과 원(元)의 시기에는 3번이나 수정했습니다. 유독 우리 명나라 시대 260년간 단 한 번도 고친 적이 없습니다.

> 切詳曆始於唐堯，至今四千年，其法從粗入精，從疎入密. 漢、唐以來，有差至二日一日者，後有差一二時者. 至於守敬〈授時〉之法，古今稱爲極密，

……〈중략〉……

故漢曆改四次, 魏至隨改十三次, 唐至五代改十六次, 宋改十八次, 金元改三次, 獨我朝二百六十年來未經修改. [《서광계집(徐光啟集)》. 〈예부위일식각수부대청칙부수개소(禮部爲日食刻數不對請敕部修改疏)〉에서 따옴.]

이 상소와 더불어 서광계는 새 역법을 만들기 위해서는 관측기구를 정비하고 필요한 경우 새롭게 제작할 필요가 있다고 역설했다. 이러한 의견은 황제에게 받아들여져 1629년 9월에 서양역법을 연구할 역국이 설치된다. 역국의 책임자는 서광계가 맡았다. 초기 역법 편찬에는 중국인 이지조가 참여했다. 서양 신부 중에서는 테렌츠(Joannes Terrenz, 登玉函)가 가장 중요한 역할을 수행하였다. 테렌츠는《숭정역서》의 전체적인 틀을 구상한 후 〈역서총목록(曆書總目錄)〉을 작성했으며, 〈측천약설(測天約說)〉 2권, 〈대측(大測)〉 2권을 편찬했다. 그러나 그는 1년을 넘기지 못하고 1630년에 병으로 세상을 떠났다.

이에 새로운 서양 천문학자의 도움이 필요했다. 상당한 역법 지식을 갖추었던 롱고바르디(Niccolo Longobardi, 龍華民)가 예수회 업무로 바쁘게 되자, 서광계는 로(Jacob Rho, 羅雅谷)와 아담 샬(J. Adam Schall von Bell, 湯若望)을 초청하여 역국의 업무를 담당하게 하였다. 1631년(숭정 4년) 1월 28일 서광계는 첫 번째로 〈숭정역서총목록(崇禎曆書總目錄)〉을 황제에게 진상하면서《숭정역서》의 편찬 작업은 완성되기 시작한다. 제1차《숭정역서》진상 목록은 〈역서총목(曆書總目)〉 1권, 〈일전역지(日躔曆指)〉 1권, 〈측천약설(測天約說)〉 2권, 〈대측(大測)〉 2권, 〈일전표(日躔表)〉 2권, 〈할원팔선표(割圓八線表)〉 6권, 〈황도승도표(黃道升度表)〉 7권, 〈황도거도표(黃道距度表)〉 1권, 〈통률표(通率表)〉 2권으로 모두 합쳐 24권이었다.

비록 서양인 천문학자의 도움을 받았지만 서광계는 새로 만든 역법 체계를 중국의 전통적인 명의 대통력 틀에 맞출 필요가 있다고 생각했다. 이에 서광계는 중국력과 서양력을 비교하기 위해 도량형 환산표를 만들었다. 이어 서력의 공통된 환산표를 만들어야 했다. 이를 위해서는 무엇보다도 정확한 번역이 필요했다. 이러한 노력의 결과로 제작된《숭정역서》는 유럽의 천문학을 중국의 역법 틀에 맞춘 것이 된다. 서광계가 시도한 노력은 대통력을 계속 사용할 것을 고집하는 보수파의 공격을 완화시키는 역할도 했다.

서광계는《숭정역서》를 편찬하는 데 꼭 필요한 여섯 개의 절차와 다섯 개의 기본을〈역서총목표(曆書總目表)〉에서 강조했다. 인용하면 아래와 같다.

> 이제 순서를 여섯 항목을, 기본적인 것을 다섯 항목으로 나누어, 종류별로 구분해 절차에 따라 시행하고자 합니다. 그 항목은 다음과 같습니다. 여섯 단계 추진 절차 : 첫째〈일전력(日躔曆)〉, 둘째〈항성력(恒星曆)〉, 셋째〈월리력(月離曆)〉, 넷째〈일월교회력(日月交會曆)〉, 다섯째〈오위성력(五緯星曆)〉, 여섯째〈오성교회력(五星交會曆)〉. 다섯 단계 기본 항목 : 첫째 법원(法原), 둘째 법수(法數), 셋째 법산(法算), 넷째 법기(法器), 다섯째 회통(會通)입니다. 여섯 절차는 순서대로 진행해야 합니다. 앞에 것을 통해서 뒤에 것을 이끌어내니, 뒤에 것은 앞의 것을 계승하는 것입니다. 앞과 뒤를 한꺼번에 다룰 수 없고, 서로 침범하거나 건너뛰는 것도 불가능합니다. 다섯 기본은 목수의 직각자나 사냥꾼의 올가미와 같은 것으로, 광범위한 일이지만, 언제라도 같이 사용해야 두루 이용할 수 있습니다.
>
> 今擬分節次六目, 基本五目, 一切龢譯譔者, 區分類別, 以次屬焉, 謹條列如左. 節次六目 : 一曰日躔曆, 二曰恒星曆, 三曰月離曆, 四曰日月交會曆, 五曰五緯星曆, 六曰五星交會曆. 基本五目 : 一曰法原, 二曰法數, 三曰法算, 四曰法器, 五曰會通. 右六節次, 循序漸作, 以前開後, 以後承前, 不能兼并, 亦難凌越, 五基本, 則梓匠之規矩, 漁獵之筌蹄, 雖則浩繁, 亦須隨時並作, 以周事用. [《서광계집(徐光啟集)》〈역서총목표(曆書總目表)〉에서 따옴]

여섯 절차는 반드시 순서대로 진행해야 함을 서광계는 강조했다. 태양의 운동, 시간에 따른 항성의 변화, 달의 운동, 일식과 월식, 오행성의 위치, 오행성의 운동을 알아야 한다는 순서는 일종의 서양 천문학을 학습하는 순서가 될 수 있다. 또한 천문 관측의 순서도 된다. 서광계가 정한 여섯 절차의 순서로 볼 때 그는 서양 천문학의 기본 원리를 완벽하게 이해한 것으로 보인다.

서광계가 정한 다섯 기본에서 법원(法原)은 천문학의 기초 지식을 말한다. 태양, 달, 오행성, 항성, 구면천문학의 원리 등이 그것에 포함된다. 법수(法數)는 천체를 관측하여 계산해 낸 천문표를 말한다. 법산(法算)은 천문계산을 위해서 수학 지식을 말한다. 주로 기하학과 구면삼각법이 사용되었다. 법기(法器)는 각종 천문기구 제작과 사용법을 말한다. 회통(會通)은 동서양이 서로 통하는 것이다. 즉 중국의 역법과 서양의 역법이 통하는 도량형 환산표를 말한다.

1631년(숭정 4년) 8월 1일에 서광계는 다시 20권과 천문도 1접(摺)을 완성하여 제2차로 황제에게 진상을 했다. 〈측량전의(測量全義)〉 10권, 〈항성역지(恒星曆指)〉 3권, 〈항성력표(恒星曆表)〉 4권, 〈항성총도(恒星總圖)〉 1접, 〈항성도상(恒星圖像)〉 1권, 〈규일해정와(揆日解訂訛)〉 1권, 〈비례규해(比例規解)〉 1권으로 모두 20권과 천문도 1접으로 합하여 21권이었다.

서광계는 계속해서 1632년(숭정 5년) 4월 4일에 제3차 진상을 했다. 〈월리역지(月離曆指)〉 4권, 〈월리역표(月離曆表)〉 6권, 〈교식역지(交食曆指)〉 4권, 〈교식역표(交食曆表)〉 2권, 〈남북고호표(南北高弧表)〉 12권, 〈제방반주분표(諸方半晝分表)〉 1권, 〈제방신혼분표(諸方晨昏分表) 1권으로 총 30권이었다. 이로써 서광계가 숭정황제에게 진상한 《숭정역서》는 75권(그림 자료 포함)으로 일단 완성이 된다.

연로한 서광계는 자기 생애 《숭정역서》 편찬이라는 위대한 작업을 완성하지 못함을 잘 알았다. 이에 1633년(숭정 6년) 9월에 후임으로 이천경을 추천하고 11월에 세상을 떴다. 《숭정역서》를 기획하고 시작했으나 마무리까지는 수행하지 못했다.

후임인 이천경은 서광계의 뜻을 이어 1634년 7월 19일에 제4차 진상을 했다. 〈오위총론(五緯總論)〉 1권, 〈일전증(日躔增)〉 1권, 〈오성도(五星圖)〉 1권, 〈일전표(日躔表)〉 1권, 〈화목토이백년표병주세시각표(火木土二百年表並周歲時刻表)〉 3권, 〈교식역지(交食曆指)〉 3권, 〈교식제표용법(交食諸表用法)〉 2권, 〈교식표(交食表)〉 4권, 〈황평상한표(黃平象限表)〉 7권, 〈토목가감표(土木加減表)〉 2권, 〈교식간법표(交食簡法表)〉 2권, 〈방근표(方根表)〉 2권, 〈항성병장(恒星屛障)〉 1가(架)로 서적 29권과 병풍 1가로 총 30권이다.

같은 해 12월 3일에는 제5차로 32권을 진상을 했다. 〈오위력지(五緯曆指)〉 8권, 〈오위용법(五緯用法)〉 1권, 〈일전고(日躔攷)〉 2권, 〈야중측시(夜中測時)〉 1권, 〈교식

몽구(交食蒙求)〉 1권, 〈고금교식고(古今交食攷)〉 1권, 〈항성출몰표(恒星出沒表)〉 2권, 〈고호표(高弧表)〉 5권, 〈오위제표(五緯諸表)〉 9권, 〈갑술을해일전세행(甲戌乙亥日躔細行)〉 2권으로 모두 32권이었다. 이로써 《숭정역서》 총 137권이 완성된 것이다. 사실 이 역법은 편의상 《숭정역서》라고 부르지만, 원래는 새 역법에 불과했다. 숭정황제 연간에 편찬되었으므로 나중에 "《숭정역서》"라고 부른 것이다.

사실 《숭정역서》의 권수에 대해서는 이견이 많다. 명에서 청으로 변한 다음에 《숭정역서》는 아담 샬에 의해 《서양신법역서》라는 이름으로 약간의 수정을 거쳐 편찬된다. 이때 아담 샬이 편찬한 권수는 103권이라 한다. 또한 청 중기에 완성된 《사고전서》에는 《신법산서》 100권으로 수록되었다. 또한 나중에 편찬된 《명사(明史)》에서는 총 126권으로 기록했다(《명사(明史)》, 권98 〈예문지(藝文志)〉, 역수류(曆數類), "서광계숭정역서일백이십육권(徐光啟崇禎歷書一百二十六卷).").

《숭정역서》의 정확한 권수에 대해서는 학계에서도 의견이 분분하다. 먼저 황제에게 진헌하고 나중에 간행되었던 당시의 관습도 고려해야 한다. 제4차 진상 목록과 제5차 진상 목록을 보면 〈오위력지〉나 〈교식역지〉 등의 책들이 겹쳐서 진상되었음을 볼 수 있다. 보다 명확한 간행 내용은 추후의 연구가 필요하다. 최근 판나이(潘鼐, 2009, 前言)는 《숭정역서》의 다섯 차례 진상 서목과 《서양신법역서》의 서목을 비교했다. 이를 보완 수정하여 옮기면 〈표 1〉과 같다.

〈표 1〉 《숭정역서》 진상 서목과 간행 서목 및 《서양신법역서》 보각 서목 비교

分類	5次 進呈 書目		本書 書目		備考
	書名	卷數	書名	卷數	
1. 書目	曆書總目	1권	曆書總目	1권	〈治曆緣起〉 안에 있음.
2. 曆指	日躔曆指	1권	日躔曆指	1권	합쳐서 1권으로 함.
	日躔增	1권			
	恒星曆指	3권	恒星曆指	3권	
	恒星總圖	1접	恒星經緯圖說	1권	원래는 단폭 큰 그림, 3폭 20분도 1권, 청 시대에는 〈恒星曆指〉 제4권으로 함.
	恒星圖像	1권			
	月離曆指	4권	月離曆指	4권	

<table>
<tr><th rowspan="2">分類</th><th colspan="2">5次 進呈 書目</th><th colspan="2">本書 書目</th><th rowspan="2">備考</th></tr>
<tr><th>書名</th><th>卷數</th><th>書名</th><th>卷數</th></tr>
<tr><td rowspan="5"></td><td>交食曆指</td><td>4권</td><td rowspan="2">交食曆指</td><td rowspan="2">7권</td><td rowspan="2">2개를 합쳐 7권으로 함.</td></tr>
<tr><td>交食曆指</td><td>3권</td></tr>
<tr><td>五緯總論</td><td>1권</td><td rowspan="3">五緯曆指</td><td rowspan="3">9권</td><td rowspan="3">합쳐 9권으로 함.</td></tr>
<tr><td>五緯曆指</td><td>8권</td></tr>
<tr><td>五緯用法</td><td>1권</td></tr>
<tr><td rowspan="13">3. 曆表</td><td>日躔表</td><td>2권</td><td rowspan="2">日躔表</td><td rowspan="2">2권</td><td rowspan="2">3권을 합쳐 2권으로 함.</td></tr>
<tr><td>日躔表</td><td>1권</td></tr>
<tr><td>恒星曆表</td><td>4권</td><td>恒星經緯表</td><td>2권</td><td>4권을 줄여 2권으로 함.</td></tr>
<tr><td>恒星出沒表</td><td>2권</td><td>恒星出沒表</td><td>2권</td><td>청본에도 〈恒星出沒〉 있음.</td></tr>
<tr><td>月離曆表</td><td>6권</td><td>月離表</td><td>4권</td><td>6권을 줄여 4권으로 함.</td></tr>
<tr><td>交食曆表</td><td>2권</td><td rowspan="5">交食表</td><td rowspan="5">9권</td><td rowspan="5">합쳐서 9권으로 함.</td></tr>
<tr><td>南北高弧表</td><td>12권</td></tr>
<tr><td>交食諸表用法</td><td>2권</td></tr>
<tr><td>交食表</td><td>4권</td></tr>
<tr><td>交食簡法表</td><td>2권</td></tr>
<tr><td>五緯諸表</td><td>9권</td><td rowspan="3">五緯表</td><td rowspan="3">10권,
首1권</td><td rowspan="3">합쳐서 11권으로 함.</td></tr>
<tr><td>火木土二百恒年表
並周歲時刻表</td><td>3권</td></tr>
<tr><td>木土加減表</td><td>2권</td></tr>
<tr><td rowspan="9">4, 通論</td><td>測天約說</td><td>2권</td><td>測天約說</td><td>2권</td><td></td></tr>
<tr><td>大測</td><td>2권</td><td>大測</td><td>2권</td><td></td></tr>
<tr><td>割圓八線表</td><td>6권</td><td>割圓八線表</td><td>1권</td><td>개편하여 1권으로 함.</td></tr>
<tr><td>黃道昇度表</td><td>7권</td><td>正球昇度表</td><td>1권</td><td>〈黃道昇度表〉 부분 개편.</td></tr>
<tr><td>黃赤道距度表</td><td>1권</td><td>黃赤道距度表</td><td>1권</td><td></td></tr>
<tr><td>測量全義</td><td>10권</td><td>測量全義</td><td>10권</td><td></td></tr>
<tr><td>比例規解</td><td>1권</td><td>比例規解</td><td>1권</td><td></td></tr>
<tr><td>恒星屛障</td><td>1架</td><td>恒星總圖</td><td>1架</td><td>〈赤道南北兩總星圖〉 8 대폭.</td></tr>
<tr><td>古今交食考</td><td>1권</td><td>古今交食考</td><td>1권</td><td></td></tr>
<tr><td>소계</td><td>34종</td><td>111권</td><td>22종</td><td>76권</td><td></td></tr>
</table>

分類	5次 進呈 書目		本書 書目		備考
	書名	卷數	書名	卷數	
5. 未刊	通率表	2권			
	揆日解訂訛	1권			
	諸方半晝分表	1권			
	諸方晨昏分表	1권			
	五星圖	1권			
	黃平象限表	7권			
	方根表	2권			
	日躔考	2권			
	夜中測時	1권			
	交食蒙求	1권			
	高弧表	5권			
	甲戌乙亥日躔細行	2권			
소계	12종	26권			〈曆書總目〉과 〈恒星總圖〉을 빼면, 20종 74권.
합계	46종	137권	22종	76권	
6. 增添			籌算	1권	
재합계	46종	137권	23종	77권	〈籌算〉을 빼면, 21종 75권.
7. 清 順治 2年 補刻					〈新曆曉或〉 1권.
					〈測食〉 2권.
					〈學曆小辨〉 1권.
					〈渾天儀說〉 5권.
					〈遠鏡說〉 1권.
					〈幾何要法〉 4권.
					〈新法曆引〉 1권.
					〈曆法西傳〉 1권.
					〈新法表異〉 2권.
소계			〈曆書總目〉과 〈恒星總圖〉를 제외하면 12종 75권		9종 18권.
8. 奏疏	明刻 〈治曆緣起〉 5권, 또 12권, 明印本은 오늘날 없어졌음.				〈治曆緣起〉 명대 奏疏 8권, 청대 奏疏 2권.
최종 합계	清 順治 2年本 〈西洋新法曆書〉				32종, 103권.

1644년 8월에 일어난 일식에 대한 추보는 《숭정역서》 방식으로 한 계산만 정확하게 일치했다. 이에 명의 숭정황제는 대통력을 폐지하고 서양역법을 채용하기로 결정했지만, 청의 침공으로 반포되지 못하고 만다. 1644년 청 왕조는 북경을 점령하고 새롭게 나라를 세우자, 이전부터 역법 작업에 참여했던 아담 샬을 흠천감의 감정(監正)으로 임명했다. 이에 아담 살은 명의 《숭정역서》를 103권으로 다시 정리해 《서양신법역서(西洋新法曆書)》라는 이름으로 편찬하여 순치제(順治帝)에게 진상하였다. 이듬해인 1645년에 이것이 받아들여져서 시행되니, 이것이 최초로 중국에서 서양천문학 방식을 도입한 시헌력이 된다. 시헌력은 《상서(尙書)》의 "하늘이 총명하시니, 성군은 이를 본받으시고, 신하들은 공경하고 따르며, 백성들은 따라서 다스려진다(惟天聰明, 惟聖時憲, 惟臣欽若, 惟民從乂)"에서 따온 이름이다. 이때 반포된 아담 샬의 일과력을 시헌력(時憲曆)이라 부르기도 했다. 이러한 시헌력은 조선에서도 1653년(효종 4년)부터 공식적으로 받아들이게 된다.

4. 서광계와 역법 개력

《숭정역서》는 서광계가 만든 것이라고 할 수 있다. 천문학에 정통한 많은 서양 예수회 선교사가 참여했고, 또한 이지조, 이천경 등 여러 중국학자들이 같이 참여했음에도 불구하고, 서광계의 생각과 노력에 의해서 《숭정역서》가 계획되고 실천되었기 때문이다. 여기서는 서광계의 역법 관련 업적을 중심으로 그 일면을 다루고자 한다.

서광계는 1562년(嘉靖 41년) 3월 21일에 송강부(松江府) 상해현(上海縣)에서 태어났다. 자는 자선(子先)이고 호는 현호(玄扈)이며 세례명은 바오로(Paulus, 保祿)였다. 시호는 문정(文定)을 받았다. 명 말기에 활동한 사람으로, 유학자, 천주교학자, 천문학자, 수학자, 수리학자, 농학자, 군사전문가, 사상가, 정치가 등 다방면에서 최고의 수준을 발휘한 사람이었다.

원래 조부는 소주(蘇州) 출신으로 상당한 재산가의 자손이었다. 어린 시절에는 용화사(龍華寺)에서 공부를 했고, 1581년(만력 9년) 열아홉 살에 결혼을 했다.

1595년에 소주에서 서당 훈장 생활을 하다가 처음으로 예수회 선교사 카타네오(Lazarius Cattaneo, 敦居靜, 1560～1640)를 만났다. 예수회 신부를 통해서 처음으로 천주교와 서양 과학을 접하게 된다. 1597년(만력 25년)에 북경 순천부(順天府) 향시(鄕試)에 급제하지만, 다음 해의 회시(會試)는 합격하지 못했다.

다시 훈장 생활을 하다가 1600년(만력 28년)에 남경(南京)에서 처음으로 마테오 리치 곧 리마두를 만난다. 이때 많은 대화를 통해서 서양과학의 우수성을 알게 되었다. 특히 서광계는 리마두를 가리켜 "우리나라에서 최고로 박식하고 통달한 선비(海內博物通達君子)"라고 칭송했다. 1603년(만력 31년)에는 상해에서 예수회 신부 호샤(João da Rocha, 羅如望, 1566～1623)에게 세례를 받아 천주교도가 된다.

1604년(만력 32년)에 회시에 88등으로 합격, 이어 전시(殿試)에서 3갑 52등으로 합격했다. 처음으로 한림원(翰林院) 서길사(庶吉士)로서 공직을 수행하는 관리가 된다. 이후 리마두와 협력하여 서양과학을 본격적으로 공부하게 된다. 1606년(만력 34년)에는 리마두와 함께 유클리드의 《기하원본》 6권의 번역을 시작했다. 이때 번역하는 방식은 주로 리마두가 말로 설명하고 이를 서광계가 중국어로 서술하는 방식이었다. 이때 서광계가 친구에게 보낸 글이 고궁박물관에 남아있다(潘鼐, 2009, 序2).

> 서양의 여러 책은 기묘한 것이 아주 많다. 예를 들어 천문학의 일절만 보아도, 이것이 아주 정밀함을 알 수 있다. 번역하는 공로는 계산해 보면, 긴 시간을 투자한다면 불가능하지는 않지만, 아직 겨를이 없다. 결국 다른 날을 도모해야 할 것이다.
>
> 泰西諸書 致多奇妙, 如天文一節, 是其最精者, 而翻譯之功, 計非歲月不可, 用是未暇, 以待他日圖之耳."[〈徐光啟致友人書墨跡〉, 고궁박물관(古宮博物館) 소장 편지]

1607년(만력 35년)에는 《기하원본》을 번역하여 출간한다. 부친의 사망으로 잠시 상해로 복귀한 서광계는 리마두가 구술한 서양식 측량법을 설명한 《측량법의(測量法義)》의 초고를 완성한다. 이 책은 나중에 《숭정역서》의 〈측량전의(測量全義)〉로 편철된다. 이러한 번역 작업은 1610년(만력 38년) 리마두의 사망으로 인해 잠시 멈출 수밖에 없었다.

그러나 1610년에 북경으로 복귀하여 다시 한림원 검토(檢討)로서 새로운 관직을 시작한다. 1611년(만력 39년)에는 역법에 정통한 범수기, 주자우, 형운로 등과 함께 서양인 예수회 신부를 채용하여 서양과학에 기초한 역법을 만들자는 상소를 올리지만, 채택되지 못했다. 1612년(만력 40년) 봄에는 예수회 신부 우르시스 곧 웅삼발에게 서양의 수리학을 배워《태서수법(泰西水法)》6권을 편찬해 낸다. 1613년(만력 41)에는 정월에 월식 계산이 오차가 나자 병을 핑계로 공직을 사양하고 천진으로 가서 황무지를 개간하면서 농사 및 수리에 관한 지식을 익혔다. 1616년(만력 44년)에는 복직하지만 천주교 전파 문제로 남경교안(南京教案)이 발생한다. 같은 해 7월에 서광계는 〈변학장소(辨學章疏)〉를 올려 예수회 신부들을 변호하지만 역부족이었다. 다시 7월에 황태자강서(皇太子講書)가 된다. 1617년(만력 45년) 청이 무순(撫順)을 침입함에 따라 다시 군사 관련 업무를 맡는다. 1619년(만력 47년)에 북경으로 돌아와 원래의 관직에 복귀하면서 역법에 관한 일을 추진할 수 있었다.

1621년(天啟 원년) 3월 서광계는 병을 핑계로 다시 천진으로 돌아가지만 11월에 북경으로 재차 복귀한다. 이어 1624년(천계 3년)에 예부우시랑 겸 시독학사(禮部右侍郎兼侍讀學士)로 승진한다. 그러나 1625년 보수주의자 위충현(魏忠賢, 1568~1627) 일당이 득세하자 탄핵을 받고 다시 고향으로 돌아간다. 그러나 1628년(崇禎 원년) 숭정제가 등극하자, 위충현 일당은 축출되고 말았다. 그 결과 서광계는 원직인 예부우시랑으로 복직한다. 1629년(숭정 2년)에는 예부좌시랑(禮部左侍郎)으로 승진한다. 이해 5월 1일 일식에 대한 흠천감의 추보가 틀리자, 이것을 근거로 서양 천문학을 도입하여 개력하기 위한 역국 개설 상소를 서광계가 다섯 번이나 올린다. 그 결과 역국이 개설되었다. 드디어 개력작업을 위한 총책임자로 공식적으로 출발하게 되었다. 1630년(숭정 3년)에 서광계는 예부상서(禮部尚書)로 승진했다.

1631년(숭정 4년)에는《숭정역서》관련 역서를 2차례에 걸쳐 진헌했다. 1월 28일에 〈봉지공진역서소(奉旨恭進曆書疏)〉와 함께 제1차 편찬 역서(曆書) 24권을 완성하여 올린다. 여기서 중요한 것은 첫 번째로 올린 〈역서총목(曆書總目)〉이다. 이것으로 이미《숭정역서》의 출간에 대한 청사진이 이미 완성되었던 것이다. 같은 해

4월 15일 월식에 대해서는, 《숭정역서》의 방법으로 추보한 것이 대통력이나 회회력의 계산보다 두드러지게 정밀했다. 관측한 결과 초 단위까지 일치했다. 새 역법의 승리를 증험한 것이었다. 이어 8월 1일 제2차로 21권을 진헌한다. 그러나 12월에 서광계는 직접 천체를 관측하다가 넘어지는 사고를 당했다. 이때 허리와 무릎을 다쳤다고 한다.

1632년(숭정 5년) 4월 4일에 서광계는 역서 30권을 편찬하여 제3차 진상을 했다. 이때 서광계는 "교식 시각의 측정은 아래와 같습니다. 한(漢) 이전에는 일(日) 단위의 차이가, 당(唐) 이전 시기에는 시간 단위의 차이가, 송원(宋元) 시대에는 각(刻) 단위의 차이가 있었습니다만.....(交食時刻的測定, 已從漢以前差以日計, 唐以前差以時計, 宋, 元以來差以刻計)"라고 하면서 새로운 역법이 훨씬 정밀하다는 사실을 확신했다. 이러한 공로인지 모르지만 서광계는 예부상서 겸 동각대학사(東閣大學士)로 승진한다. 1633년(숭정 6년) 7월에는 태자태보(太子太保)를 겸임했으며, 예부상서 겸 문연각대학사(文淵閣大學士)로 승진한다. 학자로서는 최고의 직위에 임명된 것이다.

그러나 이미 연로한 서광계는 4차 진헌을 할 수 없었다. 9월 29일 서광계는 섬서안찰사(陝西按察使)였던 이천경(李天經)을 후임으로 적극 추천했다. 60권은 아직 못했고, 이중 30권은 현재 교정중이라는 상소문을 올렸다. 사망하기 10일 전이다. 10월 7일 서양천문학을 이해했고, 서양역법 체계를 중국에 도입했던 서광계가 세상을 등졌다. 72세의 나이였다.

서광계의 연보에서 역법 관련 분야의 업적에 초점을 맞추어 요약하면 〈표 2〉와 같다.

〈표 2〉 서광계의 연표(역법 관련 업적을 중심으로)

서기	중국연호	연령	중요 내용
1562	嘉靖 41	1	3월 21일. 상해(上海)에서 출생.
1581	萬曆 9	19	오씨(吳氏)와 결혼.
1582	만력 10	20	12월 22일. 장자 서기(徐驥) 출생.

서기	중국연호	연령	중요 내용
1595	만력 23	33	광동 소주(韶州)에서 훈장 생활 중 예수회 선교사 카타네오(Lazarius Cattaneo, 敦居靜, 1560~1640)를 만남.
1597	만력 25	35	북경(北京) 순천부(順天府) 향시(鄕試)에 급제(1등).
1598	만력 26	36	회시(會試)에 불합격. 고향으로 돌아옴.
1600	만력 28	38	남경(南京)에서 마테오 리치(Matteo Ricci, 利瑪竇, 1552~1610)를 만남.
1603	만력 31	41	호사((João da Rocha, 羅如望, 1566~1623)에게 세례 받음.
1604	만력 32	42	회시에 88등 합격, 전시(殿試) 3갑 52등 합격. 6월에 한림원 서길사(庶吉士) 임명 받음.
1606	만력 34	44	마테오 리치와 함께 《기하원본(幾何原本)》 번역 시작. '지오메트리(geometry)'를 '기하(幾何)'로 번역함.
1607	만력 35	45	《기하원본》 북경에서 출판.
1608	만력 36	46	〈측량법의(測量法義)〉 번역 완성.
1610	만력 38	48	마테오 리치 사망.
1610	만력 38	48	10월 한림원 검토(檢討) 복직.
1611	만력 39	49	개력 상소.
1612	만력 40	50	《태서수법(泰西水法)》 출판.
1613	만력 41	51	정월 15일 월식에 대한 흠천감의 예측이 맞지 않음. 위충현(魏忠賢, 1568~1627) 일당과 마찰. 병을 핑계로 천진(天津)에 가서 황무지 개간.
1616	만력 44	54	5월 복직. 남경교안(南京教案) 발생. 7월 〈변학장소(辨學章疏)〉 올림. 황태자강서(皇太子講書) 승진.
1617	만력 45	55	4월 후금 누르하치가 무순(撫順) 등지를 공격 점령.
1619	만력 47	56	북경으로 들어옴. 관직 복귀.
1621	天啟 원년	59	위충현 일파에게 밀려남. 11월 관직 복귀.
1624	천계 4	62	예부우시랑 겸 시독학사(禮部右侍郎兼侍讀學士)로 승진.
1625	천계 5	63	5월 위충현 일당의 탄핵을 받아 고향으로 돌아옴.
1628	崇禎 원년	66	원직 예부우시랑(禮部右侍郎) 복직.
1629	숭정 2	67	예부좌시랑(禮部左侍郎)으로 승진, 역국(曆局) 설립 관련 상소 5회. 역국 개설, 책임자가 됨.
1630	숭정 3	68	예부상서(禮部尚書) 승진.

서기	중국연호	연령	중요 내용
1631	숭정 4	69	1월 28일 〈봉지공진역서소(奉旨恭進曆書疏)〉 제1차 역서(曆書) 24권 진헌. 8월 1일 제2차 역서 20권 진헌. 12월 천문 관측시 낙상사고 당함.
1632	숭정 5	70	4월 4일. 제3차 역서 30권 진헌. 5월 예부상서 겸 동각대학사(東閣大學士) 승진.
1633	숭정 6	71	7월 태자태보(太子太保) 겸임. 예부상서 겸 문연각대학사(文淵閣大學士) 승진. 9월 29일 이천경을 후임으로 추천. 10월 7일. 별세.

5. 결론

《숭정역서》는 동양 천문학사에서 중요한 이정표이자 기점이다. 중국 고유 방식의 역법을 버리고, 서양 천문학의 도움을 받아 서양식 역법 체계를 중국이 채택한 시점이기 때문이다. 반면에 예수회 선교사로서는 서양 천문학을 이용하여 중국의 체계 안에서 역법을 일층 더 발전시킨 기점도 된다. 덕분에 중국의 문화가 서양에 전달되는 '중학서점(中學西漸)'의 상황도 만들어졌다.

묘한 사실은 이때가 중국에서는 명이 망하고 청이 들어선 격변기였다는 점이다. 종교적으로는 송대 이후의 신유학이 번성했던 시기이면서 동시에 불교에 대한 비판이 상당했던 시기였다. 동시에 예수회를 통한 천주교 선교활동이 중국에서 활발하게 진행되었던 복합적인 시기였다.

《숭정역서》는 그 자체가 서양 천문학의 교과서이자 이론서이고 중국화된 역법이다. 137권에 해당하는 방대한 자료는 동시에 동서 교류의 커다란 단면을 그대로 보여준다. 《숭정역서》는 중국은 물론 우리나라나 일본에도 상당한 영향력을 끼쳤다. 그렇기에 한중일을 포함한 동양의 역법을 일괄하자면, 《숭정역서》 이전과 이후로 구분할 수 있다. 《숭정역서》 완성을 통해서 일식이나 월식의 계산이 아주 정확해졌다. 해와 달의 관측과 추보를 통해서 회귀년과 24절기와 윤달 등을 정확하게 정할 수 있었다. 《숭정역서》는 중국 최초의 서양식 역법이고, 사실상 마지막 중국력의 개편이라고 평가할 수 있다. 《숭정역서》를 편찬할 때 가장 많은 기여를 한 사람은 서광계였다. 서광계는 《숭정역서》의 기획자이자 추진한 사람이었다. 동양 역법의 역사를 간추린다면, 서광계 이전과 서광계 이후로 크게 나눌 수 있다.

서광계는 중국 최초로 서양 천문학을 거의 완벽하게 이해한 사람이었다. 그는 서양과학을 중국에 도입했고 중국의 것으로 만들었다. 서광계는 죽기 10일전까지도 역법 개력에 종사를 했던 끈기를 가진 노력가였다. 그는 자신의 후임으로 이천경을 적극적으로 천거함으로써 《숭정역서》의 사실상 완성을 마무리했던 사람이었다. 서양과학에 정통한 아담 샬과 로의 생활비를 지불하기도 했던 예수회 신부의 후원자이기도 했다. 직접 천문관측을 하다가 몸을 다치는 일도 있었다. 사실 서광계는 천문 역법뿐만 아니라, 농학, 수리학, 군사학, 기하학, 외교술 등 다방면에서 뛰어난 업적을 남긴 다재다능한 사람이었다.

우리는 지금까지 《숭정역서》와 서광계에 대해서 간단히 살펴보았다. 보다 상세한 연구는 이후의 과제로 돌리고자 한다. 다행인 것은 우리 연구팀은 《숭정역서》를 기점으로 하고 《역상고성후편》까지 공동으로 연구할 중장기 계획을 세우고 있다. 뿐만 아니라 우리는 우리나라, 중국 및 일본의 역법의 변천과정과 그 내용을 계속해서 연구할 것이다.

참고문헌

한국서

강미경, 2019, "수학적 관점으로 본 서광계의 생애와 사상", 한국수학사학회지, 32(5), 233-240.

강영심, 2005, "17세기 조선의 서양 천문역법 서적 수입과 천문 역법인식의 변화 : 서양역법인 시헌력 수용을 중심으로", 이화사학연구, 32, 73-98.

구만옥, 2012, "숙종대의 과학과 실학; 숙종대(1674-1720) 천문 역산학의 정비", 한국실학연구, 24, 279-327.

김슬기, 2016, "숙종 대 관상감의 시헌력 학습 : 을유년 역서 사건과 그에 대한 관상감의 대응을 중심으로", 서울대학교 석사논문.
김슬기, 2017, "숙종 대 관상감의 시헌력 학습 : 을유년(1705) 역서 사건과 그에 대한 관상감의 대응을 중심으로", 한국과학사학회지, 39(3), 435-464.
김형석, 1995, "명말의 경세가 서광계 연구", 경희대학교 박사논문.
남수선, 2009, "문화번역-명말청초 천문번역활동 연구 :《숭정역서》를 중심으로", 숭실대학교 석사논문.
박권수, 2009, "규장각 소장 명말청초 역산서". (규장각한국학연구원 홈페이지. 2020.01.03. 인출)
서광계, 최형섭 역, 2010,『서광계 문집』, 지식을만드는지식.
신민철, 2007, "명대 천문 '사습'의 금지와 역법관의 재정립", 서울대학교 석사논문.
안상현, 2010, "외규장각에 소장되어 있었던 천문학 관련 도서", 규장각, 37, 289-320.
유경로, 1983, "조선조 후반기의 천문학", 한국과학사학회지, 5(1), 126-131.
윤주영, 1998, "중국본 서학서의 한국 전래에 관한 문헌적 고찰", 전남대학교 석사논문.
전용훈, 2002, "17-18세기 서양과학의 도입과 갈등 : 시헌력 시행과 절기배치법에 대한 논란을 중심으로", 동방학지, 117, 1-49.
전용훈, 2004, "조선후기 서양천문학과 전통천문학의 갈등과 융화", 서울대학교 박사논문.
전용훈, 2017,『한국천문학사』, 들녘.
정성희, 1995, "조선후기 시헌력 도입과 그 영향", 한국학대학원논문집, 10, 171-193.
정성희, 2001, "조선후기 시헌력의 정착 과정", 청계논총, 3, 1-25.
정성희, 2005,『조선시대 우주관과 역법의 이해』, 지식산업사.
조창록, 2012, "조선 실학에 끼친 서광계의 영향-서유구 가문을 중심으로", 史林, 41, 101-118.
최소자, 1981, "17, 18세기 한역 서학서에 대한 연구 : 중국과 한국의 사대부에게 미친 영향", 한국문화연구원논총, 39, 79-114.
최소자, 1987, "명말 지식인 서광계(1562-1633)의 서학 수용태도", 한국문화연구원논총, 52, 159-180.
祝平一, 이혜정 역, 2009, "서울대학교 규장각 소장《숭정역서》와 관련 사료 연구", 규장각, 34, 231-249.
한연정, 2000, "마테오 리치와 交流한 漢人士大夫에 대한 考察", 이화여자대학교 석사논문.

중국서

潘鼐 편, 2009,《崇祯历书 : 附西洋新法曆書增刊十種》, 上海古籍出版社.
施宣圆, 1983,〈徐光启的科学思想〉, 史学月刊, 5, 36-40.
吴德铎, 1982,〈毕生献身科学的徐光启〉, 自然杂志, 3, 44-48.

王重民, 1962,《徐光啟集》, 上海古籍出版社.
朱亚宗, 1990,〈科学的创造者与文化的迷失者—徐光启历史角色新探〉, 自然辩证法通讯, 2, 64-66.
朱維錚, 李天綱, 徐光啓 撰, 2010,《徐光啓全集》, 上海古籍出版社.
祝平一, 2009,〈首爾大學奎章閣藏《崇禎曆書》及 其相關史料研究〉, 奎章閣, 34, 250-262.
何兆武, 2004,〈明清之际中国人的科学观—以徐光启为例〉, 北京行政学院学报, 4, 74-79.

일본서

橋本敬造, 1981a,〈《崇禎曆書》の成立と科学革命〉, 関西大学社会学部紀要, 12(2), 67-84.
橋本敬造, 1981b,〈明末の中国に伝えられた科学革命の成果〉, 関西大学社会学部紀要, 13(1), 73-86.
橋本敬造, 2003,〈徐光啓にみる改暦事業と儒教の理論〉, 関西大学社会学部紀要, 34(3), 93-108.
史習雋, 2012,〈中国·日本における徐光啓研究 : 伝記, 学術, 信仰〉, 九州大学 東洋史論集, 40, 23-47.
藪內淸, 1969,《中國の天文曆法》, 平凡社.
藪內淸, 吉田光邦, 1970,《明清時代の科学技術史》, 京都大学人文科学研究所.

제1부

《숭정역서(崇禎曆書)》〈일전역지(日躔曆指)〉[1)]

서양[극서極西] 예수회 선교사[야소회사耶蘇會士] 나아곡(羅雅谷 Gacomo Rho, 1593~1638)이 지음[찬撰].
동회(同會) 용화민(龍華民 Nicolaus Longobardi, 1559~1654)[2)]과
탕약망(湯若望 J. Adam Schall von Bell, 1591~1666)이 함께 검토함[동정(同訂)120].

◎ 〈일전역지〉 '서문과 목차[서목(敍目)]'

1) 《숭정역서》의 첫 편을 〈일전역지〉(태양 이론편)로 시작한 까닭[3)]

(1) '천체의 운행[천행(天行)]'을 헤아리는 기준점[근(根)] 두 가지

① '한 해의 처음[세수(歲首)]'

: 옛 역법에서는 천정동지(天正冬至 직전 해의 동짓날)

② 역원[曆元 역일(曆日)과 모든 천체 운행의 계산 기점(起點)]

: 새 역법에서는 숭정 원년(1628) 동짓날 자정

⇒ 이 두 가지 모두 '태양의 궤도상 위치[일전(日躔)]'를 가지고 정하는 것.

(2) 유독 태양의 위치를 가지고 기준점을 정한 까닭

① 태양의 운행은 본천(本天 deferent)의 운동과 일치하여 변칙이 없이 일정함.

---

1) 판나이 휘집(潘鼐彙集), 《숭정역서 부 서양신법역서 증간 10종(崇禎曆書附西洋新法曆書增刊十種)》 상(上), 상해고적출판사(上海古籍出版社), 2009, 39~61면. 이는 프랑스 국가도서관 소장본(《숭정역서》 초기본)을 저본으로 영인한 것이다.

2) 청초(淸初)의 판본인 《서양신법역서》본에는 검토자의 명단에 용화민(龍華民)이 들어있지 않다. 石云里 · 褚龙飞, 《崇禎曆書合校》, 中國科學技術大學出版社, 2017, 395면.

3) 서문에 서술된 내용이다. 이후에도 '보충자료'와 각주, 그리고 용어의 의미 또는 영문 명칭, 연도 등을 부기한 간주(間註)를 제외하고는 모두 원문의 내용을 정리한 것이다.

cf, 오성과 달은 본천의 운동에 소륜(小輪 epicycle)의 운동이 더해짐

→ 황위(黃緯)를 고려해야 하고, 역행과 유(留) 등 복잡한 겉보기운동.

cf, 항성의 세차운동은 주기 25,200여년[4]이 너무 길고, 이 역시 춘분점 등 태양의 위치를 기준으로 나타내야 하며, 고금(古今)의 관측치가 균일하지 않음.

② 태양은 빛이 강하고 시차(視差)가 작아서 관측하기 편리함.

cf, 항성[성(星)][5]은 빛이 약하여 관측하기 어려움.

cf, 달은 시차(視差)가 커서 일 · 월식 때 태양의 경도를 이용해야 정확한 위치를 알 수 있음.

2) 〈일전역지〉(태양 이론편)에서 삭(朔)과 세차(歲差)를 다루지 않은 까닭

① 삭은 태양과 달의 위치 관계를 논해야 하므로 달 운동을 논한 뒤에 다룸.

② 세차는 태양과 항성의 위치 관계를 논해야 하므로 항성을 논한 뒤에 다룸.

3) 〈일전역지〉의 목차

제1장. 남북선(南北線 자오선) 정하기.

제2장. 북극출지도분(北極出地度分 관측지의 위도) 정하기.

제3장. 청몽기차[(淸蒙氣差 대기 굴절에 의해 발생하는 시차(視差)]에 대하여.

제4장. 해마다 달라지는 황도와 적도 사이의 거도[距度 도수(度數)로 나타낸 거리] 구하기.

제5장. 춘분과 추분 때 태양의 본도[本度 일륜본천(日輪本天, 태양궤도) 상의 경도].

제6장. 태양의 평균운행(平行)과 실제운행(實行).

제7장. 태양의 원지점[최고(最高)] 및 양심차(兩心差 두 중심 사이 거리)[6] 구하기.

---

4) 현대 천문학에서 세차운동의 주기는 약 25,800년.

5) 이 부분의 원문은 항성(恒星)을 '星'으로, 태양계 안의 행성(行星)을 '曜'로 구분하여 지칭하고 있다.

6) 여기서의 양심차 E는 현재 이심률 e의 2배에 해당하는 개념이다. 즉 $E=2e$이다.

제8장. 태양의 시차(視差 parallax), 태양과 지구 사이의 거리, 가감차(加減差) 구하기.

제9장. 일차(日差 equation of time, 균시차)에 대하여.

보충자료 1 메티우스(Metius, 1571~1635)의 《천문학 강요》와 〈일전역지〉의 목차 비교

〈일전역지〉의 목차는 메티우스의 《천문학 강요》[*Institvtionvm astronomicarum tomi tres*. (Franeker : A. Radaeus, 1608)] 제4책에 수록된 태양운동 이론과 비교할 수 있다. 메티우스는 네덜란드 출신으로 프라네커 대학에서 수학과 항해술, 군사공학, 천문학 등을 가르쳤다. 아버지는 355/113이라는 원주율 값을 발견했고 동생 야콥과 함께 광학 기구를 제작했는데, 티코 브라헤가 이 기구들을 사용했다.

1608년에 출판된 《천문학 강요》를 살펴보면 제목에는 3책으로 나오지만, 서문 후에 전체 내용을 개관할 때에는 제4책에서 저자가 만든 새로운 기구들과 이 기구들을 통해 항성의 위치와 태양의 운동을 관측하는 방식에 대해 다룬다고 기록되어 있다. 실제로 제4책은 쪽수를 표기하지 않고, 새로 만들어진 기구들을 다룬 다음, 제1쪽부터 관측천문학의 실제를 다룬다("우리가 관측[천문학]이라고 부르는 천문학 수행의 다른 부분" Praxeos Astronomiae pars altera, quam observatricem diximus). 이 책의 순서는 〈일전역지〉와 유사하다. 제4책의 내용은 모두 7장으로 구성되어 있는데, "제7장 행성의 운동에 대해, 특히 태양의 이론에 대해"(De motu Planetarum & primum de Theoria Solis)는 별도의 책[《태양의 이론과 운동에 대해》 *De theoria et motvs Solis liber singvlaris*(Amsterdam : G. Blaeu, 1633)]으로 출판되기도 했다.

다음 표에서 나타난 바와 같이 메티우스의 제4책의 처음 4장은 〈일전역지〉의 순서와 같다. 하지만 〈일전역지〉가 메티우스 책의 번역이라고 보긴 어렵다. 처음 4장도 다른 부분이 상당히 있기 때문이다. 메티우스는 〈일전역지〉의 저자인 나아곡(羅雅谷, Gacomo Rho)이 참조한 책 중의 하나이다. 나아곡은 메티우스의 영향을 받아 〈일전역지〉에서 태양의 실제적인 운동을 다루기 전에 자오선과 북극고도와 굴절 등 관측천문학의 기본적인 내용을 먼저 다뤘다고 이해할 수 있다.

〈표 1〉 메티우스의 태양운동 이론과 〈일전역지〉 목차 비교

메티우스의 《천문학 강요》 제4책	〈일전역지〉
CAP. 1. Lineam meridianam, polique elevanem in proposita regione, per usum quadrantis azimuthalis, ad amussim inquirere 해당 지역에서 방위각 사분의를 사용하여 자오선과 북극고를 구함	제1장. 남북선(南北線, 자오선) 정하기. 제2장. 북극출지도분(北極出地度分, 관측지의 위도) 정하기.
CAPUT 2. Refractiones tam in sole quam in stellis cælitus pervestigare 하늘의 별과 같이 태양에서도 굴절을 발견함	제3장. 청몽기차(淸蒙氣差, 지구의 대기에 의해 발생하는 시차(視差))에 대하여.
CAPUT 3. De obliquitate eclipticae & distantiae tropicorum, quomodo capiantur. 어떻게 황도경사각과 적위를 구할 수 있는가	제4장. 해마다 달라지는 황도와 적도 사이의 거도(距度, 도수度數로 나타낸 거리) 구하기. 제5장. 춘분과 추분 때 태양의 본도(本度, 태양궤도[일륜본천(日輪本天)] 상의 경도).
CAPUT 4. Declinationem solis & reliquarum stellarum, una cum loco solis in zodiaco, circa equinoctiorum tempora, per observations inquirere. 황도에서 태양의 위치와 함께 태양과 나머지 별의 적위를 분점 경에 관찰을 통해 구함	
CAPUT 5. Quomodo ingens ille Astronomiæ restaurator Tycho Brahe situs, & loca stellarum fixarum per solem; mediante veneris stella accurata restitutione verificarit. 어떻게 천문학의 회복자 티코 브라헤가 항성의 자리와 위치를 금성을 매개로 태양을 통해 정확한 원상복귀로 증명했는가	없음
CAPUT 6. De motu Sphæræ octavae per quem stellæ fixæ ab occasu versus ortum feruntur 항성이 서쪽에서 동쪽으로 향하는 제8층천의 운동에 대해	없음
CAPUT 7. De motu Planetarum & primum de Theoria Solis 행성의 운동과 첫째 태양 이론	제6장. 태양의 균속평균운행[평행(平行)]과 실제운행[실행(實行)]
1. De Hypothesi Solis per 2. Eccentricum tantùm circulum explicata. 이심원을 통해 설명되는 태양의 가설에 대해	
3. De equali & simplici Soli motu & de vera anni quantitate pervestiganda. 균일하고 단순한 태양의 운동과 1년의 참 길이를 찾아내야 하는 것에 대해	
4. Quomodo ex ipso cælo observari debeat tempus ingressus Solis ad puncta æquinoctialia docet Reg. in Epitomen Almag. Ptol pr. 1. lib. 3. in hunc ferè modum 어떻게 하늘에서 태양이 분점에 들어가는 시간을 관찰할 수 있는지 프톨레마이오스 《알마게스트 요약》 제3권 제1문은 대략 다음과 같은 방식으로 가르친다.	

메티우스의 《천문학 강요》 제4책	〈일전역지〉
5. De constructione tabularum aequabilium motuum. [태양의] 균일 운동표를 만드는 것에 대해	
6. Vsus Tabularum praedictarum Distantiam Solis tum ab aequinoctio verno, tum ab Apogæo & summa abside, ad propositum horum quatuor saeculorum tempus, juxta motum medium numerare [태양의] 평균운동에 따라 춘분점에서나 원지점이자 최고점으로부터 우리 시대의 4절기까지의 태양의 거리를 계산하는 예측표의 사용	
7. Dato medio Solis loco tum ab apogæo tum ab æquinoctio verno, verum ejus ad Zodiacum situm expiscari 원지점이나 춘분점으로부터 태양의 평균 위치가 주어질 때, 황도에서 태양의 실제 위치를 찾는 법	
8. Apogæi locum, & eccentrici quantitatem per observationes coelitas deducere. 원지점의 위치, 이심률을 하늘의 관찰을 통해 끌어내는 법	
9[8] Alia praxis inquirendi Apogæum & eccentricitatem idque per observationes magis ratas, 크게 상상된 관찰을 통해 원지점과 이심률을 찾는 다른 실천	
10.[9.] Apogæum & Eccentricitas Solis ad haec tempora a Nobili Tychone Brahe investigata & restituta 티코 브라헤에 의해 조사되고 원상복구한 우리 시대의 태양의 원지점과 이심률	제7장. 태양의 원지점[최고(最高)] 및 이심률(두 중심 사이의 거리[양심차(兩心差)]) 구하기.
11[9] Prosthaphaeresin Solis, in quovis circuli Eccentrici loco, ex ratiocinio Triangulorum Planorum cognoscere 삼각형 원리로부터 이심원의 위치에서 태양의 가감차를 아는 법	
12[10] Quid sit Epocha & quomodo eadem tabulis mediorum motuum accommodetur. 역원이 무엇이며, 어떻게 이것을 평균운동표에 맞추는가?	
13[11] Apogæi locus, solisque, eccentricitas nostris instrumcntis anno 1607. quam diligentissime observata. 1607년에 대해 우리 기구로 매우 엄밀하게 관찰한 원지점과 태양의 위치	없음
없음	제8장. 태양의 시차(視差, parallax), 태양과 지구 사이의 거리, 가감차(加減差) 구하기.

제1장 남북선(南北線 자오선) 정하기

1) 남북선을 그리는 첫째 방법

표(表 gnomon)를 세우고 춘분날 또는 추분날 정오 전후에 푯대의 그림자 끝마다 점을 찍은 후, 그 점들을 직선으로 이으면 곧 묘유선(卯酉線 정동과 정서 방향의 선)이 됨. 이 선에 수직인 선을 그으면 곧 남북선이 됨.

- 춘 · 추분날에는 태양이 적도를 따라 운행하므로 그 아래 세운 푯대 그림자는 아침부터 저녁까지 오직 하나의 직선을 그림.
- 춘 · 추분날 하루 전이나 하루 후도 무방함. 이때도 표(表)의 그림자 끝을 이은 선이 거의 직선임.

2) 남북선을 그리는 둘째 방법

임의의 날 오전에 상한의(象限儀 고도 측정용 각도기)를 이용하여 태양의 고도를 측정하고, 표(表)의 그림자 끝에 점을 찍음. 오후에 상한의를 사용하여 태양의 고도가 오전의 고도와 같아지는 순간을 알아내고, 그 순간에 표(表)의 그림자 끝에 점을 찍음. 두 점을 이은 직선이 묘유선(卯酉線)이 되므로, 이 선에 수직인 선을 그으면 곧 남북선이 됨.

- 고도가 같은 동 · 서쪽의 두 지점은 자오선으로부터 경도(經度 지평좌표계에서의 경도, 곧 방위각)[7] 차가 같으므로 두 점 사이를 이등분한 선이 곧 자오경권(子午經圈 지평좌표계에서 수직권 중 하나인 자오선 대원)이 됨.
- 위의 두 가지 방법에 사용하는 표(表)는 표(表)로 쓸 만한 모양이기만 하면 어떤 물건을 사용해도 됨.

---

7) 지평좌표계애 대한 언급에서 원문의 위도(緯度)는 고도(高度 altitude)를 뜻하고, 경도(經度)는 방위각(方位角 azimuth)를 뜻한다.

3) 남북선을 그리는 셋째 방법

임의의 날에 곧은 표(表)를 세우고, 표를 세운 지표상의 점을 중심으로 평행권(平行圈 동심원)을 여러 개 그림. 오전의 어느 순간에 표의 그림자 끝이 닿은 원을 살펴, 그 닿은 곳에 점을 찍음. 오후에 표의 그림자 끝이 다시 그 원에 닿을 때까지 기다려 점을 찍음. 두 점을 연결한 직선이 묘유선(卯酉線)이 되므로, 표를 세운 점으로부터 이 선에 수직한 선을 그으면 곧 남북선이 됨.

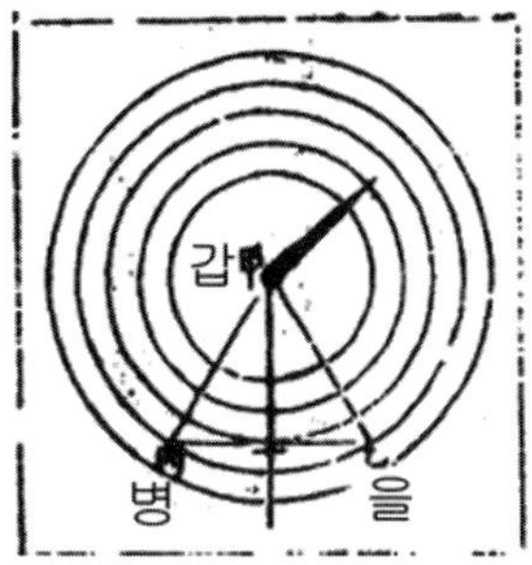

[그림 1] 남북선 그리기

▾ 위의 세 가지 방법으로는 묘유선을 정확히 정할 수 없음. 태양의 운행은 적도의 앞뒤(위 · 아래)로 연속되어, 모두 '닫힌 원[주권(周圈)]'이 아닌 '나선형[나선권(螺線圈)]'을 그리기 때문. 정확한 묘유선을 그리는 방법은 별도로 본법(本法 기본 방법)이 있음.

4) 정확한 묘유선[卯酉線 동서선(東西線)]을 그리는 기본 방법 1

북극에 가장 가까운 별 하나를 택함. **지평경위의(地平經緯儀** 지평좌표계에서 방위각과 고도를 측정하는 관측기구)를 사용하여 이 별이 동쪽과 서쪽으로 가장 치우칠 때의 경도(방위각)를 관측함. 두 점 사이를 이등분하는 방향이 곧 정북(正北) 방향이 됨.

예1) 구진대성(勾陳大星, αUMi 작은곰α)을 이용하면, 하짓날 자시(子時, 23시~01시)에 가장 동쪽으로 치우치고, 동짓날 자시에 가장 서쪽으로 치우침.

예2) 구진 제5성(γUMi, 작은곰γ)을 이용하면, 동짓날 유시(酉時, 17시~19시)에 가장 서쪽으로 치우치고, 묘시(卯時, 05시~07시)에 가장 동쪽으로 치우침.

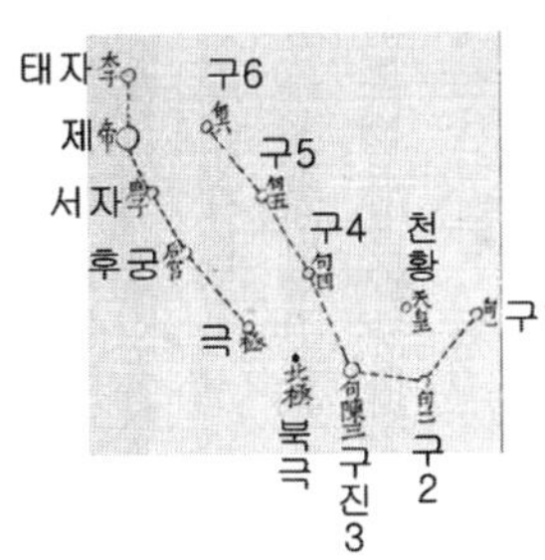

[그림 2] 동서선 그리기 1

5) 정확한 묘유선을 그리는 기본 방법 2

지평경위의가 없으면 두 가지 표(表), 곧 정표(定表 고정용 표)와 유표(游表 이동용 표)를 사용함. 먼저 두 표를 별과 일직선이 되도록 배열함. 별이 점차 동쪽으로 움직이면 유표를 그에 따라 동쪽으로 움직여 더 이상 동쪽으로 가지 않을 때 멈춤. 별이 점차 서쪽으로 움직일 때도 그렇게 함. 그런 다음, 정표와 두 유표를 직선으로 연결하고, 그 사잇각을 이등분하면 정확한 남북선이 됨.

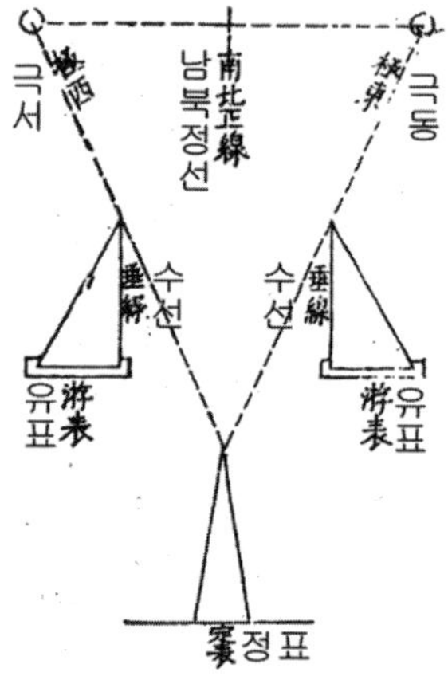

[그림 3] 동서선 그리기 2

▾ 이상의 방법들은 반드시 밤이나 정오 때(정오 전후의 시각) 관측해야 함. 하루 중의 임의의 시각에 사용할 수 있는 별법(別法 기본 방법 이외의 다른 방법)이 있음.

6) 정확한 동서선(東西線)을 그리는 다른 방법

우선 표(表)의 그림자를 따라 직선 하나를 그림. **이 선이 지평선 위의 '태양을 지나는 수직권[태양경권(太陽經圈)]과 일치함**. 관측기구를 이용하여 '태양의 고도[일궤고(日軌高)]'를 측정하여 정확한 남북선을 얻음.

▾ 이 방법에 대한 기하학적 설명

① 대원 '갑을병정'을 그리고 그 중심을 '무'로 표시하면

$\overline{갑병}$: 지평선

$\overline{병기}$: 관측지에서 천구의 적도가 지평선 위로 올라온 도수

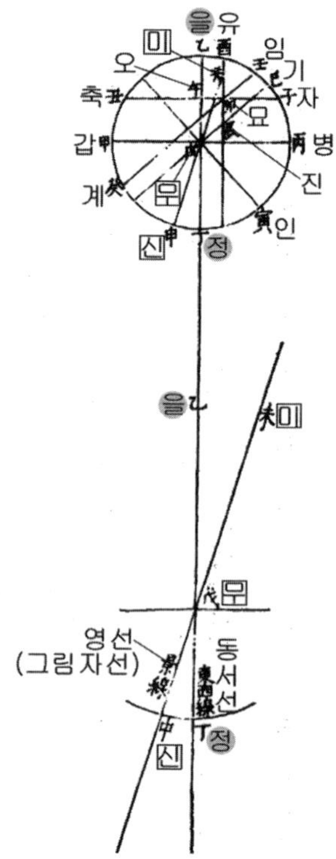

[그림 4] 동서선 그리기 3

기무 : 천구의 적도

기임 : 관측시각의 '태양의 적위[일전리적도거도(日躔離赤道距度)]'

임계 : 등적위선[적도거등권(赤道距等圈)]

병자 : 관측시각의 '태양의 고도[일궤고(日軌高)]'

자축 : '태양을 지나는 등고도선[태양위권(太陽緯圈)]'

묘 : 등고도선 자축과 등적위선 임계의 교점[8]

유묘진 : '묘'로부터 지평선 갑병에 내린 수선의 연장선

자오 : 등고도선 자축의 절반

미무 : 중심 '무'로부터 수선 유묘진까지 길이가 자오와 같도록 그은 사선

미무신: 미무'를 대원 '갑을병정'까지 연장한 선 → 그림자선[영선影線]

을무정 : 동서선

∠미무을 : '동서선~그림자선' 사이의 각도＝∠신무정

② 그림자선으로부터 ∠미무을 만큼 벌어진 선을 그리면 정확한 동서선이 됨.

- 관측 당일 태양의 적경[궁도(宮度)]과 북극출지도(북극고도)는 저녁이나 밤에 항성을 이용하여 관측하기도 함. 이에 대한 설명은 '해당 부분의 논의[본론(本論)]'를 보라. 일백(一百)가지 방법이 있음.

8) 태양이 '묘' 점에 있는 것이다.

보충자료 2 동서선 구하기의 기하학적 도해

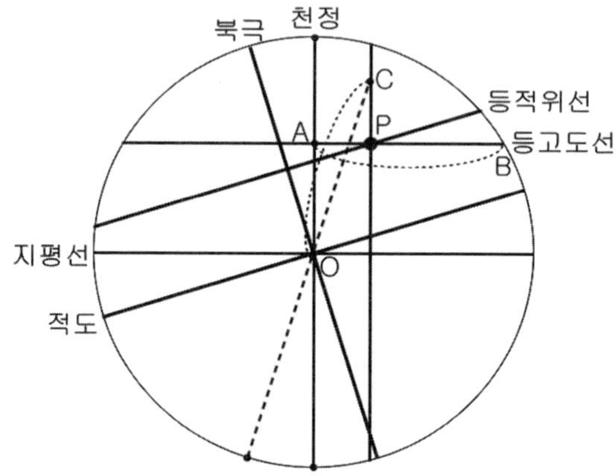

[그림 5] 동서선 그리기 4

[그림 5]는 본문의 동서선 구하기 도해를 다시 그린 것이다. 지평선과 '천정-천저'선이 중심에서 수직으로 교차하고, 적도선과 '북극-남극'선이 역시 중심에서 수직으로 교차하며, 태양을 지나는 등적위선과 등고도선이 P점에서 교차한다. 결국 이는 지평좌표계에 적도좌표계를 겸하여 표시한 태양의 위치를 정서에서 정동 방향으로 평면투영한 그림이다. 지평선의 왼쪽 끝점이 정북, 오른쪽 끝점이 정남이며 중심 O에 정동과 정서가 겹쳐 투영되었다. 평면 투영하기 전의 모습은 [그림 6]과 같다.

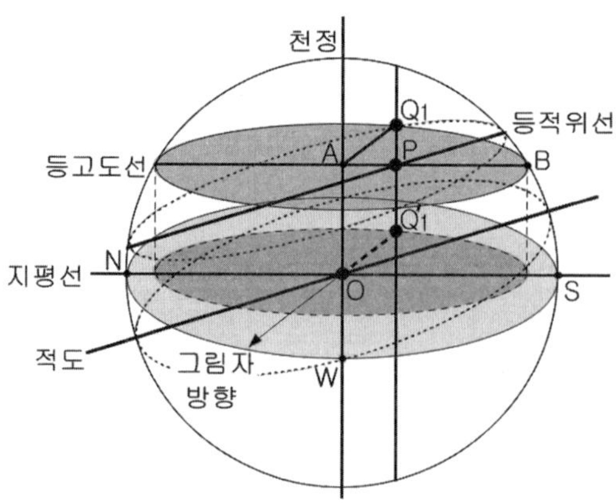

[그림 6] 동서선 그리기 5

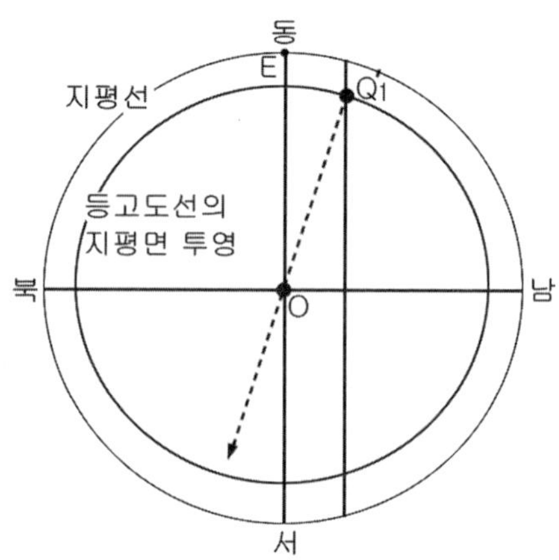

[그림 7] 동서선 그리기 6

[그림 5]의 P에 투영된 태양의 실제 위치는 [그림 6]에서 Q_1이다. 태양이 Q_1에 있을 경우, Q_1과 B를 지나는 등고도선은 천구상의 소원이므로 $\overline{AB}=\overline{AQ_1}$이다. 또 [그림 6]의 등고도선을 지평면에 수직으로 투영하고 천정에서 내려다본 것이 [그림 7]인데, A는 O에, Q_1은 Q_1'에 투영되어 $\overline{AQ_1}=\overline{OQ_1'}$이므로, 결국 $\overline{AB}=\overline{OQ_1'}$가 된다. 그리고 [그림 6]에서 태양 Q_1이 중심의 $\overline{OA}$를 비추면 그림자가 $\overline{OS}$ 방향으로 드리워진다. 따라서 [그림 7]에서 그림자의 방향과 '동-서'선의 사잇각이 $\angle Q_1'OE$이 된다. [그림 7]의 Q_1'가 [그림 5]의 C이므로, [그림 5]에서 $\overline{OC}=\overline{AB}$가 되도록 C점을 잡으면 $\angle AOC$가 그림자의 방향과 '동-서'선의 사잇각이 된다. 실제 그림자의 방향을 관측하고 이 각만큼 회전한 방향을 잡으면 곧 동서선이 된다. [그림 5]는 결국 지평좌표계와 적도좌표계의 평면 투영도에다 천정에서 내려다본 지평면까지 겸하여 나타낸 것이다. 본문에서는 태양이 자오선 이전의 Q_1에 있는 경우만 언급하였으나 자오선 이후의 Q_2에 있을 때도 정서에서 정동 방향으로 투영하면 P점이 된다. [그림 8], [그림 9]는 이 경우를 나타낸 것이다.

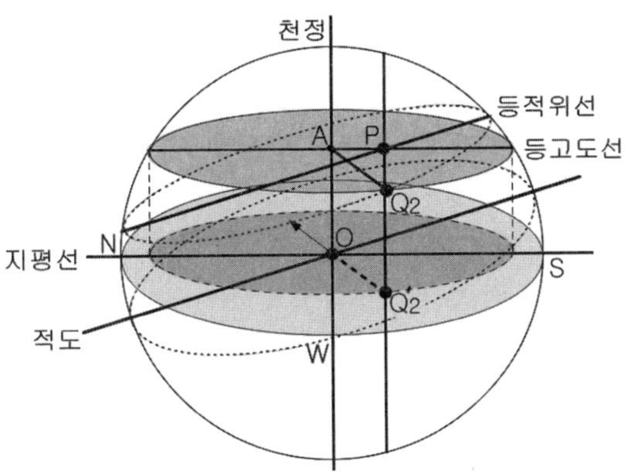

[그림 8] 동서선 그리기 7

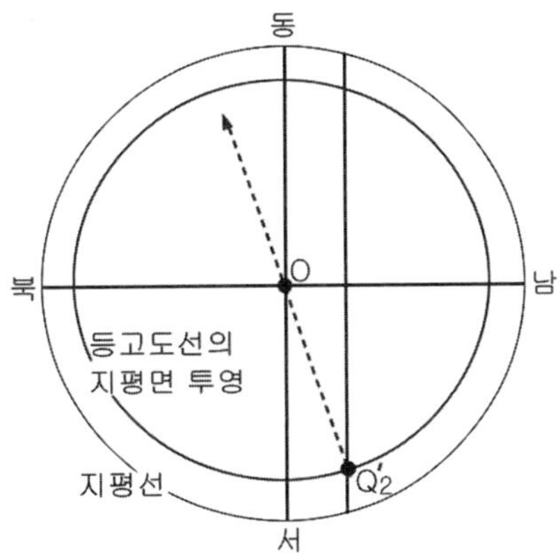

[그림 9] 동서선 그리기 8

보충자료 3 동서선 구하기의 해석학적 접근

위도 ϕ인 지점에서 시간각이 h인 경우, 적위가 δ인 천체의 고도 a는

$$\sin a = \cos h \cos \delta \cos\phi + \sin \delta \sin \phi \tag{1}$$

이다([부록 1] 참조). 방위각 A는

$$\sin A\cos a=\sin h\cos\delta \tag{2}$$
$$\cos A\cos a=\cos h\cos\delta\sin\phi-\sin\delta\cos\phi \tag{3}$$

이다. 하루 동안 천체의 적위 δ와 관측자의 위도 ϕ가 일정할 때, (1)식을 다음과 같이 바꾸어

$$\cos h\cos\delta=\frac{\sin a-\sin\delta\sin\phi}{\cos\phi} \tag{4}$$

(3)식에 대입하면

$$\cos A\cos a=\sin a\tan\phi-\frac{\sin\delta}{\cos\phi} \tag{5}$$

가 되어 천체의 고도 a에 따라 천체의 방위각 A가 정해진다. 이때 $A-90°$가 동서선과 이루는 각도가 된다.

이제 [그림 10]에서

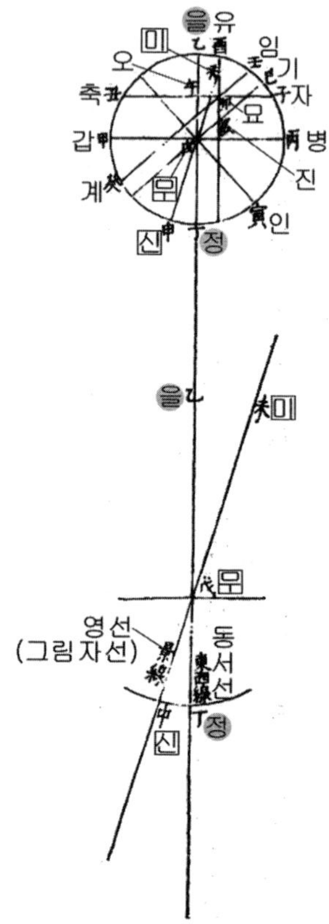

[그림 10] 동서선 그리기 9

$$\angle 자병=a \tag{6}$$
$$\angle 기병=90°-\phi \tag{7}$$
$$\angle 임병=90°-\phi+\delta \tag{8}$$

이기에 $\overline{자오}=\cos a=\overline{미무}$ 이다.

그런데 태양이 '미'에 위치해 있을 때, 태양의 방향은 그림자선의 방향과 180°를 이룬다. 따라서

$$\angle 신무정=\angle 미무을=A-180°-90°=A-90°$$

이기에 $\overline{미무}\sin(A-90°)=\overline{오묘}$ 이다. 따라서

$$\overline{오묘} = \cos a \cos A \qquad (9)$$

가 된다. 이제 [그림 11]과 같이 점 '임'에서 $\overline{갑병}$에 수선을 그려 만나는 점을 p라 하면,

$$\overline{임p} = \sin(90^\circ - \phi + \delta) = \cos(\phi - \delta) = \cos\phi\cos\delta + \sin\phi\sin\delta \qquad (10)$$

$$\overline{무p} = \cos(90^\circ - \phi + \delta) = \sin(\phi - \delta) = \sin\phi\cos\delta - \cos\phi\sin\delta \qquad (11)$$

이 되고, [그림 11]과 같이 $\overline{기무}$ 직선의 식 $y = \cot\phi\, x$와 $x = \overline{임p}$ 직선이 만나는 점을 q라 하면 $\overline{임q} = \overline{임p} - \overline{qp}$이다. 그런데 $\overline{qp} = \cot\phi \times \overline{무p}$이기에

$$\overline{qp} = \cos\phi\cos\delta - \frac{\cos^2\phi\sin\delta}{\sin\phi} \qquad (12)$$

[그림 11] 동서선 그리기 10

이다. 따라서

$$\overline{임q} = \frac{\sin\delta}{\sin\phi} \qquad (13)$$

이다. 이제 $\overline{임계}$ 직선의 식은 $y = \cot\phi\, x + \dfrac{\sin\delta}{\sin\phi}$이기에 이 직선과 $\overline{자축}$ 직선인 $y = \sin a$와 만나는 점이 '묘'이다. 따라서 $\overline{오묘}$의 길이는

$$\overline{오묘} = \left(\sin a - \frac{\sin\delta}{\sin\phi}\right)\tan\phi = \sin a\tan\phi - \frac{\sin\delta}{\cos\phi} \qquad (14)$$

이다. 이를 (9)식과 같이 놓으면, (5)식과 같다. 따라서 위의 기하학적인 방법을 이용하여 동서선을 구하는 것과 일치한다.

제2장 북극출지도분(北極出地度分 북극고도 곧 관측지의 위도) 정하기

1) 북극출지도를 정확히 정해야 하는 이유

일 · 월의 위치와 오성의 행도(行度 운행 도수) 등을 추보(推步)할 때, 모든 관측과 추산(推算)에 북극출지도가 사용되기 때문.

- 유사 사례) 춘 · 추분날 정오에 관측한 '태양의 고도[일궤고(日軌高)]'에 1분의 오차가 있을 경우, 이 값을 가지고 태양의 경도를 계산하면 반드시 3분【2.5분】[9]의 오차가 발생하고, 원지점[최고(最高)]을 계산하면 반드시 1도 남짓의 오차가 발생하여, '태양궤도 상에서 태양의 행도[일전행도(日躔行度)]'를 정확히 구할 수 없음. 부정확한 태양의 행도를 가지고 정한 동지 시각과 하지 시각 등은 모두 잘못될 수밖에 없음.

보충자료 4 춘·추분날 정오 태양의 고도 오차에 따른 경도 오차

위도가 ϕ인 지역에서 적위가 δ인 천체가 남중할 때의 고도 $a=90^\circ-\phi+\delta$ 이다. 만약 춘 · 추분날 정오에 관측한 '태양의 고도'에 1분의 오차를 Δa라 하자. 그 지방의 위도는 일정하기에 $\Delta a=\Delta\delta$ 즉 적위의 오차가 된다. 그런데 황도와 적도의 사잇각이 ε인 경우, 태양의 황경λ와 적위 δ의 관계는 $\sin\delta=\sin\lambda\sin\varepsilon$이다.

따라서 $\cos\delta\,\Delta\delta=\cos\lambda\,\Delta\lambda\sin\varepsilon$이 되고, $\Delta\lambda=\dfrac{\cos\delta}{\cos\lambda\sin\varepsilon}\Delta\delta$이다. 춘분날 태양의 황경과 적위는 각각 0°, 0°이고, $\varepsilon\simeq 23.5^\circ$ 이기에 $\dfrac{1}{\sin\varepsilon}\simeq 2.5$이다. 추분날도 마찬가지이다. 따라서 이 날 태양 고도 1분의 오차는 엄밀하게는 $\Delta\lambda\simeq 2.5$분 의 오차를 만든다. 하지 근처는 태양의 황경과 적위가 각각 90°, 23.5°이다.

이 근처에서는 $\sin(\delta-\Delta\delta)=\sin(90^\circ-\Delta\lambda)\sin\varepsilon$ 이기에 이 식을 정리하면,

9) "3분의 오차"가 옥스퍼드대본, 우한대(武漢大)본, 규장각본, 《서양신법역서》본에는 모두 "2.5분의 오차"로 되어 있다. 石云里 · 褚龙飞(2017), 398면. 〈보충자료 4〉에 의하면 "2.5분"이 정확한 값이다.

$\cos(\Delta\lambda) \simeq \dfrac{\sin\delta - \Delta\delta\cos\delta}{\sin\varepsilon}$가 된다. 이를 계산하면 $\Delta\lambda \simeq 2.1°$가 된다. 따라서 원지점 근처에서는 이 값보다 조금 작은 값이 될 것이다.

2) 북극출지도를 정하는 방법들

'태양궤도 상에서 태양의 경도[일전경도(日躔經度)]' 또는 어떤 별의 경도를 알면, '정오 때 태양의 고도[오정일궤고(午正日軌高)]' 또는 지평선 위로 떠오르거나 지평선 아래로 떨어질 때 태양의 경도(방위각) 등을 가지고 북극출지도분을 정할 수 있음. '해당 부분의 논의[본론(本論)]'를 보라. 약 50가지 방법이 있음.

3) 북극출지도를 정하는 '기본 방법[本法]'

북극 부근의 별 하나를 정하여, 상한의(象限儀 고도 측정용 각도기)로 그 최대 고도와 최소 고도를 측정함. 두 수의 평균을 취하면 곧 북극출지도분(북극 고도)이 됨.

예) 구진대성(勾陳大星, αUMi, 작은곰α)을 동짓날 유시(酉時)에 관측하면 최소 고도인 37도 남짓이 나오고, 묘시(卯時)에 관측하면 최고 고도인 43도 남짓이 나옴. 두 고도의 차 6도의 절반을 취하면 3도이므로, 이를 최소 고도 37도와 합하여 나온 40도 남짓이 순천부(順天府, 북경)의 북극출지도임.

4) 북극출지도를 정하던 옛 방법

표(表)의 그림자 또는 의기(儀器 관측 기구)를 이용하여 동짓날과 하짓날 태양의 고도를 측정하고, 두 고도의 차를 내어 절반을 취한 수를 하짓날 태양의 고도에서 빼면 적도의 고도가 나옴. 1상한(象限 90도)에서 '적도의 고도[적도고(赤道高)]'를 빼면 곧 '북극의 고도[북극고(北極高)]'가 나옴. 그런데 관측자의 눈이 '지구 중심[지심(地心)]'이 아닌 지표에 있으므로, 이렇게 구한 값은 정확하지 않음.

▾ 지심 고도와 지표 고도의 차가 발생하는 원인과 크기에 대한 기하학적 설명

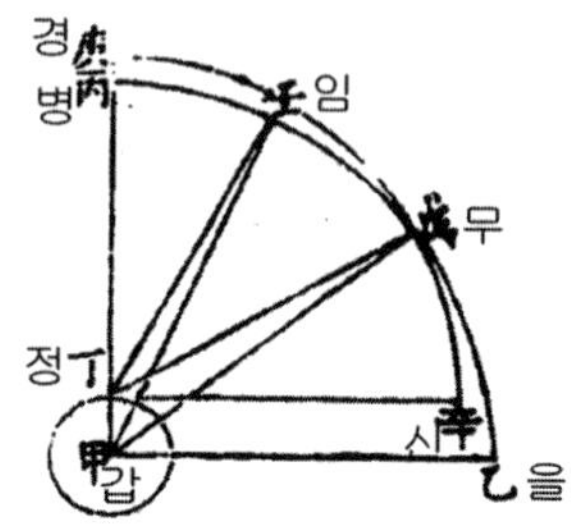

[그림 12] 고도와 시차(視差)

① 태양이 무(戊)에 있을 때(동짓날)

지심고도 = ∠을갑무

지표고도 = ∠신정무

따라서 동짓날 시차(視差) = ∠ 갑무정

② 태양이 임(壬)에 있을 때(하짓날)

지심고도 = ∠을갑임

지표고도 = ∠신정임

따라서 하짓날 시차(視差) = ∠ 갑임정

⇒ 하짓날의 시차가 동짓날의 시차보다 작음.

▾ 그밖에 태양의 고도 측정에 영향을 미치는 요소

① 푯대의 그림자를 이용하여 고도를 측정할 때 푯대 끝 그림자의 정확한 위치를 정하기 어려움.

② '태양궤도원의 반경[일륜반경(日輪半徑)]'에 차이가 있음.

③ 청몽기차(淸蒙氣差) : 다음 장에서 다룸.

⇒ '대략적인 [약률(略率)]'에 의존하여 태양의 고도를 결정해서는 안 됨.

5) 세차(歲差) 현상, 태양의 원지점 이동, 양심차 변화에 대한 입장

(1) 전통적인 세차 개념과 서양역법에서 세차 개념

① 전통적인 세차 개념

'동일 절기 때 28수 상에서 태양의 위치[일전열수(日躔列宿)]'가 점차 서쪽으로 이동하는 현상.

② 서양역법에서 세차 개념

28수가 동쪽으로 운행하는 도분(度分 도수와 분수). 태양이 실제로 서쪽으로 이동하는 것이 아님.

(2) 태양의 원지점[최고(最高)]이 동쪽으로 회전함.

(3) 두 중심(지구 중심과 태양궤도 중심) 사이의 거리(양심차)도 일정하지 않음.

⇒ (북극에) 가까운 별의 거극도(去極度 북극부터 별까지 거리)가 달라짐.

(4) 그러나 세차운동과 원지점의 이동은 모두 그 주기가 1만~2만년이므로 '1도/수십년'의 속도에 불과함.

⇒ 움직임이 미미하고 속도가 아주 완만하여, 수년 사이에 변화를 측정하기 어려움.

⇒ **결론** : 오랜 세월 측정치가 쌓여 분명한 이동이 발견된 후에 '계산법에 따라 값을 다시 정해도[의법경정(依法更定)]' 늦지 않음.

제3장 청몽기차[淸蒙氣差 대기굴절에 의해 발생하는 고도 시차(視差)]에 대하여

1) 청몽기차의 발견

(1) 티코 브라헤가 '태양 행도[일전행도(日躔行度)'의 이치를 밝혀내고자, 모양이 각기 다른 관측기구 10종을 제작하여 정밀한 관측을 수행함. 그런데 정밀한 관측기구로 측정한 북극출지도분과 옛 방법(동짓날과 하짓날 태양의 고도 차에서 중간값을 취함)으로 관측한 북극출지도분의 차이가 4분에 이름.

(2) 티코 브라헤가 큰 혼의(渾儀 armillary sphere) 하나를 만들고 그 혼의의 황도(黃道)에 아주 가느다란 규통[闚筩, 闚筒 이것을 통해 별을 볼 수 있게 한 관(管)]을 설치하여, 하짓날 정오에 태양을 관측하고 또 수시로 태양의 방위각[경도(經度)]과 고도[위도(緯度)]를 관측한 결과, **혼의로 측정한 고도[위도]가 계산으로 나온 고도[위도]보다 항상 높음.**

⇒ '실제 고도[실고(實高)]'는 '겉보기 고도[시고(視高)]'보다 낮으며, 이 고도 차는 청몽기(淸蒙氣)에 기인함을 알게 됨.

2) 청몽기(淸蒙氣)의 정의와 성질, 작용

(1) 청몽기의 정의

땅 속에 있던 유기[游氣 부동(浮動)하는 미세 물질]가 지표면과 공기 중으로 피어 올라온 것.

(2) 청몽기의 성질

밤이 되면 많아지고, 수면 위에 더욱 많음. 가볍고 미세하며 맑디맑은 물처럼 투명함. 물체를 안 보이게 가리지는 못하나, 작은 물체를 크게 보이도록,

낮은 곳에 있는 물체를 높은 곳에 있는 것처럼 보이도록 굴절시킴.

(3) 청몽기의 작용 예시

① **작은 물체를 크게 보이도록** 하는 경우
태양과 달이 뜨고 지는 것을 지표의 관측자가 바라보면, 태양과 달이 중천에 떠 있을 때보다 커 보임.

② **낮은 곳에 있는 것을 높은 곳에 있는 것처럼 보이도록** 하는 경우

a. 보름날에는 지구가 해와 달의 정중간에 있으므로 이론적으로는 지표면의 관측자가 해와 달을 동시에 볼 수 없는데, 항상 동시에 볼 수 있음.

b. 해가 서쪽으로 지기 전에 동쪽 지평선 위에서 월식이 보이기도 함.

c. 해가 동쪽 지평선 위로 떠올랐는데 서쪽 지평선 위에서 여전히 월식이 보이기도 함.

d. 높은 산 위에서 해와 달이 뜨고 지는 것을 보면 역가(曆家)들이 산정해 놓은 시각보다 늘 먼저 뜨고 늦게 짐.

(4) 청몽기의 작용과 유사한 굴절 실험 예시

낮은 곳에 있는 것을 높이 있는 것처럼 보이게 하는 경우

① 동전 하나를 빈 잔 바닥에 놓고, 잔으로부터 점점 멀어져 가면 잔의 벽에 의해 동전이 점차 가려짐.

② 동전이 완전히 보이지 않을 때 멈춰 섬.

③ 잔에 물을 반쯤 채우면 동전이 절반쯤 보이고, 잔에 물이 가득차면 동전이 다 보임.

3) 청몽기와 청몽기차

(1) 청몽기의 후박(厚薄), 고하(高下)와 청몽기차의 크기

① 땅속의 유기(游氣)가 성함 → 청몽기가 짙고[후(厚)] 높이[고(高)] 피어오름 → 더 크게, 더 높게 굴절시킴(청몽기차가 큼).

② 땅속의 유기(游氣)가 줄어듦 → 청몽기가 엷고[박(薄)] 낮게[하(下)] 피어오름 → 덜 크게, 덜 높게 굴절시킴(청몽기차가 작음).

(2) 청몽기가 짙고[厚] 높이[高] 피어오르는 곳

① **바다, 강, 호수** : 대기 중에 '수증기[수기(水氣)]'가 많음.

② 수분이 적어 흙먼지가 날리는 곳 : 대기 중에 가벼운 먼지가 많음.

예) 바다로 둘러싸인 고위도 지역에서 겨울에 크게 나타난 청몽기차 : 1597년(만력 25년 정유년) 서양의 북쪽 지역 사람이 바다를 항해하다가 낙와생팔랍(諾瓦生八納 : Novaya Zemlya, Nova Zembla 러시아 북부) 땅에 다다름. 그곳의 북극출지도(위도)는 76도 남짓이고, 때는 태양이 대한(大寒)에 들어선 후 4도 지점을 지나고 있었음. 종동법(宗動法)에 따르자면 동지 후 52일에 해가 떠야 함. 그런데 그보다 13일 전에 해가 떠서[10] 29도의 차이가 남. 그 때 실제 태양은 지평선 아래 5도에 있었는데, 이 지역이 큰 바다 가운데 있어서 청몽기[몽기(蒙氣)]가 매우 성하였고, 태양이 오래 지평선 아래에 있어서 그 습기를 제거하지 못하였기 때문에 더욱 크게 굴절시켜 13일 전에 해가 뜬 것임.

---

10) 위키피디아의 기사(htts//en.wikipedia.org//wiki/novaya_Zemlya_effect)에 따르면 양력 1월 27일에 해가 온전히 동그랗게 보였는데, 이 날은 계산값보다 2주일 앞선 때였으므로, 계산상으로는 양력 2월 10일에 떠야 했던 것이다. 여기서는 양력 2월 10일을 동지 후 52일로, 시간차 2주일을 13일로, 해가 처음 보이기 시작한 1월 24일을 '대한 후 4일'로 표현하였다. 해가 온전히 보인 양력 1월 27일은 생략한 것이다.

보충자료 5 노바야젬랴(Novaya Zemlya) 효과

이는 지구 대기 온도가 대규모로 역전이 일어났을 때 대기의 굴절효과로 발생하는 신기루(mirage)로 인하여 이미지가 왜곡되는 현상이다. 태양빛이 적어도 400 km 정도를 지구 곡률을 따라 굽어져야 태양이 5°정도 상승해 보인다. 위도 76도의 위치에서 지평선 아래 5도에 있던 태양이 떴다면, 그 때가 태양이 남중했을 때이고, 그 때의 태양의 적위는 -19도였을 것이다. $\sin\delta = \sin\lambda \sin\varepsilon$을 이용하여 그 때의 태양의 경도는 대략 -54.73도이다. 동지 때의 태양의 경도는 -90도이므로 그 차이는 대략 35.27도(본문에는 29도로 되어 있음)이다. 따라서 차이가 나는 날 수는 대략 35.78일(대한 후 4도 정도를 지남)이 된다. 참고로 적위가 -14도일 때의 황경은 -37.35도이기에 동지와의 차이는 52.65도이고 날 수로는 53.42일(동지 후 52도 정도)에 해당한다. 35.78일과 53.42일 사이의 차이는 17.64일(본문에는 13일로 되어 있음)이다.

⇒ 지세(地勢 지표면의 상태)와 기세(氣勢 대기의 상태)에 따라 청몽기차가 다르므로 **일월오성과 항성의 고도[위도(緯度)]를 정하기에 앞서 관측지의 청몽기차를 산정해야 함.**

(3) 하루 중의 시간대에 따른 청몽기차

① 낮에 태양이 습기를 줄여주므로 **저녁 무렵에 가장 적음 → 청몽기차가 작음.**

② 밤에 습기가 다시 점차 생겨나므로 **새벽에 가장 많음 → 청몽기차가 큼.**

4) 청몽기차의 방향

(1) 고하(高下)의 차를 만들 뿐, 좌우(左右)의 차는 만들지 않음

→ **항상 고도차**[위도차]만 만들고 방위각차[경도차]는 만들지 않음.

(2) 고도[위도] 측정법 : 종동천(宗動天) 본론(本論)의 1조[칙(則)]

① '불변의 천구[항구(恒球)]'에 속한 '수직권[위권(緯圈)]'을 따라 '고도 측정

[측고(測高)]'을 함.

② '불변의 천구[항천(恒天)]' 안에서 방위각[경도]과 고도[위도]는 모두 '상대적인 변화율을 지녀서[상속(相速)]' 하나를 알면 나머지를 계산할 수 있음.

③ 관측지의 북극출지도(위도), 태양이 동쪽 하늘에 있는지 서쪽 하늘에 있는지, '불변의 천구[항구(恒球)]'상에서 '태양의 방위각[일전경도(日躔經度)]'를 알면, 임의의 시각에 '불변의 천구[항천(恒天)]' 안에서 가지는 '실제 고도[진위(眞緯)]'를 구할 수 있음.

- 고도 측정법의 기하학적 설명

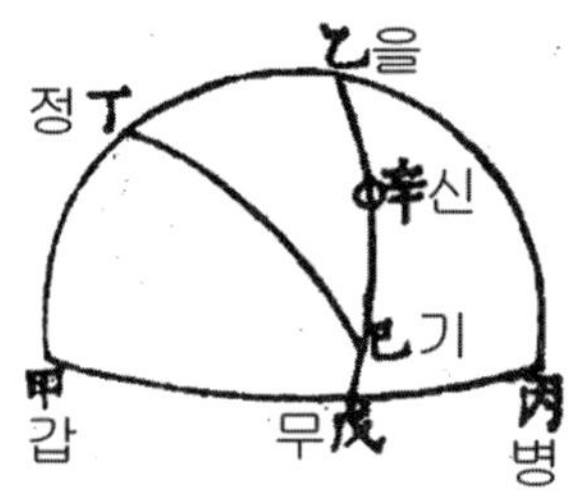

[그림 13] 청몽기차 1

a. 갑을병: 남북권(南北圈 자오선 대원)

갑무병: 지평권(地平圈 지평선 대원)

을: 천정

정: 북극

신: 태양이 '겉보기 고도[시고(視高)]'를 가지는 겉보기 위치($=a'$)

기: 태양이 '실제 고도[실고(實高)]'를 가지는 실제 위치($=a$)

을신기무 : 태양의 시고(視高) 위치와 실고(實高) 위치를 지나는 항구(恒球) 상의 수직권[경권(經圈)]

b. 북극 '정'에서 정기를 그으면 구면삼각형[곡선삼각형(曲線三角形)] '정을기'가 만들어짐.

정을 : '북극 고도[북극고(北極高)]'의 여도(餘度)

(갑정 = 북극고 = ϕ)

⇒ 정을 = 90도 − 갑정 ($=90^\circ-\phi$)

정기 : '북극～태양'의 도수($=90^\circ-\delta$)

∠정을무 : ∠병을무의 여각(餘角)

(∠병을무 = A)

⇒ ∠정을무 = 180도 − ∠병을무($=180^\circ-A$)

∠병을무 : 수직권[경권(經圈)] $\overset{\frown}{\text{을무}}$가 '정오에 태양이 있는 방향인 '병'으로부터 떨어진 도수. 대응호는 $\overset{\frown}{\text{병무}}$

$\overset{\frown}{\text{을기}}$: '태양이 실고(實高)를 가지는 실제 위치~천정'의 도수 $(=90^\circ - a)$

∠을기정은 항상 예각임.

c. ∠정을기가 예각인 경우, '정'에서 $\overset{\frown}{\text{을기}}$로 수호(垂弧 수직인 호) $\overset{\frown}{\text{정경}}$을 그으면,

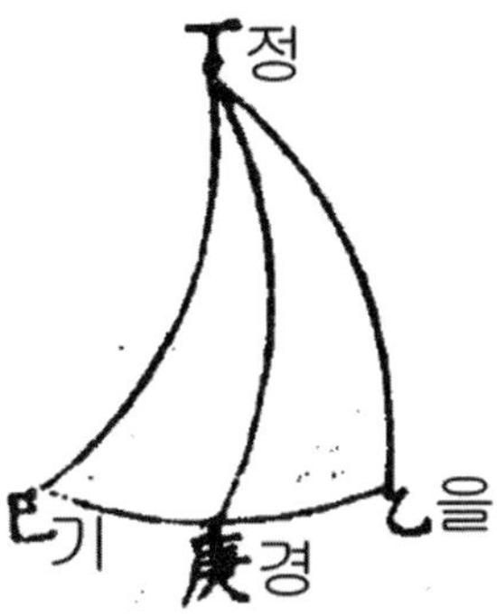

[그림 14] 청몽기차 2

- 직각삼각형 '정을경'에서 $\overset{\frown}{\text{정을}}$과 ∠을을 알므로 다음 비례식을 이용하여 $\overset{\frown}{\text{을경}}$을 구할 수 있음.

  전수(全數) : cos(∠을) $= \tan\overset{\frown}{\text{정을}} : \tan\overset{\frown}{\text{을경}}$ [11]

  $(1 : \cos(180^\circ - A) = \tan(90^\circ - \phi) : \tan\overset{\frown}{\text{을경}}$,

  $\tan\overset{\frown}{\text{을경}} = \cos(180^\circ - A)\tan(90^\circ - \phi) = -\cos A\cot\phi)$

- 직각삼각형 '정을경'에서 다음 식도 성립함.

  전수(全數 sin90도) : $\sin\overset{\frown}{\text{정을}} = \sin(\angle\text{을}) : \sin\overset{\frown}{\text{정경}}$

  $(\sin 90^\circ : \sin(90^\circ - \phi) = \sin(180^\circ - A) : \sin\overset{\frown}{\text{정경}}$

  $\sin\overset{\frown}{\text{정경}} = \sin A\cos\phi)$

d. 직각삼각형 '정경기'에서 $\overset{\frown}{\text{정기}}$를 알고 또 $\overset{\frown}{\text{정경}}$을 알므로 다음 식을 이용하여 $\overset{\frown}{\text{기경}}$을 구할 수 있음.

---

11) 구면직각삼각형에서 성립하는 네이피어의 공식 중 $\tan a = \cos B \cdot \tan c$를 비례식으로 쓴 것이다. '전수(全數)'는 구의 반경으로, 현대의 구면삼각법에서는 보통 '1'로 설정하는 것이 상례이지만, 《숭정역서》〈일전역지〉에서는 천만(10000000) 또는 십만(100000)으로 설정하고 있다. 무리수로 산출되는 삼각함수 값에서 이에 상당하는 자릿수만큼을 유효숫자로 취하겠다는 뜻이다.

전수(全數) : $\cos\overset{\frown}{\text{정경}} = \sec\overset{\frown}{\text{정기}} : \sec\overset{\frown}{\text{기경}}$[12)]

$(1 : \cos\overset{\frown}{\text{정경}} = \sec(90° - \delta) : \sec\overset{\frown}{\text{기경}}$,

$\sec\overset{\frown}{\text{기경}} = \cos\overset{\frown}{\text{정경}}\,\mathrm{cosec}\,\delta$, $\cos\overset{\frown}{\text{기경}} = \sin\delta\sec\overset{\frown}{\text{정경}})$

e. **'태양이 실고(實高)를 가지는 실제 위치~천정'의 도수**는 $\overset{\frown}{\text{기을}} = \overset{\frown}{\text{을경}} + \overset{\frown}{\text{경기}}$ **이다.**

[그림 15] 청몽기차 3

c′. ∠정을기가 둔각인 경우, '정'에서 $\overset{\frown}{\text{을기}}$의 연장선에 수호(垂弧) $\overset{\frown}{\text{정경}}$을 그으면, 직각삼각형 '정경을'과 '정경기'에서 $\overset{\frown}{\text{정기}}$와 ∠을을 가지고 $\overset{\frown}{\text{을경}}$을 구하는 방법도 위와 같음.
다만, 이때 **'태양이 실고(實高)를 가지는 실제 위치~천정'의 도수**는 $\overset{\frown}{\text{기을}} = \overset{\frown}{\text{경을}} - \overset{\frown}{\text{경기}}$ 이다.[13)]

보충자료 6 태양의 고도 계산예(옥스퍼드대본, 우한대본, 규장각본, 《서양신법역서》본에는 위의 내용 뒤에 다음의 계산예가 추가되어 있다)[14)]

가령 태양이 순수(鶉首, Cnc) 초도(0도)에 있고, 자오선[오정(午正)]으로부터 동쪽 혹은 서쪽으로 헤아린 지평경도(방위각)가 94도일 때 태양의 실제고도[지평상지정고(地平上之正高)]를 구해보자. 단, 북극으로부터 태양까지 거리는 66도29분이다.

---

12) 네이피어의 공식 중 $\cos c = \cos a \cdot \cos b$의 양변을 $\cos c \cdot \cos a$로 나눈 $\sec a = \sec c \cdot \cos b$를 비례식으로 쓴 것이다.

13) ∠정을기가 둔각인 경우에 '정'에서 $\overset{\frown}{\text{을기}}$의 연장선에 그은 수선의 발은 [그림 16]과 같이 '을' 바깥에 있게 된다. 직각삼각형 '정경을'에서 $\overset{\frown}{\text{정을}}$과 ∠을을 이용하여 $\overset{\frown}{\text{정경}}$과 $\overset{\frown}{\text{경을}}$을 구하고, 직각삼각형 '정경기'에서 $\overset{\frown}{\text{정기}}$와 $\overset{\frown}{\text{정경}}$을 이용하여 $\overset{\frown}{\text{경기}}$를 구한 다음, $\overset{\frown}{\text{경기}} - \overset{\frown}{\text{경을}}$을 구하면 '천정~실제 태양'의 도수가 된다.

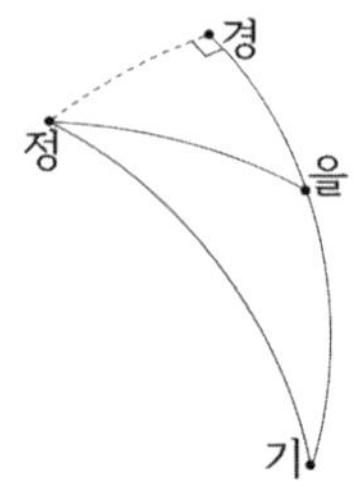

[그림 16] 청몽기차 4

14) 石云里 · 褚龙飞(2017), 400면.

$\overset{\frown}{\text{정기}}$ =66도29분

∠정을무=86도

$\overset{\frown}{\text{정을}}$ =50도[북경의 적도고도(적도고(赤道高)]

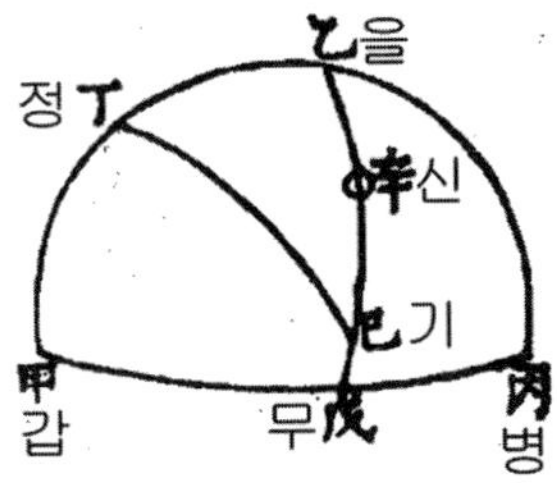

[그림 17] 청몽기차 5

a. 전수(全數) : cos(∠정을무)=tan$\overset{\frown}{\text{정을}}$: tan$\overset{\frown}{\text{경을}}$

100000 : 6976=119175 : tan$\overset{\frown}{\text{경을}}$

tan$\overset{\frown}{\text{경을}}$ =8312

$\overset{\frown}{\text{경을}}$ =4도45분

b. 전수(全數) : sin$\overset{\frown}{\text{정을}}$ =sin(∠을) : sin$\overset{\frown}{\text{정경}}$

100000 : 76604=99756 : sin$\overset{\frown}{\text{정경}}$

sin$\overset{\frown}{\text{정경}}$ =76417

$\overset{\frown}{\text{정경}}$ =49도50분

c. 전수(全數) : cos$\overset{\frown}{\text{정경}}$ =sec$\overset{\frown}{\text{정기}}$: sec$\overset{\frown}{\text{기경}}$

100000 : 64501=250617 : sec$\overset{\frown}{\text{기경}}$

sec$\overset{\frown}{\text{기경}}$ =161650

$\overset{\frown}{\text{기경}}$ =51도47분

d. $\overset{\frown}{\text{기을}}$ = $\overset{\frown}{\text{기경}}$ + $\overset{\frown}{\text{경을}}$ =56도32분

태양의 고도[지평지위도(地平之緯度)]=90도−56도32분=33도28분

(▼ 실제고도[정고(正高)]임.)

⇒ 이는 네 가지 수치, 곧 북극고도[극출지(極出地)], 태양의 거극도(去極度), 태양의 지평경도(방위각), 태양의 지평위도(고도)가 서로 연관되어 서로 곱한 것임.

---

(3) 우선 관측 기구를 이용하여 태양의 방위각[경도]을 측정한 후 위의 방법으로 고도[위도]를 계산하고, 별도로 관측 기구를 이용하여 고도[위도]를 측정했을 때, 고도의 계산값과 측정값이 일치하지 않는다면, **반드시 측정한 고도가 더 높으며, 그 차이는 틀림없이 청몽기차에 기인한 것임.**

(4) 관측기구가 지구 중심이 아닌 지표면에 있음을 고려하려면, 측정한 고도[위도]에서 지반경차[地半徑差 지구의 반경으로 인한 시차(視差)]를 더해야[15] 함. 이에 대해서는 뒤에 상세히 논함.

보충자료 7 태양의 고도 측정예(옥스퍼드대본, 우한대본, 규장각본, 《서양신법역서》본에는 위의 내용 뒤에 다음의 측정예가 추가되어 있다)[16]

- 숭정 3년(1630년), 4년, 5년에 해마다 동지 때 태양의 고도를 측정함.
- 원래 관측에 사용했던 지평경위의(地平經緯儀 지평좌표계에서 방위각과 고도를 측정하는 관측기구)와 규통(闚筒, 闚箭 이것을 통해 별을 볼 수 있게 한 대롱)을 사용하여 관측함.
- 그러나 실측 고도가 일정하지 않아서, 1, 2분의 차이가 남.
- 이는 청몽기[몽기(蒙氣)]와 먼지 등의 영향 때문일 수 있음.

---

15) 원문은 빼도록 하였지만, 뒤의 제8장에서 보듯이 '지심고도=지표에서 관측된 고도+지반경차'이므로 바로 잡아 옮겼다.

16) 石云里 · 褚龙飞(2017), 400면.

제4장 해마다 달라지는 황도와 적도 사이의 거도[距度 도수(度數)로 나타난 거리][17] 구하기-'황도와 적도 사이의 거도'는 하짓날 태양의 적위[위(緯)]라고도 칭함

1) 계산법

(1) 계산 절차

① 하짓날 또는 그 1일 전이나 1일 후에, 여러 가지 관측기구를 사용하여 정오 때 '태양의 고도[일궤고(日軌高) a]'를 측정함.

② 측정값이 모두 일치하면 이 값이 곧 '정확한 수치[진율(眞率)]'임. 그렇지 않으면 그 중에 일치하는 값을 택하여 사용함.

③ 하지 후 2일, 3일에도 같은 방법으로 관측함.

④ 측정된 '정확한 수치[진율]'에서 지반경차(地半徑差)를 더하고,[18] 또 '적도의 고도[적도고(赤道高) $(90° - \phi)$]'를 빼면, 그 결과 값이 곧 황도와 적도 사이의 거도(距度 δ)임.

$$\delta = a + \text{지반경차} - (90 - \phi)$$

⑤ 이는 곧 하짓날 '태양의 적도 이북 위도[일전적도이상위도(日躔赤道以上緯度)]'이기도 함.

---

17) 황도경사각(obliquity)에 해당함. 《숭정역서》〈일전역지〉에서 '황도'가 지칭하는 바는 '이심원[부동심원(不同心圓), 부동심천(不同心天), 태양본권(太陽本圈), 태양본천(太陽本天), 일륜(日輪)]'과 대비되어 쓰일 때와, 적도(赤道)와 대비되어 쓰일 때 조금 다른 의미를 지닌다. 이심원과 대비될 때 이심원은 태양의 등속운행궤도이고 황도는 지구상의 관찰자에게 투영되어 보이는 태양의 운행궤도이다. 따라서 이때는 황도의 중심에 지구가 있고, 황도상에서 태양의 운행은 등속운행이 아니다.(7장, 8장) 그러나 적도와 대비될 때 황도는 운행 도수가 운행 시간에 정확히 비례하는 태양의 등속운행궤도이다. 따라서 이때 지구는 적도의 중심과 일치할 뿐 황도의 중심과는 일치하지 않는다.(4장, 5장) 전자는 태양의 경도만을 고려하는 경우이고, 후자는 태양의 적위까지 고려하는 경우이다.

18) 각주 15)를 참고할 것.

(2) 동짓날 태양의 고도를 사용하면 안 되는 이유

동짓날은 하짓날에 비해 태양의 고도가 낮음 → 지평선에 가까워 청몽기차가 큼.

(3) 하짓날 전후 1, 2일에 관측한 태양의 고도를 사용해도 되는 이유

동지 또는 하지 전후 1일 동안 태양의 적위 변화는 13초, 전후 2일 동안은 55초임.

→ 관측기구가 이 차이를 드러낼 정도로 정밀하지 않아, 동일한 관측 값으로 나타남.

(4) 동짓날과 하짓날 태양의 고도차를 이용하여 계산하면 '정확한 수치[진율(眞率)]'가 나오지 않음(▼ 이에 대한 설명은 앞 편에 있음).

2) 역대에 서양의 천문학자가 측정한 황도경사각[황적상거(黃赤相距)]값[19)]

(1) 24도. 중국역법의 도수로는 24도35분[20)]【23도51분20초. 중국식 도수로는 23도80분55초】[21)]

① 주 현왕(周顯王) 25년(B.C.344) 정축년, 곧 숭정(崇禎) 원년(1628) 무진

---

19) 메티우스(Metius), 〈천문학 강요(*Institvtionvm astronomicarum*)〉 제4권 제3장에 실린 표의 내용과 일치한다. 중국역법의 도수로 환산한 값은 아래 각주들에서 보였듯이 통일성과 정확도가 떨어진다.

20) 서양의 각도 1도는 원의 중심각의 '1/360', 1도=60분=3600초이고, 중국역법의 각도 1도=원의 중심각의 '1/365.25', 1도=100분=10000초이다. 여기서 '중국역법'은 사분력四分曆을 말한다. 70쪽의 (7)항 이후는 《숭정역서》 편찬 당시에 중국에서 사용 중이던 대통력大統曆으로 환산하고 있다. 명나라 건국 이후의 측정값들이기 때문이다.

21) 옥스퍼드대학 도서관본, 우한대학 도서관본, 규장각본, 《서양신법역서》본에는 아리대각(亞理大各 Aristarchus)과 액랍다(阨臘多 Eratosthenes)의 측정 사실만 남겨두고 이들의 측정 도수 "24도. 중국역법의 도수로는 24도35분"을 삭제하였다. 대신에 아래 의파각(意罷閣 Hipparchos)과 다륵모(多勒某 Ptolemaios)의 측정 사실까지 묶어서 "23도51분20초. 중국식 도수[중분中分]로는 23도80분55초"라고 하였다. 石云里 · 褚龙飞(2017), 400, 401면. 〈보충자료 8〉의 [그림 18]에 보인 메티우스의 〈천문학 강요〉에 맞게 수정된 것이다.

년 전 1972년. 서양 고대의 천문학자인 아리대각(亞理大各, **Aristarchus** of Samos, B.C.310?∼B.C.230)이 측정.

② 진 이세(秦二世) 3년(B.C.207) 갑오년, 곧 숭정 원년 무진년 전 1847년.[22] 서양의 천문학자인 액랍다(阨臘多, **Eratosthenes** of Cyrene, B.C.276∼B.C.194)가 측정.

(2) 23도50분【51분】[23]20초. '중국역법의 도수[중력(中曆)]'【'중국식 도수[중분(中分)]'】[24]로는 23도80분55초【23도85분】[25]

① 한 경제(漢景帝) 중원(中元) 원년(B.C.149) 임진년, 곧 숭정 원년 무진년 전 1777년.

서양의 천문학자인 의파각(意罷閣, **Hipparchos**, B.C.160?∼B.C.125)이 측정.

② 한 광무제(漢光武帝) 건무(建武) 17년(A.D.41) 신축년,[26] 곧 숭정 원년 전 1488년.

서양의 천문학자인 다륵모(多勒某, Claudius **Ptolemaios**, 100∼170)가 측정. 다륵모의 저서가 역가(曆家)의 으뜸이 됨.

---

22) 연도 표기에 오류가 포함되어 있다. B.C.207년은 숭정 원년 전 1835년이다. 《신법산서》도 마찬가지이다.

23) 《신법산서》에는 아리스타르쿠스, 에라토스테네스, 히파르코스, 프톨레마이오스의 황도경사각 측정값이 23도51분20초로 기록되어 있다. 〈보충자료 8〉의 [그림 18]에 보인 메티우스의 〈천문학 강요〉에 맞게 수정된 것이다. 石云里・褚龙飞(2017), 401면에는 저본(판나이 휘집본)의 기록이 "23도51분20초"인 것으로 되어 있으나 잘못 옮긴 것이다.

24) 옥스퍼드대학 도서관본, 우한대학 도서관본, 규장각본, 《서양신법역서》본에는 "중국역법의 도수[중력(中曆)]"가 "중국식 도수[중분(中分)]"로 수정되었다. 아래 (6)항까지 모두 마찬가지이다. 石云里・褚龙飞(2017), 401면. "중국식 도수[중분(中分)]"는 "1도=원의 중심각의 '1/360'=100분=10000초"의 도수로, 도, 분, 초 사이가 100진법이긴 하나 1도=원의 중심각의 '1/360'이므로 중국역법에서 사용하는 도수와도 다르다.

25) 옥스퍼드대학 도서관본, 우한대학 도서관본, 규장각본, 《서양신법역서》본에는 "23도80분55초"가 "23도85분"으로 수정되었다. 石云里・褚龙飞(2017), 401면. 23도51분20초를 중국식 도수로 환산하면 23도85분55초가 되는데, 이를 분 단위까지만 쓴 것이다.

26) '한 광무제(漢光武帝) 건무(建武) 17년(41) 신축년'은 '후한(後漢) 영화(永和) 5년(140) 경진년'이 되어야 한다. 숭정 원년(1628)부터 1488년 전은 바로 이 해이다. 다륵모(多勒某)는 뒤의 제7장에는 다라모(多羅某)로 표기되었다.

(3) 23도35분. 중국역법의 도수【중국식 도수】로는 23도58분33초.[27]

당 희종(唐僖宗) 광명(廣明) 원년(A.D.880) 경자년, 곧 숭정 원년 전 748년. 서양(아랍)의 천문학자인 아이파덕(亞耳罷德, al-Battani; Albategnius 828?~929)이 측정.

(4) 23도34분. 중국역법의 도수【중국식 도수】로는 23도56분67초.[28]

송 신종(宋神宗) 희녕(熙寧) 3년(1070) 경술년, 곧 숭정 원년 전 558년. 서양의 천문학자인 서잡각(西雜刻, Arzachel 1029~1087)이 측정.

(5) 23도33분. 중국역법의 도수【중국식 도수】로는 23도55분.[29]

송 고종(宋高宗) 소흥(紹興) 10년(1140) 경신년, 곧 숭정 원년 전 488년. 서양의 천문학자인 아이만(亞爾滿, Almeon ?~?)이 측정.

(6) 23도32분. 중국역법의 도수【중국식 도수】로는 23도53분33초.[30]

원 성종(元成宗) 대덕(大德) 4년(1300) 경자년, 곧 숭정 원년 전 328년. 서양의 천문학자인 파록법(波祿法, Prophatius 1236?~1304?)이 측정.

(7) 23도28분. 《대통력(大統曆)》의 도수로는 23도46분67초.[31]

천순(天順) 4년(1460) 경진년, 곧 숭정 원년 전 168년.

---

27) 23도35분을 1도=100분=10000초로 환산한 값이다. 중국역법(사분력)의 도수로는 23도92분73초이다.

28) 23도34분을 1도=100분=10000초로 환산한 값이다. 중국역법(사분력)의 도수로는 23도91분03초이다.

29) 23도33분을 1도=100분=10000초로 환산한 값이다. 중국역법(사분력)의 도수로는 23도89분34초이다.

30) 23도32분을 1도=100분=10000초로 환산한 값이다. 중국역법(사분력)의 도수로는 23도87분65초이다.

31) 23도28분을 1도=100분=10000초로 환산한 값이다. 1도=원의 중심각의 '1/365.2575', 1도=100분=10000초인 《대통력》의 도수로는 23도80분94초이다.

서양의 천문학자인 포이파(褒爾罷 Peurbachius 1423~1461)가 측정.

(8) 23도28분24초. 《대통력》의 도수로는 23도48분12초.[32)]

정덕(正德) 10년(1515) 을해년, 곧 숭정 원년 전 113년.
서양의 천문학자인 가백리(歌白尼, Nicolaus **Copernicus** 1473~1543, 폴란드)가 측정.

(9) 23도31분30초. 《대통력》의 도수로는 23도52분30초.[33)]

만력(萬曆) 24년(1596) 병신년, 곧 숭정 원년 전 32년.
서양의 천문학자인 제곡(第谷, **Tycho Brahe**, 1546~1601, 덴마크)이 동(銅)과 철(鐵)로 관측 기구 10가지를 만듦. 그 규모가 매우 커서 아주 정밀하였으며, 또 관측지의 지반경차(地半徑差) 및 청몽기차(淸蒙氣差)를 계산함. 해마다 측정하여 위와 같이 결정함. 서양에서는 지금 이 값을 으뜸으로 사용함.

보충자료 8 〈일전역지〉와 메티우스가 기록한 역대의 황적경사각

메티우스는 《천문학 강요》(*Institvtionvm astronomicarum*) 제4책에서 아리스타르쿠스부터 티코 브라헤에 이르는 황적경사각을 표로 정리했는데, 이 표를 〈일전역지〉의 황도경사각과 비교할 수 있다(〈표 2〉).

32) 23도28분24초를 1도=100분=10000초로 환산하면 23도47분33초가 되고, 《대통력》의 도수로는 23도81분61초이다.
33) 23도31분30초를 1도=100분=10000초로 환산하면 23도52분50초가 되고, 《대통력》의 도수로는 23도86분86초이다.

18 TOM. 4. CAP. 3. DE

Anno a morte A. lexand. magni.		Anno Chrift.	Max fol declin. G	M	S
Ariftarchus	44		23	51	20
Eratofthenes	114		23	51	20
Hipparchus	174		23	51	20
Ptolemaus	463	140	23	51	20
Albategnius	1240	880	23	35	
Arzachel	1394	1070	23	34	
Almeon	1464	1140	23	33	
Prophatius	1624	1300	23	32	
Peurbachius	1784	1460	23	28	
Copernicus	1839	1515	23	28	24
Tycho Brahe	1920	1596	23	31½	

[그림 18] 메티우스의 《천문학강요》에 기록된 역대의 황적경사각 Adriaan Metius, *Institvtionvm astronomicarum tomi tres* (Franeker : A. Radaeus, 1608), 18쪽.

〈표 2〉 〈일전역지〉와 메티우스의 황적경사각 값의 비교(채색된 부분은 일치하는 값)

황적경사각 비교													
〈일전역지〉									Institutionum IV				
서양의 측정자		숭정원년까지 햇수	100진법 또는 사분력			측정값			Anno a morte Alexand. magni.	Anno Christ	Max sol declin.		
			도	분	초	도	분	초			G	M	S
亞理大各	周顯王二十五年 丁丑	1972	24	35		24			Aristarchus 44		23	51	20
阨臘多	秦二世三年 甲午	1847	24	35		24			Eratosthenes 114		23	51	20
意罷閣	漢景帝中元元年 壬辰	1777	23	80	55	23	50	20	Hipparchos 174		23	51	20
多勒某	漢光武建武十七年 辛丑	1488	23	80	55	23	50	20	Ptolemaios 463	140	23	51	20
후대 판본 수정 (亞理大各～多勒某)			23	85		23	51	20	Aristarchus ～Ptolemaios		23	51	20
亞耳罷德	唐僖宗廣明元年 庚子	748	23	58	33	23	35		Albategnius 1240	880	23	35	

황적경사각 비교													
〈일전역지〉									Institutionum IV				
서양의 측정자		숭정원년까지 햇수	100진법 또는 사분력			측정값			Anno a morte Alexand. magni.	Anno Christ	Max sol declin.		
			도	분	초	도	분	초			G	M	S
西雜刻	宋神宗熙寧三年 庚戌	558	23	56	67	23	34		Arzachel 1394	1070	23	34	
亞爾滿	宋高宗紹興十年 庚申	488	23	55		23	33		Almeon 1464	1140	23	33	
波祿法	元成宗大德四年 庚子	328	23	53	33	23	32		Prophatius 1624	1300	23	32	
褒爾罷	天順四年 庚辰	168	23	46	67	23	28		Peurbachias 1784	1460	23	28	
歌白泥	正德十年 乙亥	113	23	48	12	23	28	24	Copernicus 1839	1515	23	28	24
第谷	萬曆二十四年 丙申	32	23	52	30	23	31	30	Tycho Brahe 1920	1596	23	31	30

〈표 2〉에서 보는 대로 《숭정역서》에서는 다륵모(多勒某, 프톨레마이오스)까지 처음 4사람의 황도경사각 값이 메티우스와 다르지만, 아이파덕(亞耳罷德, 알바테그니우스)부터는 정확하게 일치한다. 하지만 옥스퍼드대학 도서관본, 우한대학 도서관본, 규장각본, 《서양신법역서》본에는 아리대각(亞理大各)과 액랍다(阨臘多)의 측정 사실만 남겨두고 이들의 측정 도수 "24도. 중국역법의 도수로는 24도35분"을 삭제하고, 대신에 아래 의파각(意罷閣)과 다륵모(多勒某)의 측정 사실까지 묶어서 "23도51분20초. 중국식 도수[중분中分]로는 23도80분55초"라고 하였는데, 이 수치는 완전히 메티우스의 값과 일치된다.

〈표 3〉은 〈일전역지〉가 서양역법의 수치를 중국역법에 따라 환산하여 제시한 값을 실제 계산값과 비교하였다. 〈일전역지〉는 아리대각(亞理大各, 아리스르쿠타스)부터 파록법(波錄法, 프로파니우스)까지는 서양 측정값(각도 1도는 원의 중심각의 1/360, 1도=60분=3600초)을 "중국역법의 도수"[중력(中曆)]에 따라 환산하고, 포이파(褒爾罷, 포이어바흐)부터 제곡(第谷, 티코 브라헤)까지는 대통력의 도수로 환산한다고 서술했다. 그런데 옥스퍼드대학 도서관본, 우한대학 도서관본, 규장각본,

《서양신법역서》본에는 "중국역법의 도수"가 "중국식 도수[중분(中分)]"로 수정되었다. 중국식 도수는 1도＝원의 중심각의 '1/360'＝100분＝10000초의 도수를 말하며, 중국역법의 도수는 사분력으로 1도＝원의 중심각의 1/365.25, 1도＝100분＝10000초의 도수를 말하며, 대통력은 1도＝원의 중심각의 1/365.2575, 1도＝100분＝10000초의 도수를 말한다.

그런데 〈일전역지〉의 서양 측정값의 환산은 매우 혼돈을 준다.

〈표 3〉 〈일전역지〉의 중국역법에 따른 환산값과 실제 계산값과의 비교(채색된 부분은 일치하는 값)

〈일전역지〉									비고
서양의 측정자		숭정원년까지	서양 측정값			100진법 또는 사분력			
			도	분	초	도	분	초	
亞理大各	周顯王二十五年 丁丑	1972	24			24	35		사분력과 일치
阸臘多	秦二世三年 甲午	1847	24			24	35		사분력과 일치
意罷閣	漢景帝中元元年 壬辰	1777	23	50	20	23	80	55	중분 : 23도 83분 89초 사분력 : 24도 18분 5초
多勒某	漢光武建武十七年 辛丑	1488	23	50	20	23	80	55	중분 : 23도 83분 89초 사분력 : 24도 18분 65초
후대 판본 수정값 (亞理大各～多勒某)			23	51	20	23	85		중분 : 23도 85분 55초 사분력 : 24도 20분 34초
亞耳罷德	唐僖宗廣明元年 庚子	748	23	35		23	58	33	중분과 일치
西雜刻	宋神宗熙寧三年 庚戌	558	23	34		23	56	67	중분과 일치
亞爾滿	宋高宗紹興十年 庚申	488	23	33		23	55		중분과 일치
波祿法	元成宗大德四年 庚子	328	23	32		23	53	33	중분과 일치
褒爾罷	天順四年 庚辰	168	23	28		23	46	67	중분과 일치 대통력 : 23도 80분 94초
歌白泥	正德十年 乙亥	113	23	28	24	23	48	12	중분 : 23도 47분 33초 사분력 : 23도 81분 56초 대통력 : 23도 81분 61초
第谷	萬曆二十四年 丙申	32	23	31	30	23	52	30	중분 : 23도 52분 50초 사분력 : 23도 86분 81초 대통력 : 23도 86분 86초

〈표 3〉에서 보는 바와 같이, 처음 두 값은 사분력에 따라 환산했지만, 아이파덕(亞耳罷德, 알바테그니우스)에서 포이파(褒爾罷, 포이어바흐)까지는 중국식 도수로 환산한 값과 일치한다. 의파각(意罷閣, 히파르코스), 다륵모(多勒某, 프톨레마이오스)의 값은 후대의 수정된 값까지도 중국식 도수로 환산한 값과 일치하지 않는다. 다만 후대의 수정 값은 분 단위까지만 쓴 것이라고 이해할 수 있다. 포이파((褒爾罷, 포이어바흐)는 대통력으로 환산한다고 했지만 실제로는 중국식 도수와 일치하고, 가백니(歌白泥, 코페르니쿠스)와 제곡(第谷, 티코 브라헤)은 중국식 도수, 사분력과 대통력의 어떤 수치와도 일치하지 않는다. 〈일전역지〉의 저자인 나아곡(羅雅谷, Gacomo Rho)은 중국의 전통 역법에 익숙하지 않았으며 역법에 정통한 중국인과의 유기적인 협업도 이루어지지 않은 것으로 보인다.

---

3) 역대의 황도경사각[황적상거(黃赤相距)] 값에 대한 제곡(第谷 Tycho Brahe)의 평가

제곡(第谷, Tycho Brahe)이 40년 동안 관측과 연구에 몰두하며 옛 천문학자들이 사용한 측정 방법을 살펴본 후, 옛 측정값이 부정확했던 원인을 다음과 같이 세 가지 측면으로 진단함.

(1) 청몽기차와 지반경차의 존재를 알지 못함.

(2) 관측 기구가 정밀하지 못함.

a. 크기가 작아서 분도(分度)가 세분되지 못함.

b. 규통(窺筩 눈을 대고 천체를 바라보는 관)의 구멍이 큼.

→ 분해능(resolving power)이 낮아서 관측오차[소득여분(所得餘分)]가 '4분의 몇 도' 혹은 '6분의 몇 도'에 달함.

(3) 북극출지도(위도)를 측정한 방법이 정확하지 않음.

4) 황도경사각과 황도 위 임의의 점이 가지는 경도(황경)를 알 때 그 점의 위도(적위) 구하기

(1) 입하(立夏) 점의 적위[황적거도(黃赤距度)] 구하기

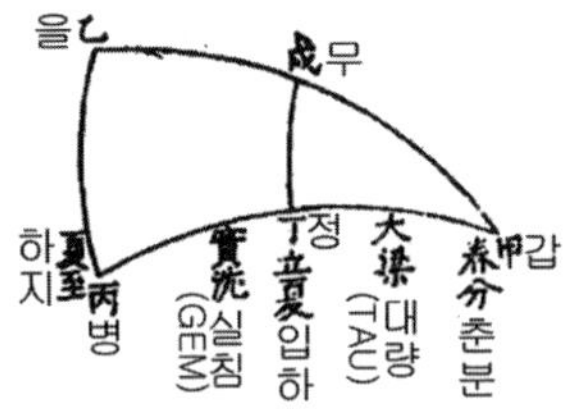

[그림 19] 적위 구하기

그림에서

① 갑을 : 적도의 1상한(象限 90도 구간)

갑병 : 황도의 1상한

갑 : 황도와 적도의 교점. 춘분점 또는 추분점

을병 : 동 · 하지점과 남 · 북극을 지나는 '경도 대원[경권(經圈)]'

∠갑 : 황도경사각[양도거도(兩道距度)] 23도31분30초

정 : 태양궤도[일전(日躔) 황도] 상의 입하(立夏) 점

무 : '정'에서 적도 갑을에 내린 수호(垂弧)의 발

② 구면직각삼각형[곡선직각형(曲線直角形)] '갑정무'에서 ∠갑＝23도31분30초($=\varepsilon$)

갑정＝입하의 황경 45도($=\lambda$)

(정무$=\delta$)

sin(∠무) : sin 갑정＝sin(∠갑) : sin 정무

100000 : 70720[34)]＝39915 : 28222[35)]

($\sin 90° : \sin\lambda = \sin\varepsilon : \sin\delta,\ \sin\delta = \sin\lambda \sin\varepsilon$)

따라서 입하점의 적위[황적거도(黃赤距度)] 정무는 다음과 같이 구해진다.

정무＝16도23분39초

---

34) 원문은 '7072'이지만 'sin90°＝100000'에 대해 자릿수 하나가 모자라며, 비례식이 근사적으로도 성립하지 않으므로 '70720'으로 수정하였다. 《신법산서(新法算書)》에도 오류가 그대로 이어졌다.

35) 《숭정역서》에 사용된 삼각함수의 값은 현대의 값과 다소 다르다. 당시의 〈할원팔선표(割圓八線表)〉에 의존한 값으로 생각된다. 뿐만 아니라 비례식의 계산 결과에서 끝자리 수치들이 정확하지 않다.

(2) 입춘점, 입추점, 입동점의 적위

모두 춘분점 또는 추분점으로부터의 경도(황경)가 45도이므로 입하점과 적위가 같음.

(3) 기타 각 절기점의 적위

춘분점 또는 추분점으로부터의 경도(황경)가 같으면 적위도 같음.
이 방법으로 황도 위 임의의 점의 적위를 구하여 작성한 표(表)가 〈일전표(日躔表)〉에 실려 있음.[36]

5) 태양의 적위[위(緯)]를 가지고 황경[경(經)] 구하기

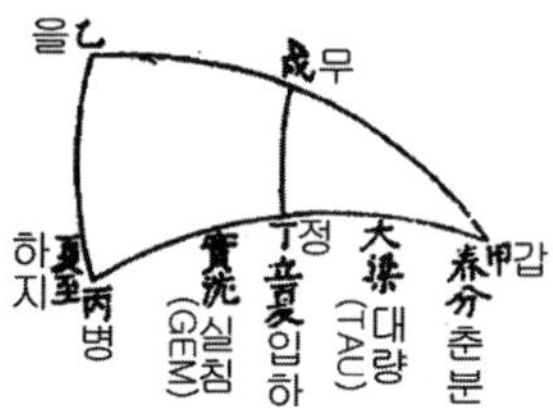

[그림 20] 황경 구하기

그림의 구면직각삼각형 '갑정무'에서 황적교각 ∠갑, 입하 때 태양의 적위 $\overset{\frown}{\text{정무}}$를 알면 다음 비례식을 이용하여 태양의 황경 $\overset{\frown}{\text{갑정}}$을 구할 수 있음.

sin(∠무) : sin(∠갑)＝cosec$\overset{\frown}{\text{정무}}$: cosec$\overset{\frown}{\text{갑정}}$

100000 : 39915＝354381 : 141421

$(\sin 90° : \sin \varepsilon = \mathrm{cosec}\,\delta : \mathrm{cosec}\,\lambda)$

따라서 입하점의 황경 $\overset{\frown}{\text{갑정}}$은 다음과 같음.

$\overset{\frown}{\text{갑정}}$＝45도

▾ 이 계산법은 '종동천(宗動天)' 본서(本書)에 있음.

36) 판나이 휘집본《숭정역서》〈일전표〉에는 이 표가 없고, 뒤에 별도로 '황적도거도표(黃赤道距度表)'라는 제목으로 실려 있다.《신법산서》에는 권27 〈황적정구(黃赤正球)〉에 실려있다.《역상고성(曆象考成)》에는 〈일전표〉에 '황적거도표(黃赤距度表)'가 들어 있다.

6) 과극권(過極圈 천구의 북극과 남극을 지나는 대원)에 의해 잘리는 황도의 경도를 가지고 적도의 경도 구하기

- 《측천약설(測天約說)》[37]에서는 이를 '적도지방에서 황도 승도[적도상지황도 승도(赤道上之黃道升度)]'[38]라고 칭함.

(1) 과극권이 정구(正球 적도에서 본 천구, right sphere)에서는 지평선이 될 수 있고, 의구(欹球 적도와 극 지방 이외의 지방에서 본 천구, oblique sphere)에서는 자오권(子午圈 정남과 정북 및 천정을 지나는 대원. 자오선), 시권(時圈 시간권)이 됨.

(2) 정구(正球 right sphere)를 나타낸 그림에서

① 갑무을 : 적도

갑정병 : 황도

기 : 북극

경 : 남극

기무정 : 지평선

기정경 : 자오선

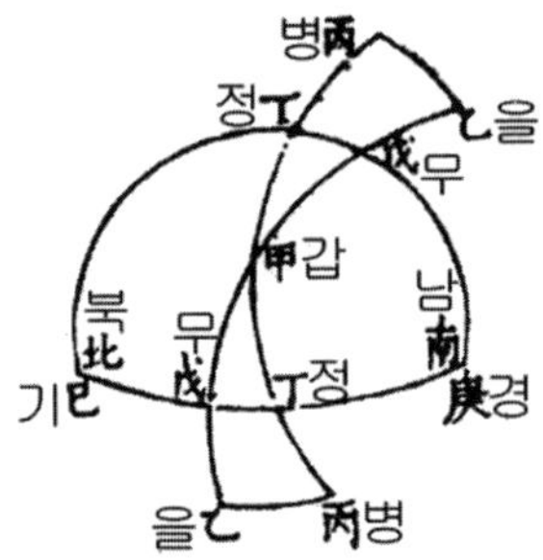

[그림 21] 적경 구하기 1

② 구면직각삼각형 '갑무정'에서

정무 : 지평선의 동쪽과 서쪽의 왼쪽 또는 오른쪽의 1분(分)

cf, 의구(欹球, oblique sphere)에서는 지평선이 아니라 자오권(자오선 대원), 시권(시간권).

(3) 구면 직각삼각형 '갑무정'에서

일전경도(日躔經度 황경) 갑정 =45도(= λ)

황적교각 ∠갑=23도30분 남짓(= ε)

---

37) 《신법산서》의 제11, 12권.

38) 《알마게스트 (*Almagest*)》의 'right ascension'에 해당한다. 이 조어법(造語法)에 따르면 《알마게스트》의 'oblique ascension'은 '적도와 극지방 이외의 지방에서 황도 승도'라고 할 수 있다.

($\overset{\frown}{\text{무갑}}=\alpha$)

전수(全數) : sec(∠갑)＝cot $\overset{\frown}{\text{갑정}}$: cot $\overset{\frown}{\text{무갑}}$[39]

100000 : 109064＝100000 : 109067

($1:\sec\varepsilon=\cot\lambda:\cot\alpha$, $\tan\alpha=\tan\lambda\cos\varepsilon$)

따라서 $\overset{\frown}{\text{무갑}}$＝42도31분 남짓

보충자료 9 적도지방에서 지평선에 의해 잘리는 황경을 가지고 적경 구하기

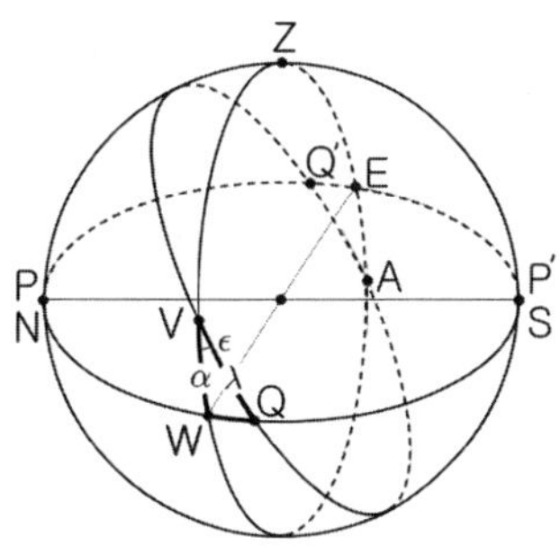

[그림 22] 적경 구하기 2

[그림 21]과 같이 천구의 남북극(P, P′)을 통과하는 적도 지방의 지평선에 의해 적도와 황도가 잘릴 때 춘분점(V) 또는 추분점(A)부터 지평선까지의 황경 $\overset{\frown}{VQ}$, $\overset{\frown}{AQ'}$를 가지고 적경 $\overset{\frown}{VW}$, $\overset{\frown}{AE}$를 구하는 것이다. 본문의 [그림 21]은 [그림 22]의 춘분점(V)과 추분점(A)을 '갑'점에 겹쳐 그리고, 황도상의 점 Q'와 천정 Z를 윗쪽 '정'점에 겹쳐 그린 것이다. 적도지방의 지평선이 된다는 $\overset{\frown}{\text{기무정}}$은 [그림 22]의 $\overset{\frown}{NWQ}$에 해당하고, 적도지방의 자오선이 된다는 $\overset{\frown}{\text{기정경}}$은 [그림 22]의 $\overset{\frown}{NZS}$에 해당한다. 적도지방의 지평선은 $\overline{PP'}$를 축으로 하루에 한 바퀴 회전하는데 본문에서 $\overset{\frown}{\text{무정}}$이 1분이라고 한 것은 [그림 22]의 순간보다 조금 더 시간이 지나 정서(W)가 춘분점(V)에 거의 근접했을 때이고, 일전경도(日躔經度 황경) $\overset{\frown}{\text{갑정}}$이 45도라고 한 것은 그보다 약 6시간 전을 말한다.

천구에 만들어진 삼각형 VWQ에서 황도경사각 ε을 알므로 황경 λ를 알면 다음 관계를 통해 적경 α를 구할 수 있다. $\cos\varepsilon=\dfrac{\tan\alpha}{\tan\lambda}$ 본문의 비례식은 이 식을 변형한 것이다.

39) 네이피어의 공식 중 $\tan a=\cos B\cdot\tan c$의 양변을 $\tan a\cdot\tan c\cdot\cos B$로 나눈 $\cot c\cdot\sec B=\cot a$를 비례식으로 나타낸 것이다.

제5장 춘분과 추분 때 태양의 본도(本度 태양궤도[일륜본천(日輪本天)]상의 경도)

1) 역법가(曆法家)들이 오래 전부터 지녀온 '보편적 인식[공론(公論)]' 두 가지

(1) 일정한 규칙에 따른 운동에는 세 가지가 있음.[40]

① 위에서 아래로 자유낙하 운동 : 흙, 돌 같은 무거운 물체는 지구 중심을 향함.

② 아래서 위로 상승 운동 : 공기, 불 같은 가벼운 물질은 월천(月天)을 향함.

③ 한 바퀴를 순환하여 제자리로 돌아오는 운동 : 천체의 운동.

⇒ ①과 ②는 '직선운동[직동(直動)]' : '저절로 운행하며[자행(自行)]', 반드시 직선 궤적.
③은 '원운동[주동(周動)]' : '한 바퀴 순환[주(周)]'하면 완전한 원 궤적.

- 이 세 가지 이외의 운동은 모두 '규칙이 없는 운동[무법지동(無法之動)]'
- 자세한 내용이 '이 주제에 대해 본격적으로 논한 곳[본론(本論)]'에 보임.

(2) 모든 천체와 칠정(七政 일월오성), 항성 등은 반드시 '등속운행[평행(平行)]'을 함.

사람들이 보기에 지질(遲疾 느리고 빠름)과 순역(順逆, 순행과 역행)이 있는 것은 이심원(離心圓 부동심권(不同心圈) eccentric circle)과 주전원(周轉圓 소륜(小輪) epicycle) 등이 있기 때문.

- 다양한 논의들의 최종 목적은 모두 불규칙한 운동의 원인을 규명하고, 등속운동이라는 불변의 원리 안에서 설명하기 위함. 자세한 내용이 칠정(七政 일월오성)의 성질과 원리를 논한 곳에 보임.

---

40) 이 세 가지는 아리스토텔레스(Aristoteles, B.C.384~B.C.322)가 종합한 자연관이다.

2) 절기에 따른 태양 운행의 속도 변화와 크기 변화

▾ 태양의 공동(公動 다른 천체의 운행에 따른 운동)을 설명하는 데는 여러 가지 원리가 동원됨. 그 중 종동천(宗動天)에 속하여 낮과 밤을 결정하는 등의 것은 뒤의 편(篇)에서 상세히 다루고, 여기서는 본행(本行 태양 자체의 운행)만을 논함.

(1) 문제 제기

천체의 운행은 등속운행[평행(平行)]이며 원운동[주동(周動)]이라는 보편적인 인식에 위배되는 현상이 태양의 겉보기운동에서 관찰됨.

① '춘분~추분'은 186일, '추분~이듬해 춘분'은 178일이 걸림.

⇒ 8일의 차≠등속운행[평행(平行)]

② 태양의 크기는 '동지 때>하지 때', 월식의 지속 시간은 '하지 때>동지 때'

⇒ 태양과 지구 사이의 거리 변화≠원운동[주동(周動)]

(2) 등속운행과 원운동이라는 원리를 위배하지 않는 속도와 거리의 변화에 대한 설명

① 그림에서

을병정 : 종동천(宗動天)

갑 : 지구 중심, 종동천의 중심

경기신무 : 태양궤도원[일륜본천(日輪本天)]

임 : 태양궤도원[태양본천(太陽本天)]의 중심

경, 신 : 춘분점과 추분점

무, 기 : 하지점과 동지점

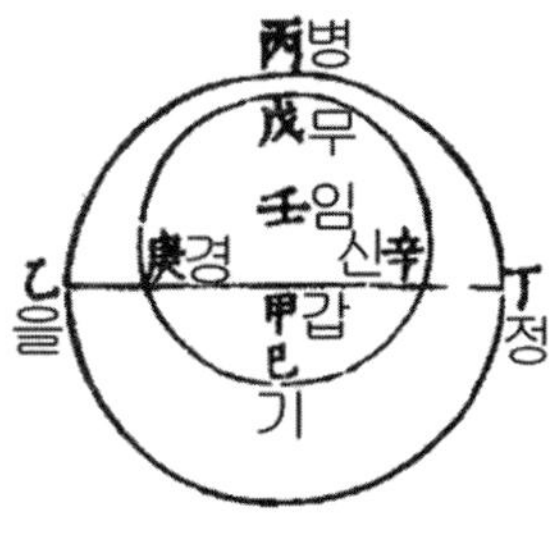

[그림 23] 태양 궤도와 종동천

② 만약 두 원의 중심이 일치한다면 경무신=신기경 이어야 하는데 지금 경무신 ≠ 신기경

⇒ 두 원의 중심이 일치하지 않음(▾ 그 수치는 아래에 자세히 보임).

③ 관측자의 눈이 태양궤도원[태양본천(太陽本天)]의 중심('임')이 아닌 종동천의 중심('갑')에 있음에 따른 효과

a. 태양궤도원[일륜본천(日輪本天)]에서 태양은 항상 등속운행[평행(平行)]을 하지만, 사람이 보기에는 '경무신 날짜수> 신기경 날짜수' ⇒ 겨울은 짧고 여름은 깊[동축하영(冬縮夏贏)]

b. 태양이 '무'에 있으면 '갑'에서 멀고, '기'에 있으면 '갑'에 가까움 ⇒ 겨울엔 태양이 크고 여름엔 작게 보임[동대하소(冬大夏小)]

(3) 태양이 태양궤도원[일륜본천(日輪本天)]에서 등속운행[평행(平行)]을 함으로 인한 결과

: 태양의 위치를 추산할 때 등속운행의 도수를 기반으로 속도변화를 논해야 함.

⇒ 다음 식에 따라 등속운행표[평행표(平行表)]를 미리 작성해 둘 필요가 있음.

1일 행도(운행 도수)

='천구의 둘레[천주(天周)]'÷'1회귀년의 길이[세주(歲周)]'

(▼그 계산법에 대해서는 아래 글에 보임)

3) 춘·추분 순간 태양의 본도(本度 태양궤도[일륜본천(日輪本天)] 상의 경도)를 구하는 두 가지 방법

(1) 첫째 방법 : '춘추분~관측 시점'의 경도차(황경차, $\Delta\lambda$)를 구하여 시간차를 구하는 방법

① 춘분 또는 추분 전후 3, 4일 이내의 정오에 '태양의 고도[일궤고(日軌高) a]'를 측정함.

② 관측지의 '적도 고도[적도리지평도(赤道離地平度) $(90° - \phi)$]'와 서로 더하거나 빼면 그날 '태양의 적위[일전위도(日躔緯度) δ]'가 나옴.

$\delta = a - (90° - \phi)$

'$90° - \phi > a$'이면 태양이 남6궁(南六宮 적도 남쪽의 '추분~춘분' 구간)에 있음.

'$90° - \phi < a$'이면 태양이 북6궁(北六宮 적도 북쪽의 '춘분~추분' 구간)에 있음.

③ 위도(적위)를 가지고 춘·추분점부터 경도차(황경차 $\Delta\lambda$)를 구함.

(▼ 계산법은 본편 제4장에 보임.)

④ 위에서 구한 경도차와 다음 비례식을 이용하여 춘추분까지 시간차(Δt)를 구함.

(태양의 매일 평행도 59분08초19미) : (일법(日法) 96각)

=(위에서 구한 경도차(황경차 $\Delta\lambda$)) : (춘추분까지 시간차(Δt))

- 태양의 매일 평행도 59분08초19미
  =('천구의 둘레[천주(天周)]' 360도)÷('1회귀년[세주(歲周)]' 365일23각 4분)
- 일법(日法) 96각(刻)=1일(日)

⑤ 태양이 교점(交點)에 드는 시각 t

=관측일 정오±춘·추분점까지 시간차(Δt)

a. 춘분 근처에서 '$90° - \phi > a$'이면 교점에 들기 전이므로 Δt를 더함.

b. 춘분 근처에서 '$90° - \phi < a$'이면 교점에 든 후이므로 Δt를 뺌.

c. 추분 근처에서 '$90° - \phi > a$'이면 교점에 든 후이므로 Δt를 뺌.

d. 추분 근처에서 '$90° - \phi < a$'이면 교점에 들기 전이므로 Δt를 더함.

- 교점(交點)이 곧 춘분과 추분임.
  '교(交)'는 황도와 적도가 교차하는 것, '점(點)'은 위치만 있고 크기가 없는 것.

(2) 둘째 방법 : 관측 순간 태양의 적위(δ)에서 바로 시간차를 구하는 방법

① 위 첫째 방법에서와 같이 '태양의 적위[일전위도(日躔緯度) δ]'를 구함.

$\delta = a - (90° - \phi)$

② 춘분과 추분 전후 황경 1도(=1일) 사이에서 태양의 적위에 대한 시간 변화율[41)]

=96각÷24분=4각/분

- 1일=96각(刻)

  춘분과 추분 전후 황경 1도 지점의 적위=23분56초≒24분

③ 태양이 교점(交點)에 드는 시각 t=관측일 정오±(δ분÷4각/분)

- 이 둘째 방법은 춘·추분 전후 1, 2일에만 사용할 수 있음.

  이를 넘는 범위에서는 위도 변화율이 점차 줄어들므로 '4각/분'을 사용할 수 없음.

  따라서 첫째 방법이 '보편적인 방법[공법(公法)]'임.

4) 위 3항의 계산법에 대한 도해

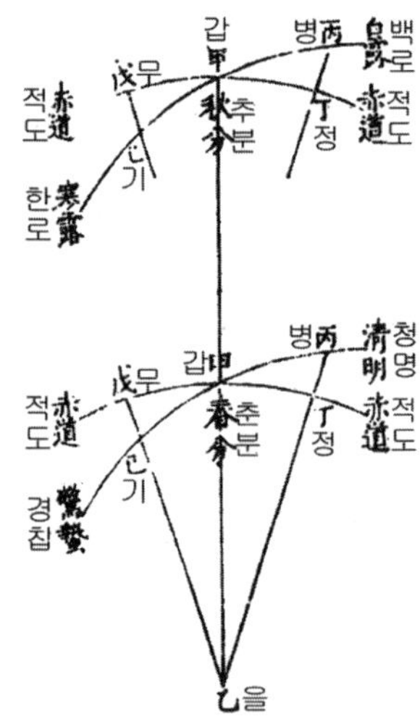

[그림 24] 춘분, 추분 근처의 황도와 적도

(1) 그림에서

갑 : 황도와 적도의 교점

을 : 관측자의 위치

$\overline{\text{을정}}$, $\overline{\text{을무}}$: '관측자～적도상의 점'→늘 일정함

(2) 태양이 '기'에 있을 경우

$\overset{\frown}{\text{기무}}$: 태양의 적위[위(緯)]

$\overset{\frown}{\text{기갑}}$: 태양의 황경[경(經)]

'$\overset{\frown}{\text{기갑}}$=1도'라면

---

41) $\sin\delta = \sin\varepsilon \sin(1^{\circ})$이면, $\delta = 24'$ 이다.

춘분점 근처에서는 1일 뒤에 교점에 듦.

추분점 근처에서는 1일 전에 교점에 들었음.

(3) 태양이 '병'에 있을 경우

병정 : 태양의 적위[위(緯)]

병갑 : 태양의 황경[경(經)]

'병갑=1도'라면

춘분점 근처에서는 1일 전에 교점에 들었음.

추분점 근처에서는 1일 뒤에 교점에 듦.

5) 실제 계산 예시

(1) 태양의 실측 고도로부터 지심(地心) 고도 구하기

숭정 3년(1630년) 2월 8일 정오에 관측한 태양의 고도=50도13분

지반경차=1분52초

청몽기차 : 태양의 고도가 높으므로 무시해도 됨.

∴ 태양의 '지심 고도[진고(眞高)]' a=50도13분+1분52초=50도14분52초

(2) 관측지인 순천부(順天府 북경(北京))의 서로 다른 북극출지도(위도 ϕ)에 따라 춘·추분의 시각 구하기

- 순천부의 북극출지도는 세 가지 설이 있는데, 무엇이 맞는지 모름.

① ϕ=39도50분일 경우,

a. 적도의 고도=90−ϕ=50도10분

b. 태양의 적위 $\delta = a-(90도-\phi)$=50도14분52초−50도10분=4분52초

c. 황적거도표(黃赤距度表)에서 적위 4분52초에 대한 황경[경도]

=강루(降婁 Ari) 12분22초

d. '태양의 매일평균행도[일평행(日平行)]' : 일법(日法)

=(지금 구한 황경차) : 시간차

59분08초 : 96각=12분22초 : 20각 어름[약(弱)]

e. $a > (90-\phi)$ 이므로,

태양이 교점(춘분점)에 든 시각 t=관측일 정오−20각=진초(辰初)0각

② ϕ=39도53분일 경우,

a. 적도의 고도=90−ϕ=50도07분

b. 태양의 적위 $\delta = a - (90도 - \phi)$=50도14분52초−50도07분=7분52초

c. 황적거도표(黃赤距度表)에서 적위 7분52초에 대한 황경[경도]

=강루(降婁) 20분

d. '태양의 매일평균행도[일평행(日平行)]' : 일법(日法)

=(지금 구한 황경차) : 시간차

59분08초 : 96각=20분 : 32각07분

e. $a > (90-\phi)$ 이므로,

태양이 교점(춘분점)에 든 시각 t=관측일 정오−32각07분

=인초(寅初)0각08분(▾1각=15분)

③ ϕ=40도일 경우,

a. 적도의 고도=90−ϕ=50도

b. 태양의 적위 $\delta = a - (90도 - \phi)$=50도14분52초−50도=14분52초

c. 황적거도표(黃赤距度表)에서 적위 14분52초에 대한 황경[경도]

=강루(降婁) 37분15초

d. '태양의 매일평균행도[일평행(日平行)]' : 일법(日法)

=(지금 구한 황경차) : 시간차

59분08초 : 96각=37분15초 : 59각07분

e. $a > (90-\phi)$ 이므로,

태양이 교점(춘분점)에 든 시각 t=관측일 정오−59각07분

=2월7일 술초(戌初)3각08분

④ ϕ=40도01분일 경우,

태양이 교점(춘분점)에 든 시각 t=관측일 정오−64각07분

=2월7일 유정(酉正)3각08분

6) 서양에서 정밀하게 측정한 대니아국(大尼亞國 덴마크)의 춘·추분 시각에 시차(時差)를 더하여 정한 순천부(북경)의 춘·추분 시각

- 정밀한 측정을 위해서는 규모가 커서 눈금이 정밀한 관측기구를 동(銅)으로 주조하여 여러 해 동안 관측치를 누적해야 함.
- 대니아국 : 순천부에서 서쪽으로 104도⇒시차(時差)가 (−)27각11분

  북극출지(北極出地 위도) 55도54분45초.

대니아국에서 5년 연속 측정하여 태양이 춘분과 추분에 들어서는 '정확한 시각[진율眞率]'을 구함. 이를 이용한 순천부의 춘 · 추분 시각이 다음과 같음.

(1) 만력(萬曆) 12년(1584) 갑신년 2월의 춘분 시각

$$t_{\text{순천부},1584,\text{춘분}} = t_{\text{대니아},1584,\text{춘분}} + \text{시차(時差)}$$

=2월9일 정오 후 86각+27각11분=2월10일 자정 후 65각11분

- 중국역법은 자정부터 시각을 헤아리고 서양역법은 정오부터 헤아림.

  【86각+27각=113각. 113각−하루96각=다음날 17각.

  (오정부터 헤아린 17각)+반일48각=(자정부터 헤아린 65각)

  이후도 이와 같이 계산함】[42)]

같은 해의 추분 시각

$$t_{\text{순천부},1584,\text{추분}} = t_{\text{대니아},1584,\text{추분}} + \text{시차(時差)}$$

=2월9일+187일 정오 후 64각+27각11분

42) 옥스퍼드대본, 우한대본, 규장각본, 《서양신법역서》본에는 이 내용이 추가되었다. 石云里 · 褚龙飞(2017), 404면.

=2월9일+(187+1)일 자정 후 43각11분

(2) 만력 13년(1585) 을유년

$t_{순천부,1585,춘분} = t_{대니아,1585,춘분}$ +시차(時差)

=2월9일+366일 정오 후 13각04분+27각11분

=2월9일+366일 자정 후 89각

$t_{순천부,1585,추분} = t_{대니아,1585,추분}$ +시차(時差)

=2월9일+552일 정오 후 87각00분【87각04분】[43] +27각11분

=2월9일+(552+1)일 자정 후 66각14분

(3) 만력 14년(1586) 병술년

$t_{순천부,1586,춘분} = t_{대니아,1586,춘분}$ +시차(時差)

=2월9일+731일[44]정오 후 36각08분+27각11분

=2월9일+(731+1)일 자정 후 16각04분

$t_{순천부,1586,추분} = t_{대니아,1586,추분}$ +시차(時差)

=2월9일+917일 정오 후 14각08분+27각11분

=2월9일+917일 자정 후 90각04분

---

43) 옥스퍼드대본, 우한대본, 규장각본, 《서양신법역서》본에는 "87각00분[八十七刻正]"이 "87각04분"으로 수정되었다. 石云里 · 褚龙飞(2017), 404면. 수정된 값이 티코 브라헤의 《새로운 천문학 입문》(*Astronomiae Instauratae Progymnasmata*)에 기록된 값(〈보충자료 11〉의 [그림 25]) "12일21시49분"에 부합하고, 계산 흐름에도 비교적 맞다.

44) 원문은 '730일'이지만 1584년의 춘분일시 '29일 86각'에 '365일23각04분×2'을 더하면 '29일+731일36각08분'이 되므로 바로 잡아 옮겼다. 이어지는 계산값에서도 마찬가지이다. 이렇게 해야 〈보충자료 11〉의 [그림 25]의 '3월10일9시8분'에도 부합한다.

(4) 만력 15년(1587) 정해년

$t_{\text{순천부},1587,\text{춘분}} = t_{\text{대니아},1587,\text{춘분}}$ +시차(時差)

=2월9일+1096일[45]정오 후 59각11분+27각11분

=2월9일+(1095+1)일 자정 후 39각07분

$t_{\text{순천부},1587,\text{추분}} = t_{\text{대니아},1587,\text{추분}}$ +시차(時差)

=2월9일+1282일 정오 후 37각11분+27각11분

=2월9일+(1282+1)일 자정 후 17각07분

(5) 만력 16년(1588) 무자년

$t_{\text{순천부},1588,\text{춘분}} = t_{\text{대니아},1588,\text{춘분}}$ +시차(時差)

=2월9일+1461일 정오 후 83각+27각11분

=2월9일+(1461+1)일 자정 후 62각11분

$t_{\text{순천부},1588,\text{추분}} = t_{\text{대니아},1588,\text{추분}}$ +시차(時差)

=2월9일+1647일 정오 후 61각+27각11분

=2월9일+917일 자정 후 40각11분

- 위 결과를 이용하여 '1회귀년의 길이[세주율(歲周率)]'와 동·하지 등의 시각을 구할 수 있음.

보충자료 10 임의의 날 정오에 태양의 황경 측정하기 : 옥스퍼드대본, 우한대본, 규장각본, 《서양신법역서》본에는 위의 내용 뒤에 다음과 같은 첨언(添言)과 측정예가 추가되어 있다[46]

- 위에서 춘분과 추분 때 태양의 황경[전도(躔度)]을 상세히 측정하는 방법을 논하였으나, 〈일전표〉에서 계산한 태양 경도를 가지고 대조해 보아야 함. 측정값이 〈일전표〉의 계산값 같다면 정확한 것이고, 같지 않다면 정확하지 않은 것임.

---

45) 원문은 '1,095일'이지만 1584년의 춘분일시 '29일 86각'에 '365일23각04분×3'을 더하면 '29일+1,096일59각11분'이 되므로 바로 잡아 옮겼다. 이어지는 계산값에서도 마찬가지이다. 이렇게 해야 〈보충자료 11〉의 [그림 25]의 '3월10일14시56분'에도 부합한다.

46) 石云里·褚龙飞(2017), 404면.

□ 임의의 날 정오에 측정한 태양의 고도를 이용하여 태양의 황경 구하기[수일오정측태양소전경도궁분(隨日午正測太陽所躔經度宮分)]

(1) 계산법

① 태양의 적위[거위도(距緯度)]

=(정오 때 측정한 태양의 정확한 고도[정고(正高)])−(적도 고도[적도고(赤道高)])

• 태양의 정확한 고도[정고(正高)]

=태양의 실측 고도[지평고도(地平高度)]−청몽기차+지반경차

• 태양의 적위[거위도(距緯度)]는 적도에서 떨어진 도수를 말함.

② 정오 때 태양의 황도 도분

='①'의 수치를 가지고 황적도거도표(黃赤道距度表)의 가로 행에서 도수와 분수를 찾고 상행이나 하행에서 궁, 도, 분을 읽음.

• 만약 표 안에 찾으려는 원래의 수치가 없다면 중비례법(中比例法)[47]을 사용함.

③ 적도 고도>태양의 측정 고도 ⇒ 동지 전후 반원주의 궁, 도, 분을 사용함.

적도 고도<태양의 측정 고도 ⇒ 하지 전후 반원주의 궁, 도, 분을 사용함.

④ 해당 궁이 상행에 있으면 상행의 도수를 사용함.

해당 궁이 하행에 있으면 하행의 도수를 사용함.

(2) 계산 예 1 : 정오 때 태양의 측정 고도 64도43분을 이용하여 태양의 황경 구하기

① 태양의 정확한 고도=64도43분+(지반경차 1분13초)=60도44분 남짓

• 고도가 청몽기를 넘어섰으므로 청몽기차는 고려하지 않음.

② 태양의 적위=(60도44분 남짓)−(적도 고도 50도05분)=10도39분

③ 태양의 황경=황적거도표의 가로행에서 10도39분을 찾아 경도를 읽으면 강루(降婁, Ari)궁27도35분 또는 순미(鶉尾, Vir)궁2도25분임.

• '적도 고도<태양의 측정 고도'이므로 상행의 궁, 도, 분을 사용함.[48]

---

47) 중비례법(中比例法)은 비례보간(比例補間), 곧 두 인수(引數) α, $\alpha+1$의 사잇값 $\alpha+\Delta\alpha$ $(0<\Delta\alpha<1)$에 대한 결과값 $f(\alpha+\Delta\alpha)$를 구하기 위하여, 두 인수 사이에서 결과값이 선형(線形)으로 변화한다는 가정 하에 비례식 $\Delta\alpha : 1=\{f(\alpha+\Delta\alpha)-f(\alpha)\} : \{f(\alpha+1)-f(\alpha)\}$를 사용하는 계산법을 말한다.

48) 이 말은 잘못되었다. 〈황적도거도표〉에서 강루(降婁 Ari)궁은 상행에 있지만 순미(鶉尾 Vir)궁은 하행에 있다. '(1)−③'항에 따라서 "'적도 고도<태양의 측정 고도'이므로 하지 전후 반원주의 궁, 도, 분을 사용함."이라고 해야 한다.

(3) 계산 예 2 : 정오 때 태양의 측정 고도가 37도13분을 이용하여 태양의 황경 구하기
① 태양의 정확한 고도＝37도13분－(청몽기차 0.5분)＋(지반경차 2분25초)
＝37도15분
② 태양의 적위＝(적도 고도 50도05분)－37도15분＝12도51분
③ 태양의 황경＝황적거도표의 가로행에서 12도51분을 찾아 경도를 읽으면 대량(大梁, Tau)궁3도52분 또는 순화(鶉火, Leo)궁26도08분임.

보충자료 11 **5년간 춘분점과 추분점의 관측**

티코 브라헤(Tycho Brahe)는 《새로운 천문학 입문》[*Astronomiae Instauratae Progymnasmata*, (Typis inchoata Vraniburgi Daniae, absoluta Pragae Bohemiae : s.n., 1602)]에서 1584년부터 1588년까지 5년간 춘분점과 추분점의 관측결과를 제시했다. 춘분일과 추분일이 3월 9/10일과 9월 12/13일로 제시된 것은 율리우스력을 사용했기 때문이라고 보인다.

INGRESSUS SOLIS IN AMBO ÆQUINOCTIALIA PUNCTA, E NOSTRIS EXQUISITIS OBSERUATIONIBUS PERUESTIGATI.

ANNO CHRISTI LABENTE	ÆQVINOCTIVM					
	VERNALE MARTII			AVTVMNALE SEPTEMBRIS		
	Die	Hor.	Minvt.	Die	Hor.	Minvt.
1584	9	21	30	12	16	0
1585	10	3	19	12	21	49
1586	10	9	8	13	3	38
1587	10	14	56	13	9	26
1588	9	20	45	12	15	15

Horæ & ſcrupula numerantur a meridie aßignati diei, idque in Longitudine P. 36. M. 45. qualis eſt in loco noſtræ Obſeruationis proxime. ‖ Has

[그림 25] 티코 브라헤가 관측한 5년간의 춘분시각과 추분시각 *Tychonis Brahe Dani Scripta Astronomica*, ed. I. L. E. Dreyer, Tomus II (Hauniae, 1913), 15쪽

〈일전역지〉에서는 만력12년 갑신년(1584년)의 춘분을 2월 9일 오정 후 86각이라고 제시했는데, 이는 달만 음력으로 표기한 것으로 양력으론 3월이 된다. 티코의 표에서 1588년의 춘분일과 추분일이 하루씩 당겨진 것은 이해가 윤년이기 때문이다.

〈표 4〉 〈일전역지〉가 중국역법에 따라 제시한 값을 서양역법으로 환산한 값

춘분점과 추분점의 관측				
		덴마크(오정 후)	서양역법으로 환산한 값	+시차(27각 11분) =중국(자정 후)
萬曆十二年 甲申(1584년)	春分	二月初九日 86刻	2월 9일 21시 30분	次日 65刻 11分
	秋分	二月初九日+187 days 64刻	8월 12일 16시	次日 43刻 11分
十三年 乙酉(1585년)	春分	二月初九日+366 days 13刻 4分	2월 10일 3시 19분	89刻
	秋分	二月初九日+552 days 87刻 4分	8월 12일 21시 49분	次日 66刻 14分
十四年 丙戌(1586년)	春分	二月初九日+731 days 36刻 8分	2월 10일 9시 8분	次日 16刻 4分
	秋分	二月初九日+917 days 14刻 8分	8월 13일 3시 38분	90刻 4分
十五年 丁亥(1587년)	春分	二月初九日+1096 days 59刻 11分	2월 10일 14시 56분	次日 39刻 7分
	秋分	二月初九日+1282 days 37刻 11分	8월 13일 9시 26분	次日 17刻 7分
十六年 戊子(1588년)	春分	二月初九日+1461 days 83刻	2월 9일 20시 45분	次日 62刻 11分
	秋分	二月初九日+1647 days 61刻	8월 12일 15시 15분	次日 40刻 11分

제6장 태양의 등속운행[평행(平行)]과 실제운행[실행(實行)]

1) 회귀년[절기세(節氣歲)]과 항성년[항성세(恒星歲)]

(1) 회귀년[절기세]

태양이 아무 절기[절(節)], 아무 점(點)에서 출발하여 하늘을 한 바퀴 돌아 원래의 절기, 원래의 점으로 돌아오기까지

- 춘분, 추분, 동지, 하지 등을 모두 '절기[절(節)]'라고 하고, 모두 '점(點)'[49] 이라고도 함.

(2) 항성년[항성세]

태양이 아무 항성과 만난 후 하늘을 한 바퀴 돌아 원래의 항성과 다시 만나기까지

- 항성은 서에서 동으로 향하는 본행(本行 그 자체의 운행)을 함.

  예) 금년 춘분에 태양이 어떤 항성과 만났다면, 내년 춘분에 그 항성은 춘분점을 몇 분(分) 만큼 지나 있게 됨. 반대로 표현하면, 태양이 춘분점에 도달하면 이미 1회귀년[절기세실(節氣歲實)]을 채우게 되지만, 원래의 항성에는 몇 분 만큼 미치지 못함. 곧 약간의 시간이 더 있어야 원래의 항성을 따라잡아 만나게 되는데, 이리하여 1항성년[항성세실(恒星歲實)]을 채우게 됨. ⇒ 1회귀년[절기세실] < 1항성년[항성세실]

- 세실(歲實) : 태양이 하늘을 한 바퀴 운행하는 데 걸리는 시간.[50]

---

49) 동지점, 하지점, 춘분점, 추분점 등.

50) 이와 같이 항성세실과 절기세실을 대비하여 말하지 않고 '세실(歲實)'만을 언급하는 경우는 그 자체로 회귀년의 길이를 뜻한다.

2) 태음년[태음지세(太陰之歲)]

해와 달이 12회 만나는 기간을 12개월, 곧 1년으로 정함.

1태음년=354일 남짓.

1태양년[태양세실(太陽歲實)]－1태음년=11일 남짓.

달의 겉보기운행[시행(視行)]는 매우 불균일하므로 태음년은 태양년의 바탕 위에 사용함.

▾ 달이 하늘을 한 바퀴 도는 운동은 본디 등속운행[평행(平行)]이지만, 그 주전원[소륜(小輪)]상의 '자체 행도[자행도(自行度)]', 곧 입전(入轉 달이 근지점에 들어선 이후의 행도)이 있음. '주전원상의 운행[자행(自行)]'에는 순행과 역행이 있으나, 등속운행이 빠르기 때문에 사람들이 볼 때는 순행과 역행으로 보이지 않고 '느린 운행[지(遲)]'과 '빠른 운행[질(疾)]'으로만 보임. 빠르고 느린 운행이 있으므로 합삭(合朔), 상현, 보름[망(望)], 하현이 절대로 '똑같은 시간 간격으로 일어날[평등(平等)]' 수 없음.

3) '1 회귀년의 길이[세실(歲實)]' 정하기

(1) 1 회귀년의 길이[세실]

$=t_{\text{순천부},1585,\text{춘분}}-t_{\text{순천부},1584,\text{춘분}}$

=(2월9일+366일 오정 후 41각)－(2월10일 오정 후 17각11분)

=**365일 23각04분** (▾1각=15분)

(2) 이전 시대의 실측값을 가지고 계산한 '1회귀년의 길이[세실]'

$=\{t_{\text{서양 제곡(第谷,티코브라헤)},1588,\text{춘분}}-t_{\text{서양 백이나와(白耳那瓦)},1488,\text{춘분}}\}\div100$

={1588년 3월19일 정오 후 83각－1488년 3월20일[51] 정오 후 63각10

51) 원문은 '3월 24일'이지만 이후의 계산 결과에 부합하지 않으므로, 이 단락의 원문 소주(小註)에 '3월 20일'로 되어 있음에 근거하여 '3월 20일'로 바로잡아 옮겼다. 《신법산서》는 다음 그림과 같이 대문과 소주에 모두 3월 24일로 되어 있다. 《숭정역서》의 이 부분에는 하루 중의

분}÷100

=(36525일−76각05분)[52]÷100

=365.25일−11분27초

=**365일23각03분33초**

⇒《숭정역서》에서는 이 값을 1회귀년으로 정하여 사용함.

- 서양의 역법에서 1년=$365\frac{1}{4}$일

  4년=(365×4)일+1일 ⇒ 평년 3년(3×365일)+윤년 1년(366일)

시각을 '정오 후 ○○각○○분'으로 표기한 데 반해《신법산서》는 '자정 후 ○○각○○분'으로 표기법이 달라졌을 뿐만 아니라 시각값 자체가 달라졌다. 곧 티코가 측정한 춘분시각이 1588년 3월 19일 자정 후 43각6분, 100년전 춘분시각이 1488년 3월 24일 자정 후 64각6분, 두 춘분의 시간 간격이 '36525일−75각5분'으로 회귀년의 길이가 (36525일−75각)÷100=365.25일−11분15초=365일23각03분45초로 정리되었다. 그러나《신법산서》에서도 티코(제곡)의 측정값이 소주에는 '3월 19일 정오 후 43각6분'으로 기록되고, 두 춘분 사이의 간격이 실은 '36530일−21각'으로 계산되는 등, 앞뒤가 맞지 않기는 마찬가지이다.

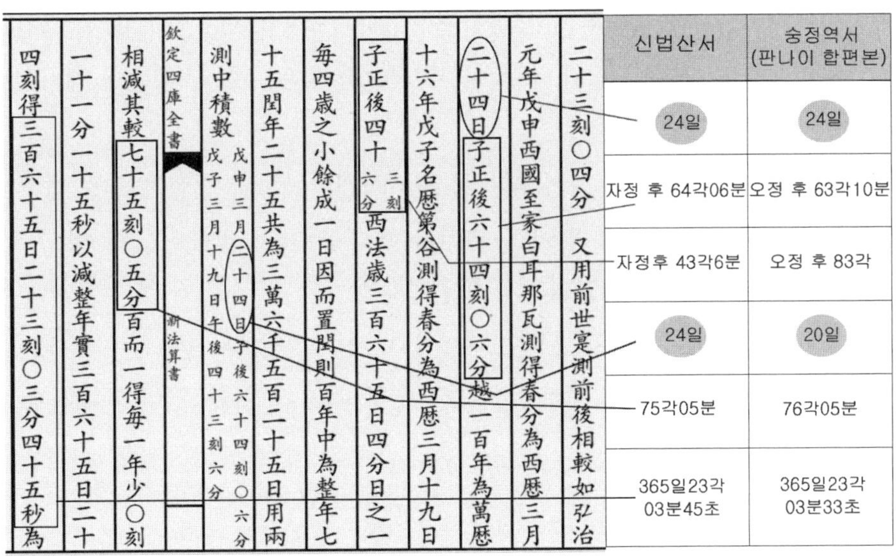

[그림 26] 《신법산서》와 《숭정역서》의 본문 비교

옥스퍼드대본, 우한대본, 규장각본,《서양신법역서》본도《신법산서》와 같이 되어 있다. 石云里 · 褚龙飞(2017), 405면.

52) 앞에 명시된, 티코 브라헤와 백이나와가 측정한 춘분시각의 간격을 계산하면 '365.25일−76각 10분'이다, 이어지는 중간 계산값 '11분27초'가 '76각5분÷100'이므로, 티코 브라헤와 백이나와의 측정치가 잘못 기록된 듯하다.

∴ 100년 = 평년[정년(整年)] 75년(75×365일) + 윤년 25년(25×366일)

= **36525일**

- (2)항에서 계산한 값이 (1)항의 값보다 27초 짧음.
  만약 수백, 수천 년 전의 실측값을 사용한다면 그 차이가 더 클 것임.
  ⇒ 세월이 흐름에 따라 태양의 '1년 행도[세행(歲行)]'가 달라지는 것.

(3) 세월이 흐름에 따라 1회귀년의 날짜수 차이가 커지는 세 가지 원인

① 태양이 운행하는 이심원[부동심권(不同心圈)]의 하늘[천(天)][53]이 절기에 따라 서에서 동으로 매해 '자체 행도[자행도(自行度)]'만큼씩 움직임. 그 결과, 올해 어느 절기점[절점(節點)]과 일치하는 한 점이 100년 뒤에는 그 절기점에서 약간 떨어지게 됨.

- 이심원[부동심천(不同心天)]에 태양이 걸려 있는데, 이를 태양궤도원[일륜본천(日輪本天)]이라고 칭함. 그 중심은 '지구 중심[지심(地心)]'이 아니기 때문에 부동심천(不同心天)이라고도 칭하고, 최고천(最高天)이라고도 칭함. 이것이 세차(歲差)의 원인이기 때문에 세차천(歲差天)이라고도 칭함.

② 태양이 운행하는 이심원[부동원(不同圓)] 궤도의 중심이 '지구 중심[지심(地心)]'으로부터 떨어진 거리가 또 일정하지 않음.

③ 항성의 운행도 균일하지 않음.

⇒ 이 세 가지 차(差)는 그 수치가 아주 미미해서 100년 이내에는 계산하기 어렵고, 수백, 수천년 이상의 시간 차가 있어야 계산됨.

(4) 태양의 매일 행도

='하늘의 둘레[천주(天周)]'÷'1회귀년의 길이[세실(歲實)]'

---

53) 원문은 '중심[心]'이지만, 이 부분은 세차운동을 일으키는 춘분점의 서행(西行)을 하늘[天]의 동행(東行)으로 설명한 내용이므로, '하늘[天]'로 고쳐 옮겼다. 《신법산서》에도 오류가 인습되어 '중심[心]'으로 되어 있다.

=360도÷365일23각03분33초

=59분08초19미(微)50섬(纖)

• 태양의 매일 행도를 누적하여 표(表)를 만듦.

보충자료 12 태양의 매일 등속운행[평행(平行)] 분(分)수 계산법[산매일태양평행분법(算每日太陽平行分法)] : 옥스퍼드대본, 우한대본, 규장각본, 《서양신법역서》본에는 위 (4)항의 소단락 대신 다음과 같은 내용의 대단락이 (3)항의 내용 뒤에 있다[54]

(1) 앞에서 계산한 '확정된 1회귀년의 일수[정세실(定歲實)]' 365일23각03분45초를 놓음.
이 시간 동안 태양이 '하늘 한 바퀴[주천(周天)]' 360도를 운행함.
태양의 1일 운행 도수를 정하여 표를 만들려고 함.
계산법 : 1일 운행 도수=(하늘 한 바퀴)÷(1회귀년의 일수)
(▼ 세밀한 표를 만들려고 함.
이 때문에 위 두 수를 다음과 같이 각기 단위 환산율에 따라 환산함.)

(2) '하늘 한 바퀴[주천(周天)]' 360도를 진(塵 1진=60^{-7}도) 단위로 환산하기
360도×60^7=1007769600000000진

(3) '1회귀년의 일수[세실(歲實)]' 365일23각03분45초를 모두 초 단위로 환산하기
365일23각03분45초=(365일×24시/일)+(20각÷4각/시)+(3각×15분/각)+03분45초
=8760시+5시+45분+03분45초
=(8765시×60분/시)+45분+03분45초
=(525948분×60초/분)+45초
=31556925초

(4) 태양의 1초 평균운행=1007769600000000진÷31556925초=31934974진/초
태양의 1분 평균운행=(1007769600000000진÷60말/진)÷(31556925초÷60분/초)
=31934974말/분
태양의 1시간 평균운행=(1007769600000000말÷60망/말)÷(31556925분÷60시/분)
=31934974망/시

---

54) 石云里 · 褚龙飞(2017), 406면. 여기서 사용된 미소 각도 단위의 환산율은 다음과 같다.
1도=10분=10^2초=10^3미=10^4섬=10^5망=10^6말=10^7진

태양의 1일 평균운행=1007769600000000망÷(31556925시÷24일/시)
=766439376망/일=(766439376망÷60섬/망)/일
=12773989섬/일=(12773989섬÷60미/섬)/일
=(12773989섬+36망)/일
={(12773989섬÷60미/섬)+36망}/일
={(212899미+49섬)+36망}/일
={(212899미÷60초/미)+49섬+36망}/일
={(3548초+19미)+49섬+36망}/일
={(3548초÷60분/초)+19미+49섬+36망}/일
=(59분+8초+19미+49섬+36망)/일

(5) 1시간, 그리고 매 시간 별 평균운행 구하기
24시간의 평균운행=59분08초19미49섬36망≃59분08초20미
12시간의 평균운행=59분08초20미÷2=29분34초10미
6시간의 평균운행=29분34초10미÷2=14분47초05미
3시간의 평균운행=14분47초05미÷2≃7분23초32미
1시간의 평균운행=7분23초32미÷3≃2분27초51미
N시간의 평균운행=2분27초51미×N (단, $1 \le N \le 60$)
⇒ 하루 중 매 시간의 평균운행 표
24시간의 평균운행=2분27초51미×24 ⇒ 1일 평균운행

(6) 1년 중 매일의 평균운행 표
N일의 평균운행=59분08초20미×N (단, $1 \le N \le 366$)

보충자료 13 티코와 《숭정역서》, 《신법산서》의 회귀년 계산 비교

〈일전역지〉는 서양에서 100년에 걸친 관측값을 제시하며 1회귀년을 계산한다. 하지만 이 부분에는 상당히 오류가 많으며 이는 《신법산서》에도 그대로 반영되고 있다. 이러한 오류는 서양 저본을 통해 쉽게 바로잡을 수 있다. 티코 브라헤는 자신의 책에서 베르나르두스 발테루스(Bernhard Walther, 白耳那瓦)가 1488년에 춘분점 관측 값을 자신의 시대에 맞춰 제시하고 자신의 1588년 춘분점 관측값과 비교하여 1회귀년의 길이를 계산하였다. 티코가 《새로운 천문학 입문》에서 기록하고 계산한 값

을 《숭정역서》 및 《신법산서》와 비교하면 아래 〈표 5〉과 같다. 채색된 부분이 티코의 값과 일치하는 것이다.

〈표 5〉 1회귀년의 계산 비교

	《새로운 천문학 입문》		《숭정역서》		《신법산서》		비고
1488년 춘분 발테루스 측정값	인용	3월10일 15시40분	大文	3월24일 정오 후 63각10분	大文	3월24일 자정 후 64각0분	티코의 수정 값이 《숭정역서》 小註의 값과 일치함.
	수정	3월10일 15시55분	小註	3월20일 정오 후 63각10분	小註	〃	
1588년 춘분 티코 측정값	3월9일 20시45분		大文	3월19일 정오 후 83각	大文	3월19일 자정 후 43각6분	티코의 기록이 《숭정역서》의 기록과 일치함.
			小註	〃	小註	3월19일 정오 후 43각6분	
두 춘분 시각의 간격	양심차와 원일점의 위치를 고려하면 25분을 더하여 3월 9일 21시 10분이 됨.		36525일−76각05분 (* 1488년 춘분날이 20일이면 36525일 −76각10분)		36525일−75각05분 (* 大文을 기준으로 하면 36530일−21각. * 아래 1회귀년 계산과 맞는 계산값은 36525일−75각)		티코의 계산값은 《신법산서》와 일치함.
1회귀년	(36525일−18시간 45분)÷100= 365.25일−11분 15초 =365일 5시간 48분 45초		(36525일−76각05분)÷100 =365.25일 −11분27초 =365일23각 03분33초 (=365일5시간 48분33초)		(36525일−75각)÷100 =365.25일 −11분15초 =365일23각 03분45초 (=365일5시간 48분45초)		티코의 계산값은 《신법산서》와 일치함.

〈일전역지〉는 태양의 평균운동과 회귀년을 계산한 다음에 양심차를 계산하지만, 티코의 《새로운 천문학 입문》은 양심차를 먼저 계산하고(발테루스 포함), 회귀년을 계산한다. 이러한 차이는 회귀년을 계산할 때에도 반영되었다.

티코는 1488년 발테루스가 뉘른베르크에서 관측한 값을 100년 후 자신이 우라니보르크 천문대(오늘날 스웨덴의 흐벤 소재)에서 관측한 값과 비교하여 회귀년을 계산한다. 발테루스는 춘분일시를 3월 10일 15시 40분으로 관측했지만, 티코는 이는 자신의 관측지의 경도에 맞추면 3월 10일 15시 55분이라고 제시한다(뉘른베르크는 49°27′N, 11°5′E 이며, 흐벤은 55°54′28″N 12°41′48″E에 위치한다). 실제로 두 지역의 경도차를 시간으로 계산하면 6.45분이 나오지만, 티코는 15분 차이로 환산했다. 두 관측지점의 시간차를 전통적으로 15분으로 했을 가능성도 있지만, 현재로서는 확인할 수 없다.

여기에 티코는 앞에서 계산한 발테루스의 양심차값 35481(1,000,000에 대해, 〈일전역지〉 제7장에 나옴, 본서 〈보충자료 17〉을 보라), 가감차 2도 1분 35초,[55] 원지점은 하지로부터 4도 15분으로 놓고 춘분일시의 태양의 평균 위치를 Sig. 11. G. 58./.25.[56]로 추정하였다. 100년 후에도 같은 방식으로 자신의 양심차값 35840(1,000,000에 대하여), 가감차 2도 2분 35초,[57] 원일점은 하지로부터 5도 30분으로 놓고 춘분일시의 태양의 평균 위치를 Sig 11. 27도 57분 25초[58]로 추정하였다. 양자의 차이는 시간으로 25분에 해당하여[59] 이 25분을 더한다면 1588년의 춘분일시는 실제로는 3월 9일 21시 10분이 된다. 이 경우 100년 동안 회귀년이 태양의 평균운동보다 18시간 45분(3월 10일 15시 55분−3월 9일 21시 10분) 모자라고 이는 1년 365일 6시간보다 11분 15초(=18시간 45분/100년) 모자라 회귀년은 365일 5시간 48분 45초가 된다(이 계산 방식은 티코의 《새로운 천문학 입문》 42～43쪽에 나온다).

메티우스는 티코와 같은 관측값을 사용하지만 티코와는 다르게 회귀년을 계산했다. 그는 티코의 춘분일시는 발테루스의 춘분일시보다 19시간 10분이 모자라고 이를 1년으로 산정하면 11분 30초가 모자라니, 태양의 회귀년을 365일 5시간 48분 30초로 산정한다. 그런데 추분일시를 비교하면(티코는 《새로운 천문학 입문》에서 추분점에 대해서도 발테루스와 자신의 관측값을 비교하여 회귀년을 계산했다), 티코는 1488년 추분일시를 9월 13일 9시 35분(발테루스의 관측값은 9월 13일 9시

55) 원지점으로부터 94도15분에 대한 가감차 값이다.
56) Sig. 11. G. 58./.25는 '30도−2도1분35초'로부터 나온 추정으로 보인다.
57) 원지점으로부터 95도 30분에 대한 가감차 값이다.
58) Sig 11. 27도 57분 25초는 '30도−2도2분25초'로부터 나온 추정이다.
59) 태양의 평균 위치가 각도 1분 차이는 시간으로는 대략 24분에 해당한다. 태양은 하루에 평균 각도 1도 정도를 가는데 각도 1분을 가려면 24시간×60분/시간÷(각도 60분)=24분/1 각분이 된다.

20분), 1588년 추분일시를 9월 12일 15시 15분으로 관측했으며, 이는 발테루스의 관찰보다 18시간 20분 모자란다. 이를 1년으로 환산하면 11분이고, 결국 회귀년은 365년 5시간 49분이 된다. 따라서 춘분점을 기준으로 한 회귀년과 추분점을 기준으로 한 회귀년을 평균하면 365일 5시간 48분 45초가 된다.

제7장 태양의 원지점[최고(最高)]과 양심차(兩心差) 구하기

- '두 중심[양심(兩心)]'은 '지구 중심[지심(地心)]'과 '태양궤도원[일륜본천(日輪本天)]의 중심'을 말함.
- 원지점은 하지점과 일치하지 않음.

1) 고금(古今)의 원지점[최고(最高), λ_a]과 양심차(E)의 측정치

(1) 《숭정역서》 편찬 전 1400년 다라모(多羅某 Claudius Ptolemaios)의 측정치

① 원지점 $\lambda_{a,1400년\,전}$
=강루(降婁 Ari) 0도로부터 경도 이각(經度離角) 65도35분.

② 양심차 $E_{1400년\,전}=\dfrac{4151}{100000}$ (▼100000은 궤도 반경)

(2) 《숭정역서》 편찬 당시의 측정치

① 원지점 $\lambda_{a,당시}$=강루(降婁 Ari) 0도로부터 경도 이각(經度離角) 95도40분.

- 1400년 간 $\Delta\lambda_a$ =95도40분−65도35분=30도05분

② 양심차 $E_{당시}=\dfrac{3567}{100000}$

- 1400년 간 $\Delta E=E_{당시}-E_{1400년\,전}=\dfrac{584}{100000}$

(3) 태양의 여러 가지 운동

① 공동(公動 다른 천체의 운행에 따른 운동) 2가지
종동천(宗動天)을 따른 서행(西行) 운동
열수(列宿 28수)를 따른 동행(東行) 운동

② 태양궤도원[일륜본천(日輪本天)]에서의 본행(本行 태양 자체의 운행)

③ 원지점[최고(最高)]의 동행(東行) 운동 : 해마다 조금씩 운동

④ '지구 중심[지심(地心)]'과 '태양궤도원[태양본륜(太陽本輪)]' 중심 간 거리가 해마다 감소함.

⇒ 수천년 후에는 두 중심이 일치할 것으로 사료됨(《숭정역서》 편찬자들의 생각).

- '태양궤도원[태양본륜(太陽本輪)]'은 곧 이심원[부동심권(不同心圈)]임.
- 수천 년 후에 두 중심이 일치할 것으로 사료되기는 하나, 또 다른 태양의 운동이 있는지를 알 수 없으므로 단정할 수 없음. 이렇게 주장하는 학자도 있기는 하나 정말 그런지는 단정할 수 없음.(《숭정역서》 편찬자들이 자신들의 생각을 피력한 내용임)

2) 하지점과 다른 원지점[최고(最高)] 존재의 인지(認知) 과정

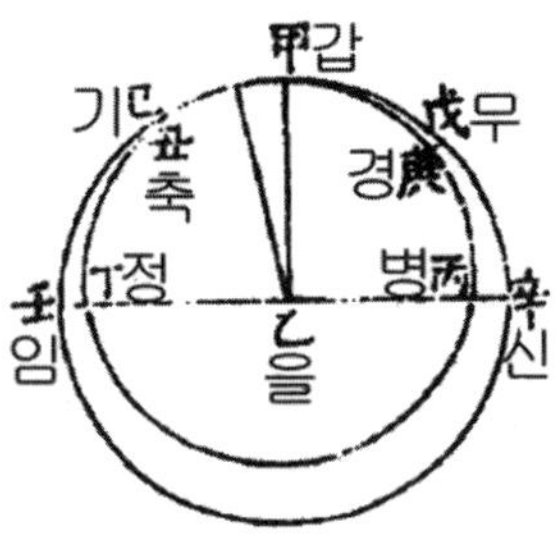

[그림 27] 하지점과 원지점

그림에서

갑 : 하지점

신 : 춘분점

임 : 추분점

을 : 지구 중심

⌒신무 = ⌒기임 = 45도

원 '갑정병' : 태양이 운행하는 이심원 궤도

① 만약 이심원의 원지점이 하지점 '갑'과 항상 일치한다면,

⌒신무의 45도 운행 시간 = ⌒기임의 45도 운행 시간.

∵ 두 원의 중심이 $\overline{\text{갑을}}$ 안에 있고, $\overline{\text{갑을}}$은 $\overline{\text{정병}}$과 직각이므로,

⌒정갑병과 ⌒신갑임이 모두 '갑'에서 이등분됨.

(▼《기하요법(幾何要法)》[60] 제3권 제31제(題))

---

60) 《신법산서》의 제83～86권.

⇒ 두 원 모두 이등분된 양쪽 호의 길이가 같음.(병갑 = 갑정, 신갑 = 갑임)

⇒ 양쪽 호에서 태양의 운행 도수도 같고, 소요 시간도 같아야 함.

② 실제로는 춘분 후와 추분 전의 동일한 도수(度數)를 운행하는 시간이 항상 다름.

'춘분～입하'의 행도(신무 45도)＝'입추～추분'[61]의 행도(기임 45도)

'춘분～입하'의 소요 시간(병경) ≠ '입추～추분'의 소요 시간(축정)[62]

∴ 이심원[부동권(不同圈) '병경갑축정' 원]의 중심이 '갑을' 선 위에 있지 않음.

3) 춘분부터 입하까지 태양이 태양궤도원을 따라 등속운행한 총 도수는 45도보다 큼.

① 춘분 후 40일부터 매일 정오 때 '태양의 고도[일궤고(日軌高)]'를 측정하여 춘분점으로부터 경도(황경)가 45도 되는 입하[천정입하(天正立夏)]의 시각을 정함.

- 춘분부터 입하까지 경도가 $\lambda_{입하}=45$도이므로 이때 적위는 $\delta_{입하}=16$도 23분39초.

  순천부(북경)의 북극출지도가 $\phi \fallingdotseq 40$도이므로

  '적도의 고도[적도고(赤道高)]'＝90도 $-\ \phi \fallingdotseq$ 50도.

  ∴ 입하 때 태양의 고도는 $a_{입하}=\delta_{입하}+(90도-\phi) \fallingdotseq$ 66도23분39초.

  정오 때 태양의 고도가 66도23분39초이면 그 정오의 순간이 입하임.

  정오 때 태양의 고도가 이보다 크거나 작으면

  제5장의 계산법에 따라 $\lambda_{입하}=45$도가 되는 순간의 시각을 구함.

---

61) 원문은 '立秋前四十五度至秋分'이지만, 절기 순서에 맞지 않으므로 '前'을 '後'로 고쳐 옮겼다. 《신법산서》에도 오류가 인습되었다.

62) 등속운행[평행(平行)]하는 이심원(태양궤도원)에서는 운행 도수와 운행 시간이 정확히 비례한다.

② '춘분~입하' 구간에서 태양이 등속운행한 총 도수 구하기

'춘분~입하' 구간의 시간 차 $\Delta t(\text{춘분}\sim\text{입하}) = t_{\text{입하}} - t_{\text{춘분}}$

'춘분~입하' 구간에서 태양이 등속운행한 총 도수

$\Delta\bar{\lambda}(\text{춘분}\sim\text{입하}) = \Delta t(\text{춘분}\sim\text{입하}) \times v_{\text{태양}}$

$= \Delta t(\text{춘분}\sim\text{입하}) \times 59\text{분}08\text{초}19\text{미}50\text{섬}$[63]

⇒ 이렇게 계산한 결과가 45도보다 큼.

4) 양심차(兩心差)와 원지점[최고(最高)]의 위치 계산 1 : 춘분 후의 태양 운행을 이용한 계산

(1) 그림에서

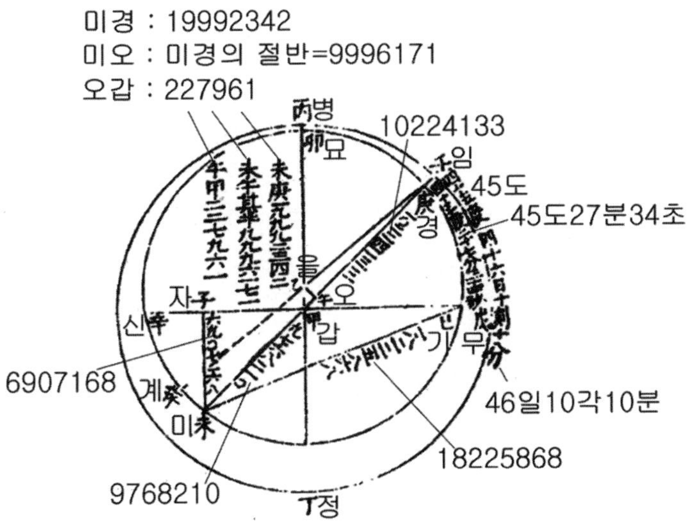

[그림 28] 춘분 후의 태양운행을 이용한 양심차 구하기

---

63) 원문은 '以日率五十九分○八秒一十九微五十○纖而一'이지만, 총 운행 도수를 구하려면 시간 간격에 속도를 '곱해야' 하므로 '而一'을 '乘'으로 고쳐 번역하였다. 《신법산서》에도 오류가 인습되었다.

병 : 원지점[최고(最高)]

갑 : '지구 중심[지심(地心)]'. '병무정' 원의 중심

을 : 태양이 등속운행하는 궤도원[본권(本圈)]인 '미기경신'원의 중심

$\overline{\text{기갑신}}$: 춘추분선. 지구 중심 '갑'을 통과함.

$\overset{\frown}{\text{무임}}$ = 45도. '춘분~입하'의 경도 차.

경 : $\overline{\text{임갑미}}$와 $\overline{\text{기묘}}$의 교점.

∠기갑경 = 45도

$\overline{\text{을경}}$, $\overline{\text{미기}}$, 수선 $\overline{\text{자미}}$, 수선 $\overline{\text{을오}}$를 그으면,

$\overline{\text{미오}} = \overline{\text{경오}}$

(∵ $\overline{\text{경미}}$는 태양궤도원[본권(本圈)]의 현이므로, 중심에서 내린 수선이 이등분함)

∠병갑경 : $\overset{\frown}{\text{무임}}$에서 45도 위로 원지점[최고(最高)]까지의 각

(2) 아래 (3), (4)항에서 사용할 여러 변과 각의 크기 구하기

$\overset{\frown}{\text{무임}}$: '하늘에서 관측되는 원래의 경도[천원경도(天元經度)]' 45도

$\overset{\frown}{\text{무임}}$의 운행에 걸린 시간

$\Delta t(\overset{\frown}{\text{무임}})$ = 46일10각10분

$\overset{\frown}{\text{경기}}$: 태양이 태양궤도원[본권(本圈)]을 따라 등속운행한 도수

$\Delta\bar{\lambda}(\overset{\frown}{\text{무임}}) = \Delta t(\overset{\frown}{\text{무임}}) \times v_{\text{태양}}$

= 46일10각10분 × 59분08초19미50섬 ≒ 45도27분34초[64]

= $\overset{\frown}{\text{경기}}$[65]

원주각[승권각(乘圈角)] ∠기미경 = $\overset{\frown}{\text{경기}}$ ÷ 2 = 22도43분47초

---

64) 실제 계산 결과는 45도26분57초이다. 본문의 계산 결과는 태양의 1일 행도를 59분09초07미 12섬으로 사용한 것이다.

65) 이때 $\overset{\frown}{\text{경기}}$에 대한 중심각은 ∠경갑기가 아니라 ∠경을기임에 유의해야 한다. 아래 언급된 $\overset{\frown}{\text{신미}}$, $\overset{\frown}{\text{신미기}}$, $\overset{\frown}{\text{미기}}$ 등도 마찬가지이다.

∠기갑미＝180도－∠경갑기＝180도－45도＝135도

∠갑기미＝180도－(∠기갑미＋∠기미경)

＝180도－(135도＋22도43분47초)≒22도16분15초[66]

$\overset{\frown}{\text{신미}}$ ＝∠갑기미×2＝22도16분15초×2＝44도32분30초

또 $\overset{\frown}{\text{기묘신}}$(춘분~추분)의 운행에 걸린 시간 Δt($\overset{\frown}{\text{기묘신}}$)＝186일74각

$\overset{\frown}{\text{기묘신}}$: 태양이 태양궤도원[본권(本圈)]을 따라 춘분부터 추분까지 등속운행한 도수

$\Delta\bar{\lambda}$($\overset{\frown}{\text{기묘신}}$)＝$\Delta t$($\overset{\frown}{\text{기묘신}}$)×$v_{\text{태양}}$

＝186일74각×59분08초19미50섬＝184도05분24초[67]

$\overset{\frown}{\text{신미기}}$ ＝360도－$\overset{\frown}{\text{기묘신}}$ ＝360도－184도05분24초＝175도54분36초

: 태양이 태양궤도원을 따라 추분부터 이듬해 춘분까지 등속운행한 도수

$\overset{\frown}{\text{미기}}$ ＝$\overset{\frown}{\text{신미기}}$ －$\overset{\frown}{\text{신미}}$ ＝175도54분36초－44도32분30초＝131도22분10초[68]

∴ $\overline{\text{미기}}$ ＝18225868[69]

$\overset{\frown}{\text{미기경}}$ ＝$\overset{\frown}{\text{미기}}$ ＋$\overset{\frown}{\text{기경}}$ ＝131도22분10초＋45도27분34초

＝176도49분44초

∴ $\overline{\text{미갑경}}$ ＝19992342

(3) 그림에서 양심차(兩心差, *E*) 구하기

'기자미' 직각삼각형[삼변직각형(三邊直角形)]에서 ∠기와 $\overline{\text{기미}}$를 알므로 다음의 비례식을 이용하여 $\overline{\text{미자}}$를 구할 수 있음.

sin90도[전수(全數)] : sin(∠기＝22도 남짓)＝$\overline{\text{기미}}$: $\overline{\text{미자}}$

---

66) 실제 계산 결과는 22도16분13초이다. 티코의 계산도 13초이지만 이어지는 계산은 15초를 가지고 한 것이므로 원문 그대로 옮겼다.

67) 본문의 이 계산 결과는 태양의 1일 행도를 59분08초19미48섬으로 사용한 것이다.

68) 실제 계산 결과는 131도22분06초이다.

69) 전수(全數)를 천만(10000000)으로 잡았을 때 Crd(131도22분10초)＝2sin(131도22분10초÷2)≒18225868이다. 이후에도 각의 크기를 가지고 현의 크기를 구할 때는 모두 이와 같은 방법을 사용하였다.

10000000 : 3789761[70]＝18225868 : 6907168

(▼ 여기서는 전수(全數 전체 수)를 천만(10000000)으로 잡음.[71])

직각삼각형 '갑자미'에서 ∠자갑미와 $\overline{\text{미자}}$를 알므로 다음의 비례식을 이용하여 $\overline{\text{미갑}}$을 구할 수 있음. (▼ ∠자갑미는 ∠경갑기의 맞꼭지각[교각(交角)]이므로 45도)

전수(全數) : $\overline{\text{미자}}$ ＝sec(∠자미갑 45도) : $\overline{\text{미갑}}$[72]

10000000 : 6907168＝1414210 : 9768210

$\overline{\text{오미}}$ ＝ $\overline{\text{경미}}$ ÷2＝19992342÷2＝9996171

$\overline{\text{오갑}}$ ＝ $\overline{\text{오미}}$ － $\overline{\text{미갑}}$ ＝9996171－9768210＝227961

또 $\overset{\frown}{\text{계미}}$ ＝반원－ $\overset{\frown}{\text{경기미}}$ ＝180도－176도49분44초＝3도10분16초

∠을경오＝ $\overset{\frown}{\text{계미}}$ ÷2＝3도10분16초÷2＝1도35분08초

$\overline{\text{을오}}$ ＝sin(∠을경오)＝sin(1도35분08초)＝276540[73]

직각삼각형 '을오갑'에서 $\overline{\text{갑오}}$와 $\overline{\text{오을}}$을 구했으므로, 구고현의 정리를 이용하여 $\overline{\text{갑을}}$을 구하면 양심차(兩心差 E)가 나옴.

$\overline{\text{갑을}} = \sqrt{\overline{\text{갑오}}^2 + \overline{\text{오을}}^2} = \sqrt{227961^2 + 276540^2} = 358416$[74]

E＝ $\overline{\text{갑을}}$ ÷'태양궤도원[태양본권(太陽本圈)]의 반경 $\overline{\text{을묘}}$'

$= 358416 \div 10000000 \fallingdotseq \frac{3}{100}$

---

70) 원문은 '1389000'이지만, sin(22도43분47초)×10000000＝3863845와 너무 큰 차이가 나며 비례식이 근사적으로도 성립하지 않으므로, 비례식에 맞는 값으로 수정하였다. 수정된 값 3789761은 실은 sin(22도16분13초)×10000000 의 값이다. 《신법산서》에도 오류가 인습되었다.

71) 원문은 '만만(萬萬)'으로 되어 있으나, 이후의 모든 계산에서 전수(全數 전체 수. 원의 반경)를 만만(100000000, 억)이 아닌 천만(10000000)으로 대입해야 성립하며, 뒤 6)항의 (2)에서 4)항과 5)항의 양심차 계산값의 차를 '一千萬分中之二十八', 곧 $\frac{28}{10000000}$ 이라고 한 것과 모순된다. 이에 따라 '萬萬'을 '千萬'으로 수정하여 옮겼다. 《신법산서》에도 오류가 인습되었다.

72) $\sec B = \frac{c}{a}$를 비례식으로 나타낸 것이다.

73) 원문의 이 값은 실은 sin(0도09분30.41초)의 값이다.

74) 실제 계산 결과는 358386이다.

(4) 그림에서 태양궤도원의 원지점[최고(最高)]의 경도(λ_a) 구하기

직각삼각형 '을오갑'에서 $\overline{\text{갑오}}$와 $\overline{\text{오을}}$을 알므로, 다음의 비례식을 이용하여 ∠을갑오를 구함.

$\overline{\text{오갑}}$: 전수(全數)= $\overline{\text{오을}}$: tan(∠갑)[75]

227961 : 10000000=276540 : 12134138

$\overset{\frown}{\text{임병}}$ = ∠갑=50도30분

원지점의 경도 $\lambda_a = \overset{\frown}{\text{무병}} = \overset{\frown}{\text{무임}} + \overset{\frown}{\text{임병}}$ =45도+50도30분=95도30분

⇒ 하지($\lambda_{\text{하지}}$=90도) 후 5도30분

근지점[최고충(最高衝)]의 경도 λ_p

=λ_a+180도=95도30분+180도=275도30분

⇒ 동지($\lambda_{\text{동지}}$=270도) 후 5도30분

보충자료 14 티코와 〈일전역지〉의 양심차 계산 비교(춘분에서 입하까지 관측값 이용)

티코는 1588년의 관측 값을 통해 원지점과 양심차를 계산하는 방식을 상세히 소개한다. 〈일전역지〉는 티코의 방법을 따르고 있다. 먼저 춘분에서 입하까지 태양의 운행을 기초로 원지점과 양심차를 계산하는데, 〈일전역지〉는 마지막 부분만 제외하곤 거의 티코를 따라 계산하며, 사용하는 값도 거의 동일하다.

티코는 원지점을 먼저 계산하고 양심차를 구했지만, 〈일전역지〉는 양심차를 먼저 구하고 원지점을 구했다. 티코와 〈일전역지〉의 원지점과 양심차 계산값을 비교하는 〈표 6〉과 〈표 9〉는 티코의 순서를 따라 표를 만들었다. 〈표 7〉과 〈표 8〉은 〈일전역지〉와 티코의 계산 흐름을 보여주는데, 이 두 표는 비교를 위해 모두 〈일전역지〉의 계산 흐름에 따라 작성되었다. 〈표 11〉은 티코와 〈일전역지〉가 1488년 발테루스의 원지점과 양심차 값을 계산하는 방식을 비교한 것이다. 이 경우에는 티코가 자신의 계산값을 표로 작성해서 보여주었기 때문에, 티코의 순서에 맞춰 〈일전역지〉의 계산값을 배열했다.

---

75) $\tan B = \dfrac{b}{a}$를 비례식으로 나타낸 것이다.

〈표 6〉 티코와 〈일전역지〉의 양심차와 원지점 계산 비교[1588년 티코가 측정한 춘분부터 입하까지 경과 시간을 이용한 계산, 티코의 계산 방식은 *Tychonis Brahe Dani Scripta Astronomica*, ed. I. L. E. Dreyer, Tomus II (Hauniae, 1913), 19~21쪽을 보라]

Tycho		〈일전역지〉	
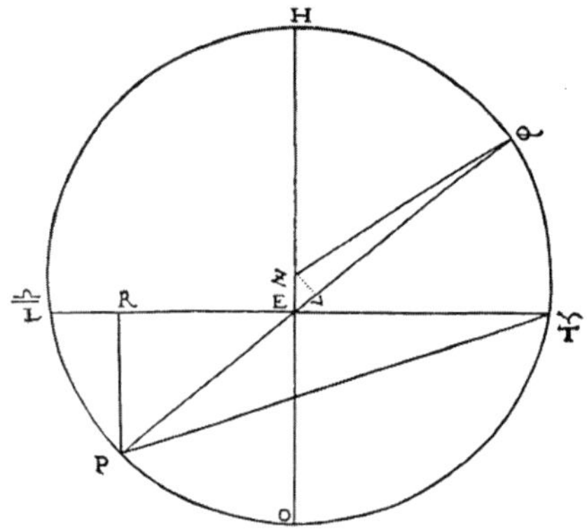 [그림 29] 티코의 양심차 구하기 (1588년 춘분에서 입하)		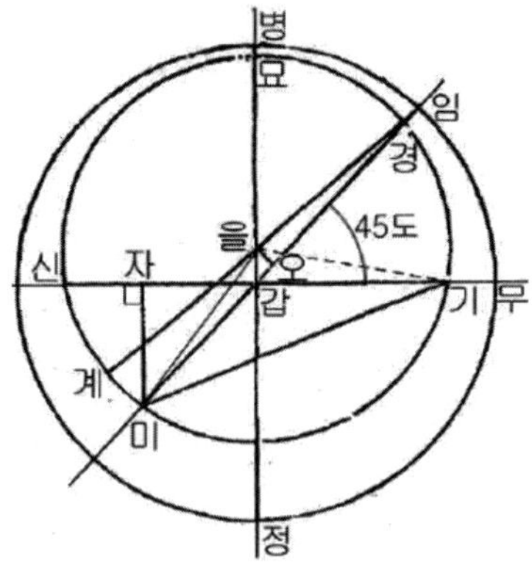 [그림 30] 《숭정역서》의 양심차 구하기 (1588년 춘분에서 입하)	
단순운동	46일 2시간 55분	단순운동	46일 10각 10분 (46일 2시간 40분)
일일운동		일일운동	59분 08초 19미 50섬
		호(무임)	45도
호(TQ)	45도 27분 34초	호(경기)	45도 27분 34초
호(THL)	184도 05분 24초	호(기묘신)	184도 05분 24초
호(LPOT)	175도 54분 36초	호(신미기)	175도 54분 36초
각 TEQ	45도	각 기갑경	45도
각 QPT	22도 43분 47초	각 기미경	22도 43분 47초
각 PET	135도	각 기갑미	135도
각 LTP	22도 16분 13초	각 갑기미	22도 16분 15초
호(PL)	44도 32분 26초	호(신미)	44도 32분 30초
호(POT)	131도 22분 10초	호(미기)	131도 22분 10초
PT 현	18225868	미기 현	18225868
호(POQ)	176도 49분 44초	호(미기경)	176도 49분 44초
PQ 현	19992342	미갑경 현	19992342
각 PER	45도	각 자갑미	45도
sin PER	7071068		

Tycho		〈일전역지〉	
sin LTP	3789761		
TP 현	18225868	기미 현	18225868
PR 선분	6907168	미자 변	6907168
PE 선분	9768210	미갑 변	9768210
EQ 선분(PQ-PE)	10224132		
QV 선분(PQ의 반)	9996171	오미 직선	9996171
반원-POTQ	3도 10분 16초	호(계미)	3도 10분 16초
		각 을경오	1도 35분 08초
sin(3도 10분 16초)	553182	sin 을경오(오을 변)	276540
ZV 선분	278591	을오 지선	276540
EV 선분(QE-QV)	227961	오갑 직선	227961
tan ZEV	12134138	tan 갑	12134138
각 ZEV	50도 30분	각 갑=(호) 임병	50도 30분
원지점	하지 후 5도 30분	원지점	하지 후 5도 30분
ZE 변	358416	갑을 변	358416

〈표 7〉《숭정역서》의 양심차와 원지점 구하기(1588년의 '춘분~입하' 태양 운행 이용) 계산 흐름도

	계산 방법	도	rad				
호(무임)		45	0.785398				
		일	각	분		일	
⊿t(무임)	Δt_1	46	10	10	=	46.11111	
		도	분	초	미	섬	도
1일	n	0	59	8	19	50	0.985647
		도					
호(경기)	$n\Delta t_1$	45.4492957					
각 기미경	$n\Delta t_1/2$	22.7246478					
각 갑기미	$(180-135)-n\Delta t_1/2$ $=45-n\Delta t_1/2$	22.2753522					
호 신미	$90-n\Delta t_1$	44.5507043					
		일	각	일			

	계산 방법	도	rad				
Δt(기묘신)	Δt_2	186	74	=186.7708			
		도					
호(기묘신)	$n\Delta t_2$	184.090182					
호(신미기)	$360-n\Delta t_2$	175.909818					
호(미기)	$(360-n\Delta t_2)-(90-n\Delta t_1)$ $=270-n\Delta t_2+n\Delta t_1$	131.359114					
미기 현	2sin(호'미기'/2) ×10,000,000	18225127.8					
호(미기경)	호'미기'+호'경기' $=270-n\Delta t_2+2n\Delta t_1$	176.80841					
미갑경 현	2sin(호'미기경'/2) ×10,000,000	19992243.2					
미자 변	'미기'현×sin(각'갑기미')	6908382.54					
미갑 변	'미자'변×sec(45°)	9769928.28					
오미 선분	현'미갑경'/2	9996121.61					
오갑 선분	변'오미'−변'미갑'	226193.332					
호(계미)	180−호'미기경' $=n\Delta t_2-2n\Delta t_1-90$	3.1915905					
각 을경오	호'계미'/2 $=n\Delta t_2/2-n\Delta t_1-45$	1.59579525					
을오 선분	10,000,000 ×sin(각'을경오')	278482.805					
갑을 선분	$=\sqrt{\overline{갑오}^2+\overline{을오}^2}$	358770.255					
E		**358770**					
원지점 구하기							
각 오갑을	$\tan^{-1}(\overline{을오}/\overline{오갑})$	50.9153066			도	분	초
원지점 경도	$45+\tan^{-1}(\overline{을오}/\overline{오갑})$	95.9153066	하지 후	5.9153066	5	54	55
근지점 경도	$180+45+$ $\tan^{-1}(\overline{을오}/\overline{오갑})$	275.9153066	동지 후	5.9153066	5	54	55

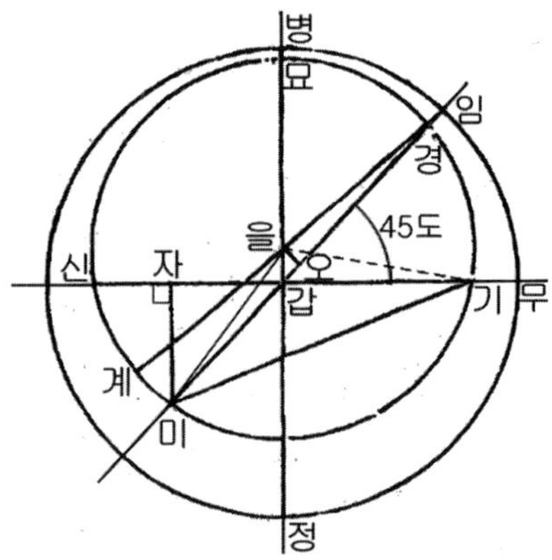

[그림 31] 《숭정역서》의 양심차 구하기
(1588년 춘분에서 입하)

〈표 8〉 티코 브리헤의 양심차와 원지점 구하기(1588년의 '춘분~입하' 태양 운행 이용) 계산 흐름도

	도	rad				
각 TEQ	45	0.785398				
	일	시	분		일	
⊿t(TQ)	46	2	55	=	46.12153	
	도	분	초	미	섬	도
1일	0	59	8	19	50	0.985647
	도					
호(TQ)	45.45956					
각TPQ	22.72978					
각 ETP	22.27022					
호 LP	44.54044					
	일	시	일			
⊿t(THL)	186	18.5	186.7708			
	도					
호(THL)	184.0902					
호(LOT)	175.9098					
호(PT)	131.3694					
PT 현	18225866					
호(PTQ)	176.8289					
PEQ 현	19992343					
PR 변	6907151					
PE 변	9768187					
PV 선분	9996171					
EV 선분	227984.6					
호(계미)	3.171056					
각 ZQV	1.585528					
ZV선분	276691.5					
EZ 선분	358518					
E	**358518**					
원지점 구하기						
각 ZEV	50.51262			도	분	초
원지점 경도	95.51262	하지 후	5.51262	5	30	59
근지점 경도	275.51262	동지 후	5.51262	5	30	59

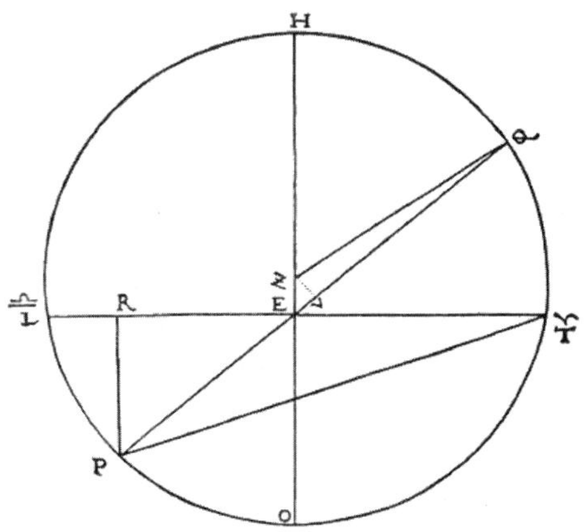

[그림 32] 티코의 양심차 구하기(1588년 춘분에서 입하)

※ 양심차 및 원지점을 구하는 《숭정역서》와 티코의 계산을 엑셀을 이용하여 다시 해 보면 위의 〈표 7〉과 〈표 8〉과 같이 계산된 값이 모두 조금씩 다르다. sin, cos 표를 이용하여 소수점 아래 몇 째 자리까지 계산하느냐에 따라 오차가 발생한 것일 수 있다. 더구나 《숭정역서》의 계산에는 각주 51)과 같은 계산 오류가 포함되어 있고, 계산의 초기값으로 사용된 '춘분~입하'의 시간이 두 자료에서 15분 차이가 나는데도 이 시간에 태양의 1일 운행 도수를 곱한 값을 동일하게 취하는 등, 《숭정역서》가 티코의 계산 결과에 맞추기 위해 수치를 조정하였기 때문이다. 이 때문에 《숭정역서》의 경우 엑셀계산과 기록된 값의 차이가 더 크게 벌어졌다.

---

5) 양심차(兩心差)와 원지점[최고(最高)]의 위치 계산 2 : 추분 전의 태양 운행을 이용한 계산

▾ 4)항의 방법과 동일. 그림의 좌우를 뒤집기만 하면 됨.

(1) 태양궤도원에서 '춘분~추분' 호($\widehat{\text{기묘신}}$)와 '추분~춘분' 호($\widehat{\text{신미기}}$) 구하기

$\widehat{\text{무임}}$: '하늘에서 관측되는 원래의 경도[천원경도(天元經度)]' 45도

$\widehat{\text{무임}}$의 운행에 걸린 시간

$\Delta t(\widehat{\text{무임}})=$46일38각10분

$\widehat{\text{기경}}$: 태양이 태양궤도원[본권(本圈)]을 따라 등속운행한 도수

$\Delta\bar{\lambda}(\widehat{\text{기경}})=\Delta t(\widehat{\text{무임}})\times v_{\text{태양}}=$46일38각10분×59분08초19미50섬

≒45도44분13초

원주각[승권각(乘圈角)] ∠기미경$=\widehat{\text{기경}}\div 2=$22도52분06초

$\widehat{\text{기묘신}}$: 태양이 태양궤도원[본권(本圈)]을 따라 춘분부터 추분까지 등속운행한 도수

$\Delta\bar{\lambda}(\widehat{\text{기묘신}})=\Delta t(\widehat{\text{기묘신}})\times v_{\text{태양}}=$184도05분24초

$\widehat{\text{신미기}}=$360도$-\widehat{\text{기묘신}}=$360도−184도05분24초=175도54분36초

: 태양이 태양궤도원을 따라 추분부터 이듬해 춘분까지 등속운행한 도수

(▾위 두 값은 춘분 후의 값을 이용한 4항의 계산 결과와 동일함.)

(2) $\overline{\text{미기}}$ 구하기

삼각형 '갑미기'에서 ∠미를 구했으므로

∠기＝∠경갑기－∠미＝45도－22도52분06초＝22도07분54초[76]

(▼삼각형의 외각＝이웃하지 않은 두 내각의 합. 《기하요법》 제1권 제32제(題))

$\overset{\frown}{\text{신미}}$ ＝∠기×2＝44도15분48초

$\overset{\frown}{\text{미기}}$ ＝$\overset{\frown}{\text{신미기}}$ －$\overset{\frown}{\text{신미}}$ ＝175도54분36초－44도15분48초≒131도[77]

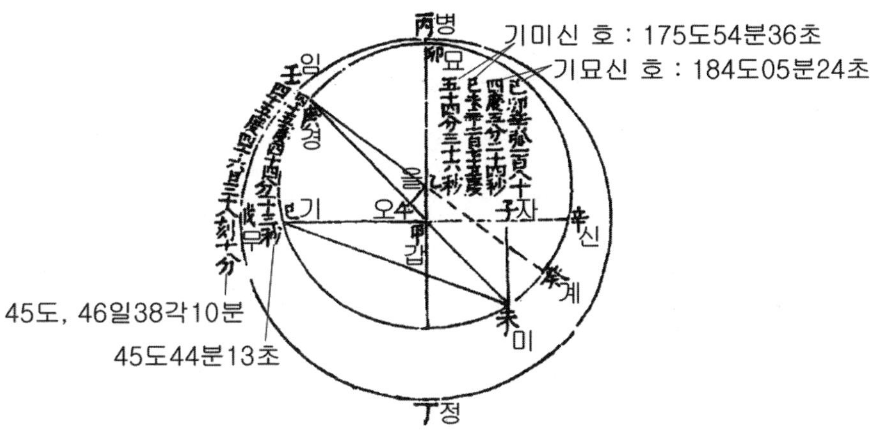

[그림 33] 추분 전의 태양운행을 이용한 양심차 구하기

$\overline{\text{미기}}$ ＝18245736

$\overset{\frown}{\text{미기경}}$ ＝$\overset{\frown}{\text{미기}}$ ＋$\overset{\frown}{\text{기경}}$ ＝131도38분48초＋45도44분13초＝177도23분01초

$\overline{\text{미갑경}}$ ＝19994784

76) 원문은 23도07분54초이지만 계산 결과에 맞게 바로잡아 옮겼다. 《신법산서》에는 정정되었다. 옥스퍼드대본, 우한대본, 규장각본, 《서양신법역서》본에서 이미 정정된 것이다. 石云里·褚龙飞(2017), 408면.

77) 계산값 131도38분48초에서 분단위 이하를 버린 값이다. 그러나 이어지는 계산에서 $\overset{\frown}{\text{미기경}}$을 구할 때는 131도38분48초 전체를 사용하고 있다.

(3) 양심차(兩心差, E) 구하기

직각삼각형 '기자미'에서 ∠기와 $\overline{\text{기미}}$를 알므로 다음의 비례식을 이용하여 $\overline{\text{미자}}$를 구할 수 있음.

sin90도[전수(全數)] : $\overline{\text{기미}}$[78] = sin(∠기 22도07분54초) : $\overline{\text{미자}}$

10000000 : 18245736 = 3767354 : 6873833

직각삼각형 '갑자미'에서 ∠미과 $\overline{\text{미자}}$를 알므로 다음의 비례식을 이용하여 $\overline{\text{미갑}}$을 구할 수 있음.

전수(全數) : $\overline{\text{미자}}$ = sec(∠미 45도) : $\overline{\text{미갑}}$[79]

10000000 : 6873833 = 14142100 : 9721068

$\overline{\text{오미}}$ = $\overline{\text{경미}}$ ÷2 = 19994784÷2 = 9997392

$\overline{\text{오갑}}$ = $\overline{\text{오미}}$ − $\overline{\text{미갑}}$ = 9997392 − 9721068 = 276324

또 $\overset{\frown}{\text{계미}}$ = 반원 − $\overset{\frown}{\text{경기미}}$ = 180도 − 177도23분01초 = 2도36분59초

∠을경오 = $\overset{\frown}{\text{계미}}$ ÷2 = 2도36분59초÷2 = 1도18분29초[80]

$\overline{\text{을오}}$ = sin(∠을경오) = sin(1도18분29초) = 228244

직각삼각형 '을오갑'에서 $\overline{\text{갑오}}$와 $\overline{\text{오을}}$을 구했으므로, 구고현의 정리를 이용하여

---

78) 원문은 '己未弧'이지만 삼각형의 변과 각의 삼각함수값 사이의 비례관계를 명시한 것이므로 '己未弦'으로 바로잡아 옮겼다. 《신법산서》에는 정정되었다. 옥스퍼드대본, 우한대본, 규장각본, 《서양신법역서》본에서 이미 정정된 것이다. 石云里 · 褚龙飞(2017), 408면.

79) $\sec B = \dfrac{c}{a}$를 비례식으로 나타낸 것이다.

80) 원문은 '1도16분29초'이지만 뺄셈의 결과에 맞지 않고, 이어지는 계산에서 sin(∠ 을경오)로 제시된 값 276540이 sin(1도18분29초)에 가까우므로, '1도18분29초'의 단순 착오로 판단하여 바로잡아 옮겼다. 《신법산서》에도 오류가 인습되었다.

$\overline{\text{갑을}}$을 구하면 양심차(兩心差 E)가 나옴.

$\overline{\text{갑을}} = \sqrt{\overline{\text{갑오}}^2 + \overline{\text{오을}}^2} = \sqrt{276324^2 + 228244^2} = 358388$[81]

$E = \overline{\text{갑을}} \div$'태양궤도원[태양본권(太陽本圈)]의 반경 $\overline{\text{을묘}}$'

$= 358388 \div 10000000 \fallingdotseq \frac{3}{100}$

(4) 태양궤도원의 원지점[최고(最高)] 위치 구하기

직각삼각형 '을오갑'에서 $\overline{\text{갑오}}$와 $\overline{\text{오을}}$을 알므로, 다음의 비례식을 이용하여 ∠을갑오를 구함.

$\overline{\text{오갑}}$: 전수(全數) = $\overline{\text{오을}}$: tan(∠갑)[82]

276324 : 10000000 = 228244 : 8260374

$\overset{\frown}{\text{임병}}$ = ∠갑에 대한 호 = 39도33분

$\overset{\frown}{\text{무병}} = \overset{\frown}{\text{무임}} + \overset{\frown}{\text{임병}}$ = 45도 + 39도33분 = 84도33분

하지($\lambda_{\text{하지}}$ = 90도) 후 원지점까지 거리 = 90도 − 84도33분 = 5도27분

보충자료 15 티코와 〈일전역지〉의 양심차와 원지점 계산 비교(입추에서 추분까지 관측값 이용)

〈일전역지〉는 앞에서와 동일한 방식으로 입추에서 추분까지 태양의 운행을 이용하여 원지점과 양심차를 계산한다. 여기서는 수치가 완전히 티코와 일치한다. 입추부터 추분까지 관측시간으로 동일한 값을 사용함에 따른 결과이다.

---

81) 실제 계산 결과는 358399이다.

82) 저본에는 '午乙之切線', 곧 tan($\overset{\frown}{\text{午乙}}$)로 되어 있으나, 4)항의 유사한 계산에 '甲角之切線', 곧 tan(∠甲)으로 되어 있으므로 '午乙'을 '甲角'으로 바로잡아 옮겼다. 《신법산서》에도 오류가 인습되었다.

tanB = $\frac{b}{a}$를 비례식으로 나타낸 것이다.

〈표 9〉 티코와 〈일전역지〉의 양심차와 원지점 계산 비교[1588년 티코가 측정한 입추부터 추분까지 경과 시간을 이용한 계산. 티코의 계산 방식은 *Tychonis Brahe Dani Scripta Astronomica*, ed. I. L. E. Dreyer, Tomus II (Hauniae, 1913), 21-23쪽을 보라]

Tycho		〈일전역지〉	
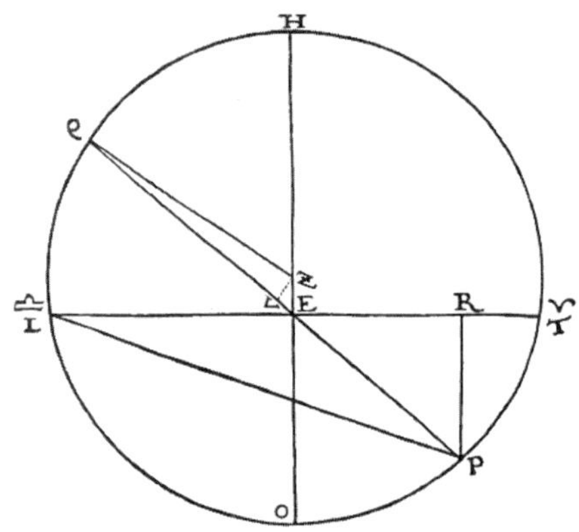 [그림 34] 티코의 양심차 구하기 (1588년 입추에서 추분)		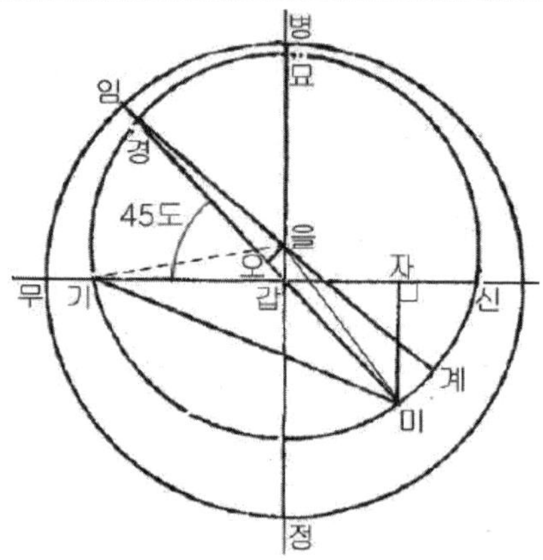 [그림 35] 《숭정역서》의 양심차 구하기 (1588년 입추에서 추분)	
단순운동	46일 9시간 40분	등속운동	46일 38각 10분 (46일 9시간 40분)
일일운동	표기되지 않음	일일운동	59분 08초 19미 50섬
		호(무임)	45도
호(QL)	45도 44분 13초	호(경기)	45도 44분 13초
호(THL)	184도 05분 24초	호(기묘신)	184도 05분 24초
호(LOPT)	175도 54분 36초	호(신미기)	175도 54분 36초
각 LEQ	45도	각 기갑경	45도
각 QPL	22도 52분 06초	각 기미경	22도 52분 06초
각 LEP	135도	각 기갑미	135도
각 ELP	22도 07분 54초	각 갑기미	22도 07분 54초
		sin(22도 07분 54초)	3767353
호(TP)	44도 15분 48초	호(신미)	44도 15분 48초
호(LOP)	131도 38분 48초	호(미기)	131도 22분 10초
PL 현	18245736	미기 현	18245736
호(POQ)	177도 23분 01초	호(미기경)	177도 23분 01초
PQ 현	19994784	미갑경 현	19994784
각 PET	45도		
sin PET	7071068		

Tycho		〈일전역지〉	
sin RLP	3767364		
PL 현	18245736	기미 현	18245736
PR 선분	6873833	미자 변	6873833
PE 선분	9721060	미갑 변	9721068
EQ 선분(PQ-PE)	10273716		
QV 선분(PQ의 반)	9997392	오미 직선	9997392
반원-POQ	2도 36분 59초	호(계미)	2도 36분 59초
		각 을경오	1도 18분 29초
sin (2도 36분 59초)	456488	sin 을경오(오을 선)	228244
ZV 선분	228244	오을 직선	228244
EV 선분(QE-QV)	276324	오갑 직선	276324
ZE 변	358388	갑을 변	358388
tan ZEV	8260374	tan 갑	8260374
각 ZEV	39도 33분	각 갑=(호) 임병	39도 33분
원지점	하지 후 5도 27분	원지점	하지 후 5도 27분

티코는 원지점을 먼저 계산하고 양심차를 구했지만, 〈일전역지〉는 양심차를 먼저 구하고 원지점을 구했다. 〈표 9〉는 티코의 순서를 따라 표를 만들었다.

※ 아래 표도 《숭정역서》에 나오는 계산을 엑셀을 이용하여 구해 본 것이다. sin, cos 표와 소수점 몇째 자리까지를 계산하느냐에 따라 아주 적은 오차가 발생할 뿐이고 대부분의 계산값이 일치한다.

〈표 10〉《숭정역서》의 양심차와 원지점 구하기(추분 전의 태양 운행 이용) 계산 흐름도

		도			
무임 호		45			
		일	각	분	일
⊿t(무임)	Δt_1	46	38	10	46.40278
기경 호	$n\Delta t_1$	45.7367762			
각 기미경	$n\Delta t_1/2$	22.8683881			
		일	각	일	
⊿t(기묘신)	Δt_2	186	74	186.7708	

		도			
		도			
호(기묘신)	$n\Delta t_2$	184.090182			
호(신미기)	$360-n\Delta t_2$	175.909818			
각 기	$45-n\Delta t_1/2$	22.1316119			
호 신미	$2\times$각'기'$=90-n\Delta t_1$	44.2632238			
호 미기	$(360-n\Delta t_2)-(90-n\Delta t_1)$ $=270-n\Delta t_2+n\Delta t_1$	131.646594			
미기 현	2sin(호'미기'/2)×10,000,000	18245734.4			
호 미기경	호 '미기'+호 '기경' $=270-n\Delta t_2+2n\Delta t_1$	177.38337			
미갑경 변	2sin(호'미기경'/2)×10,000,00	19994786.1			
미자 변	현'미기'×sin(각'기')	6873814.07			
미갑 변	변'미자'×sec(45°)	9721041.09			
오미 변	변 '미갑경'/2	9997393.06			
오갑 변	변 '오미'-변 '미갑'	276351.977			
계미 호	180-호'미기경' $=n\Delta t_2-2n\Delta t_1-90$	2.61662953			
각 을경오	호 '계미'/2 $=n\Delta t_2/2-n\Delta t_1-45$	1.30831476			
을오 변	10,000,000×sin(각'을경오')	228324.16			
갑을 변	$\sqrt{\overline{을오}^2+\overline{오갑}^2}$	358472.226			
E		**358472**			
원지점구하기					
각 갑	$\tan^{-1}(\overline{을오}/\overline{오갑})$	39.5637833			
무병 호	$45+\tan^{-1}(\overline{을오}/\overline{오갑})$	84.5637833	도	분	초
하지 후 원지점	$90-(45+\tan^{-1}(\overline{을오}/\overline{오갑}))$ $=45-\tan^{-1}(\overline{을오}/\overline{오갑})$	5.43621675	5	26	11
동지 후 근지점	원지점에서 180도	5.43621675	5	26	11

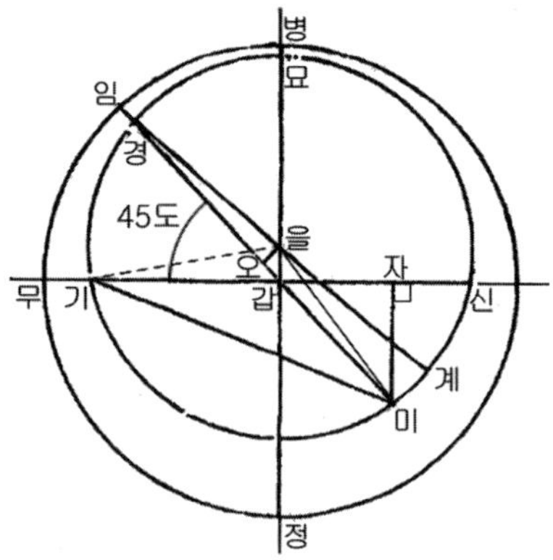

[그림 36] 《숭정역서》의 양심차 구하기 (1588년 입추에서 추분)

보충자료 16 원주각과 중심각의 관계

원주 상의 일정한 현과 원주의 한 점과 만나 이루는 각은 그 현에 대한 중심각의 1/2이다.

$\angle BOA=\theta$, 둔각 $\angle BOC=\varphi$라면,

$\angle BOC=360°-\varphi$이다. 따라서

$\angle OBC=\angle OCB=\frac{\varphi}{2}-90°$이다.

$\angle AOC=360°-\varphi-\theta$ 이기에

$\angle OAC=\angle OCA=\frac{\varphi+\theta}{2}-90°$이다.

따라서 $\angle ACB=\angle OCA-\angle OCB$

$=\frac{\theta}{2}$가 된다. 따라서 $\angle BCA=\frac{1}{2}\angle BOA$가 된다.

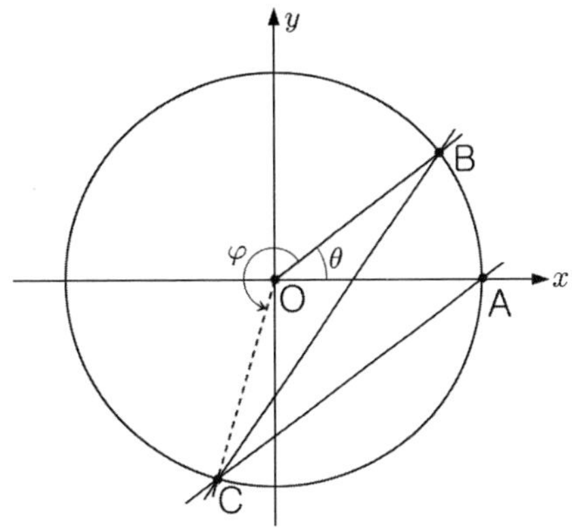

[그림 37] 원주각과 중심각의 관계

6) '4)'항과 '5)'항에서 계산한 원지점[최고(最高)]의 위치와 양심차 비교

(1) 원지점 위치의 차

'4)'항에서 계산한(춘분 후의 수치 이용) 원지점 위치=하지 후 5도30분

'5)'항에서 계산한(추분 전의 수치 이용) 원지점 위치=하지 후 5도27분

두 계산값의 차=3분 → 무시할 만함.

∵ 정오 때 태양의 고도 측정치에 1분의 오차가 있으면 ⇒ 계산 결과의 오차 1도.

위 두 계산 결과의 차 3분 ⇐ 정오 때 태양의 고도 측정치에 3초의 오차가 있음.

3초$=\frac{3}{3600}$도 → 식별할 수 없는 차이임.

(2) 양심차의 차

'4)'항에서 계산한(춘분 후의 수치 이용) 양심차=358416

'5)'항에서 계산한(추분 전의 수치 이용) 양심차=358388

두 계산값의 차=28

양심차의 차= $\frac{28}{10000000}$ → 극히 미미함

7) 태양의 다른 경도를 이용하여 계산할 때 고려할 점

(1) '하늘에서 관측되는 원래의 경도[천원경도(天元經度)]'가 60도일 때

경도 1도에 대한 적위의 변화율=12분56초

적위 1분에 대한 시간 변화율=8각(刻)

($\sin\delta = \sin\lambda \sin\varepsilon$ 이기에 $\Delta\delta = \frac{\cos\lambda \sin\varepsilon}{\cos\delta}\Delta\lambda$이다. 경도 60도일 때에 경도 1도에 대한 적위변화율은 12분 45초가 되고, 경도 1도는 대략 하루에 해당하므로 적위 1분에 대한 시간 변화율은 7.53각이 계산된다.)

(2) '하늘에서 관측되는 원래의 경도[천원경도(天元經度)]'가 70도일 때

적위 1분에 대한 시간 변화율=14각(刻)

($\sin\delta = \sin\lambda \sin\varepsilon$ 이기에 $\Delta\delta = \frac{\cos\lambda \sin\varepsilon}{\cos\delta}\Delta\lambda$이기에 경도 70도일 때에 경도 1도에 대한 적위변화율은 8분 50초가 되고, 경도 1도는 대략 하루에 해당하므로 적위 1분에 대한 시간 변화율은 10.88각이 계산된다.)

(3) 춘분 전 45도와 추분 후 45도를 사용할 수도 있으나 청몽기차(淸蒙氣差)가 커서 정확한 수치를 얻기 어려움.

8) 태양궤도원의 원지점과 양심차에 대한 고금의 측정치 셋

(1) 의파각(意罷閣, Hipparchos, B.C.160?~B.C.125)의 측정 : 한 경제(漢景帝) 8년[83](B.C.149) 임진년, 곧 숭정(崇禎) 원년(1628) 무진년 전 1777년에 측정함.

다록모(多祿某, Claudius Ptolemaios, 100~170)의 측정 : 후한(後漢) 영화(永和) 5년(A.D.140) 경진년, 곧 숭정 원년(1628) 무진년 전 1488년[84]에 측정함.

이 두 사람의 계산 방법은 다음과 같음.

① 춘분부터 하지까지 겉보기운동[시행(視行)] 일수 Δt(춘분~하지)=94일48각. (∵1일=96각)

하지부터 추분까지 겉보기운동 일수 Δt(하지~추분)=92일48각.

춘분부터 추분까지 겉보기운동 일수 Δt(춘분~추분)

=Δt(춘분~하지)+Δt(하지~추분)=187일.

② 춘분부터 하지까지 태양궤도원에서 태양의 등속운행[평행(平行)] 도수

$\Delta\bar{\lambda}$(춘분~하지)=94일48각×59분08초19미50섬≒93도09분

하지부터 추분까지 태양궤도원에서 태양의 등속운행 도수

$\Delta\bar{\lambda}$(하지~추분)=92일48각×59분08초19미50섬≒91도11분

---

83) 원문은 '7년'이지만 1628년으로부터 1777년 전이면서 임진년인 해는 한 경제 8년이므로 바로잡아 옮겼다. 《신법산서》에도 오류가 인습되었다.

84) 원문은 '진(晉) 영화(永和) 7년 경진년, 곧 숭정 원년 무진년 전 1588년[晉永和七年庚辰迄崇禎元年爲一千五百八十八年]'이지만, 동진 목제(東晉穆帝)의 영화(永和) 1년(을사년, 345)부터 12년(병진년, 356)까지는 '경진년'이 없고, 이때는 또 숭정 원년(1628)부터 1283년~1271년 전이라 저본의 '1588년'과 유사성이 전혀 없다. 반면에 후한 순제(後漢順帝)의 영화(永和) 5년(140)이 곧 경진년이며, 그해가 곧 숭정 원년 전 1488년이라, 저본의 '1588년'과 유사하다. 이에 따라 '晉'을 '東漢'으로, '永和七年'을 '永和五年'으로 '一千五百八十八年'을 '一千四百八十八年'으로 수정하여 옮겼다. 그래야만 뒤에 언급된 아이파덕(亞耳罷德, 亞爾罷德, al-Battani, Albategnius)의 측정연대와도 맞다. 《신법산서》에도 오류가 인습되었다.

③ 그림에서

갑 : 태양궤도원[태양본권(太陽本圈)]의 중심

을 : 지구 중심

병 : 춘분점

정 : 추분점

무 : 하지점

기 : 동지점

$\overline{\text{병정}}$ (춘추분선) ⊥ $\overline{\text{무기}}$ (동하지선) : '을'에서 교차함.

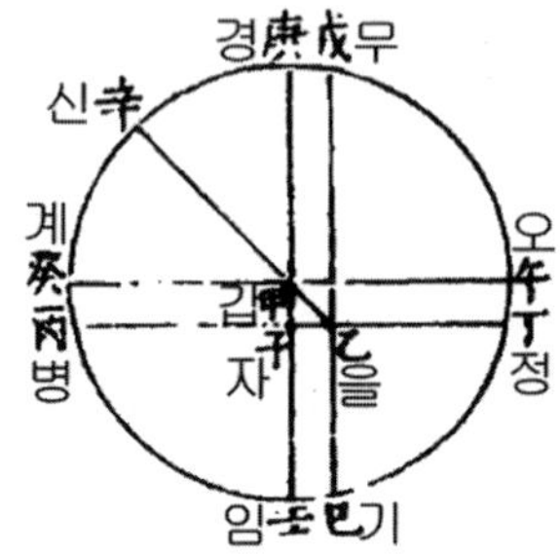

[그림 38] 히파르코스의 양심차 구하기

두 중심을 통과하는 $\overline{\text{을갑신}}$ 을 그으면,

신 : 원지점[최고(最高)]

($\overset{\frown}{\text{무정}}$ + $\overset{\frown}{\text{무병}}$) > 반주천(半周天 천구 둘레의 절반) 180도

⇒ 원지점이 $\overset{\frown}{\text{병무정}}$ 안에 있음.

$\overset{\frown}{\text{병무}}$ > $\overset{\frown}{\text{무정}}$

⇒ 원지점이 $\overline{\text{병을}}$과 $\overline{\text{을무}}$ 사이, 곧 '갑'처럼 춘분 후, 하지 전에 있음.

④ 양심차(兩心差) 구하기

'갑'에서 수직으로 교차하는 $\overline{\text{경갑임}}$과 $\overline{\text{계갑오}}$를 그으면,

$\overline{\text{경갑임}}$ // $\overline{\text{을무}}$

$\overline{\text{계갑오}}$ // $\overline{\text{병을}}$

$\overset{\frown}{\text{병무}}$=93도09분

$\overset{\frown}{\text{무정}}$=91도11분(▾ 겉보기운동 90도에 대한 평균행도)

$\overset{\frown}{\text{병무정}}$=93도09분+91도11분=184도20분

$\overset{\frown}{\text{병경}}$ = $\overset{\frown}{\text{정경}}$ =184도20분÷2=92도10분

$\overset{\frown}{\text{무경}}$ = $\overset{\frown}{\text{정경}}$ − $\overset{\frown}{\text{정무}}$ =92도10분−91도11분=59분

$\overline{\text{을자}}$ =sin($\overset{\frown}{\text{무경}}$)=sin59분=1716

$\overset{\frown}{\text{계병}}$ = $\overset{\frown}{\text{병경}}$ − $\overset{\frown}{\text{계경}}$ =92도10분−90도=2도10분

$\overline{\text{갑자}}$ =sin($\overset{\frown}{\text{계병}}$)=sin2도10분=3780

$\therefore$ 두 중심 사이의 거리 $= \overline{갑을} = \sqrt{\overline{갑자}^2 + \overline{을자}^2}$

$$= \sqrt{3780^2 + 1716^2} = 4151$$

⑤ 원지점[최고(最高)]의 위치 구하기

$\overline{자을} : \overline{자갑} =$ 전수(全數) : tan(∠갑을자)[85)]

1716 : 3780 = 100000 : 22027

∠갑을자 = 65도35분 = $\overset{\frown}{병신}$ ⇒ 춘분점 후 원지점까지 거리

∴ 원지점의 위치 = 실침(實沈 Gem) 5도35분

⑥ '4)', '5)'항의 양심차와 다른 까닭

위의 '두 중심 사이의 거리'에 따라 양심차를 구하면 $E = \frac{4151}{100000}$

'4)'항에서 계산한 양심차는 $E = 358416 \div 10000000 ≒ \frac{3584}{100000}$

두 양심차의 차 ≒ $\frac{581}{100000}$[86)] ⇐ 계산에 사용한 관측치의 차이에서 기인함.

- 관측치의 차이를 부른 원인
  - a. 하지 시각을 정확히 결정하기가 어려움.

    하지 후의 경도 1도(1일)에 대한 적위의 변화율 = 13초

    위도 40도 지방, 하짓날 정오에 '태양의 고도[일궤고(日軌高)]'가 26도30분일 때 길이 1장(丈)의 표(表 gnomon) 그림자 길이

    $= \frac{4985816}{10000000}$ 장[87)]

---

85) $\tan B = \frac{b}{a}$ 를 비례식으로 나타낸 것이다.

86) 실제 뺄셈의 결과는 $\frac{567}{100000}$ 이다.

87) 위도 40도 지방에서 하짓날 정오 때 태양의 고도는 26도30분이 아니라(이는 동짓날 정오 때 태양의 고도임) 73도30분 남짓이고, 이때 그림자의 길이는 1장÷tan(73도30분) = $\frac{2962134}{10000000}$ 장이다. 설사 태양의 고도가 26도30분이라 하더라도 그때 그림자의 길이는 1장 ÷tan(26도30분) = $\frac{20056897}{10000000}$ 장이 되어 원문의 그림자길이 $\frac{4985816}{10000000}$ 장과 다르다. 아마도 tan(26도30분) = $\frac{4985816}{10000000}$ 를 쓴 것 같다.

적위가 13초 증가할 때 표(表) 그림자 길이 변화

$= \frac{650}{10000000}$ 장[88] $\fallingdotseq \frac{6}{100000}$ 장 ≒ 6미(微) 만큼 길어짐

⇒ 관측으로 분별할 수 없음.

b. 위도 40도 지방의 하짓날 정오 때는 청몽기차(淸蒙氣差)가 2분40초에 달함.[89]

(2) 아이파덕(亞耳罷德, **al-Battani; Albategnius**, 828?~929, 이슬람 천문수학자)의 측정 : 다록모(多祿某, Claudius Ptolemaios, 100~170)의 측정 후 740년인 당 희종(唐僖宗) 광명(廣明) 원년(A.D.880) 경자년, 곧 숭정 원년 전 748년에 측정함.

① 원지점의 위치 : 실침(實沈 Gem) 22도17분=하지 전 7도43분

② 양심차[부동심차(不同心差)] $= \frac{3465}{100000}$

(3) 백이나와(白耳那瓦, Bernhard **Walther**, 1430~1504, 독일)의 측정 : 홍치(弘治) 원년(1488) 무신년, 곧 숭정 원년 전 140년에 측정함. 그 계산 방법은 다음과 같음.

① 춘분부터 추분까지 겉보기운동 일수 Δt(춘분~추분)=186일70각10분.[90]

---

88) 원문은 $\frac{65}{10000000}$ [千萬之六十五分]이지만, 하짓날 정오에 적위 13초 차이가 그림자 길이에 미치는 영향은 $\frac{2962134}{10000000} - \frac{2961449}{10000000} = \frac{685}{10000000}$ 장이다. 1장÷tan(73도30분13초) $= \frac{2961449}{10000000}$ 장이기 때문이다. 원문의 분자 '5' 뒤에 '0' 하나를 보충해야 $\frac{685}{10000000}$ 에 가까워지고 또 이어서 간략히 나타낸 $\frac{6}{100000}$ 남짓과도 맞으므로 $\frac{650}{10000000}$ 로 바로잡아 옮겼다.

89) 본문에 나온 값은 〈일전표〉 표 Ⅷ의 태양의 고도 24.5도에 해당하는 값이다. 태양의 고도가 73.5도일 때의 청몽기차 값은 거의 0에 가깝고, 표 Ⅸ의 〈지반경차표〉에 의하면 지반경차는 48.5초가 된다.

90) 원문은 '186일90각10분'이지만 티코 책의 '186일 17시간 40분'을 근거로 바로 잡아 옮겼다. 이렇게 해야 아래의 기묘신 값과도 부합된다.

(▼앞의 4항의 계산에서는 186일72각30분[91])

춘분부터 입하까지 겉보기운동 일수 Δt(춘분~입하)=46일14각05분.

(▼앞의 4항의 계산에서는 46일10각10분)

입추부터 추분까지 겉보기운동 일수 Δt(입추~추분)=46일35각05분.

② 춘분부터 입하까지 태양궤도원에서 태양의 등속운행[평행(平行)] 도수

$\overset{\frown}{\text{경기}}=\Delta\bar{\lambda}$(춘분~입하)=46일14각05분×59분08초19미50섬

≒45도29분13초

(▼앞의 4항의 계산에서는 45도27분34초.)

춘분부터 추분까지 태양궤도원에서 태양의 등속운행 도수

$\overset{\frown}{\text{기묘신}}=\Delta\bar{\lambda}$(춘분~추분)=184도3분21초

(▼앞의 4항의 계산에서는 184도05분24초)

③ $\overset{\frown}{\text{기미신}}$=175도56분39초(▼앞의 4항의 계산에서는 175도54분36초)

: 태양이 태양궤도원을 따라 추분부터 이듬해 춘분까지 등속운행한 도수

∠기갑경=45도, 그 나머지인 ∠기갑미=135도(▼앞의 4항과 동일)

$\overline{\text{미갑경}}$=19992768

삼각형 '기갑미'에서 $\overline{\text{기미}}$와 ∠기갑미를 가지고 구한 $\overline{\text{갑미}}$=9764803

$\overline{\text{미오}}=\overline{\text{미갑경}}$÷2=19992768÷2=9996384

$\overline{\text{갑오}}=\overline{\text{미오}}-\overline{\text{갑미}}$=231581

$\overset{\frown}{\text{계미}}$=3도4분54초

∠을경오=$\overset{\frown}{\text{계미}}$÷2=3도4분54초÷2=1도32분27초

$\overline{\text{오을}}$=sin(∠을경오)=sin(1도32분27초)=2689【268797】[92]

직각삼각형 '을오갑'에서 $\overline{\text{오을}}$과 $\overline{\text{갑오}}$를 알므로

91) 앞의 4항을 살펴보면 실은 186일74각으로 되어 있다.

92) 태양궤도원의 반경 1천만에 비해 sin값의 자릿수가 두 자리 부족하다. 〈보충자료 17〉의 〈표 11〉에서 티코 브라헤가 기록한 발테루스의 계산 ZV선분이 268797인데, 이것이 $\overline{\text{오을}}$에 해당한다. 2697은 268797의 오기이다.

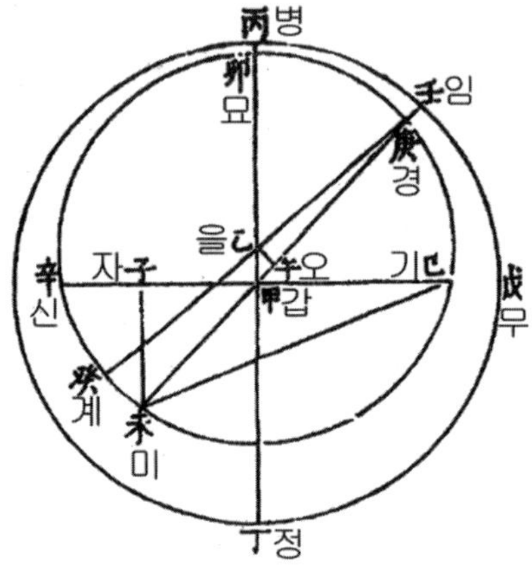

[그림 39] 발테루스의 양심차 구하기

∠오갑을=4도【49도】[93]15분10초

⇒ 입하점이 원지점으로부터 떨어진 도분(度分)

$\overline{\text{갑을}}$=354807 ⇒ 두 중심 사이의 간격[양심차(兩心差)]

전수(全數 온전한 수) ⇒ 태양궤도원[태양본권(太陽本圈)]의 반경 $\overline{\text{을경}}$

④ 태양궤도원의 원지점[최고(最高)] 위치

=하지($\lambda_{\text{하지}}$ = 90도) 후 5도【4도】[94]15분10초

(▼앞의 4항에서 구한 원지점 위치는 하지 후 5도30분. 0도14분50초[95] 차.)

⑤ 양심차(兩心差)=354807

(▼앞의 4항에서 구한 양심차는 358416. $\frac{3411}{10000000} \fallingdotseq \frac{3}{10000}$ 차[96].)

93) ∠오갑을의 실제 계산값은 $\tan^{-1}(\overline{\text{오을}}/\overline{\text{갑오}})$=49도15분49초이다. 〈보충자료 17〉의 〈표 11〉에서 각 ZEV가 49도15분10초인데, 이것이 ∠오갑을에 해당한다. 4도15분10초는 49도15분10초의 오기이다.

94) ∠오갑을이 49도15분10초이므로 이 값에서 '입하~하지'의 황경 45도를 뺀 4도15분10초가 '하지~원지점'의 도수가 된다. 옥스퍼드대본, 우한대본, 규장각본, 《서양신법역서》본에는 모두 "5도15분10초"가 "4도15분10초"로 되어 있다. 石云里 · 褚龙飞(2017), 410면.

95) 원지점 위치가 하지 후 "5도15분10초"가 아닌 "4도15분10초"이므로 앞의 4항에서 구한 원지점 위치인 하지 후 5도30분과 "0도14분50초"가 아닌 "1도14분50초" 차이가 난다. 원지점 위치의 값이 잘못 쓰여짐으로 인해 발생한 오류이다.

96) 실제 계산값은 $\frac{358416-354807}{10000000}=\frac{3609}{10000000} \fallingdotseq \frac{3}{10000}$ 이다.

보충자료 17 **발테루스(백이나와)와 〈일전역지〉의 양심차와 원지점 계산 비교(춘분에서 입하까지 관측 값 이용)**

티코는 발테루스(白耳那瓦)가 1488년 관측값에 기초하여 계산한 양심차와 원지점 값을 표로 만들어 제시했다. 티코는 춘분점과 추분점을 기준으로 두 가지 계산값을 표로 보여주지만, 〈일전역지〉에서는 춘분점을 기준으로 한 양심차와 원지점 값을 계산하는 방식만 보여준다. 〈일전역지〉의 중간 계산값에는 삼각함수 값의 자릿수 혼동으로 인한 커다란 오류가 들어있지만, 양심차 값은 양자가 동일하다. 〈일전역지〉의 편집자들이 계산을 직접 수행하지 않고 티코의 책을 그대로 베끼다가 중간에 잘못된 것 같다.

〈표 11〉은 티코가 제시한 표에 맞추어 〈일전역지〉의 값을 배열하였다. 채색된 부분은 티코의 표에는 나오지 않지만, 본문에는 나오는 부분으로 〈일전역지〉와의 비교를 위해 삽입한 값이다. 원지점 값은 〈일전역지〉의 값이 오기인 것이 분명하다.

〈표 11〉 발테루스(백이나와)와 〈일전역지〉의 양심차 계산 비교[1488년 발테루스가 측정한 '춘분~입하'의 경과 시간을 이용한 계산. 발테우스의 계산값은 *Tychonis Brahe Dani Scripta Astronomica*, ed. I. L. E. Dreyer, Tomus II (Hauniae, 1913), 41쪽을 보라]

<table>
<tr><th colspan="2">발테루스(백이나와)</th><th colspan="2">〈일전역지〉</th></tr>
<tr><td colspan="2">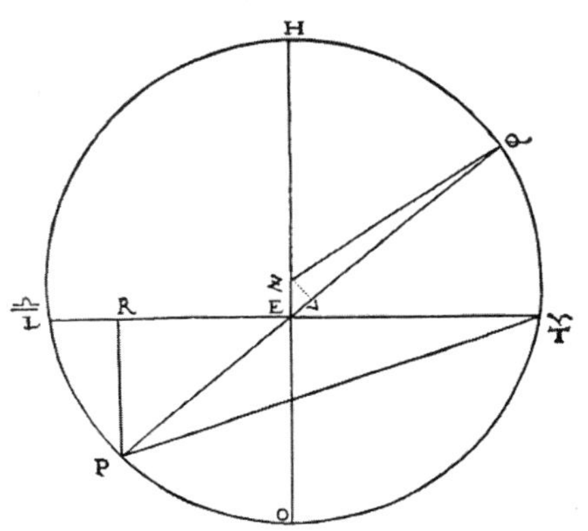

[그림 40] 발테루스의 양심차 구하기
(1488년 춘분에서 입하)</td><td colspan="2">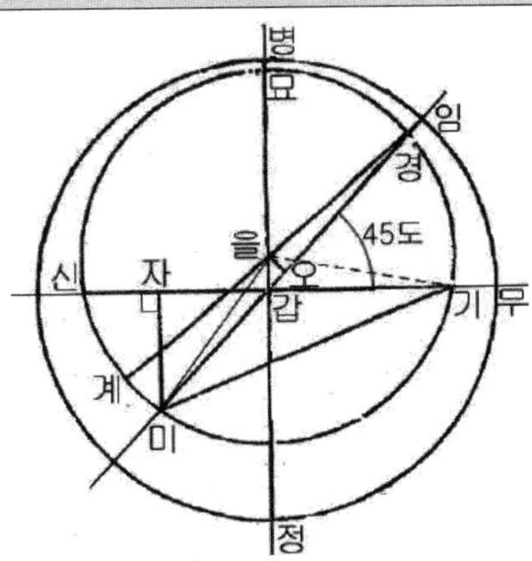

[그림 41] 《숭정역서》에 소개된 발테루스의
양심차 구하기(1488년 춘분에서 입하)</td></tr>
<tr><td>춘분~추분</td><td>186일 17시간 40분</td><td>춘분~추분</td><td>186일 70각 10분
(186일 90각 10분의 오기)</td></tr>
<tr><td>단순운동</td><td>46일 3시간 35분</td><td>단순운동</td><td>46일 14각 05분
(46일 3시간 35분)</td></tr>
</table>

발테루스(백이나와)		〈일전역지〉	
입추~추분	46일 8시간 50분	입추~추분	46일 35각 05분 (46일 8시간 50분)
일일운동	표기되지 않음	일일운동	59분 08초 19미 50섬
호(TQ)	45도 29분 13초	호(경기)	45도 29분 13초
호(THL)	184도 03분 21초	호(기묘신)	184도 03분 21초
호(LPOT)	175도 56분 39초	호(신미기)	175도 56분 39초
각 TEQ	45도	각 기갑경	45도
각 QPT	22도 44분 37초		
각 PET	135도	각 기갑미	135도
각 LTP	22도 15분 23초		
호(PL)	44도 30분 46초		
호(POT)	131도 25분 53초		
PT 현	18230300		
호(POQ)	176도 55분 6초		
PQ 현	19992768	미갑경 현	19992768
각 PER	45도		
sin PER	7071068		
sin PTR	3787518		
PR 선분	6904759		
PE 선분	9764803	미갑 변	9764803
반원-POTQ	3도 4분 54초	호(계미)	3도 4분 54초
		각 을경오	1도 32분 27초
sin (3도 10분 16초)	537594	sin 을경오(오을 변)	2697(268797의 오기)
ZV 선분	268797		
EQ 선분(PQ-PE)	10227965		
QV 선분(PQ의 반)	9996384	오미 직선	9996384
EV 선분(QE-QV)	231581	오갑 직선	231581
각 ZEV	49도 15분 10초	각 오갑을	4도 15분 10초 (49도 15분 10초의 오기)
ZE 변	358407	갑을 변	354807
원지점	표기되지 않음	원지점	하지 후 5도 15분 10초 [4도 15분 10초의 오기]

※ 백이나와의 방법도 앞에 제시한 티코와 《숭정역서》의 방법과 동일하다. 단지 관측값만이 다르기 때문에 결과도 아주 조금 차이가 있다. 아래 표와 같이 위의 백이나와 양심차 구하기 방법을 그대로 엑셀을 이용하여 계산해 보면 값들이 조금씩 다르다. 이는 sin, cos 표, 소숫점 몇 자리까지 계산하는가, 관측값들의 변화로 인한 결과이다. 그러나 방법은 모두 동일하다.

〈표 12〉 《숭정역서》에 소개된 백이나와의 양심차 구하기(1488년 '춘분~입하' 태양운행 이용) 계산 흐름도

	도	rad				
호(무임)	45	0.785398				
	일	각	분		일	
⊿t(무임)	46	14	6	=	46.15	
	도	분	초	미	섬	도
1일	0	59	8	19	50	0.985647
	도	분	초			
호(경기)	45.48763					
각 기미경	22.74381					
각 갑기미	22.25619					
호 신미	44.51237					
	일	각	분	일		
⊿t(기묘신)	186	90	10	186.9444		
	도					
호(기묘신)	184.2613					
호(신미기)	175.7387					
호(미기)	131.2263					
미기 현	18215571					
호(미기경)	176.714					
미갑경 현	19991777					
미자 변	6899121					
미갑 변	9756831					
오미 선분	9995889					
오갑 선분	239058					
호(계미)	3.286048					
각 을경오	1.643024					

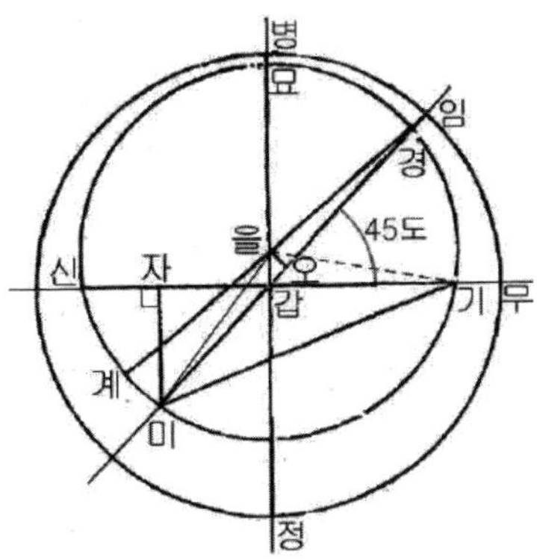

[그림 42] 《숭정역서》에 소개된 발테루스의 양심차 구하기(1488년 춘분에서 입하)

	도	rad				
을오선분	286722.5					
갑을 선분	373307.6					
E	**373308**					
원지점 구하기						
각 오갑을	50.17997					
원지점 경도	95.17997	도	분	초		
하지후 원지점	5.17997	5	10	48		

제8장 태양의 시차(視差), '태양~지구' 거리, 가감차(加減差) 구하기

1) '태양~지구' 거리와 시차(視差)의 관계

(1) 문제 제기

① 《천문략(天問略)》(양마락(陽瑪諾, Emmanuel Diaz, 1574~1659)) 등의 책에 '지구는 하늘 중앙에 있는 하나의 점일 뿐'이라고 함.

② 그런데 여러 층의 하늘이 높이와 크기가 서로 다름.

⇒ 각 하늘의 반경과 지구 반경의 비율이 다름.

③ 항성천(恒星天)은 그 아래의 여러 하늘들에 비해 엄청나게 멀고 큼.

⇒ 항성천에 대해서는 지구를 점으로 간주할 수 있음.

⇒ 항성을 시차 계산의 기준[본(本)]으로 삼음.

(2) '태양~지구' 거리와 시차(視差)의 관계에 대한 도해

① 그림에서

갑 : 지구 중심

갑을 : 지구 반경

'정신' 원 : '태양궤도의 원지점을 지나는 원[일전최고권(日躔最高圈)]'

'병' 원 : '태양궤도의 근지점을 지나는 원[고충권(高衝圈)]'

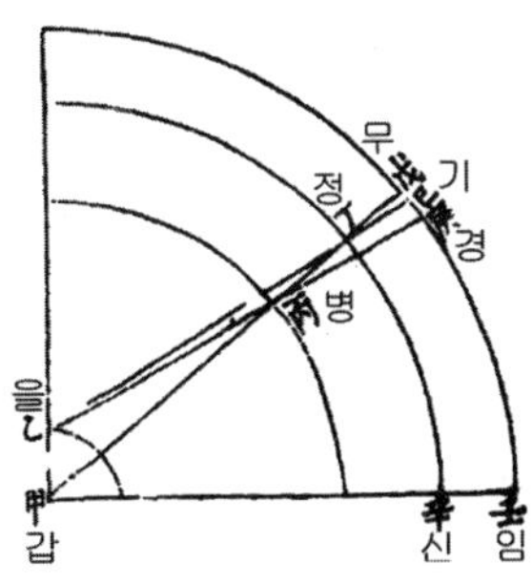

[그림 43] 시차(視差)

② 태양이 원지점[최고(最高)] '정'을 지날 때 시차(視差)

모든 천체는 '제일 바깥층 하늘[외천外天]'에 투영되어 보임.

(▼ 항성천(恒星天), 종동천(宗動天), 상정천(常靜天))

임기 : 지표면 '을'에서 본 시고도[시고(視高)]

임무 : 지구 중심에서 본 실고도[실고(實高)]

∠무정기 = ∠을정갑 : 시고도와 실고도의 차, 곧 시차(視差)

③ 태양이 근지점[고충(高衝)] '병'을 지날 때 시차(視差)

⌒임무 : 지구 중심에서 본 실고도[실고(實高)]

⌒임경 : 지표면 '을'에서 본 시고도[시고(視高)]

∠무병경 = ∠을병갑 : 시차(視差)

⇒ 태양의 실고도가 같더라도 때에 따라 시고도와 시차(視差)의 크기가 달라짐.

⇒ '태양의 고도[일궤고(日軌高)]'를 알고 시차(視差)를 구하려면 해당 시각의 '태양~지구' 거리를 구해야 함.

2) '태양~지구' 거리 구하기

(1) 가백니(歌白泥 Nicolaus Copernicus, 1473~1543, 폴란드)가 구한 태양 궤도원 반경

① 계산법 : 삼대론(三大論 태양, 달, 지구의 상호 거리와 크기의 비율을 논한 글) 중의 한 조항, 곧 '일월식을 가지고 지구 반경과 태양 궤도원[일륜본천(日輪本天)] 반경 사이의 비율 구하기' 계산법을 차용함.

② (지구 반경) : (태양궤도원[일천(日天)] 반경) = 1 : 1142[97]

(2) '태양~지구' 거리 계산법

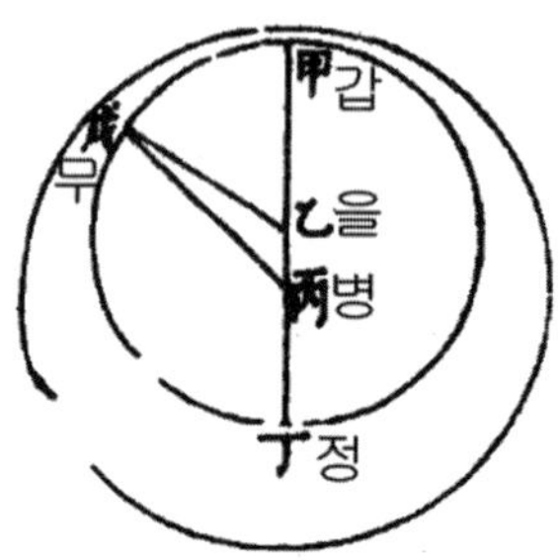

[그림 44] 태양~지구 거리 계산 1

① 그림에서

'갑무정'원 : 태양궤도원[태양본권(太陽本圈)]

갑 : 원지점[최고(最高)]

을 : 태양궤도원의 중심

병 : 지구 중심

‾을병 : 양심차(兩心差 E)

97) 실제로는 '지구 반경 : 태양궤도원[일천(日天)] 반경 ≒ 1 : 23400'이다.

태양이 '무'에 있을 때

$\widehat{\text{갑무}}$: '태양～원지점'의 도수(度數 M)

$\overline{\text{을무}}$: 태양궤도원의 반경＝10,000,000

$\overline{\text{병무}}$: '태양～지구'의 거리

삼각형 '무을병'에서 $\overline{\text{을무}}$ 반경, 양심차를 알고

(▼ 태양궤도반경(＝r_0)＝10,000,000, 양심차(＝r_0E)＝358,416 → 제7장 '4)'항의 수치임.)

∠무을병＝180도－∠갑을무이므로 다음과 같이 $\overline{\text{병무}}$를 구할 수 있음.

(∠무을병＝T이면, $T=180°-M$가 된다.)

② 삼각형 '무을병'을 '확대한 그림[증도(增圖)]'에서

'병'에서 $\overline{\text{무을}}$ 연장선에 수선 $\overline{\text{병정}}$을 그리면, '을병정'직각삼각형에서

(∠병을정＝∠갑을무＝M)

sin90도[전수(全數)] : $\overline{\text{을병}}$ ＝sin(∠병을정) : $\overline{\text{병정}}$

($\sin 90° : \overline{\text{을병}} = \sin M : \overline{\text{병정}}$, $\overline{\text{병정}} = \overline{\text{을병}}\, sin\, M$)

전수(全數) : $\overline{\text{을병}}$ ＝cos(∠병을정) : $\overline{\text{을정}}$[98]

($1 : \overline{\text{을병}} = \cos M : \overline{\text{을정}}$, $\overline{\text{을정}} = \overline{\text{을병}}\, cos\, M$)

$\overline{\text{정무}} = \overline{\text{을무}} + \overline{\text{을정}}$

($\overline{\text{정무}} = r_0 + \overline{\text{을정}} = r_0 + r_0 E \cos M$)

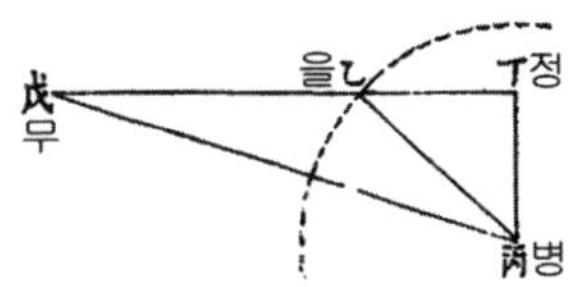

[그림 45] 태양~지구 거리 계산 2

직각삼각형 '병정무'에서

$\overline{\text{병무}} = \sqrt{\overline{\text{정무}}^2 + \overline{\text{병정}}^2}$

($\overline{\text{병무}} = r_0\sqrt{1+E^2+2E\cos M}$)

③ 지구 반경에 대한 $\overline{\text{병무}}$의 크기 구하기

(반경 $\overline{\text{을무}}$) : (지구 반경에 대한 태양궤도원의 반경)

＝$\overline{\text{병무}}$: (지구 반경에 대한 $\overline{\text{병무}}$의 크기)

---

98) $\cos B = \frac{a}{c}$를 비례식으로 나타낸 것이다.

전수(全數) : 1142=(②에서 구한 $\overline{\text{병무}}$) : (지구 반경에 대한 $\overline{\text{병무}}$의 크기)

(▼ 해당 표[99]에 보임.)

$$(r_0 : 1142 = \overline{\text{병무}} : x,\ x = 1142\frac{\overline{\text{병무}}}{r_0} = 1{,}142\sqrt{1+E^2+2E\cos M})$$

②′ 오른쪽 그림과 같이 ∠무을병이 예각일 때는 '병'에서 $\overline{\text{무을}}$에 수선 $\overline{\text{병정}}$을 그림.

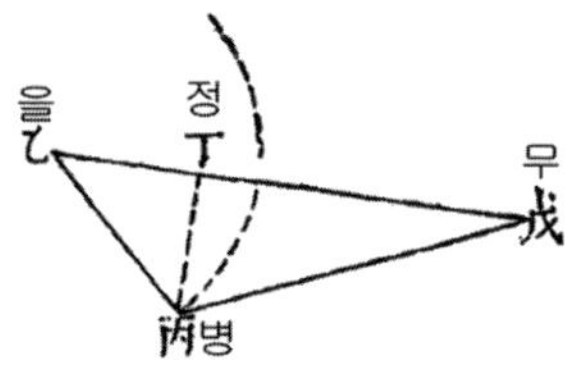

[그림 46] 태양~지구 거리 계산 3

직각삼각형 '을병정'에서

∠을$= M - 180°$

sin90도[전수(全數)] : $\overline{\text{을병}}$ =sin(∠을) : $\overline{\text{병정}}$

$$(\overline{\text{병정}} = r_0 E\sin(M - 180°) = -r_0 E\sin M)$$

sin90도[전수(全數)] : $\overline{\text{을병}}$ =sin(∠정병을) : $\overline{\text{정을}}$

$$(\overline{\text{정을}} = r_0 E\sin(270° - M) = -r_0 E\cos M)$$

$$\overline{\text{무정}} = \overline{\text{을무}} - \overline{\text{을정}}$$

$$(\overline{\text{무정}} = r_0 + r_0 E\cos M)$$

직각삼각형 '병정무'에서

$$\overline{\text{병무}} = \sqrt{\overline{\text{무정}}^{\,2} + \overline{\text{병정}}^{\,2}}$$

$$(\overline{\text{병무}} = r_0\sqrt{1+E^2+2E\cos M})$$

※ 본문에서 태양~지구 사이의 거리를 계산할 때에는 원지점~태양 사이의 등속도수 M을 사용하였다.

99) 〈일전표〉의 열 번째 표 〈지구 중심으로부터 태양까지 거리 표〉.

3) 가감차(加減差) 구하기

(1) 가감차의 정의

태양궤도원 상의 등속행도[평행(平行)]와 겉보기행도[시행(視行)] 사이의 차

예) 제7장 '4)'항에서 춘분부터 입하까지 겉보기행도=45도

→ 태양궤도원 상의 등속행도=45도27분34초.

가감차=45도27분34초−45도=27분34초

(2) 가감차의 부호

원지점부터 근지점까지(추분 전후) 반 원상에 있을 때는 '−'[감산(減算)]
근지점부터 원지점까지(춘분 전후) 반 원상에 있을 때는 '+'[가산加算]

① 그림에서

바깥 원 : 종동천(宗動天)의 황도

병 : 지구 중심, 곧 황도의 중심

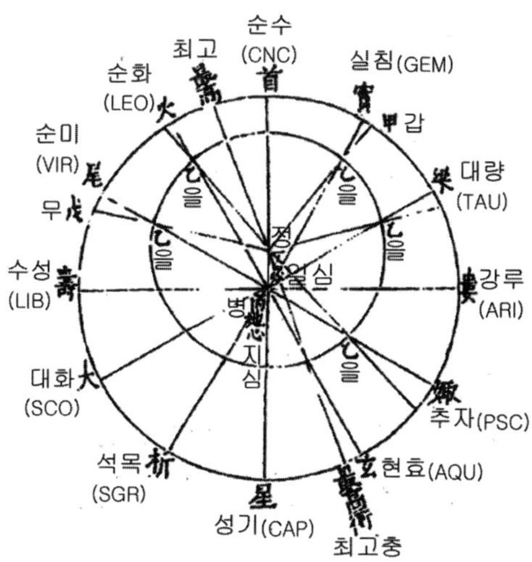

[그림 47] 가감차

안쪽 원 : 태양궤도원[태양본천(太陽本天)]

정 : 태양궤도원의 중심

'원지점~근지점' 직선 : '정'을 통과함.

② 태양이 현효(玄枵 Aqr), 추자(娵訾 Psc), 강루(降婁 Ari), 대량(大梁 Tau), 실침(實沈 Gem). 곧 춘분 전후의 반원에 있을 때 : '+'[가산(加算)]

예) 태양의 등속행도가 '실침' 0도에 있을 때, 겉보기행도는 이미 '갑'에 이름.[100]

'태양이 실제로 보이는 자리[태양실전(太陽實躔)]'
=등속행도[평행(平行)]+'∠정을병'각

③ 태양이 순미(鶉尾, Vir), 수성(壽星, Lib), 대화(大火, Sco), 석목(析木, Sgr). 곧 추분 전후의 반원에 있을 때 : '−'[감산(減算)]

예) 태양의 등속행도가 '순미' 0도에 있을 때, 겉보기행도는 겨우 '무'에 이름.

'태양이 실제로 보이는 자리[실전(實躔)]'
=등속행도[평행(平行)]−∠정을병

(3) 가감차의 대칭성

원지점[최고(最高)]으로부터 좌우로 호의 크기가 같으면 가감차의 크기도 같음.

⇒ 한 쪽을 구하면 다른 쪽은 부호만 바꾸면 됨.

100) 원문의 그림은 '실침'과 '갑', '순미'와 '무'의 위치가 설명문과 반대로 되어 있다. 위 그림은 설명문에 맞추어 위치를 수정한 것이다. 《신법산서》에도 오류가 인습되었다.

(4) 가감차의 크기(그림에서 ∠을) 계산

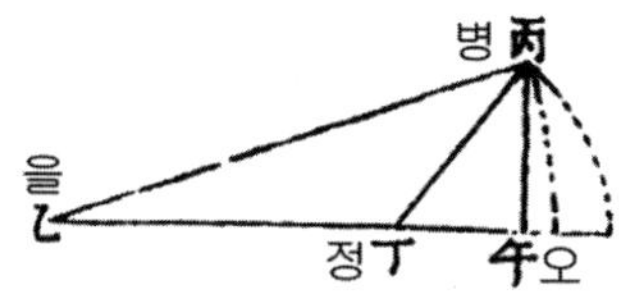

[그림 48] 가감차 계산 1

① 그림의 삼각형 '병을정'에서

정병 : 양심차(兩心差 r_0E)

병을 : '태양～지구' 거리

∠을정병 : 태양의 등속행도로부터 나오는 값($=M-180°$)

∠정을병 : 감차(減差 q)

(병 : 지구 위치)

② ∠을정병이 둔각인 경우(원지점 전후 90도 구간)에, '병'에서 $\overline{\text{을정}}$의 연장선에 수선 $\overline{\text{병오}}$를 그리면, 직각삼각형 '병정오'에서

sin90도[전수(全數)] : $\overline{\text{정병}}$ =sin(∠병정오) : $\overline{\text{병오}}$

$(\sin 90° : r_0E = \sin(360° - M) : \overline{\text{병오}},\ \overline{\text{병오}} = -r_0E\sin M)$

직각삼각형 '병을오'에서

$\overline{\text{병을}}$: sin90도[전수(全數)]= $\overline{\text{병오}}$: sin(∠을)

$(\overline{\text{병을}} : \sin 90° = \overline{\text{병오}} : \sin q,\ \sin q = \dfrac{-r_0E\sin M}{\overline{\text{병을}}})$

$$\rightarrow \sin q = \frac{-E\sin M}{\sqrt{1+E^2+2E\cos M}}$$

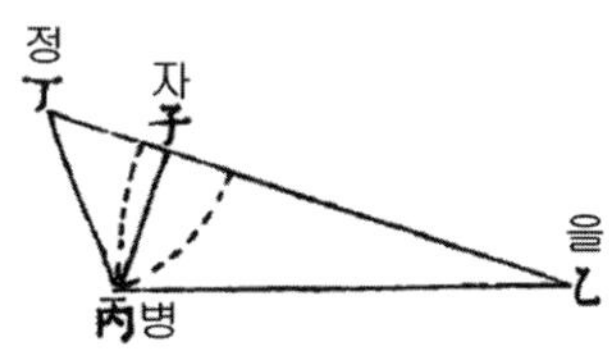

[그림 49] 가감차 계산 2

②′ ∠을정병이 예각인 경우(근지점 전후 90도 구간)에,

'병'에서 $\overline{\text{을정}}$에 수선 $\overline{\text{병자}}$를 그리면,

직각삼각형 '병정자'에서

sin90도[전수(全數)] : $\overline{\text{정병}}$ =sin(∠병정자) : $\overline{\text{병자}}$

$(\overline{\text{병자}} = r_0E\sin(M - 180°) = -r_0E\sin M)$

직각삼각형 '병을자'에서

$\overline{\text{병을}}$: sin90도[전수(全數)]= $\overline{\text{병자}}$: sin(∠을)

$(\sin q = \dfrac{-r_0E\sin M}{\overline{\text{병을}}})$

$$\rightarrow\ \sin q = \frac{-E\sin M}{\sqrt{1+E^2+2E\cos M}}$$

⇒ 위 계산법에 따라 태양 등속행도의 각 도분(度分)에 대한 가감차를 계산하여 만든 표[101]가 뒤에 있음.

※ 가감차를 계산할 때에도 원지점~태양 사이의 등속 도수 M을 사용하였다. 근지점에서 시작하는 등속 도수를 M'라 하면 위에서 제시한 $M=M'-180°$이기에 $\sin q = \dfrac{E\sin M'}{\sqrt{1+E^2-2E\cos M'}}$가 되어 '근지점~원지점' 사이에서는 가감차가 +, "원지점~근지점에서는 가감차가 −가 된다.

4) 지반경차(地半徑差 ∠을) 구하기

(1) 지반경차 계산법 도해 : 가감차 계산법과 같음.

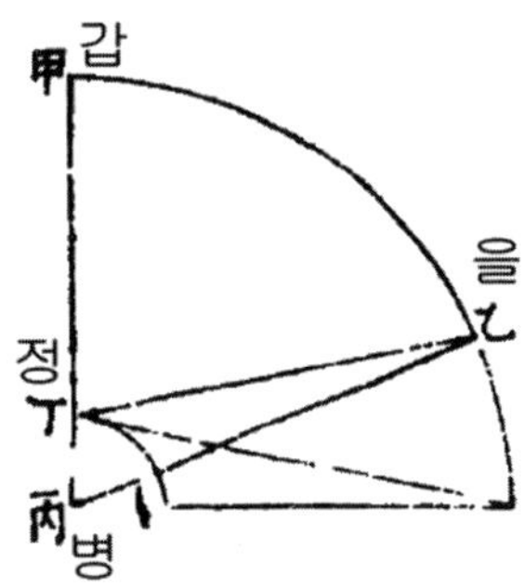

[그림 50] 지반경차 계산 1

① 그림에서

$\overline{\text{정병}}$: 지구의 반경$(=R_\oplus)$

$\overline{\text{병을}}$: '태양~지구중심' 거리$(=r)$

$\overset{\frown}{\text{을갑}}$: '태양~천정' 거리

$(=z=90°-a,$ 천정거리)

∠정을병 : 시차(視差)$=\xi$

(∠갑정을$=\overset{\frown}{\text{을갑}}+\xi=z'=90°-a'$[102])

② ∠을$(=\xi)$ 구하기

sin90도[전수(全數)] : $\overline{\text{정병}}$ = sin(∠갑정을) : '어떤 수[모수(某數)]'[103]

101) 〈일전표〉의 세 번째 표 〈태양궤도원 상의 행도에 따른 가감차 표〉이다. 그러나 표에 제시된 가감차 값은 이 모델 대신 Equant 모델을 이용하여 얻은 값이다.

102) a'는 관측 고도, z'는 관측 천정거리이다.

103) 오른쪽 그림의 '정병신' 직각삼각형에서

$$\frac{\overline{\text{정병}}}{\sin 90\text{도}} = \frac{\overline{\text{신병}}}{\sin z'} \cdots\cdots ⓐ$$

'신병을' 직각삼각형에서

$$\frac{\overline{\text{병을}}}{\sin 90\text{도}} = \frac{\overline{\text{신병}}}{\sin \xi} \cdots\cdots ⓑ$$

$(1 : R_{\oplus} = \sin(90° - a') : x = \cos a' : x)$

$\overline{\text{병을}}$: sin90도[전수(全數)]=‘어떤 수[모수(某數)]’ : sin(∠을)

$(r : 1 = x : \sin\xi)$

따라서 $R_{\oplus}\cos a' = r\sin\xi$ 이기에 $\sin\xi = \frac{R_{\oplus}}{r} cos\ a'$가 된다.

⇒ 위 계산법에 따른 계산 결과가 ‘간략한 표[간표(簡表)]’로 정리되어 있음.104)

(2) ‘간략한 표[간표(簡表)]’의 지반경차를 이용한 ‘태양의 지심고도[일고(日高)]’ 계산

: 표에서 찾은 지반경차 도분(度分)을 관측한 수치에 더함.

(지심고도=관측한 고도+표에서 찾은 지반경차)

⇒ 더하는 이유 : 시고도[시고(視高)]<‘태양의 지심고도[일고(日高)]’

보충자료 18 《숭정역서》의 〈지반경차표〉와 태양 운행 모델

지구 중심에서 태양의 지심고도가 a, 지표면에서의 관측고도가 a'이면, $a = a' + \xi$가 된다. 여기서 ξ가 지반경차이다. 그리고 [그림 50]에서 $\sin\xi = \frac{R_{\oplus}}{r} cos\ a'$의 관계가 있다. 《숭정역서》에서는 궤도 반경 $r=1$을 $r = 1142R_{\oplus}$로 계산하였다. 따라서 중간 거리에서 지반경차는 $\sin\xi = \frac{1}{1142} cos\ a'$이기에 $a' = 0°$일 때 $\xi = 3'0''37'''2''''$가 된다.

본문에는 이 두 식에서 $\overline{\text{신병}}$을 ‘어떤 수[모수(某數)]’로 표현하였다. ⓐ식을 $\overline{\text{신병}}$에 대해 정리하고 ⓑ식에 대입하여 $\sin\xi = \frac{\overline{\text{정병}}}{\overline{\text{병을}}}$ $\sin z'$를 구할 때 $\overline{\text{신병}}$의 값은 필요가 없다.

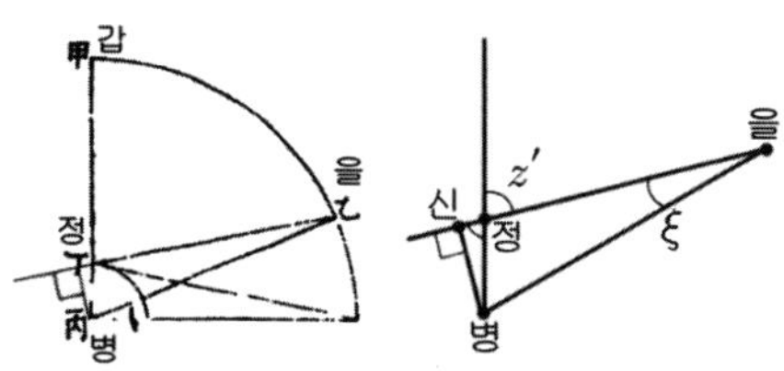

[그림 51] 지반경차 계산 2

104) 〈일전표〉의 아홉 번째 표 〈지구부터 태양까지 거리를 세 가지로 대별하여 계산한 지반경차 표〉.

태양의 운동을 이심원(Eccentric) 모델로 기술하는 경우, $r=1142R_{\oplus}\sqrt{1+2E\cos M+E^2}$ 이다. $E=3584(0.03584)$이기에 근지점 거리($r'=0.96416r$)에서는 $a'=0°$일 때 $\xi=3'7''19'''52''''$이 되고, 원지점 거리($r''=1.03584r$)에서는 $a'=0°$일 때 $\xi=2'54''22'''4''''$가 된다. 《숭정역서》에서는 이 모델을 사용하여 〈지반경차표〉를 만들었다.

〈가감차표〉에서 사용한 이퀀트(Equant) 모델을 사용하였기에 근지점 거리($r'=0.98208r$)에서는 $\xi=3'3''54'''46''''$이 되고, 원지점 거리($r''=1.01792r$)에서는 $\xi=2'57''26'''15''''$가 되어야 한다. 현대 천문학에서 태양~지구 거리는 $23437.5R_{\oplus}$이기에 근지점 거리($r'=0.9833r$)에서는 $\xi=8''57'''00''''$, 원지점 거리($r''=1.0167r$)에서는 $\xi=8''39'''22''''$, $r=1$인 경우는 $\xi=8''48'''02''''$가 된다.

제9장 일차(日差 균시차 equation of time)에 대하여

1) '일(日 day)'의 정의

태양이 하루 밤낮을 운행하여 종동천(宗動天)을 따라 한 바퀴를 돌아서 원래의 경계 지점으로 돌아오기까지 시간

2) 사용하는 경계선에 따라 달라지는, 일(day)의 시작 시점

(1) '자오선 대원[자오권(子午圈)]'을 경계선으로 사용하는 경우

: 자정(子正 0시) 또는 오정(午正 12시)부터 헤아림.

(2) '지평선 대원[지평권(地平圈)]'을 경계선으로 사용하는 경우

: 묘정(卯正 6시) 또는 유정(酉正 18시)부터 헤아림.

3) 하루 중의 시각과 태양의 불균일한 실제 행도

(1) 하루 중의 시각

1일=12시=96각 으로 등분함.

(2) 태양의 실제 운행 도수는 균일하지 않음.

① '갑'일 정오에 태양이 춘분점에 있었다면,
'을'일 정오에 춘분점은 360도를 돌아오지만 태양은 359도에 그침.
⇒태양이 1도를 더 동행(東行)해야 '1일'이 완성됨.

② '①'항에서 말한 '1도'만큼을 태양이 더 운행할 때 소요되는 시간은 매일 '길거나[영(贏)]' '짧은[축(縮)]' 불균일이 발생함. 결코 '등속운행[평행(平行)]'이 아님.

4) 천체 운행의 추보에 사용하는 '일'

(1) 해와 달, 오성과 항성의 운행을 추보하는 데에는 평균일[평일(平日)]을 사용함.

: 영축(贏縮)을 고려하지 않은 '일'. 일반적으로 '일'이라고 하면 평균일을 지칭함.

(2) 평균일[평일(平日)]의 정의

태양이 적도(赤道)에서 '360도+59분08초19미'를 운행하는 시간

(▼해당 표[105]를 보라.)

105) 〈일전표〉의 일곱 번째 표 〈일차표〉.

부록 1 지평좌표, 적도좌표, 황도좌표 사이의 관계

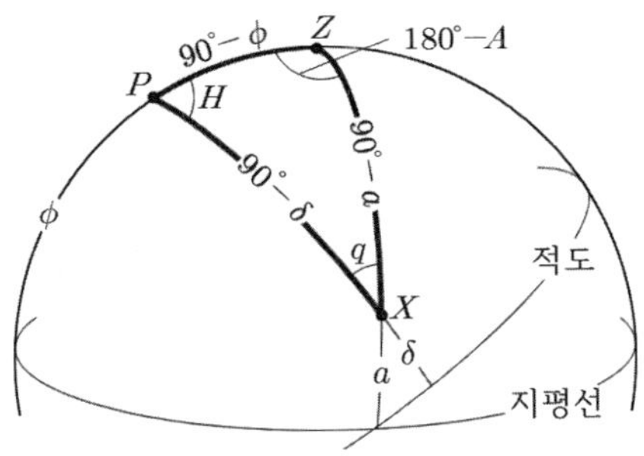

[그림 52] 지평좌표와 적도좌표의 관계

천구에서 [그림 51]과 같이 천체가 X에 위치해 있다 하자. Z는 천정, P는 천구의 북극이다. 따라서 북극 P의 고도(altitude)는 그 지방의 위도 ϕ와 같다. 따라서 PZ는 $90° - \phi$가 된다. 적도(celestial equator)에서 천체 X까지 각거리는 그 천체 X의 적위(δ : declination)이다. 따라서 PX는 $90° - \delta$가 된다. 지평면(horizon)에서 천체 X까지 각거리가 그 천체 X의 고도 a라 하면, ZX는 $90° - \alpha$가 된다. 또한, 천체 X는 북극 P를 중심으로 일주운동하기에 각 ZPX는 천체 X가 PZ와 지평선의 남쪽을 잇는 자오선과 PX를 잇는 자오선 사이의 각으로 시간각(H : hour angle)이라 부른다. [그림 51]에서는 천체 X가 남중한 후에 H만큼의 시간이 지난 후의 위치를 보여주고 있다. 지평선의 남쪽에서 천체 X까지 각거리를 방위각(A : Azimuth angle)이라 정의한다. 따라서 각 PZX는 $180° - A$이다.

구면삼각형 PZX에서 코사인 규칙과 사인 규칙을 이용하면,

$$\sin a = \sin\delta\sin\phi + \cos\delta\cos\phi\cos H \tag{1}$$

$$\cos A\cos a = \cos H\cos\delta\sin\phi - \sin\delta\cos\phi \tag{2}$$

$$\sin A\cos a = \sin H\cos\delta \tag{3}$$

가 된다.

이를 이용하면 그 지방의 위도 ϕ와 천체의 적위 δ와 시간각 H를 알면, 그 천체의 고도 a와 방위각 A를 알 수 있다. 만약 그 지방의 위도가 $\phi = 37.5°$(예를 들어

서울의 위도)라 하자. 춘분날 태양의 적위는 $\delta=0°$이다. 따라서 (1)식은 $\sin a=\cos$ 37.5도 $\cos H$가 된다. 춘분날 태양의 남중한 후 4시간(=60°)[106] 뒤 태양의 고도는 $\sin a=\cos 37.5° \cos 60°=0.407894$이기에 $a=23.37°$가 된다. 또한 (3)식에서 $\sin A=\frac{\sin 60°}{\cos 23.37°}=0.943426$이 된다. 따라서 방위각은 $A=70.635°$가 된다. 정서의 방위각이 90°이기에 이 시각에 태양은 거의 서쪽으로 가고 있다. 춘분날, 태양이 지는 시각에 태양의 고도는 0°이기에 (1)식에서 $\cos H=0$이 된다. 이는 $H=90°=6^h$이다. 즉 태양은 남중 후 6시간 뒤에 진다. 또한 남중 전 6시간 전에 태양은 뜬다. 따라서 춘분날의 낮의 길이는 12시간이 된다.

위도 ϕ인 지방에서 천체 X의 고도 a와 방위각 A을 관측하였다. 그러면 이 천체의 적경(Right ascension) α과 적위 δ는 어떻게 구하나? (1), (2), (3)식을 이용하면,

$$\sin\delta=\sin a\sin\phi-\cos a\cos\phi\cos A \quad (4)$$

$$\sin H cos\,\delta=\sin A\cos a \quad (5)$$

$$\cos H cos\,\delta=\sin a\cos\phi+\cos A\cos a\sin\phi \quad (6)$$

을 얻는다. 이제 $\phi=37.5°$인 지방에서 태양의 고도와 방위각을 $a=23.37°$, $A=70.635°$로 관측하였다. 그러면 〈표 13〉과 같이 $\delta=0°$, $H=4^h$를 얻는다.

〈표 13〉 지평좌표와 적도좌표의 변환

φ, δ, H가 주어졌을 때				
φ =	37.5	도 =	0.654498	Radian
δ =	0	도 =	0	Radian
H =	60	도 =	1.047198	Radian
sin a =	0.396677			
a =	23.37058	도 =	0.407894	Radian
sin A =	0.943426			
A =	70.63503	도 =	1.232814	Radian
cos A =	0.331584			
A =	70.63503	도 =	1.232814	Radian

106) 천체는 1시간당 15°씩 일주 운동한다.

φ, a, A가 관측으로 주어졌을 때				
φ =	37.5	도 =	0.654498	Radian
a =	23.37058	도 =	0.407894	Radian
A =	70.63503	도 =	1.232814	Radian
sinδ =	0			
δ =	0	도 =	0	Radian
sin H =	0.866025			
H =	60	도 =	1.047198	Radian
cos H =	0.5			
H =	60	도 =	1.047198	Radian
H(h) =	4	h		

이제 Θ가 그 지방의 항성시(sidereal time)라면,

$$H = \Theta - \alpha \tag{7}$$

이다. 항성시는 춘분점의 시간각이고 춘분날 춘분점은 태양이 위치한 곳과 같다. 따라서 $H = \Theta$이기에 태양의 적경은 $\alpha = 0$ 즉 $0^h = 0^\circ$가 된다.

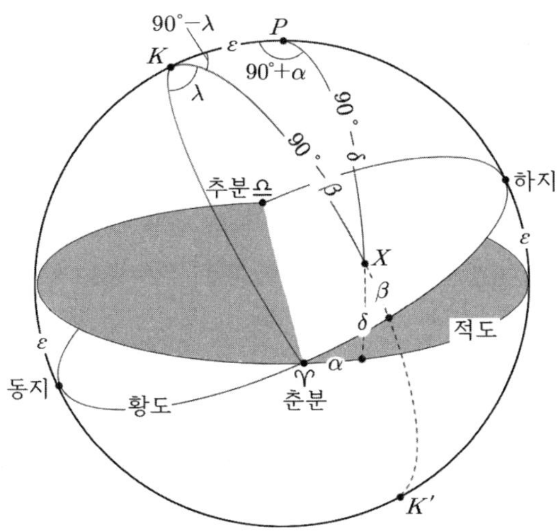

[그림 53] 적도좌표와 황도좌표의 관계

천구에서 [그림 52]와 같이 천체가 X에 위치해 있다 하자. K는 황도 북극, P는 천구의 북극이다. 따라서 PK는 적도면과 황도면 사이의 각 즉 지구 자전축이 기울진 각 $\varepsilon \simeq 23.5^\circ$와 같다. 적도(celestial equator)에서 천체 X까지 각거리는 그 천체 X의 적위(δ : declination)이다. 따라서 PX는 $90^\circ - \delta$가 된다. 황도면(ecliptic)에서 천체 X까지 각거리가 그 천체 X의 황위 β라면, KX는 $90^\circ - \beta$가 된다. 또한, 각 $PKX = 90^\circ - \lambda$, 각 $KPX = 90^\circ + \alpha$가 된다. λ, α는 모두 춘분점 ♈으로부터 각각 황도를 따라, 적도를 따라 반시계방향으로 잰 각으로 황경, 적경이라 부른다.

구면삼각형 PKX에서 코사인 규칙과 사인 규칙을 이용하면,

$$\sin\delta = \sin\beta\cos\varepsilon + \cos\beta\sin\varepsilon\sin\lambda \tag{8}$$

$$\sin\alpha\cos\delta = \cos\beta\cos\varepsilon\sin\lambda - \sin\beta\sin\varepsilon \tag{9}$$

$$\cos\alpha\cos\delta = \cos\lambda\cos\beta \tag{10}$$

$$\sin\beta = \sin\delta\cos\varepsilon - \cos\delta\sin\varepsilon\sin\alpha \tag{11}$$

$$\sin\lambda\cos\beta = \cos\delta\cos\varepsilon\sin\alpha + \sin\delta\sin\varepsilon \tag{12}$$

$$\cos\lambda\cos\beta = \cos\alpha\cos\delta \tag{13}$$

을 얻을 수 있다.

일반적으로 태양은 황도를 따라 움직이기에 $\beta = 0$이 된다. 만약 태양의 황경이 λ라 하면, (8)식을 이용하여,

$$\sin\delta = \sin\lambda\sin\varepsilon \tag{14}$$

이 되고, 이를 이용하여 태양의 적위를 얻을 수 있다. 또한 (9), (10)식을 이용하면,

$$\sin\alpha\cos\delta = \cos\varepsilon\sin\lambda \tag{15}$$

$$\cos\alpha\cos\delta = \cos\lambda \tag{16}$$

이기에 (15)식을 (16)식으로 나누면,

$$\tan\alpha = \tan\lambda\cos\varepsilon \tag{17}$$

이 된다. 이 식을 이용하면 태양의 적경을 얻을 수 있다.

만약 $\lambda = 45°$이면, (14)식에서 $\sin\delta = \sin 45° \ \sin 23.5° = 0.281958$ 즉 $\delta = 16.37711°$이고, (17)식에서 $\tan\alpha = \tan 45° \ \cos 23.5° = 0.91706$ 즉 $\alpha = 42.52269° = 2.834846^h$가 된다. [그림 54]과 [그림 55]에서 이 값을 확인할 수 있다.

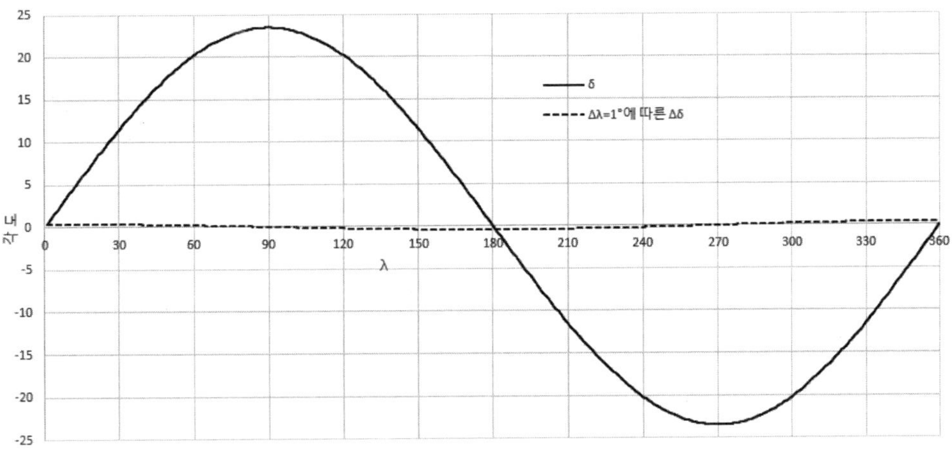

[그림 54] 황경 λ에 따른 적위 δ 그리고, $\Delta\lambda = 1°$에 따른 적위 증분 $\Delta\delta$

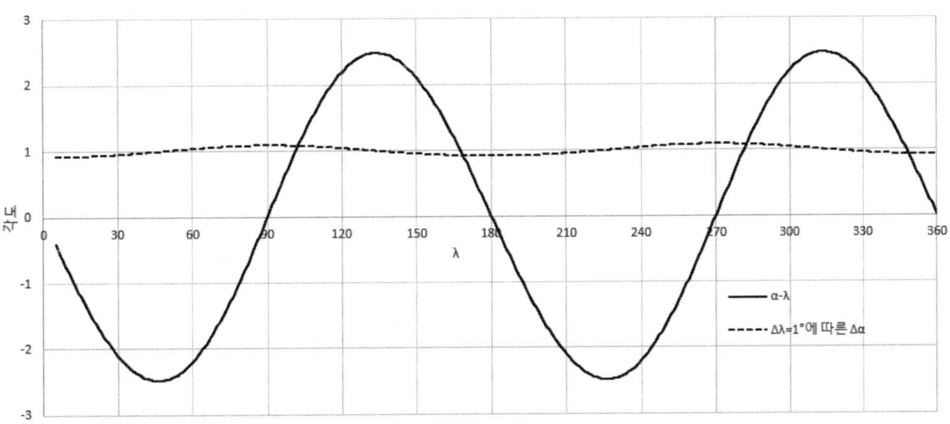

[그림 55] 황경 λ에 따른 적경과 황경의 차 $\alpha - \lambda$ 그리고, $\Delta\lambda = 1°$에 따른 적경 증분 $\Delta\alpha$

이제 위도 $\phi=37.5°$에서 $\lambda=45°$에 위치한 태양을 관측하려면 언제 해야 하는가? 이때에 태양의 적경, 적위는 $\alpha=42.52269°=2.834846^h$, $\delta=16.37711°$이다. 이제 $\sin\delta\sin\phi=0.161745$, $\cos\delta\cos\phi=0.761164$이고, (1)식을 이용하면

$$\sin a = 0.161745 + 0.761164\cos H \tag{18}$$

가 된다. 남중할 때($H=0^h$) 태양의 고도는 $a=68.87711°$가 된다. 이를 [그림 56]에서 확인할 수 있다. [그림 57]은 (3)식을 이용하여 시간 각 H에 따른 방위각 A를 구한 것이다. [그림 58]은 이때 태양의 방위각 A에 따른 고도 a를 나타낸다. 또한 $\alpha=42.52269°=2.834846^h$와 (7)식 $H=\Theta-\alpha$로부터 $\Theta=H+2.834846^h$이기에 이 날 태양이 남중할 때 태양의 항성시는 $\Theta=2.834846^h$가 된다. 이 날 낮의 길이는 (18)식에서 고도 a가 0일 때의 H값의 두 배이다. 따라서 낮의 길이는 13.73767^h가 된다. 당연히 12^h보다 길다.

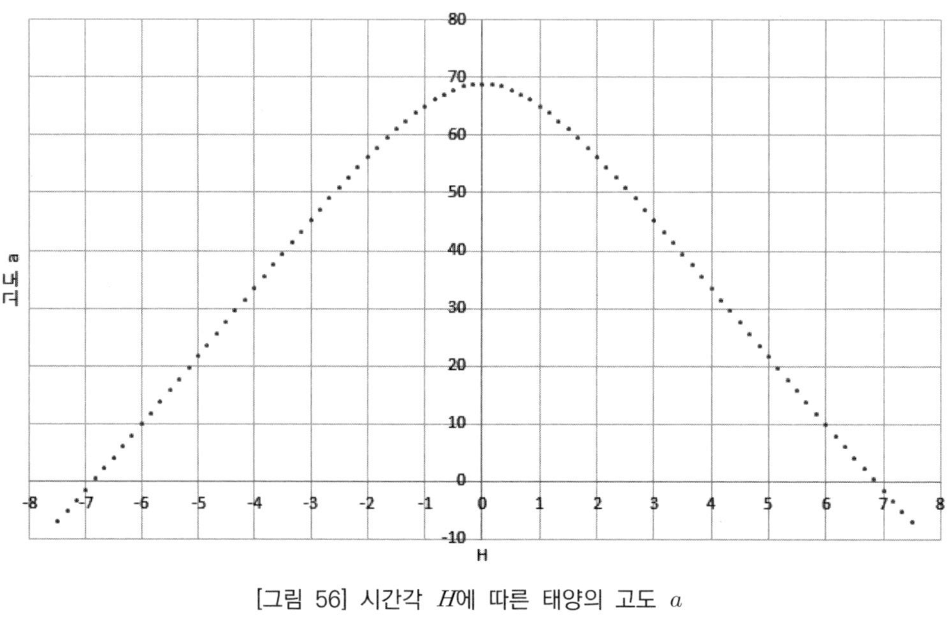

[그림 56] 시간각 H에 따른 태양의 고도 a

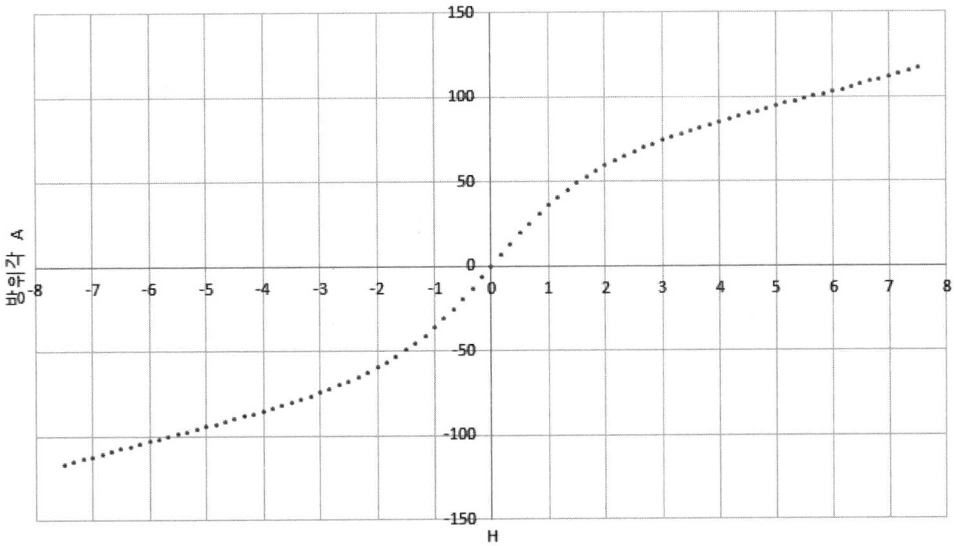

[그림 57] 시간각 H에 따른 태양의 방위각 A

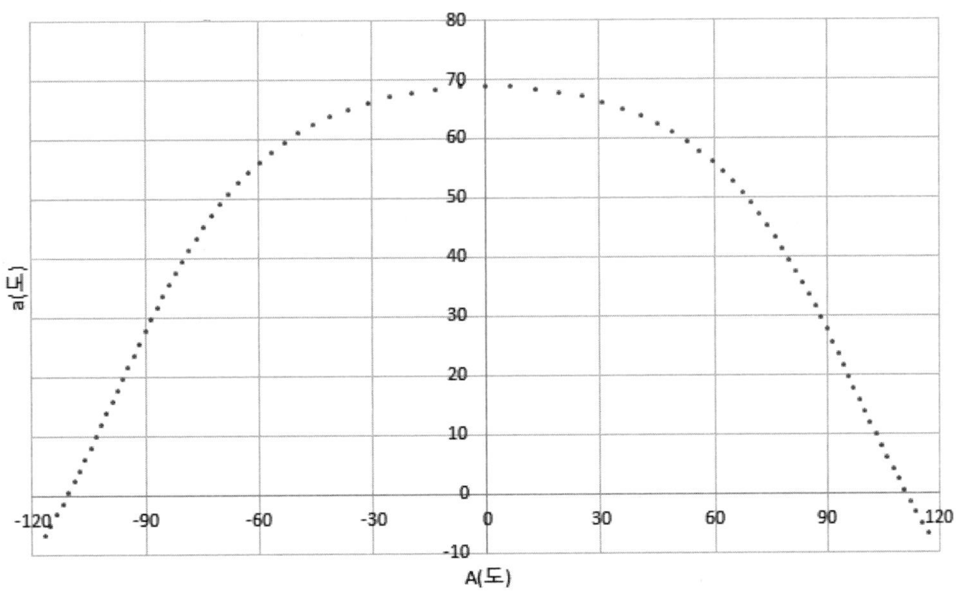

[그림 58] 방위각 A에 따른 태양의 고도 a

부록 2 태양의 운동을 기술하는 4가지 모델

1) 이심원(Eccentric) 모델

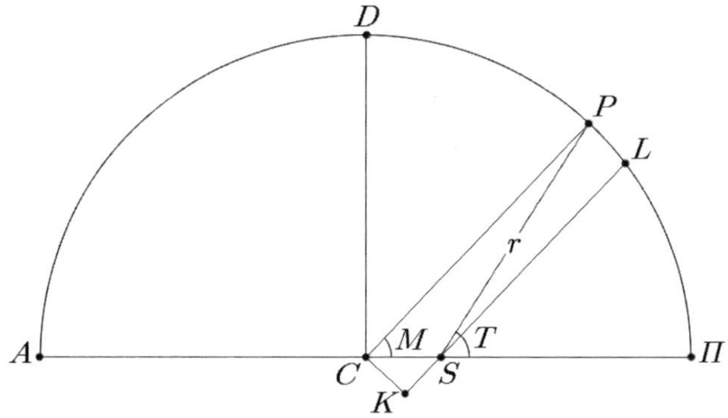

[그림 59] 이심원(Eccentric) 모델

[그림 59]에서 C는 ΠDA 반원의 중심으로 ΠDA 는 태양 중심 모형에서는 지구의 궤도이고 지구중심 모형에서는 태양의 궤도이다. S는 태양 중심 모형일 때는 태양의 위치, 지구중심 모형일 때는 지구의 위치이다. 마찬가지로 P는 태양 중심 모형일 때는 지구의 위치, 지구중심 모형일 때는 태양의 위치이다. Equant 모형은 지구 중심 모형이기에 S는 지구의 위치, P는 태양의 위치가 된다. Π는 S에서 가장 가까운 위치이고, A는 가장 먼 위치이다. M은 C를 중심으로 Π로부터 잰 평균 근점 이각(mean anomaly)이고, T는 S를 중심으로 Π로부잰 진근점 이각(true anomaly)이다. S에서 $\overline{PC}$에 평행선을 그어 ΠDA 반원과 만나는 점이 L이고 C에서 수선을 그어 이 평행선과 만나는 점이 K이다. $r=\overline{PS}$는 태양과 지구 사이의 거리이다. $\overline{PC}=1$, $\overline{CS}=2e$, $\overline{PS}=r$이라 놓으면, 코사인 법칙을 이용하여

$$r^2 = 1 + 4e^2 - 4e\cos M \qquad (1)$$

이고,

$$r\cos T = \cos M - 2e \qquad (2)$$

$$r\sin T = \sin M \qquad (3)$$

이다. 이제 $\angle CPS = q$라 하면, $q = T - M$이다. 그런데
$\sin q = \sin(T-M) = \sin T\cos M - \cos T\sin M$ 이기에

$$r\sin q = \sin M\cos M - (\cos M - 2e)\sin M = 2e\sin M \qquad (4)$$

이다. 따라서

$$\sin q = \frac{2e\sin M}{r} = \frac{2e\sin M}{\sqrt{1-4e\cos M+4e^2}} \qquad (5)$$

이다. 프톨레마이오스(Ptolemaios)의 《알마게스트(*Almagest*)》와 티코(Tycho)의 태양 가감차 표는 모두 이 모델을 이용하였다. 여기서 M과 T는 각각 평균 근점이각, 진근점이각이다. 〈표 14〉와 〈표 15〉는 모두 근지점에서 출발한다.

〈표 14〉 프톨레마이오스와 이심원 모델의 가감차 비교

프톨레마이오스의 가감차표		이심원(Eccentric) 모델의 가감차(E = 2e = 0.04151)		
M	도;분	도	분	차이(분)
0	0;00	0	0	0
6	0;14	0	14	0
12	0;28	0	29	1
18	0;42	0	42	0
24	0;56	0	56	0
30	1;09	1	9	0
36	1;21	1	21	0
42	1;32	1	33	1
48	1;43	1	43	0
54	1;53	1	53	0

프톨레마이오스의 가감차표		이심원(Eccentric) 모델의 가감차(E = 2e = 0.04151)		
60	2;01	2	1	0
66	2;08	2	8	0
72	2;14	2	14	0
78	2;18	2	18	0
84	2;21	2	21	0
90	2;23	2	23	0
96	2;23	2	22	-1
102	2;21	2	21	0
108	2;18	2	17	-1
114	2;13	2	13	0
120	2;06	2	6	0
126	1;58	1	58	0
132	1;49	1	49	0
138	1;39	1	38	-1
144	1;27	1	27	0
150	1;14	1	14	0
156	1;00	1	0	0
162	0;46	0	46	0
168	0;32	0	31	-1
174	0;16	0	16	0
180	0;00	0	0	0

〈표 15〉 티코와 이심원 모델의 가감차 비교

티코의 가감차 표					이심원(Eccentric) 모델의 가감차 (E = 2e = 0.03584)				
M	도	분	초	= 각도	계산결과(도)	도	분	초	차이(초)
0	0	0	0	0	0	0	0	0	0
1	0	2	5	0.034722	0.03459836	0	2	5	0
2	0	4	10	0.069444	0.06918725	0	4	9	-1
3	0	6	14	0.103889	0.10375720	0	6	14	0
4	0	8	18	0.138333	0.13829874	0	8	18	0

티코의 가감차 표					이심원(Eccentric) 모델의 가감차 (E = 2e = 0.03584)				
M	도	분	초	= 각도	계산결과(도)	도	분	초	차이(초)
5	0	10	22	0.172778	0.17280242	0	10	22	0
6	0	12	26	0.207222	0.20725879	0	12	26	0
12	0	24	43	0.411944	0.41247521	0	24	45	2
18	0	36	48	0.613333	0.61362040	0	36	49	1
24	0	48	31	0.808611	0.80869261	0	48	31	0
30	0	59	44	0.995556	0.99573115	0	59	45	1
36	1	10	21	1.1725	1.17283068	1	10	22	1
42	1	20	16	1.337778	1.33815610	1	20	17	1
48	1	29	23	1.489722	1.48995794	1	29	24	1
54	1	37	36	1.626667	1.62658841	1	37	36	0
60	1	44	46	1.746111	1.74651804	1	44	47	1
66	1	50	53	1.848056	1.84835293	1	50	54	1
72	1	55	52	1.931111	1.93085235	1	55	51	-1
78	1	59	34	1.992778	1.99294658	1	59	35	1
84	2	2	2	2.033889	2.03375473	2	2	2	0
90	2	3	9	2.0525	2.05260218	2	3	9	0
91	2	3	13	2.053611	2.05357322	2	3	13	0
92	2	3	15	2.054167	2.05391970	2	3	14	-1
93	2	3	13	2.053611	2.05364033	2	3	13	0
96	2	2	55	2.048611	2.04903715	2	2	57	2
102	2	1	22	2.022778	2.02284598	2	1	22	0
108	1	58	27	1.974167	1.97406652	1	58	27	0
114	1	54	12	1.903333	1.90299899	1	54	11	-1
120	1	48	36	1.81	1.81021376	1	48	37	1
126	1	41	47	1.696389	1.69655527	1	41	48	1
132	1	33	49	1.563611	1.56314166	1	33	47	-2
138	1	24	40	1.411111	1.41135947	1	24	41	1
144	1	14	36	1.243333	1.24285311	1	14	34	-2
150	1	3	33	1.059167	1.05950874	1	3	34	1
156	0	51	47	0.863056	0.86343269	0	51	48	1

티코의 가감차 표					이심원(Eccentric) 모델의 가감차 (E = 2e = 0.03584)				
M	도	분	초	= 각도	계산결과(도)	도	분	초	차이(초)
162	0	39	25	0.656944	0.65692448	0	39	25	0
168	0	26	32	0.442222	0.44244487	0	26	33	1
174	0	13	22	0.222778	0.22257966	0	13	21	-1
175	0	11	9	0.185833	0.18559855	0	11	8	-1
176	0	8	56	0.148889	0.14855448	0	8	55	-1
177	0	6	42	0.111667	0.11145999	0	6	41	-1
178	0	4	28	0.074444	0.07432769	0	4	28	0
179	0	2	14	0.037222	0.03717015	0	2	14	0
180	0	0	0	0	0	0	0	0	0

2) 이퀀트(Equant) 모델

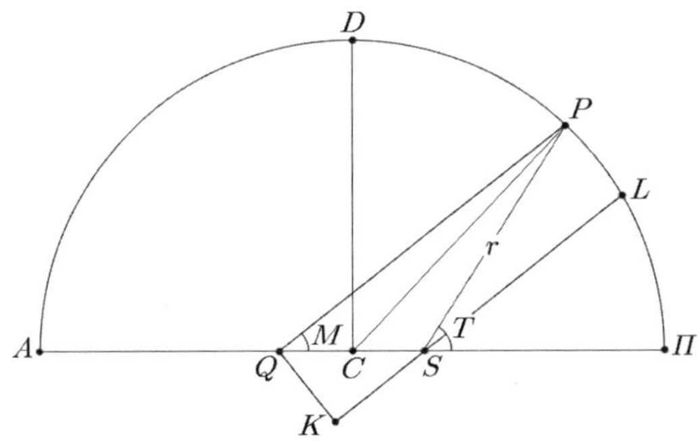

[그림 60] 이퀀트(Equant) 모델

[그림 60]에서 Q는 $\overline{CS}=\overline{CQ}$인 $\overline{\Pi A}$ 상의 위치이다. 여기서 M은 Q를 중심으로 Π로부터 잰 평균 근점 이각이다. 나머지 각 점에 대한 설명은 [그림 59]와 같다. $\overline{PQ}=\rho$, $\overline{CS}=\overline{QC}=e$라 하면, $\triangle PQC$ 에서

$$1=\rho^2+e^2-2e\rho\cos M \tag{7}$$

이고,

$$\rho = e\cos M + \sqrt{1 - e^2\sin^2 M} \tag{8}$$

이다. 그리고 $\triangle PQS$ 에서

$$r^2 = \rho^2 + 4e^2 - 4e\rho\cos M \tag{9}$$

이 된다. 따라서 (8)을 (9)에 대입하면,

$$r = \sqrt{1 - 2e\cos M\sqrt{1 - e^2\sin^2 M} + e^2 + 2e^2\sin^2 M} \tag{10}$$

가 된다. 더구나

$$r\cos T = \rho\cos M - 2e \tag{11}$$

$$r\sin T = \rho\sin M \tag{12}$$

$$r\sin q = 2e\sin M \tag{13}$$

이기에

$$\sin q = \frac{2e\sin M}{\sqrt{1 - 2e\cos M\sqrt{1 - e^2\sin^2 M} + e^2 + 2e^2\sin^2 M}} \tag{14}$$

이 된다. 《숭정역서》, 《신법산서》의 〈**일전표**〉에 수록된 가감차표는 이 모델을 이용하였다.

3) 코페르니쿠스(Copernicus) 모델

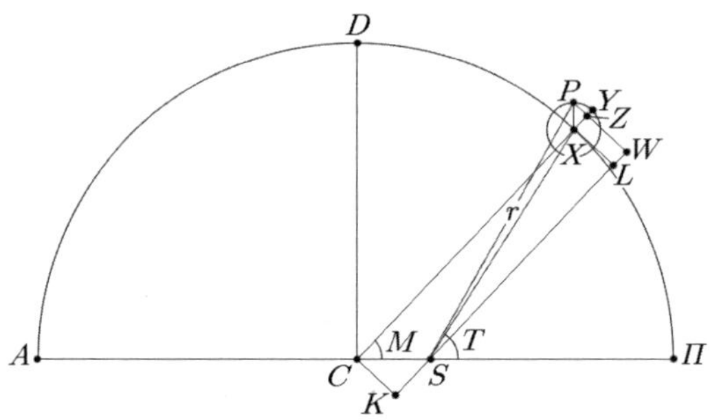

[그림 61] 코페르니쿠스(Copernicus) 모델

[그림 61]에서 X는 ΠDA원 상에 위치하고, 이를 중심으로 반경이 $\overline{PX}$이 주전원을 그린다. 주전원 위의 점 P가 지구 중심 모형에서 태양의 위치이다. $\overline{CX}$의 연장선이 주전원과 만나는 점이 Y이고, P에서 수선을 $\overline{CX}$의 연장선에 내려 만나는 점이 Z이다. $\overline{CX}$와 평행한 $\overline{SL}$을 연장한 선과 C에서 내린 수선이 만나는 점이 K이고, $\overline{PZ}$의 연장선과 만나는 점이 W이다. $\overline{CS}=\frac{3}{2}e$, $\overline{PX}=\frac{1}{2}e$, $\angle PXY=M$이기에 P의 위치는

$$\left(\cos M+\frac{1}{2}e\cos 2M, \sin M+\frac{1}{2}e\sin 2M\right) \tag{15}$$

이다. 그런데 S에서 P를 보면, $\overrightarrow{SP}=(r\cos T, r\sin T)$는

$$\left(\cos M+\frac{1}{2}e\cos 2M-\frac{3}{2}e, \sin M+\frac{1}{2}e\sin 2M\right) \tag{16}$$

가 된다. 그러기에 $r=\overline{SP}$는

$$r=\sqrt{1-2e\cos M+e^2+3e^2\sin^2 M} \tag{17}$$

이 되고, 그리고 $\sin q = \dfrac{\overline{PZ} + \overline{ZW}}{r} = \dfrac{\overline{PZ} + \overline{CK}}{r} = \dfrac{\frac{1}{2}e\sin M + \frac{3}{2}e\sin M}{r}$ 이기에

$= \dfrac{2e\sin M}{r}$ 이기에

$$\sin q = \frac{2e\sin M}{\sqrt{1 - 2e\cos M + e^2 + 3e^2\sin^2 M}} \tag{18}$$

이다.

그런데 이퀀트(Equant) 모델의 (11), (12)식을 보면, $e \ll 1$일 때에

$$\begin{aligned} r\cos T &\simeq (1 + e\cos M)\cos M - 2e = \cos M + e\cos^2 M - 2e \\ &= \cos M + \frac{1}{2}e\cos 2M - \frac{3}{2}e \end{aligned} \tag{19}$$

$$r\sin T \simeq (1 + e\cos M)\sin M = \sin M + \frac{1}{2}e\sin 2M \tag{20}$$

이 된다. 이는 코페르니쿠스(Copernicus) 모델과 동일하다.

《역상고성》의 〈일전역리〉에서 설명한 가감차 계산 방법은 이 모델과 동일하다. 〈일전표〉에 수록된 가감차표는 이퀀트(Equant) 모델을 이용한 표와 거의 동일하다. 왜냐하면 두 모델의 가감차 값은 e^2까지 어림을 보면, $q \simeq 2e\sin M + e^2\sin(2M)$으로 동일하기 때문에 구별하기가 쉽지 않다. 그러나 《역상고성》에서 보여주는 두 주전원 모델은 엄밀하게 말하면 이퀀트(Equant) 모델과 같지 않다.

4) 케플러(Kepler) 모델

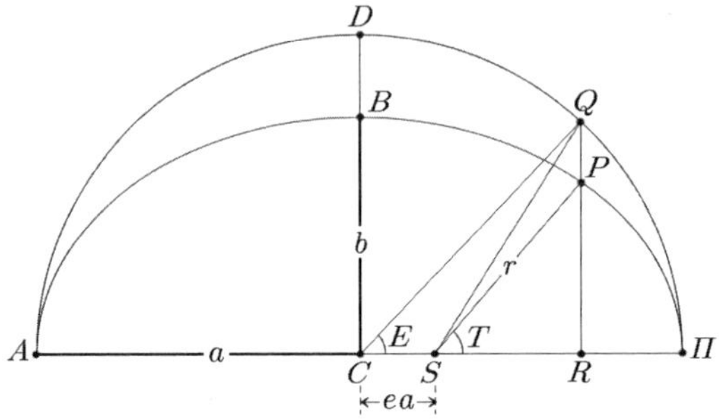

[그림 62] 케플러(Kepler) 모델

[그림 62]에서 ΠBA는 C를 중심으로 장반경이 a, 단반경이 b인 타원의 반이다. 타원 위의 점 P에서 $\overline{\Pi A}$에 수선을 그어 $\overline{\Pi A}$와 만나는 점이 R이고, ΠDA반원과 만나는 점이 Q이다. 각 E는 C를 중심으로 잰 편심 이각(Eccentric anomaly)이다. $b = a\sqrt{1-e^2}$이고, $\overline{CQ} = a$, $\overline{PR} = \dfrac{b}{a}\overline{QR}$이다. 이제

$$a\cos E = ae + r\cos T \rightarrow r\cos T = a(\cos E - e) \tag{21}$$

$$r\sin T = \frac{b}{a}a\sin E \rightarrow r\sin T = a\sqrt{1-e^2}\sin E \tag{22}$$

이다. 또한

$$r = a(1 - e\cos E) \tag{23}$$

이기에

$$\cos T = \frac{\cos E - e}{1 - e\cos E} \tag{24}$$

가 된다. 또한 P를 공전주기, Δt를 지구가 Π에서 P까지 간 시간, M을 평균

근점 이각, 즉 $M = 2\pi\frac{\Delta t}{P}\left(= 2\pi\frac{\text{면적}\,\Pi PS}{\pi ab}\right.$, 여기서 면적 ΠPS는 동경 벡터 $\overrightarrow{SP}$가 근일점 Π으로부터 쓸고 간 면적)이다. 따라서

$$\frac{\text{면적}\,\Pi PS}{\pi ab} = \frac{\Delta t}{P} = \frac{\frac{b}{a}\text{면적}\,\Pi QR + \frac{1}{2}r^2\cos T\sin T}{\pi ab}$$

$$= \frac{1}{\pi a^2}\left(\frac{1}{2}a^2E - \frac{1}{2}a^2\sin E\cos E\right) + \frac{1}{2\pi}(\cos E\sin E - e\sin E) \quad (25)$$

이기에

$$2\pi\frac{\Delta t}{P} = M = E - e\sin E \quad (26)$$

가 된다. 이를 **케플러 방정식**(Kepler equation)이라 한다. 주어진 M에 대하여 (25)식을 이용하여 E를 구하고 (23)식을 이용하여 T를 구한다. 가감차 q는

$$q = T - M \quad (26)$$

이다. 그런데 $e \ll 1$이기에

$$E = M + e\sin M + \frac{1}{2}e^2\sin 2M \quad (28)$$

$$T = E + e\sin E + \frac{1}{4}e^2\sin 2E \quad (29)$$

$$\frac{r}{a} = 1 - e\cos T - e^2\sin^2 T \quad (30)$$

$$T = M + 2e\sin M + \frac{5}{4}e^2\sin 2M \quad (31)$$

$$\frac{r}{a} = 1 - e\cos M + e^2\sin^2 M \quad (32)$$

$$q = 2e\sin M + \frac{5}{4}e^2\sin 2M \tag{33}$$

이 된다. **《역상고성후편》**의 〈일전표〉에 나오는 가감차표와 지구~태양 거리 표는 이 모델을 이용하였다([그림 63], [그림 64] 참조).

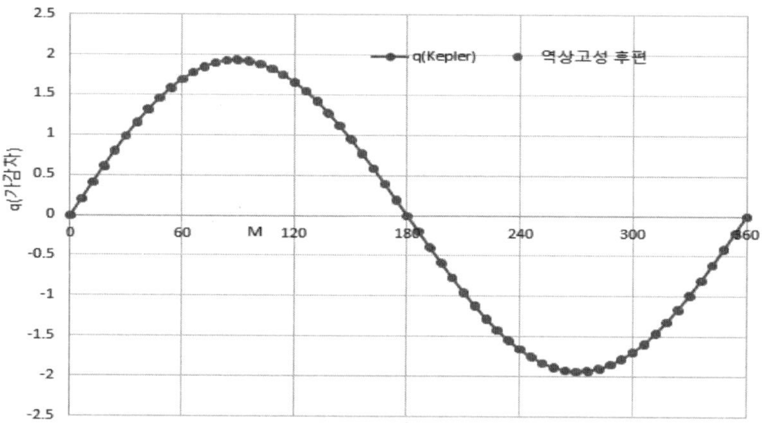

[그림 63] 케플러 모델과 《역상고성후편》의 가감차표 비교

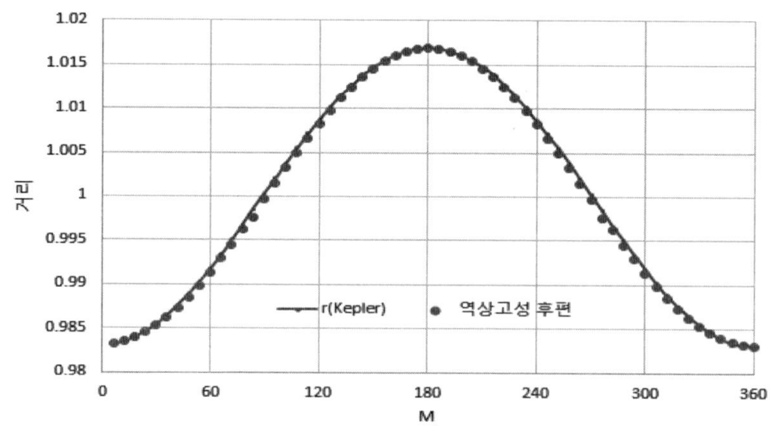

[그림 64] 케플러 모델과 《역상고성후편》의 지구~태양 거리 비교

제2부

《숭정역서(崇禎曆書)》〈일전표(日躔表)〉[1)]

서양[원서(遠西)] 예수회 선교사[야소회사(耶蘇會士)] 나아곡(羅雅谷, Giacomo Rho)이 지음[찬(撰)].
동회(同會) 용화민(龍華民 Nicolaus Longobardi, 1559~1654)[2)]과
탕약망(湯若望 J. Adam Schall von Bell, 1591~1666)이 함께 검토함[동정(同訂)].

목차[3)]

1) 판나이 휘집(潘鼐彙集), 《숭정역서 부 서양신법역서 증간 10종(崇禎曆書附西洋新法曆書增刊十種)》 상(上), 상해고적출판사(上海古籍出版社), 2009, 577면~623면. 이는 프랑스 국가도서관 소장본(《숭정역서》 초기본)을 저본으로 영인한 것이다.

2) 청초(淸初)의 판본인 《서양신법역서》본에는 검토자의 명단에 용화민(龍華民)이 들어있지 않다. 石云里 · 褚龙飞, 《崇禎曆書合校》, 中國科學技術大學出版社, 2017, 889면.

3) 옥스퍼드대본, 우한대본, 규장각본, 《서양신법역서》본의 목차는 이와 상당히 다르다. 石云里 · 褚龙飞(2017), 889면. 자세한 내용은 본서의 제3부 규장각본 〈일전표〉를 참조하라.

4) 《숭정역서》의 역원인 무진년(1628)부터 200년째인 정해년(1827)까지 매년 '평동지점~동지 이튿날 새벽 자정 때 태양의 평균운행 위치'의 경도차를 기년(紀年)의 항목으로, 매년 '평동지점~동지 이튿날 새벽 자정 때 근지점 위치'의 경도차를 최고충(最高衝)의 항목으로, 동지 이튿날의 날짜를 적도 28수와 간지의 조합으로 표현한 일차(日次)를 수기일(宿紀日)의 항목으로 나타낸 표이다. 항년(恒年)은 일정한[항(恒)] 비율로 변화하는 값을 오랜 햇수[연(年)]에 걸쳐 나타냈음을 뜻한다.

5) 본문에는 〈태양주세평행표(太陽周歲平行表)〉라는 제목으로 되어 있다. 태양 평균운행[평행(平行)]의 누적 도수를 1일의 59분08초20미부터 366일의 360도44분48초58미까지 1일 간격으로 1년[주세(周歲)] 동안 나타내고, 또 원지점 이동[최고행(最高行)]의 누적 도수를 1일의 0초부터 366일의 45초까지 1일 간격으로 1년[주세(周歲)] 동안 나타낸 표이다.

6) 태양 1일 운행도수의 '실제값(시운행 도수)과 평균값(평균운행 도수)의 차[가감차(加減差)]'를 근지점으로부터 경도 10분 간격으로 나타낸 표이다. 실제값이 큰 '근지점~원지점'의 구간은 가차[가(加)] 표시가 있고, 실제값이 작은 '원지점~근지점'의 구간은 감차[감(減)] 표시가 있다.

4. 태양동지세자행경분초변위시각분초표(太陽冬至細自行經分秒變爲時刻分秒表)[7)]
5. 태양세평행경분초변위시분초표(太陽細平行經分秒變爲時分秒表)[8)]
6. 주일시분초대준태양세평행전도분초표(周日時分秒對準太陽細平行躔度分秒表)[9)]
7. 일차표(日差表)[10)]
8. 일고청몽기차표(日高清蒙氣差表)[11)]
9. 태양최고삼거여지반경차표(太陽最高三距與地半徑差表)[12)]
10. 태양거지심원근표(太陽距地心遠近表)[13)]

---

7) 본문에는 〈태양동지자행변시표(太陽冬至自行變時表)〉라는 제목으로 되어 있다. 동짓날 하루 동안 태양의 '실제운행 도수[자행(自行)]'가 1초에서 61초까지, 1분에서 61분까지 누적되는 동안 '경과하는 시간의 분초값[시각분초(時刻分秒)]'을 '경도 1분, 1초[경분초(經分秒)]' 간격으로 세밀하게[세(細)] 나타낸 표이다.

8) 본문에는 〈태양세평행변시표(太陽細平行變時表)〉라는 제목으로 되어 있다. 하루 동안 태양의 '평균운행 도수[평행(平行)]'가 1초에서 60초까지, 1분에서 60분까지 누적되는 동안 '경과하는 시간의 분초값[시분초(時分秒)]'을 '경도 1분, 1초[경분초(經分秒)]' 간격으로 세밀하게[세(細)] 나타낸 표이다.

9) 본문에는 〈주일시대준일행표(周日時對準日行表)〉라는 제목으로 되어 있다. 하루[주일(周日)] 동안 '1시에서 24시, 1분에서 60분까지, 1초에서 60초까지[시분초(時分秒)]' 시간이 누적되는 동안 이에 대응하여[대준(對準)] 누적되는 태양의 '평균운행 도수[평행(平行)]'를 1시, 1분, 1초 간격으로 세밀하게[세(細)] 나타낸 표이다.

10) 동지점부터 다음번 동지점까지 태양의 경도 1도마다 일차(균시차)를 나타낸 표이다. 실제시각[정시각(定時刻)]이 평균시각[평행시각(平行時刻)]보다 뒤지는 '18도~91도'의 구간은 감차[감(減)] 표시가 있고, 실제시각이 평균시각보다 앞서는 나머지 구간은 가차[가(加)] 표시가 있다.

11) '태양의 고도[日高]'가 0도부터 45도까지 1도 증가할때마다 청몽기차의 값을 나타낸 표이다.

12) 본문에는 〈최고삼거지반경차표(最高三距地半徑差表)〉라는 제목으로 되어 있다. 태양의 지심거리를 원지점[최고(最高)] 등 '세 가지 거리[삼거(三距)]'로 대별하여 태양의 고도 0도부터 90도까지 1도마다 지반경차의 값을 나타낸 표이다. 세 가지 거리는 원지점(하지점 전후 각 45도), 중간 거리(춘추분 전후 각각 45도), 근지점(동지점 전후 각 45도)이다.

13) 본문에는 〈태양거지심표(太陽距地心表)〉라는 제목으로 되어 있다. 태양의 지심거리를 태양 궤도원[태양본권(太陽本圈)]의 반경 100000에 대한 상대값으로 나타낸 표이다.

제1권 표 해설 I 역원 後 200항년 표 해설 [역원후이백항년표설(曆元後二百恒年表說)]

1) 역원(曆元) 설정에 적년법(積年法)을 사용하다가 폐기하기까지

- 역원 : 앞 시대로 거슬러 올라가서 갑자일이고 초하루[삭단朔旦]이면서 동지가 겹치는 순간.[14)]

(1) 동한사분력(東漢四分曆 A.D.85) : 역원을 확인할 수 있는 최초의 역법

① 세실(歲實 1회귀년)$=365\frac{1}{4}$일$=365$일 25각(刻)

② 갑자일, 초하루[삭단朔旦], 동짓날이 겹치는 순간(역원)까지 1만여 년이면 되었음.

(2) 후대의 역법

① 세실(歲實 1회귀년)의 일(日) 단위 미만 우수리가 점차 작은 단위의 수까지 정밀해짐.

② 역원까지 적년(積年)이 점차 커져서 3억8천만 남짓에 이르기도 함.
⇒ 크기만 하고 맞지 않음.

(3) 수시력(授時曆 1281년, 곽수경(郭守敬))

처음으로 적년법(積年法 11가지 주기의 최소공배수 만큼의 햇수를 거슬러 올라가서 역원을 정하는 방법)을 폐기한 역법.

① 지원(至元) 18년 신사년(1281년)을 역원으로 정하고

---

14) 본문에는 60간지, 삭망월, 회귀년의 기산점만을 언급했으나 항성년, 근점월, 교점월, 오성의 회합주기 등 11가지 시간 단위가 동시에 기산(起算)되는 순간을 역원으로 정한다.

② 기응(氣應, 역원 직전 갑자일(甲子日) 새벽 자정 초각부터 역원까지 시간) 55일 600분을 제시함.[15]

- 적년법을 계속 사용하려고 하는 사람들도 있지만, 그것은 옳지 않음.[16]

2) 세실소장(歲實消長)

: 세실의 길이를 '앞 시대로 올라갈 때면 늘리고[상장(上長)]' '뒷 시대로 내려갈 때면 줄이는[하소(下消)]' 것.

: 곽수경의 수시력에서 시작됨.

(1) 세실소장의 발견

① 동한사분력(東漢四分曆 A.D.85)에서 세실(1회귀년)의 우수리[소여(小餘)]는 25각(刻).[17]

: 세월이 흐름에 따라 달력의 날짜가 점차 '천상(天象)보다 뒤처짐[후천(後天)]'.

② 이후 새로이 편찬된 70여 개의 역법들은 세실을 꾸준히 점차 줄여나감.

: 갑자기 줄인 경우도 없고, 줄였다가 다시 늘린 경우도 없음.

⇒ 1000여 년 동안 각 시대별로 이루어진 관측과 계산의 결과임.[18]

(2) 세실소장의 크기

① 남송(南宋) 양충보(楊忠輔)의 **통천력**(統天曆 1199년)에서 세실의 우수리는 24각25분.[19]

---

15) 굳이 60간지 주기의 시작점(갑자일 자정 초각)을 역원으로 잡지 않아도 임의의 날짜의 간지를 알 수 있게 한 것이다.

16) 《숭정역서》 편찬자들의 주장이다. 이 책에서 '보충자료', 본문 중에 현대 수식을 사용하여 다시 표현하거나 간단히 설명한 부분, 각주, 간주를 제외한 모든 부분은 원문의 내용을 옮긴 것이다.

17) 동한사분력에서 '1일=100각(刻)'이므로 25각은 곧 0.25일이다.

18) 엄연한 천상(天象)의 변화를 반영한 결과라는 말이다.

19) 통천력(統天曆)에서 '1일=100각', '1각=100분'이므로 24각25분은 곧 0.2425일이다.

② 원(元)나라 곽수경(郭守敬)의 **수시력**(授時曆 1281년)도 통천력과 같음.

⇒ 동한사분력(A.D.85)부터 수시력(1281년)까지 1200년 동안 75분이 감소한 것.

③ 수시력(授時曆)에서 설정한 세실소장의 변화율

: '앞 시대로 올라가 계산할 때는 100년마다 1분씩 늘리고[상추왕고, 매백년장일(上推往古, 每百年長一)]'

'뒷 시대로 내려가 계산할 때는 100년마다 1분씩 줄임[하산장래, 매백년소일(下算將來, 每百年消一)]'

3) 세실소장(歲實消長)에 대한 찬반양론과 평가

(1) 세실소장을 폐기한 명(明)나라 원통(元統)의 대통력(大統曆)

① 수시력을 거의 계승하면서 유독 세실소장(歲實消長)만은 폐기함.

② 폐기의 이유

a. "세실이 점차 짧아지기만 한다면 그 끝은?"이라는 회의(懷疑).

b. 수시력의 세실소장을 따르면 달력의 날짜가 '천상을 앞지름[선천(先天)]'

③ 이덕방(李德芳)이 폐기를 반대했으나 실패함.

: 이덕방은 '100년마다 1분'이 아닌 '100년마다 1일'을 주장

→ 터무니없이 큰 수치였기 때문에 원통(元統)이 수긍할 수 없었던 것.

(2) 대통력이 시행된 250여년 동안(1384년~1644년)의 역일(曆日 달력에 표기된 날짜)

: 각 해의 동지시각 계산값이 '천상보다 뒤처지는[후천(後天)]' 문제가 발견되지 않음.

→ 그러나 대통력 시행 이후 실측을 통해 역일과 천상을 맞춰본 적이 없음.

(3) 수시력의 세실소장법(歲實消長法)을 준용하는 근세(숭정역법 편찬 당시)의 천문가

① 세실의 우수리[소여(小餘)]가 24각22분.

② 이를 기준으로 하면 대통력의 동지시각은 10각[20] 정도 뒤처짐.

③ 관측 결과와 비교하면 대통력의 동지시각은 천상(天象)을 10각 정도 앞지름.

→ 이 천문가가 계산한 동지는 실측 결과와 20각 정도의 차이가 남. 세실소장을 반영하지 않은 대통력보다도 오차가 큼.

(4) 세실소장을 거꾸로 적용하는 근세(숭정역법 편찬 당시)의 천문가

① 세실의 우수리가 24각36분 : 금(金)나라 조지미(趙知微)의 중수대명력(重修大明曆 1127년)의 수치를 사용함.

② 이에 따라 계산한 동지를 대력기차(臺曆氣差)[21] 9각[22]으로 삼음. → 세실이 길므로 절기시각이 대통력보다 뒤처질 수 밖에 없음.

⇒ 수시력의 방법을 폐기했을 뿐 아니라, 근년에 수시력의 세실소장법을 준용한 역법과도 갑작스레 배치되므로 "실측에 기반하지 않고서야..."라고 추론할 수 있음.[23]

→ 그러나 천체 운행의 변화는 점진적으로 이루어진다는 원칙에 입각할 때, 감소하던 세실이 갑자기 증가세로 돌아서고, 그것도 갑자기 10분 이상[24] 증가하는 것은 불가능함.

20) 0.1일, 곧 2시간24분이다.

21) 대력(臺曆)은 중수대명력에 따라 작성한 달력이고, 기차(氣差)는 절기시각[기(氣)]의 차이[차(差)]이다,

22) 중수대명력에서도 '1일=100각'이므로 9각은 0.09일, 곧 2시간9분36초이다.

23) '실제 천상에서 세차가 점차 증가하는 쪽으로 바뀐 것이 아닌지, 그래서 중수대명력을 따르는 천문가가 이를 반영한 것이 아닌지...'라고 추론할 수 있다는 뜻이다.

24) 중수대명력의 세실 365.2436일과 대통력의 세실 365.2425의 차 11분을 말한다.

4) 세실소장(歲實消長)에 대해 타당한 방침

(1) 고려해야 할 두 가지 요소

① 세실 : 점차 감소하는 것이 맞음 → 수시력이 옳음.
세실의 우수리를 25각36분【24각36분】[25]으로 고집하는 것은 그름.

② 정확한 절기시각 : 대력(臺曆)[26]이 '천상보다 뒤처지지[후천(後天)]' 않으므로 중수대명력의 세실로 바꾸어 사용하는 것이 옳은 데 가까움.
동지시각이 천상보다 10각, 20각 앞서는 세실을 사용하는 것은 그름.[27]
⇒ '천문 상수[천행지수(天行之數)]'는 기본법칙에 어긋날 수도, 고정불변의 수치일 수도 없다는 관점으로 절충해야 함.

- 기본법칙에 어긋나는 것
  :《원사(元史)》에 "태양의 운행이 규칙에 어긋났다[일도실행(日度失行)]"라고 한 것.[28]
  : 절대 그럴 리가 없음.
- 고정불변의 수치
  : 예컨대 세실을 한번 측정했으면 백년이고 천년이고 영원히 그대로인 것.
  : 이 역시 절대 그렇지 않음.

---

25) 원문의 "2536"이 옥스퍼드대본, 규장각본,《서양신법역서》본에는 모두 "2436"으로 되어 있다. 石云里 · 褚龙飞(2017), 890면.《신법산서》에도 마찬가지이다. 중수대명력의 세실 365.2436을 두고 한 말이다. 이후에는 세 판본의 값이《신법산서》와 같을 경우《신법산서》만 언급하고 세 판본은 언급하지 않기로 한다.

26) 중수대명력에 따라 작성한 달력이다.

27) 대통력의 세실 365.2425일을 따르면 10각 앞서고, 숭정역법 편찬 당시 세실소장법을 준용한 천문가의 세실 365.2422일을 따르면 20각 앞서므로, 이 두 세실을 사용하는 것은 옳지 않다는 말이다.

28)《원사(元史)》 第52권 〈수시력의 상(授時曆議上)〉에 춘추시대 노 헌공(魯獻公) 이후 2160여년 동안의 동지시각을《대연(大衍)》,《선명(宣明)》,《기원(紀元)》,《통천(統天)》,《대명(大明)》,《수시(授時)》 등 여섯 가지 역법으로 계산한 결과를 비교하였다. 가장 정확도가 높은 수시력이 총 49번의 동지 중 39번은 맞고 10번을 틀렸는데, 이 10번의 동지시각에 대해 "태양의 운행이 규칙에 어긋났다[日度失行]"라고 하였다.

(2) 절충의 방법 : 연, 월, 절기의 평균시각과 실제시각을 분리하여 계산하기

① 평균시각 : 평세(平歲), 평삭(平朔), 평망(平望), 평동지(平冬至) 등등

예) 평동지 : 기응(氣應)[29]을 더하여 기산점을 잡고 경과 햇수의 날짜수를 더하여 균분함 → 몇 각(刻)이 앞섬 → 세실이 줄어든다는 설에 가까움.

② 실제시각 : 정세(定歲), 정삭(定朔), 정망(定望), 정동지(定冬至) 등등

예) 정동지 : 평동지에 가감차를 합산하여 계산함 → 몇 각(刻)이 뒤짐 → 세실을 늘린다는 설에 가까움.

5) 평동지(平冬至)와 정동지(定冬至)의 비교

(1) 평동지

춘분과 추분을 실측하여 등속운행[평행(平行)] 도수를 총합한 후 중간 값을 취함 → '태양의 고도[일궤고(日軌高)]'가 아직 가장 낮지 않고, 태양 궤도상 위도의 최남단에 있지 않으며, 해그림자가 아직 가장 길지 않음 → '평(平 평균적인 값)'이라 칭하고 '정(定 정확한 값)'이라 칭하지 않음.

(2) 정동지

태양의 고도가 가장 낮고, 태양 궤도상 위도의 최남단에 있으며, 해그림자의 길이가 가장 긺 → 해마다 수치가 달라져서 가감차를 추산해야 하고 '불변의 상수[恒率]'에 따라 계산할 수 없음 → '정(定)'이라 칭하고 '평(平)'이라 칭하지 않음.

---

29) 수시력에서 역원의 동지시각과 그 직전 갑자일 0시 사이의 시간차를 가리킨다.

6) 천체운행의 기본법칙과 부분적인 편차를 모두 반영하는 방법

: 기응을 더한 '전체 날짜수[통적(通積)]'를 균분하는 방법은 정확한 절기시각 결정에 미진함.

: '불변의 상수[항률(恒率)]'가 있는 평세(平歲)를 근간[근(根)]으로 삼고, 여기에 가감차를 반영하여 정확한 값을 구해야 함 → 운행 법칙의 한도 안에서 차이가 나타남.

- 세실이 길어진다거나 짧아진다고 하는 것은 평세와 정세 중 한쪽만 본 견해.
- 세실이 길어지지도 짧아지지도 않는다는 것은 실제의 편차를 무시한 견해.

: 모두 가감차를 반영하는 계산법을 모르기 때문에 발생한 잘못된 견해.

(1) 월(月)

삭책(朔策 1삭망월의 평균 길이)을 평삭(平朔)으로 삼고, 지질차(遲疾差)와 시차(視差) 등을 가감함.

(2) 연(年)

세실(歲實 1회귀년의 평균 길이)을 평년(平年)으로 삼고, '28수의 이동[수행(宿行)]'[30]과 원지점의 이동 도수를 가감함.

(3) 일(日)

1도 어름[약(弱)][31]을 평일(平日)로 삼고, 영축차(盈縮差)와 승도(升度)[32] 등을 가감함.

---

30) '28수의 이동[수행(宿行)]'은 춘분점의 역행 세차운동을 항성들의 순행 세차운동으로 바꾸어 표현한 것으로, 전통역법의 표현법이다.

31) 태양의 1일 평균 운행 도수 59분08초20미를 말한다.

32) 균시차의 원인이 되는 두 가지 요소이다. 영축차(盈縮差)는 이심률에 따라, 승도(升度)는 황도경사에 따라 결정되는 값이다.

7) '평(平)'과 구분되는 '정(定)'에 대한 인지(認知)의 역사와 전망

(1) 평삭(平朔)만으로는 일식(日食)을 정확히 계산할 수 없으므로, 정삭(定朔)은 한(漢) 유홍(劉洪)의 건상력(乾象曆 AD 206)부터 이미 알려짐.

(2) 평년과 평일만으로는 계산이 부정확하다는 것을 알게 하는 자연현상이 현저하지 않으므로 정년(定年)과 정일(定日)은 잘 알려지지 않았지만, 그 차이가 엄연히 존재함.

(3) 수백 년 뒤에는 세실이 더욱 줄어들고 가감차가 더욱 커질 것이므로 평년에 가감차를 더하여 정년을 구하는 계산법이 더욱 중요해질 것임.

(4) 줄어든 것은 반드시 늘어날 때가 있지만, 지금 감차(減差)인 것이 또 가차(加差)로 바뀌는 때가 있을지 여부를 미리 알 수 없음.

(5) 지금 알 수 있는 규칙[이(理)]과 수치[수(數)]를 철저히 연구하여 천수백년 뒤의 학자가 증보하고 수정할 수 있도록 자료를 남길 수밖에 없음.

8) 〈역원 후 200항년 표(曆元後二百恒年表)〉에 사용된 상수와 항목 설명

(1) 새 역법에서 사용한, 태양의 평균운행[평행(平行)] 세실(歲實 1회귀년) =365일24각20분48초60미(微)[33]

(2) 역원 : 숭정 원년(1628) 무진년

(3) 기년 도분(紀年度分)

평동지(平冬至)의 근수(根數 여러 단계의 계산 절차를 거쳐 목표값을 얻는 데에 있어 출발이 되는 수)

---

33) '1일=100각=10000분'의 단위로 나타낸 값이다. '1일=96각=1440분'으로 환산하면 365일23각03분33초(=365일5시간48분33초)이다. 《신법산서》에는 '백분산(百分算)'이라는 단서를 달고 365일24각21분88초64미라고 하였다. 이를 '1일=96각=1440분'으로 환산하면 365일23각03분45초(=365일5시간48분45초)가 된다.

→ 동짓날 밤 자정[34)]부터 평동지 시각까지 거슬러 헤아린 '태양의 경도[일전도분(日躔度分)]'

→ 수시력의 '기응(氣應)'과 같은 원리의 수임.[35)]

(4) 최고충 도분(最高衝度分)

가감차 계산에 사용하는 수. 〈가감차표(加減差表)〉와 함께 계산법에 따라 추산하면 정동지(定冬至)가 나옴.

(5) 수기일(宿紀日)

동지 다음날. 만약 평동지 시각에 가차(加差)를 더한 결과가 1일을 채운다면 (정동지 시각이 평동지일 다음 날에 있다면) 바로 그 날이 됨.

- 아래에 먼저 천정동지를 구하는 방법, 사기(四氣 춘분 · 하지 · 추분 · 동지)의 시각을 구하는 대략적인 계산법, 그리고 '태양의 경도[일전경도(日躔經度)]'를 구하는 방법을 제시하고 나서 입성표(立成表 역원 후 200항년 표)를 제시함.

9) 천정동지(天正冬至) 시각 구하기

(1) **계산 방법** : 내년의 천정동지를 구하려면,

① 내년의 〈태양의 평균운행에 따른 근수 표[태양평행근표(太陽平行根表) 역원 후 200항년 표]〉에서 근수(根數 기년도분(紀年度分))를 취한다.

② '태양의 1일 평균운행 도수[일평행(日平行)]' 59분08초20미에서 ①을 뺀

---

34) 원문에는 '동짓날 밤 자정 4각' 곧 동지 이튿날 새벽 1시로 되어 있으나, 이후의 모든 계산예에서 동짓날 밤 자정 정각이 사용되고 있으므로 바로잡았다.

35) 수시력의 '기응(氣應)'은 동지시각부터 직전 갑자일 0시까지 시간차이다. 수시력에서 동지시각과 60간지 계산 기점 사이의 시간차, 곧 기응을 제시하여 일차(日次)를 계산할 수 있게 한 것과 유사하게, 《숭정역서》에서는 동지시각과 하루 중의 시각 계산 기점 사이의 시간차, 곧 기년을 제시하여 시차(時次)를 계산할 수 있게 한 것이다.

다. 이 뺄셈의 결과가 태양의 경수(經數)가 된다.

③ '②'의 경수(經數)를 그해의 '최고충 수치[최고충수(最高衝數) 최고충 도분]'에 더하여 인수(引數 argument)로 삼는다.

④ '③'의 인수(引數)를 가지고 〈가감차표(加減差表)〉에서 균수(均數 가감차)를 찾는다.

⑤ '④'의 균수(均數)를 ②의 경수(經數)와 합한 다음, 시간으로 변환하면, 금년 근일(根日 이후 역일 계산에서 출발이 되는 날. 동지가 든 날의 다음날) 하루 전날의 어떤 시각이 된다.

⑥ '⑤'에서 얻은 시각에 동짓날의 일차(日差 균시차) 8분을 더하면 태양이 동지점에 있을 때의 시각이 된다.

⑥′ 만약 '⑤'에서 얻은 시각이 1일 24시를 넘는다면 근일(根日)의 하루 전이 아닌 근일 당일의 일차(日差)를 사용한다. 이는 '계산 예 2)'에 보인다.

(2) 계산 예 1 : 숭정 무진년(1628년)의 이듬해인 기사년의 천정동지 시각을 구해보자.

① 〈역원 후 200항년 표〉에서 기사년에 대한 평행근(平行根 기년도분(紀年度分))을 찾으면, 38분20초28미.[36)]

② '태양의 1일 평균 운행 도수[일평행(日平行)]' 59분08초20미에서 ①을 빼면, 20분48초08미[37)]

→ 태양의 경수(經數).

③ 〈200항년 표〉에서 찾은 기사년의 '최고충 도분' 6도00분44초에 ②의 경수(經數)를 더하면, 6도21분32초08미[38)] → 인수(引數 argument).

36) 《신법산서》에는 39분16초17미. 〈역원후이백항년표〉의 수치가 달라졌기 때문이다. 이후의 계산에 쓰인 표값과 계산 결과가 《신법산서》와 대부분 다르다.

37) 계산이 잘못되었다. 20분47초52미(=59분08초20미-38분20초28미)가 되어야 한다. 《신법산서》에는 19분52초03미. (=59분08초20미-39분16초17미)

38) 위 각주 33)의 20분47초52미를 사용하면 계산 결과가 6도21분31초52미 가 된다. 《신법산서》에는 6도20분36초03미. (=6도00분44초+0도19분52초03미)

④ 〈가감차표(加減差表)〉에서 ③의 인수(引數)에 대한 가감차를 찾으면, 13분16초19미[39]

→ 균수(均數 가감차)

⑤ ④의 균수(均數)를 ②의 경수(經數)와 합하면, 44분05초07미.[40]

⑥ '도분(度分)을 시각(時刻)으로 변환하는 표'[41]에서 ⑤에 대한 시각을 찾으면, 77각10분19초.[42]

⑦ 근(根 동지 이튿날)의 하루 전날이 정계미(井癸未) 일이므로, 정계미(井癸未)일 새벽 자정(0시) 후 유정(酉正)4각10분19초[43]가 됨.

⑧ ⑦의 시각에 동짓날 일차(日差) 8분을 더하면 술초(戌初)1각03분19초[44]

→ 기사년 천정동지 시각.

(▼ 혹은 자정후 78각07분19초)[45]

---

39) 계산이 잘못되었다. 〈가감차표〉에서 6도20분에 대한 값은 13분51초, 6도30분에 대한 값은 14분13초이므로 6도21분32초08미에 대한 가감차는 13분54초22.69미 (=13분51초+22초×$\frac{\text{1분32초08미}}{\text{10분}}$)가 되어야 한다.

《신법산서》에는 13분52초20미 (≒13분51초+22초×$\frac{\text{36초03미}}{\text{10분}}$)로 계산이 정확하다. 〈가감차표〉는 《숭정역서》와 《신법산서》의 수치가 동일하다.

40) 계산이 잘못되었다. 44분04초27미가 되어야 한다. 또한 ②에서 계산한 태양의 경수(經數)가 20분48초08미였는데, 여기서 사용한 경수는 30분48초08미여서 혼선이 있다. ②의 경수 값을 사용하면 20분48초08미+13분16초19미=34분04초27미가 된다. 그러나 뒤에서도 잘못된 이 수치에 따라 계산이 이어지고 있으므로 우선 저본의 수치를 그대로 옮겼다.
《신법산서》에는 33분44초23미(=19분52초03미+13분52초20미).

41) 〈태양동지자행변시표(太陽冬至自行變時表)〉를 가리킨다.

42) 계산이 잘못되었다. 68각14분43초22미 (=17시14분43초22미)가 되어야 한다.
《신법산서》에는 13시12분09초. 〈세행변시표(細行變時表)〉의 동짓날 표를 이용하여 계산한 값이다.

43) 77각10분19초는 19시1각10분19초이므로 12진시(辰時)로 바꾸면 실은 술초(戌初 : 19시)1각 10분19초가 되어야 한다.
《신법산서》에는 미초초각12분09초(=13시12분09초).

44) 《서양신법역서》본에는 미초1각05분19초, 규장각본에는 미초1각05분09초(=13시12분09초+8분)로 되어 있다. 石云里 · 褚龙飞(2017), 892면. 또 《신법산서》에는 미초1각05분29초로 되어 있는데, 이 세 판본의 계산흐름에서는 규장각본이 옳다.

45) 원문에 소주(小注)로 기입된 이 숫자는 대문(大文)의 "술초(戌初)1각03분19초"와 아무 상관이 없다. 잘못 끼어든 것 같다. 다른 본에는 삭제되고 없다. 石云里 · 褚龙飞(2017), 892면.

〈표 1〉 천정동지 시각 '계산 예 1'의 계산 흐름도

무진년(1628년)의 다음해 기사년(1629년) 천정동지 시각46)					
	도	분	초	미	
근수 ①		38	20	28	표Ⅰ 첫 번째 표
1일 평균 운행 ①′		59	08	20	
경수 ②=①′-①		20	47	52	
최고충 도분 ③′	6	00	44	00	표Ⅰ 두 번째 표
인수 ③=②+③′	6	21	31	52	
균수(가감차) ④		13	16	19	표Ⅲ
경수+균수 ⑤=②+④		34	04	11	
⑤에 해당하는 시각 ⑥		13시	20분	41초	표Ⅳ47)
⑤에 해당하는 시각 ⑥′		53각	5분	41초	
⑥′에 해당하는 12진시 ⑦	미초(未初)	1각	5분	41초	
동짓날 일차 ⑧′			8분		표Ⅶ
실제 시각=⑦+⑧′	미초(未初)	1각	13분	41초	동짓날

(3) 계산 예 2 : 숭정 경오년(1630년)의 이듬해인 신미년(1631년)의 동지시각을 구해보자.

① 〈역원 후 200항년 표〉에서 신미년에 대한 평행근(平行根 기년도분(紀年度分))을 찾으면, 08분50초05미.48)

② '태양의 1일 평균 운행 도수[일평행(日平行)]' 59분08초20미에서 ①을 빼면, 50분18초15미49)

→ 태양의 경수(經數).

46) 앞에 제시한 '계산 예 1'의 각주에서는 본문의 계산 오류를 보이기 위해 가능한 직전 단계의 수치를 그대로 유지한 채 설명하였으나 그 계산 흐름을 일목요연하게 보이기 위한 이 표에서는 본문의 초기 값에 대한 정확한 계산값들을 순차적으로 제시하였다. 뒤의 '계산 예 2'에 대한 표도 마찬가지이다.

47) 표Ⅳ에 의하면, ⑤에 해당하는 시각을 구할 때에 34분은 $13^h 19^m 03^s$, 04초는 $1^m 33^s 53^{미}$, 11미는 $4^s 18^{미} 11^{섬}$이 되는데 이를 다 더하면, $13^h 20^m 41^s 11^{미} 11^{섬}$이 된다.

48) 《신법산서》에는 10분37초33미.

49) 《신법산서》에는 48분30초47미(=59분08초20미−10분37초33미).

③ 〈200항년 표〉에서 찾은 신미년의 '최고충 도분' 6도02분14초에 ②의 경수(經數)를 더하면, 6도52분32초[50] → 인수(引數 argument).

④ 〈가감차표〉에서 ③의 인수에 대한 가감차를 찾으면, 14분57초[51] → 균수(均數 가감차).

⑤ '④'의 균수를 ②의 경수와 합하면, 65분14초.[52]

⑥ 65분14초를 시간으로 변환하면, 96각+6각01분09초.[53]

⑦ '⑥'의 시각에 일차(日差) 8분을 더하면 6각09분09초[54] → 신미년 천정동지 시각.

⑧ 근수(根數) 계산 당일이 성갑오(星甲午)일이므로, 이날 새벽 자정(0시) 후 6각09분09초[55]가 신미년 천정동지 시각임.

---

50) 《신법산서》에는 6도50분45초(≒48분30초47미+6도2분14초).

51) 계산이 잘못되었다. 15분2초(≒14분56초+22초× $\frac{\text{2분32초}}{\text{10분}}$)가 되어야 한다.

《신법산서》에는 14분57초(≒14분56초+22초× $\frac{\text{45초}}{\text{10분}}$)로 《신법산서》의 수치들에 맞게 계산되었다.

52) 계산이 잘못되었다. 65분15초(≒50분18초15미+14분57초)가 되어야 한다.
《신법산서》에는 63분27초47미(≒48분30초47미+14분57초).

53) 원문은 '96각+6각01분39초'이지만, 이어지는 계산에 '09초'가 두 번 나오는 것을 보면 '39초'는 '09초'의 오기(誤記)가 분명하므로 바로잡아 옮겼다. 〈태양동지자행변시표(太陽冬至自行變時表)〉가 61분에 대한 시간값까지 주어져 있기는 하나 65분14초를 '61분+4분+14초'로 나누어 계산하면 이 값이 나오지 않는다. '60분+5분+14초'로 나누어 계산해야 이 값이 나온다.

규장각본에는 "92각+3각05분00초"로 되어 있고, 《서양신법역서》본과 《신법산서》에는 "96각+3각05분00초"로 되어 있다. '1일=96각'이므로 후자가 옳다.

54) 《신법산서》에는 3각13분20초. 이들 판본의 계산흐름에 따르면 3각13분00초(=3각05분00초+8분)가 되어야 한다.

55) 규장각본에는 "5각13분20초"로 되어 있고, 《서양신법역서》본과 《신법산서》에는 "3각13분20초"로 되어 있다. 이들 판본의 계산흐름에 따르면 "3각13분00초"가 되어야 한다.

〈표 2〉 천정동지 시각 '계산 예 2'의 계산 흐름도

경오년(1630년)의 다음해 신미년(1631년) 천정동지 시각[56]					
	도	분	초	미	
근수 ①		8	50	05	표Ⅰ 첫 번째 표
1일 평균 운행 ①′		59	8	20	
경수 ②=①′-①		50	18	15	
최고충 도분 ③′	6	02	14		표Ⅰ 두 번째 표
인수 ③=②+③′	6	52	32	15	
균수(가감차) ④		15	02		표Ⅲ
경수+균수 ⑤=②+④		65	20	15	
⑤에 해당하는 시각 ⑥		25시	33분	32초	표Ⅳ[57]
⑤에 해당하는 시각 ⑥′		96+6각	3분	32초	
⑥′에 해당하는 12진시 ⑦	축초(丑初)	2각	3분	32초	
동짓날 일차 ⑧′			8분		표Ⅶ
실제 시각 ⑦+⑧′	축초(丑初)	2각	11분	32초	동지 이튿날

10) '천정동지(天正冬至) 시각 구하기'의 도해

(1) 정동지(定冬至) 시각이 자정을 넘지 않는 경우

① $\overline{\text{갑을}}$: 황도 상의 호(弧).

② $\overline{\text{정을}}$: '평동지~근지점'의 거리 ← 〈200항년 표〉의 '최고충'.

③ $\overline{\text{정병}}$: '평동지~동지 다음날 새벽 자정(0시)'의 거리 ← 〈200항년 표〉의 '기년'

→ '태양 평균운행[일평행(日平行)]' 계산의 근수(根數).

56) 앞에 제시한 '계산 예 1'의 각주에서는 본문의 계산 오류를 보이기 위해 가능한 직전 단계의 수치를 그대로 유지한 채 설명하였으나 그 계산 흐름을 일목요연하게 보이기 위한 이 표에서는 본문의 초기 값에 대한 정확한 계산값들을 순차적으로 제시하였다. 뒤의 '계산 예 2'에 대한 표도 마찬가지이다.

57) 표Ⅳ에서 65분은 60분과 5분으로 나누어서 60분은 $23^h 28^m 19^s$, 5분은 $1^h 57^m 22^s$을 읽고, 20초는 $7^m 45^s 26^{미}$, 15미는 $5^s 52^{미} 05^{섬}$을 읽는다. 이를 다 더하면 $25^h 33^m 32^s 18^{미} 05^{섬}$이 된다.

④ $\overline{\text{갑병}}$: '태양의 1일 평균운행 도수[일평행(日平行)]' 58분08초20미.

⑤ $\overline{\text{갑무}}$: 지금 구하려는 '초일 자정(평동지 당일 새벽 0시)~정동지'의 거리.

⑥ $\overline{\text{갑을}}$: '초일 자정(평동지 당일 새벽 0시)~근지점'의 거리. → 〈가감차표〉 검색을 위한 인수(引數).

⑦ $\overline{\text{정무}}$: 〈가감차표〉에서 '갑을'에 대해 찾은 가차(加差)[58]. 균수(均數).

⑧ $\overline{\text{갑무}}$를 시각으로 바꾸고 일차(日差 균시차)를 더하면 '초일 자정(0시)~정동지'의 시간이 나옴.

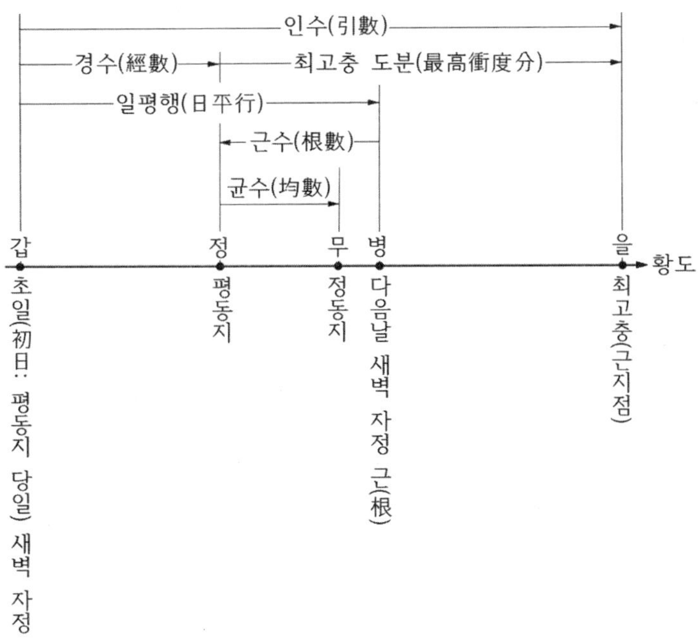

[그림 1] 천정동지 시각 구하기(정동지 시각이 자정을 넘지 않는 경우)

(2) 정동지(定冬至) 시각이 자정을 넘는 경우

: 근수(根數)가 작거나 균수(均數)가 큰 경우가 이에 해당.

⑦까지는 계산 절차가 앞과 동일.

58) 《숭정역서》와 《신법산서》에서 모두 이 예제의 경우 〈가감차표〉의 '가호(加號)'에 해당한다고 하였다. 그러나 근지점 이전 6, 7도 지점에 동지점이 있으므로 '감호(減號)'에 해당한다.

⑧′ $\overline{\text{갑무}}$가 1일을 초과하므로 '초일 자정(평동지 당일 새벽 0시)~정동지'의 시간에서 96각을 빼어 '다음날 자정(평동지 다음날 새벽 0시)~정동지'의 시간을 구함.

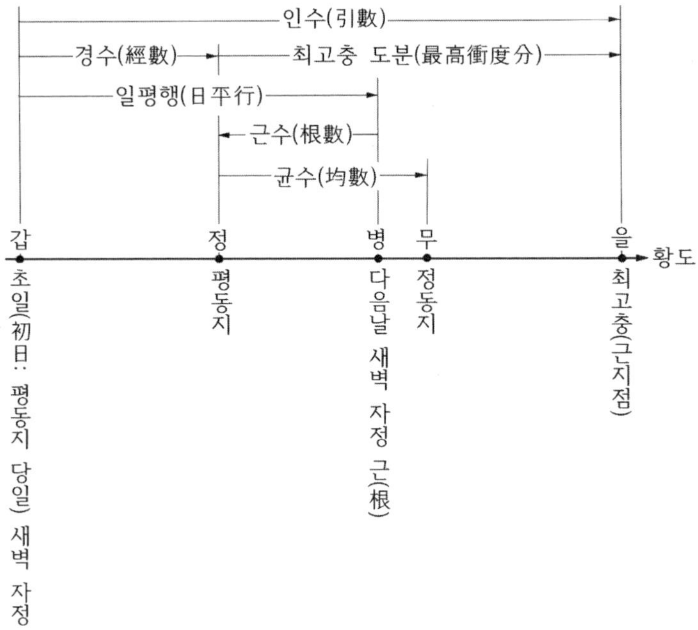

[그림 2] 천정동지 시각 구하기(정동지 시각이 자정을 넘는 경우)

11) 사기(四氣 춘분·하지·추분·동지)의 시각을 구하는 '대략적인 계산법[약법(約法)]'[59]

▾ '원지점의 이동 도수[최고행도(最高行度)]'가 네 절기에 각기 다름

→ 동지시각에 절기 사이의 경과 시간을 더해 나가는 이 계산법은 '대략적인 계산법[약법(約法)]'에 불과함. 그러나 오차가 1, 2각(15~30분)에 불과함.

59) 옥스퍼드대본, 규장각본, 《서양신법역서》본에는 이 절의 내용이 모두 삭제되고 대신에 〈24절기의 일률 구하기[구이십사절기일률(求二十四節氣日率)]〉, 〈태양이 각 절기점과 만나는 시각 계산법[구태양교절시각법(求太陽交節時刻法)]〉, 〈각 지역의 절기 시각과 그때 태양의 경도 도분 구하기[구각처절기시각급일전도분(求各處節氣時刻及日躔度分)]〉 등 3개 절이 추가되었다. 石云里 · 褚龙飞(2017), 893면. 《신법산서》 〈일전표〉에도 마찬가지이다. 그 내용은 본서의 제4부에서 볼 수 있다.

▾ 정식 계산법은 다른 권(卷)[60]에 보임.

(1) 계산법

① 춘분시각=동지시각+89일01각03분57초

(▾ 시각으로 나타낼 때 '시'는 모두 소시(小時)로서, 1시=60분임[61])

② 하지시각=동지시각+182일17각07분03초

③ 추분시각=동지시각+275일75각12분33초

④ 이듬해 동지시각=동지시각+365일23각03분33초

(2) '④'의 '365일23각03분33초' : 세실(歲實 1회귀년)의 수치.

① '태양궤도원 중심[태양본륜심(太陽本輪心)]'[62]의 행도가 조금씩 지구중심과 가까워짐.

⇒ 세실의 우수리[소여(小餘)]가 일정하지 않음.

② 약 200년~300년마다 수 분(分)의 차이가 발생함.

⇒ 그때마다 세실을 다시 정해야 함.

(3) 계산 예시

숭정 3년(1630년) 경오년 동지시각이 성갑오(星甲午 11월19일)일 자정 후 5각16분09초[63]이므로

---

60) 《신법산서》 제25권 〈일전표〉의 첫 부분인 〈역원 후 200항년 표 해설[역원후이백항년표설(曆元後二百恒年表說)]〉의 12번째 주제인 '태양이 각 절기점과 만나는 시각 계산법[구태양교절시각법(求太陽交節時刻法)]'이 모든 절기를 다루었다.

61) 원문은 '1각=60분'이지만 '1각=15분', '1시=4각'이므로 '각'을 '시'로 바로잡아 옮겼다.

62) 본륜(本輪)이 보통은 주전원 모델의 주전원을 뜻하나, 여기서는 이심원 모델에서 태양의 등속운행 궤도인 이심원을 뜻하는 것으로 생각된다. 세월의 흐름에 따라 이심원의 중심이 점차 황도의 중심에 위치한 지구중심과 가까워져 이심률이 줄어드는 것이다.

63) 원문은 '4각13분'이지만 '5각16분09초'가 되어야 ①~④의 계산 결과가 모두 맞게 되므로 바로잡아 옮겼다.

① 춘분시각=동지시각+89일01각03분57초
=항계해(亢癸亥)일 축초(丑初 1시)03각05분

② 하지시각=동지시각+182일17각07분03초
=허병신(虛丙申)일 묘초(卯初 5시)3각08분12초

③ 추분시각=동지시각+275일75각12분33초
=자경오(觜庚午)일 술정(戌正 20시)1각13분42초

④ 이듬해 동지시각=동지시각+365일23각03분33초
=장기해(張己亥)일 진초(辰初 7시)1각04분42초

(4) 검산법[시법(試法)]

아무 날 아무 시 때 태양의 경도를 구해 봐서,

① 만약 90도가 나온다면 반드시 춘분임.

② 만약 180도가 나온다면 반드시 하지임.

③ 만약 270도가 나온다면 반드시 추분임.

12) 임의의 순간에 '태양의 경도[일전경도(日躔經度)]' 구하기[64)]

(1) 계산법

① 〈태양의 평균운행에 따른 근수 표[평행근표(平行根表)]〉[65)]에서 '평균운행 경도[평행경도(平行經度)]'와 최고충(最高衝)을 취함.[66)]

---

64) 옥스퍼드대본, 규장각본, 《서양신법역서》본에는 이 절 뒤에 〈태양의 수도분 구하기[구태양전수도분(求太陽躔宿度分)]〉와 〈역원 後 200항년 표의 근수 계산법[산이백항년표근법(算二百恒年表根法)]〉 두 개의 절이 추가되었다. 石云里 · 褚龙飞(2017), 896면. 《신법산서》도 마찬가지이다. 자세한 내용은 본서의 제4부를 참조하라.

65) 〈역원 後 200항년 표〉를 말한다. 옥스퍼드대본, 규장각본, 《서양신법역서》본에서는 "해당 연도마다 동지로부터 헤아린 표[本年從冬至起表]"라고 지칭하였다. 石云里 · 褚龙飞(2017), 896면. 《신법산서》도 마찬가지이다.

66) 〈역원 後 200항년 표〉에서 구하려는 해의 '평동지~동지 다음날 새벽'의 경도차인 기년 도분(紀年度分)'과 '평동지~근지점'의 경도차인 최고충 도분(最高衝度分)을 취하는 것이다.

② 〈태양의 연중 매일 평균운행 누적 도수 표[태양주세각일평행표(太陽周歲各日平行表)]〉에서 '구하려는 날부터 근(根, 동지 다음날 새벽 자정)까지의 일수'를 가지고 ①과 같이 두 가지 수를 취함.[67)]

③ 구하려는 시각을 가지고 〈평균운행 도수를 세밀하게 나누어 시간과 대응시킨 표[시각세행표(時刻細行表)]〉에서 평균운행 도수를 취함.[68)]

④ 위에서 구한 다섯 수치를 동류끼리 합산하여 두 개의 총수(總數)를 만듦.[69)]

⑤ 두 총수(總數)의 차를 내어 인수(引數)로 삼음.[70)]

⑥ 〈가감차표(加減差表)〉에서 ⑤의 인수(引數)를 가지고 균수(均數 가감차)를 구함.

⑦ ④에서 구한 '태양 경도의 총합[경총(經總)]'에 ⑥에서 구한 균수를, 가감차표에 표시된 부호에 따라 더하거나 뺌. ⇒ 구하려는 날 구하려는 시각 때 태양의 경도 도분(度分).

(2) **계산 예** : 숭정 4년(1631년) 정월 1일 자정(子正 0시)초각(初刻 0각) 때 '태양의 경도[일전도분(日躔度分)]'를 구해 보자.

① 조사해 보면 정월 1일은 여을해(女乙亥)일이고, 근(根 동지 다음날 새벽 자정)부터의 일수가 41일.

② 〈연중 매일 평균운행 누적도수 표[각일평행표(各日平行表)]〉에서 41일에 대한 '태양의 행도[본행(本行)]'를 찾으면 40도24분41초33미이고, 최고충(근지점)의 행도를 찾으면 5초.[71)]

---

67) 〈태양주세평행표(太陽周歲平行表)〉에서 구하려는 날에 대한 태양 평균운행의 누적 도수인 평행 도분(平行度分)과 원지점 이동의 누적 도수인 최고행(最高行)을 취하는 것이다.

68) 〈주일시대준일행표(周日時對準日行表)〉에서 구하려는 시간에 대한 태양의 평균운행 누적 도수인 평행 도분(平行度分)을 취하는 것이다.

69) 기년 도분과 두 개의 평행 도분을 합산하여 구하려는 순간의 '평동지~태양'의 경도차를 구하고, 또 최고충 도분과 최고행을 합산하여 구하려는 날의 '평동지~근지점'의 경도차를 구하는 것이다.

70) '근지점~태양'의 경도차를 구하여 〈가감차표〉의 인수로 사용하는 것이다.

71) 〈태양주세평행표〉에서 41일에 대한 평행 도분과 최고행을 찾은 것이다. 최고충(근지점)은 원지점[최고]의 대척점이므로 행도가 같다.

③ 또 이해 신미년(1631년)의 근수(根數)는 8분50초05미, 최고충은 6도02분14초.[72)]

④ 자정(0시) 초각(0각)은 덧붙은 시각의 수치가 없으므로 시각에 대한 경도차는 구할 필요가 없다.

⑤ 위에서 구한 수치들을 동류끼리 합산하면 '태양 경도의 총합[경총經總]'이 40도33분42초【32초】[73)]이고, 최고충의 총수가 6도02분20초.[74)]

⑥ 두 총수(總數)의 차를 구하면 34도31분22초【12초】[75)]가 남는데, 이를 인수(引數)로 삼음.

⑦ 〈가감차표(加減差表)〉에서 ⑥의 인수를 가지고 균수(均數 가감차)를 찾으면, 균수가 1도10분49초.[76)]

⑧ ⑦의 균수를 ⑤의 '태양 경도의 총수[경총수(經總數)]'에 더하면 41도44분31초【21초】[77)]. 따라서 현효(玄枵 Aqu) 11도44분31초【21초】[78)]가 곧 이날 이 시각 태양의 경도[전도(躔度)].

---

72) 〈역원 후 200항년 표〉에서 찾은 신미년의 기년 도분(평동지~동지 다음날 새벽 자정의 경도차)과 최고충(평동지~근지점 경도차)이다. 신미년의 근수 "8분50초05미"가 《신법산서》에는 "10분37초33미"로 되어 있다.

73) 원문은 "40도33분42초"이지만, 계산흐름에 따르면 42초는 32초의 오기(誤記)이다. 《신법산서》에는 "40도35분19초"로 되어 있다.

74) 《신법산서》에는 "6도02분19초"로 되어 있다.

75) 원문은 "34도31분22초"이지만, 계산흐름에 따르면 22초는 12초의 오기이다. 《신법산서》에는 "34도33분00초"로 되어 있다.

76) 《신법산서》에는 "1도10분53초"로 되어 있다.

77) 원문은 "41도44분31초"이지만, 계산흐름에 따르면 31초는 21초의 오기이다. 《신법산서》에는 "41도46분12초"로 되어 있다.

78) 원문은 "11도44분31초"이지만, 계산흐름에 따르면 31초는 21초의 오기이다. 《신법산서》에는 "11도46분12초"로 되어 있다.

보충자료 1 모델을 이용한 태양의 황경 예측

우리는 태양의 황경 λ를 알 때 위도가 ϕ인 지역에서 태양을 어디서 관측할 수 있는지를 황도좌표－적도좌표－지평좌표를 변환하여 알 수 있다. 황경 λ는 춘분점 Υ로부터 반시계방향으로 잰 각이다. 지구에서 본 태양의 실제 궤도에서 진근점이각(true anomaly) T는 근일점부터 반시계방향으로 잰 각이다. 근일점 경도 ω는 $t=t_0$ 원년일 때 ω_p라 하자. 그런데 근일점 경도는 지구 자전축의 세차운동과 지구 궤도 근일점 이동으로 인한 근일점 이동 변화량을 각각 $\dot{\omega}_1$, $\dot{\omega}_2$라 하면79)

$$\omega=\omega_p+(\dot{\omega}_1+\dot{\omega}_2)(t-t_0) \tag{1}$$

가 된다. 또한 황경 λ와 진근점이각 T와의 관계는

$$\lambda=\omega+T \tag{2}$$

가 된다. 그런데 태양의 운동을 나타내는 여러 모델은 평균근점이각 M과 진근점이각 T 사이의 각인 가감차(equation of center) q를 계산할 수 있게 해 준다. 즉

$$T=M+q \tag{3}$$

79) 〈표 3〉은 〈일전역지〉의 [부록 2]에서 유도한 식들을 $e \ll 1$에 대해 어림한 식들이다. 식들을 어림할 때에 Taylor 급수를 사용하게 된다. 예를 들면 $x \ll 1$일 때, $(1+x)^{1/2} \simeq 1+\frac{1}{2}x-\frac{1}{8}x^2+\cdots$이다. 이심원 모델의 태양~지구 거리 r은 M을 근일점에서 잰 각이라 할 때 $r=(1-2E\cos M+E^2)^{1/2}$이다. 따라서

$r \simeq 1+\frac{1}{2}(-2E\cos M+E^2)-\frac{1}{8}(-2E\cos M+E^2)^2 \simeq 1-E\cos M+\frac{1}{2}E^2(1-\cos^2 M)+\cdots$

$=1-2e\cos M+2e^2\sin^2 M$이 된다. 또한 $(1+x)^{-1/2} \simeq 1-\frac{1}{2}x+\frac{3}{8}x^2+\cdots$이 되기에

$\sin q \simeq q=\frac{E\sin M}{\sqrt{1-2E\cos M+E^2}} \simeq E\sin M\left(1+E\cos M-\frac{1}{2}E^2+\cdots\right)$

$=E\sin M+E^2\sin M\cos M=2e\sin M+2e^2\sin 2M$

이 된다. 이와 같은 방법으로 다른 모델들도 어림의 r과 q를 구할 수 있다.

이다. 따라서 (2)식은

$$\lambda = \omega + M + q \tag{4}$$

$$\lambda = \omega_p + (\dot{\omega}_1 + \dot{\omega}_2)(t - t_0) + M + q \tag{5}$$

가 된다. 여기서 q는 각 모델에 따라 조금씩 다르다(〈표 3〉 참조). 〈표 3〉에서 e는 양심차 E와 $E = 2e$인 관계가 있다. 케플러 모델에서 e는 궤도 이심률과 같다. 또한 $e \ll 1$이 때문에 거리 r과 가감차 q를 〈표 3〉에서 보여주는 것과 같이 어림할 수 있다.

〈표 3〉 **태양 운동 모델에 따른 거리 r과 가감차 q**

모델의 종류	지구-태양 사이 거리 r	가감차 q
이심원(Eccentric) 모델	$r = 1 - 2e\cos M + 2e^2\sin^2 M$	$q = 2e\sin M + 2e^2\sin 2M$
이퀀트(Equant) 모델	$r = 1 - e\cos M + (3/2)e^2\sin^2 M$	$q = 2e\sin M + e^2\sin 2M$
코페르니쿠스(Copernicus) 모델	$r = 1 - e\cos M + 2e^2\sin^2 M$	$q = 2e\sin M + e^2\sin 2M$
케플러(Kepler) 모델	$r = 1 - e\cos M + e^2\sin^2 M$	$q = 2e\sin M + (5/4)e^2\sin 2M$

서양의 역법은 춘분점으로부터 시작하기에 위의 식들을 이용하면 쉽게 태양의 황경 λ를 구할 수 있다. 또한 그 날 태양의 적경, 적위, 고도, 방위각을 다 구해서 관측과 비교할 수 있다.

그러나 중국, 한국, 일본의 옛 역법은 춘분점 대신 평동지를 기준으로 하였기에 이해하기 쉽지 않다. 만약 어떤 해의 **평동지와 근일점 사이의 황도를 따른 경도**를 λ_0라 하자([그림 3] 참조). 그런데 태양 궤도는 여러 이유로 매년 춘분점으로부터 근일점까지 경도가 증가한다. 또한 태양은 평균 하루에 $n = 0.985647359°/day$를 가므로 동지 다음 날 새벽 자정(0^h)에서 t일만큼 지나간 날까지의 평균 경도 λ_1은 $\lambda_1 = nt$가 된다. 또한 근일점이동이 1년에 $\dot{\omega}_0$라 하면, t일 동안 근일점은 $\dot{\omega}_0 \dfrac{t}{365.2422}$만큼 이동하였을 것이다. 그런데 그해의 **평동지부터 동지 다음 날 새벽 자정(24^h)까지 경도**를 λ_2라 하자. 그 날 우리가 구하려는 근일점부터 태양의 평균 경도 M은

$$M = \lambda_1 + \lambda_2 - \lambda_0 - \dot{\omega}_0 \frac{t}{365.2422} \tag{24}$$

가 된다. 이를 이용하여 가감차 q를 얻을 수 있다. 따라서 그 날 근일점부터 태양 황경 λ'는

$$\lambda' = M + q = \lambda_1 + \lambda_2 - \lambda_0 - \dot{\omega}_0 \frac{t}{365.2422} + q \tag{25}$$

가 되고, 평동지부터 태양 황경 λ는

$$\lambda = \lambda_1 + \lambda_2 + q \tag{26}$$

가 된다. 이 방법이 《숭정역서》〈일전표〉에 잘 설명되어 있다.

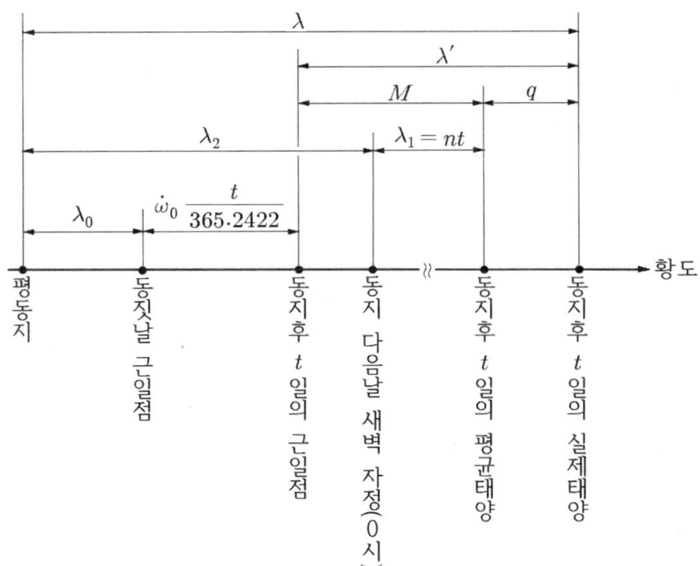

[그림 3] 태양의 황경 구하기

〈표 4〉 태양 경도 '계산 예'의 계산 흐름도

숭정 4년(1631년) 정월 1일 자정(子正 : 0시)초각(初刻 : 0각) 때 '태양의 경도[일전도분(日躔度分)]'를 구해 보자.

정월 1일은 여을해(女乙亥)일이고, 근(根 : 동지 다음 날 새벽 자정)부터의 일수가 41일이다. 태양은 하루 동안 평균 $n=0.985647°$를 움직이기에 41일 동안에는 40.41154도(40° 24′ 41″ 33′″)를 움직인다.

계산 순서	도	분	초	미	참조
본행 ② $\lambda_1 = nt$	40	24	41	33	표II 첫 번째 표
최고충 행도 ②′ $\dot{\omega}_0 \frac{t}{365.2422}$			5		표II 두 번째 표
근수 ③ λ_2		8	50	5	표I 첫 번째 표
최고충 경도 ③′ λ_0	6	2	14		표I 두 번째 표
경도 총수(본행+근수) ⑤=②+③ $\lambda_1 + \lambda_2$	40	33	31	38	
최고충 총수 ⑤′=②′+③′ $\lambda_0 + \dot{\omega}_0 \frac{t}{365.2422}$	6	2	19		
차(인수) ⑥=⑤-⑤′ $M = \lambda_1 + \lambda_2 - \lambda_0 - \dot{\omega}_0 \frac{t}{365.2422}$	34	31	12	38	
균수 ⑦ q	1	10	49		표III
평동지부터 태양 황경 ⑧=⑤+⑦ $\lambda = \lambda_1 + \lambda_2 + q$	41	44	20	38	
일전경도(황도 12궁으로 나타낸 태양의 실제 경도) ⑧′ λ를 동지점인 성기(星紀 Cap) 0°로부터 헤아림	현효(玄枵) 11	44	20	36	

제1권 표 I 제1표. 역원 후 200항년 표[80)] [역원후이백항년표(曆元後二百恒年表)]

◎ 숭정 원년(1628년) 무진년부터 1827년 정해년까지 200년 동안 1년마다 3요소 기록.

① 기년(紀年) : 평동지(平冬至) 시각부터 동지 다음 날 새벽 자정까지 태양의 경도차

→ 태양의 1일 평균운행 도수인 59분08초19미 이하의 수치들임.

→ 4년 연속 14분19초22미씩 줄어들다가 5년째는 44분48초58미씩 늘어나기를 반복.

→ 14분19초22미 = 360도 − (359도45분40초38미)

= 360도 − {365일 × 59분08초19미49섬}

44분48초58미 = (360도44분48초58미) − 360도

= {366일 × 59분08초19미49섬} − 360도

→ 365일의 평균운행 도수를 더하는 해는 평년, 366일의 도수를 더하는 해는 윤년.

② 최고충(最高衝) : 평동지부터 근지점까지 경도차

→ 1628년에 5도59분59초에서 시작하여 1827년에 8도29분14초까지 꾸준히 증가함.

→ 근지점의 순행 속도 = 1도14분37.5초/100년 ≒ **45초/년**

③ 수기일(宿紀日) : 동지 이튿날에 해당하는 28수와 60간지.[81)]

---

80) 이 표의 수치들이 어떻게 계산된 것인지는 《신법산서》의 〈역원 후 200항년 표의 근수 계산법[산이백항년표근법(算二百恒年表根法)]〉에 상세히 설명되어 있다.
이 표의 수치들은 옥스퍼드대본, 규장각본, 《서양신법역서》본의 수치와 다르다. 石云里 · 褚龙飞(2017), 898면. 《신법산서》도 마찬가지이다. 자세한 내용은 본서의 제4부를 참조하라.

81) 일차(日次)를 나타내는 방법의 일종으로, 《신법산서》의 〈역원 후 200항년 표의 근수 계산법〉에 상세히 설명되어 있다.

〈표 5〉 평동지 시각~동지 다음 날 새벽 자정 사이 경도차(분)

《숭정역서》의 〈역원 후 200항년 표〉의 기년도분(紀年度分). 1628년 무진년이 역원임. 평균 태양 운동 59.138842분/일 사용

			《숭정역서》에 기록된 값				계산한 값				기록값-계산값	전년도와 값 차이
	년	분;초;미	분	초	미	분	분	분	초	미	분	분
무진	1628	52;39,50	52	39	50	52.66389	52.66389	52	39	49	0.00000	
기사	1629	38;20,28	38	20	28	38.34111	38.34105	38	20	27	0.00006	-14.32278
경오	1630	24;01,07	24	1	7	24.01861	24.01822	24	1	5	0.00039	-14.32250
신미	1631	08;50,05	8	50	5	8.83472	9.69538	9	41	43	-0.86066	-15.18389
임신	1632	54;30.33	54	30	33	54.50917	54.51139	54	30	40	-0.00222	45.67444
계유	1633	40;20,21	40	20	21	40.33917	40.18855	40	11	18	0.15062	-14.17000
갑술	1634	25;52,00	25	52	0	25.86667	25.86571	25	51	56	0.00095	-14.47250
을해	1635	10;40,58	10	40	58	10.68278	11.54288	11	32	34	-0.86010	-15.18389
병자	1636	56;21,36	56	21	36	56.36000	56.35888	56	21	31	0.00112	45.67722
정축	1637	42;02,14	42	2	14	42.03722	42.03605	42	2	9	0.00117	-14.32278
무인	1638	27;42,53	27	42	53	27.71472	27.71321	27	42	47	0.00151	-14.32250
기묘	1639	12;32,51	12	32	51	12.54750	13.39038	13	23	25	-0.84288	-15.16722
경진	1640	58;12,49	58	12	49	58.21361	58.20638	58	12	22	0.00723	45.66611
신사	1641	43;53,08	43	53	8	43.88556	43.88355	43	53	0	0.00201	-14.32806
임오	1642	28;33,46	28	33	46	28.56278	29.56071	29	33	38	-0.99793	-15.32278
계미	1643	14;22,44	14	22	44	14.37889	15.23787	15	14	16	-0.85898	-14.18389
갑신	1644	00;03,23	0	3	23	0.05639	0.91504	0	54	54	-0.85865	-14.32250
을유	1645	45;44,01	45	44	1	45.73361	45.73104	45	43	51	0.00257	45.67722
병술	1646	31;24,39	31	24	39	31.41083	31.40821	31	24	29	0.00263	-14.32278
정해	1647	15;13,37	15	13	37	15.22694	17.08537	17	5	7	-1.85843	-16.18389
무자	1648	01;54,16	1	54	16	1.90444	2.76253	2	45	45	-0.85809	-13.32250
기축	1649	47;34,54	47	34	54	47.58167	47.57854	47	34	42	0.00313	45.67722
경인	1650	33;14,32	33	14	32	33.24222	33.25570	33	15	20	-0.01348	-14.33944
신묘	1651	18;05,30	18	5	30	18.09167	18.93287	18	55	58	-0.84120	-15.15056
임진	1652	03;45,09	3	45	9	3.75250	4.61003	4	36	36	-0.85753	-14.33917
계사	1653	49;24,27	49	24	27	49.40750	49.42604	49	25	33	-0.01854	45.65500
갑오	1654	24;05,25	24	5	25	24.09028	35.10320	35	6	11	-11.01292	-25.31722
을미	1655	19;55,24	19	55	24	19.92333	20.78037	20	46	49	-0.85703	-4.16694
병신	1656	05;36,02	5	36	2	5.60056	6.45753	6	27	27	-0.85697	-14.32278
정유	1657	51;16,40	51	16	40	51.27778	51.27353	51	16	24	0.00424	45.67722
무술	1658	35;57,18	35	57	18	35.95500	36.95070	36	57	2	-0.99570	-15.32278

			《숭정역서》에 기록된 값				계산한 값				기록값-계산값	전년도와 값 차이
	년	분;초;미	분	초	미	분	분	분	초	미	분	분
기해	1659	22;37,57	22	37	57	22.63250	22.62786	22	37	40	0.00464	-13.32250
경자	1660	07;25,55	7	25	55	7.43194	8.30503	8	18	18	-0.87308	-15.20056
신축	1661	53;07,33	53	7	33	53.12583	53.12103	53	7	15	0.00480	45.69389
임인	1662	38;48,14	38	48	14	38.80389	38.79820	38	47	53	0.00569	-14.32194
계묘	1663	24;28,50	24	28	50	24.48056	24.47536	24	28	31	0.00520	-14.32333
갑진	1664	08;17,48	8	17	48	8.29667	10.15252	10	9	9	-1.85586	-16.18389
을사	1665	54;58,26	54	58	26	54.97389	54.96853	54	58	6	0.00536	46.67722
병오	1666	40;39,05	40	39	5	40.65139	40.64569	40	38	44	0.00570	-14.32250
정미	1667	28;19,43	28	19	43	28.32861	26.32286	26	19	22	2.00575	-12.32278
무신	1668	11;08,41	11	8	41	11.14472	12.00002	12	0	0	-0.85530	-17.18389
기유	1669	56;48,19	56	48	19	56.80528	56.81603	56	48	57	-0.01075	45.66056
경술	1670	42;29,58	42	29	58	42.49944	42.49319	42	29	35	0.00625	-14.30583
신해	1671	28;10,36	28	10	36	28.17667	28.17035	28	10	13	0.00631	-14.32278
임자	1672	12;59,34	12	59	34	12.99278	13.84752	13	50	51	-0.85474	-15.18389
계축	1673	58;40,13	58	40	13	58.67028	58.66352	58	39	48	0.00675	45.67750
갑인	1674	44;20,51	44	20	51	44.34750	44.34069	44	20	26	0.00681	-14.32278
을묘	1675	30;00,29	30	0	29	30.00806	30.01785	30	1	4	-0.00980	-14.33944
병진	1676	14;50,28	14	50	28	14.84111	15.69502	15	41	42	-0.85391	-15.16694
정사	1677	00;31,06	0	31	6	0.51833	1.37218	1	22	19	-0.85385	-14.32278
무오	1678	47;11,44	47	11	44	47.19556	46.18819	46	11	17	1.00737	46.67722
기미	1679	31;52,22	31	52	22	31.87278	31.86535	31	51	55	0.00743	-15.32278
경신	1680	16;41,11	16	41	11	16.68639	17.54251	17	32	33	-0.85612	-15.18639
신유	1681	03;22,01	3	22	1	3.36694	3.21968	3	13	10	0.14727	-13.31944
임술	1682	48;02,33	48	2	33	48.04250	48.03568	48	2	8	0.00682	44.67556
계해	1683	34;43,12	34	43	12	34.72000	33.71285	33	42	46	1.00715	-13.32250
갑자	1684	18;32,14	18	32	14	18.53722	19.39001	19	23	24	-0.85279	-16.18278
을축	1685	04;12,52	4	12	52	4.21444	5.06718	5	4	1	-0.85273	-14.32278
병인	1686	49;53,30	49	53	30	49.89167	49.88318	49	52	59	0.00849	45.67722
정묘	1687	35;34,09	35	34	9	35.56917	35.56034	35	33	37	0.00882	-14.32250
무진	1688	21;14,47	21	14	47	21.24639	21.23751	21	14	15	0.00888	-14.32278
기사	1689	05;03,45	5	3	45	5.06250	6.91467	6	54	52	-1.85217	-16.18389
경오	1690	51;44,23	51	44	23	51.73972	51.73068	51	43	50	0.00904	46.67722
신미	1691	37;25,02	37	25	2	37.41722	37.40784	37	24	28	0.00938	-14.32250
임신	1692	23;05,40	23	5	40	23.09444	23.08501	23	5	6	0.00944	-14.32278

			《숭정역서》에 기록된 값				계산한 값				기록값-계산값	전년도와 값 차이
	년	분;초;미	분	초	미	분	분	분	초	미	분	분
계유	1693	07;53,38	7	53	38	7.89389	8.76217	8	45	43	-0.86828	-15.20056
갑술	1694	53;34,16	53	34	16	53.57111	53.57818	53	34	41	-0.00706	45.67722
을해	1695	39;15,55	39	15	55	39.26528	39.25534	39	15	19	0.00994	-14.30583
병자	1696	24;56,33	24	56	33	24.94250	24.93250	24	55	57	0.01000	-14.32278
정축	1697	09;55,31	9	55	31	9.92528	10.60967	10	36	34	-0.68439	-15.01722
무인	1698	55;16,10	55	16	10	55.26944	55.42567	55	25	32	-0.15623	45.34417
기묘	1699	40;05,48	40	5	48	40.09667	41.10284	41	6	10	-1.00617	-15.17278
경진	1700	26;46,26	26	46	26	26.77389	26.78000	26	46	48	-0.00611	-13.32278
신사	1701	12;27,05	12	27	5	12.45139	12.45716	12	27	25	-0.00578	-14.32250
임오	1702	57;06,03	57	6	3	57.10083	57.27317	57	16	23	-0.17234	44.64944
계미	1703	42;46,41	42	46	41	42.77806	42.95033	42	57	1	-0.17228	-14.32278
갑신	1704	28;27,19	28	27	19	28.45528	28.62750	28	37	38	-0.17222	-14.32278
을유	1705	14;07,57	14	7	57	14.13250	14.30466	14	18	16	-0.17216	-14.32278
병술	1706	56;56,55	56	56	55	56.94861	59.12067	59	7	14	-2.17206	42.81611
정해	1707	44;37,33	44	37	33	44.62583	44.79783	44	47	52	-0.17200	-12.32278
무자	1708	30;18,11	30	18	11	30.30306	30.47500	30	28	29	-0.17194	-14.32278
기축	1709	15;58,49	15	58	49	15.98028	16.15216	16	9	7	-0.17188	-14.32278
경인	1710	01;39,27	1	39	27	1.65750	1.82932	1	49	45	-0.17182	-14.32278
신묘	1711	46;28,25	46	28	25	46.47361	46.64533	46	38	43	-0.17172	44.81611
임진	1712	32;09,03	32	9	3	32.15083	32.32249	32	19	20	-0.17166	-14.32278
계사	1713	17;49,41	17	49	41	17.82806	17.99966	17	59	58	-0.17160	-14.32278
갑오	1714	03;29,19	3	29	19	3.48861	3.67682	3	40	36	-0.18821	-14.33944
을미	1715	48;18,17	48	18	17	48.30472	48.49283	48	29	34	-0.18810	44.81611
병신	1716	33;58,55	33	58	55	33.98194	34.16999	34	10	11	-0.18805	-14.32278
정유	1717	19;39,33	19	39	33	19.65917	19.84715	19	50	49	-0.18799	-14.32278
무술	1718	05;20,11	5	20	11	5.33639	5.52432	5	31	27	-0.18793	-14.32278
기해	1719	50;09,09	50	9	9	50.15250	50.34032	50	20	25	-0.18782	44.81611
경자	1720	36;50,47	36	50	47	36.84639	36.01749	36	1	2	0.82890	-13.30611
신축	1721	21;31,25	21	31	25	21.52361	21.69465	21	41	40	-0.17104	-15.32278
임인	1722	07;12,03	7	12	3	7.20083	7.37182	7	22	18	-0.17098	-14.32278
계묘	1723	52;11,01	52	11	1	52.18361	52.18782	52	11	16	-0.00421	44.98278
갑진	1724	37;51,39	37	51	39	37.86083	37.86499	37	51	53	-0.00415	-14.32278
을사	1725	23;32,17	23	32	17	23.53806	23.54215	23	32	31	-0.00409	-14.32278
병오	1726	09;12,55	9	12	55	9.21528	9.21931	9	13	9	-0.00404	-14.32278

			《숭정역서》에 기록된 값				계산한 값				기록값-계산값	전년도와 값 차이
	년	분;초;미	분	초	미	분	분	분	초	미	분	분
정미	1727	54;01,53	54	1	53	54.03139	54.03532	54	2	7	-0.00393	44.81611
무신	1728	39;42,31	39	42	31	39.70861	39.71248	39	42	44	-0.00387	-14.32278
기유	1729	25;23,09	25	23	9	25.38583	25.38965	25	23	22	-0.00381	-14.32278
경술	1730	11;03,47	11	3	47	11.06306	11.06681	11	4	0	-0.00375	-14.32278
신해	1731	55;52,45	55	52	45	55.87917	55.88282	55	52	58	-0.00365	44.81611
임자	1732	41;33,23	41	33	23	41.55639	41.55998	41	33	35	-0.00359	-14.32278
계축	1733	27;14,01	27	14	1	27.23361	27.23714	27	14	13	-0.00353	-14.32278
갑인	1734	12;54,39	12	54	39	12.91083	12.91431	12	54	51	-0.00347	-14.32278
을묘	1735	57;43,37	57	43	37	57.72694	57.73031	57	43	49	-0.00337	44.81611
병진	1736	43;24,15	43	24	15	43.40417	43.40748	43	24	26	-0.00331	-14.32278
정사	1737	29;05,53	29	5	53	29.09806	29.08464	29	5	4	0.01341	-14.30611
무오	1738	14;46,31	14	46	31	14.77528	14.76181	14	45	42	0.01347	-14.32278
기미	1739	00;26,09	0	26	9	0.43583	0.43897	0	26	20	-0.00314	-14.33944
경신	1740	45;15,07	45	15	7	45.25194	45.25497	45	15	17	-0.00303	44.81611
신유	1741	30;55,45	30	55	45	30.92917	30.93214	30	55	55	-0.00297	-14.32278
임술	1742	16;36,23	16	36	23	16.60639	16.60930	16	36	33	-0.00291	-14.32278
계해	1743	02;17,01	2	17	1	2.28361	2.28647	2	17	11	-0.00286	-14.32278
갑자	1744	47;05,59	47	5	59	47.09972	47.10247	47	6	8	-0.00275	44.81611
을축	1745	32;46,37	32	46	37	32.77694	32.77964	32	46	46	-0.00269	-14.32278
병인	1746	18;27,15	18	27	15	18.45417	18.45680	18	27	24	-0.00263	-14.32278
정묘	1747	40;07,53	4	7	53	4.13139	4.13396	4	8	2	-0.00258	-14.32278
무진	1748	48;56,53	48	56	53	48.94806	48.94997	48	56	59	-0.00191	44.81667
기사	1749	34;37,31	34	37	31	34.62528	34.62713	34	37	37	-0.00186	-14.32278
경오	1750	20;17,09	20	17	9	20.28583	20.30430	20	18	15	-0.01846	-14.33944
신미	1751	05;57,47	5	57	47	5.96306	5.98146	5	58	53	-0.01841	-14.32278
임신	1752	50;46,45	50	46	45	50.77917	50.79747	50	47	50	-0.01830	44.81611
계유	1753	36;26,23	36	26	23	36.43972	36.47463	36	28	28	-0.03491	-14.33944
갑술	1754	22;17,01	22	17	1	22.28361	22.15179	22	9	6	0.13182	-14.15611
을해	1755	07;57,39	7	57	39	7.96083	7.82896	7	49	44	0.13187	-14.32278
병자	1756	52;46,37	52	46	37	52.77694	52.64496	52	38	41	0.13198	44.81611
정축	1757	38;27,15	38	27	15	38.45417	38.32213	38	19	19	0.13204	-14.32278
무인	1758	24;08,53	24	8	53	24.14806	23.99929	23	59	57	0.14876	-14.30611
기묘	1759	90;49,31	9	49	31	9.82528	9.67646	9	40	35	0.14882	-14.32278
경진	1760	54;38,29	54	38	29	54.64139	54.49246	54	29	32	0.14893	44.81611

			《숭정역서》에 기록된 값				계산한 값				기록값-계산값	전년도와 값 차이
	년	분;초;미	분	초	미	분	분	분	초	미	분	분
신사	1761	40;19,07	40	19	7	40.31861	40.16963	40	10	10	0.14899	-14.32278
임오	1762	25;59,45	25	59	45	25.99583	25.84679	25	50	48	0.14904	-14.32278
계미	1763	11;40,23	11	40	23	11.67306	11.52395	11	31	26	0.14910	-14.32278
갑신	1764	56;29,31	56	29	31	56.49194	56.33996	56	20	23	0.15199	44.81889
을유	1765	42;10,09	42	10	9	42.16917	42.01712	42	1	1	0.15204	-14.32278
병술	1766	27;50,47	27	50	47	27.84639	27.69429	27	41	39	0.15210	-14.32278
정해	1767	13;31,25	13	31	25	13.52361	13.37145	13	22	17	0.15216	-14.32278
무자	1768	58;20,23	58	20	23	58.33972	58.18746	58	11	14	0.15227	44.81611
기축	1769	44;01,01	44	1	1	44.01694	43.86462	43	51	52	0.15232	-14.32278
경인	1770	29;41,39	29	41	39	29.69417	29.54178	29	32	30	0.15238	-14.32278
신묘	1771	15;22,17	15	22	17	15.37139	15.21895	15	13	8	0.15244	-14.32278
임진	1772	01;02,55	1	2	55	1.04861	0.89611	0	53	46	0.15250	-14.32278
계사	1773	45;50,53	45	50	53	45.84806	45.71212	45	42	43	0.13594	44.79944
갑오	1774	31;31,31	31	31	31	31.52528	31.38928	31	23	21	0.13600	-14.32278
을미	1775	17;12,05	17	12	5	17.20139	17.06645	17	3	59	0.13494	-14.32389
병신	1776	02;53,47	2	53	47	2.89639	2.74361	2	44	36	0.15278	-14.30500
정유	1777	47;42,45	47	42	45	47.71250	47.55962	47	33	34	0.15288	44.81611
무술	1778	33;23,23	33	23	23	33.38972	33.23678	33	14	12	0.15294	-14.32278
기해	1779	19;04,01	19	4	1	19.06694	18.91394	18	54	50	0.15300	-14.32278
경자	1780	04;44,39	4	44	39	4.74417	4.59111	4	35	27	0.15306	-14.32278
신축	1781	49;35,37	49	35	37	49.59361	49.40711	49	24	25	0.18650	44.84944
임인	1782	35;04,25	35	4	25	35.07361	35.08428	35	5	3	-0.01067	-14.52000
계묘	1783	20;43,03	20	43	3	20.71750	20.76144	20	45	41	-0.04394	-14.35611
갑진	1784	07;23,41	6	23	41	6.39472	6.43860	6	26	18	-0.04388	-14.32278
을사	1785	51;02,39	51	2	39	51.04417	51.25461	51	15	16	-0.21044	44.64944
병오	1786	36;53,17	36	53	17	36.88806	36.93177	36	55	54	-0.04372	-14.15611
정미	1787	22;33,55	22	33	55	22.56528	22.60894	22	36	32	-0.04366	-14.32278
무신	1788	08;14,33	8	14	33	8.24250	8.28610	8	17	9	-0.04360	-14.32278
기유	1789	53;03,31	53	3	31	53.05861	53.10211	53	6	7	-0.04350	44.81611
경술	1790	38;44,09	38	44	9	38.73583	38.77927	38	46	45	-0.04344	-14.32278
신해	1791	24;24,47	24	24	47	24.41306	24.45644	24	27	23	-0.04338	-14.32278
임자	1792	10;05,25	10	5	25	10.09028	10.13360	10	8	0	-0.04332	-14.32278
계축	1793	54;54,23	54	54	23	54.90639	54.94961	54	56	58	-0.04322	44.81611
갑인	1794	40;35,01	40	35	1	40.58361	40.62677	40	37	36	-0.04316	-14.32278

			《숭정역서》에 기록된 값				계산한 값				기록값-계산값	전년도와 값 차이
	년	분;초;미	분	초	미	분	분	분	초	미	분	분
을묘	1795	26;15,39	26	15	39	26.26083	26.30393	26	18	14	-0.04310	-14.32278
병진	1796	11;56,17	11	56	17	11.93806	11.98110	11	58	51	-0.04304	-14.32278
정사	1797	56;45,15	56	45	15	56.75417	56.79710	56	47	49	-0.04294	44.81611
무오	1798	42;25,53	42	25	53	42.43139	42.47427	42	28	27	-0.04288	-14.32278
기미	1799	28;06,31	28	6	31	28.10861	28.15143	28	9	5	-0.04282	-14.32278
경신	1800	13;46,09	13	46	9	13.76917	13.82859	13	49	42	-0.05943	-14.33944
신유	1801	58;35,17	58	35	17	58.58806	58.64460	58	38	40	-0.05654	44.81889
임술	1802	44;15,45	44	15	45	44.26250	44.32176	44	19	18	-0.05926	-14.32556
계해	1803	29;56,23	29	56	23	29.93972	29.99893	29	59	56	-0.05921	-14.32278
갑자	1804	15;37,01	15	37	1	15.61694	15.67609	15	40	33	-0.05915	-14.32278
을축	1805	01;17,39	1	17	39	1.29417	1.35326	1	21	11	-0.05909	-14.32278
병인	1806	46;06,37	46	6	37	46.11028	46.16926	46	10	9	-0.05898	44.81611
정묘	1807	31;47,15	31	47	15	31.78750	31.84643	31	50	47	-0.05893	-14.32278
무진	1808	17;27,53	17	27	53	17.46472	17.52359	17	31	24	-0.05887	-14.32278
기사	1809	03;08,31	3	8	31	3.14194	3.20075	3	12	2	-0.05881	-14.32278
경오	1810	47;57,29	47	57	29	47.95806	48.01676	48	1	0	-0.05870	44.81611
신미	1811	33;38,07	33	38	7	33.63528	33.69392	33	41	38	-0.05864	-14.32278
임신	1812	19;18,45	19	18	45	19.31250	19.37109	19	22	15	-0.05859	-14.32278
계유	1813	04;59,23	4	59	23	4.98972	5.04825	5	2	53	-0.05853	-14.32278
갑술	1814	49;48,21	49	48	21	49.80583	49.86426	49	51	51	-0.05842	44.81611
을해	1815	35;28,59	35	28	59	35.48306	35.54142	35	32	29	-0.05836	-14.32278
병자	1816	21;09,37	21	9	37	21.16028	21.21858	21	13	6	-0.05831	-14.32278
정축	1817	06;50,15	6	50	15	6.83750	6.89575	6	53	44	-0.05825	-14.32278
무인	1818	51;39,13	51	39	13	51.65361	51.71175	51	42	42	-0.05814	44.81611
기묘	1819	37;19,51	37	19	51	37.33083	37.38892	37	23	20	-0.05808	-14.32278
경진	1820	23;00,29	23	0	29	23.00806	23.06608	23	3	57	-0.05803	-14.32278
신사	1821	08;41,07	8	41	7	8.68528	8.74325	8	44	35	-0.05797	-14.32278
임오	1822	53;30,05	53	30	5	53.50139	53.55925	53	33	33	-0.05786	44.81611
계미	1823	39;10,43	39	10	43	39.17861	39.23641	39	14	11	-0.05780	-14.32278
갑신	1834	24;41,21	24	41	21	24.68917	24.91358	24	54	48	-0.22441	-14.48944
을유	1825	10;21,59	10	21	59	10.36639	10.59074	10	35	26	-0.22435	-14.32278
병술	1826	55;10,57	55	10	57	55.18250	55.40675	55	24	24	-0.22425	44.81611
정해	1827	40;51,35	40	51	35	40.85972	41.08391	41	5	2	-0.22419	-14.32278

〈표 6〉 **평동지~근지점의 태양 경도차(도)**

《숭정역서》의 〈역원 후 200항년 표〉의 최고충도분(最高衝度分)

	년	도;분;초		년	도;분;초		년	도;분;초
무진	1628	5;59,59	을해	1695	6;50,14	임오	1762	4;40,29
기사	1629	6;00,44	병자	1696	6;50,59	계미	1763	7;41,14
경오	1630	6;01,29	정축	1697	6;51,44	갑신	1764	7;41,59
신미	1631	6;02,14	무인	1698	6;52,29	을유	1765	7;42,44
임신	1632	6;02,59	기묘	1699	6;53,14	병술	1766	7;43,29
계유	1633	6;03,44	경진	1700	6;53,59	정해	1767	7;44,14
갑술	1634	6;04,29	신사	1701	6;54,44	무자	1768	7;44,59
을해	1635	6;05,14	임오	1702	6;55,29	기축	1769	7;45,44
병자	1636	6;05,59	계미	1703	6;56,14	경인	1770	7;46,29
정축	1637	6;06,44	갑신	1704	6;56,59	신묘	1771	7;47,14
무인	1638	6;07,29	을유	1705	6;57,44	임진	1772	7;47,59
기묘	1639	6;08,14	병술	1706	6;58,29	계사	1773	7;48,44
경진	1640	6;08,59	정해	1707	6;59,14	갑오	1774	7;49,29
신사	1641	6;09,44	무자	1708	6;59,59	을미	1775	7;50,14
임오	1642	6;10,29	기축	1709	7;00,44	병신	1776	7;50,59
계미	1643	6;11,14	경인	1710	7;01,29	정유	1777	7;51,44
갑신	1644	6;11,59	신묘	1711	7;02,14	무술	1778	7;52,29
을유	1645	6;12,44	임진	1712	7;02,59	기해	1779	7;53,14
병술	1646	6;13,29	계사	1713	7;03,44	경자	1780	7;53,59
정해	1647	6;14,14	갑오	1714	7;04,29	신축	1781	7;54,44
무자	1648	6;14,59	을미	1715	7;05,14	임인	1782	7;55,29
기축	1649	6;15,44	병신	1716	7;05,59	계묘	1783	7;56,14
경인	1650	6;16,29	정유	1717	7;06,44	갑진	1784	7;56,59
신묘	1651	6;17,14	무술	1718	7;07,29	을사	1785	7;57,44
임진	1652	6;17,59	기해	1719	7;08,14	병오	1786	7;58,29
계사	1653	6;18,44	경자	1720	7;08,59	정미	1787	7;59,14
갑오	1654	6;19,29	신축	1721	7;09,44	무신	1788	7;59,59
을미	1655	6;20,14	임인	1722	7;10,29	기유	1789	8;00,44
병신	1656	6;20,59	계묘	1723	7;11,14	경술	1790	8;01,29
정유	1657	6;21,44	갑진	1724	7;11,59	신해	1791	8;02,14
무술	1658	6;22,29	을사	1725	7;12,44	임자	1792	8;02,59
기해	1659	6;23,14	병오	1726	7;13,29	계축	1793	8;03,44
경자	1660	6;23,59	정미	1727	7;14,14	갑인	1794	8;04,29

	년	도;분;초		년	도;분;초		년	도;분;초
신축	1661	6;24,44	무신	1728	7;14,59	을묘	1795	8;05,14
임인	1662	6;25,29	기유	1729	7;15,44	병진	1796	8;05,59
계묘	1663	6;16,14	경술	1730	7;16,29	정사	1797	8;06,44
갑진	1664	6;26,59	신해	1731	7;17,14	무오	1798	8;07,29
을사	1665	6;27,44	임자	1732	7;17,59	기미	1799	8;08,14
병오	1666	6;28,29	계축	1733	7;18,44	경신	1800	8;08,59
정미	1667	6;29,14	갑인	1734	7;19,29	신유	1801	8;09,44
무신	1668	6;29,59	을묘	1735	7;20,14	임술	1802	8;10,29
기유	1669	6;30,44	병진	1736	7;20,59	계해	1803	8;11,14
경술	1670	6;31,29	정사	1737	7;21,44	갑자	1804	8;11,59
신해	1671	6;32,14	무오	1738	7;22,29	을축	1805	8;12,44
임자	1672	6;32,59	기미	1739	7;23,14	병인	1806	8;13,29
계축	1673	6;33,44	경신	1740	7;23,59	정묘	1807	8;14,14
갑인	1674	6;34,29	신유	1741	7;24,44	무진	1808	8;14,59
을묘	1675	6;35,14	임술	1742	7;25,29	기사	1809	8;15,44
병진	1676	6;35,59	계해	1743	7;26,14	경오	1810	8;16,29
정사	1677	6;36,44	갑자	1744	7;26,59	신미	1811	8;17,14
무오	1678	6;37,29	을축	1745	7;27,44	임신	1812	8;17,59
기미	1679	6;38,14	병인	1746	7;28,29	계유	1813	8;18,44
경신	1680	6;38,59	정묘	1747	7;29,14	갑술	1814	8;19,29
신유	1681	6;39,44	무진	1748	7;29,59	을해	1815	8;20,14
임술	1682	6;40,29	기사	1749	7;30,44	병자	1816	8;20,59
계해	1683	6;41,14	경오	1750	7;31,29	정축	1817	8;21,44
갑자	1684	6;41,59	신미	1751	7;32,14	무인	1818	8;22,29
을축	1685	6;42,44	임신	1752	7;32,59	기묘	1819	8;23,14
병인	1686	6;43,29	계유	1753	7;33,44	경진	1820	8;23,59
정묘	1687	6;44,14	갑술	1754	7;34,29	신사	1821	8;24,44
무진	1688	6;44,59	을해	1755	7;35,14	임오	1822	8;25,29
기사	1689	6;45,44	병자	1756	7;35,59	계미	1823	8;26,14
경오	1690	6;46,29	정축	1757	7;36,44	갑신	1834	8;26,59
신미	1691	6;47,14	무인	1758	7;37,29	을유	1825	8;27,44
임신	1692	6;47,59	기묘	1759	7;38,14	병술	1826	8;28,29
계유	1693	6;48,44	경진	1760	7;38,59	정해	1827	8;29,14
갑술	1694	6;49,29	신사	1761	7;39,44			

제1권 표 II 제2표. 태양의 연중 매일 평균운행 누적 도수 표 [태양주세평행표(太陽周歲平行表)]

◎ 동짓날부터 1년 동안 태양과 원지점의 평균운행 도수를 매일 누적하여 기록함.

- '평균운행 도수[평행(平行)]'는 '평균운행 경도[평행경도(平行經度)]'라고도 칭함.

① 일수(日數) : 1일, 2일, 3일....365일, 366일 → 동짓날부터 구하려는 날까지 경과 일수

② 평행(平行) : 1일에 59분08초20미에서 시작하여 '59분08초19미50섬/일'의 속도로 증가하여 366일에 360도44분48초58미까지 꾸준히 증가함. → 태양의 평균운행 도수

③ 최고행(最高行) : 1일에 0초에서 시작하여 8일 또는 9일마다 1초씩 증가하여 366일에 45초까지 꾸준히 증가함. → 원지점의 이동 도수
: 실은 춘분점의 역행 도수인데, 원지점 경도의 측정 기준이 춘분점이기 때문에 원지점의 이동으로 표현된 것. 진짜 원지점 이동은 약 90년 뒤의 《역상고성》에 가서야 반영됨.

〈표 7〉 태양의 연중 매일 평균운행 누적 도수표

《숭정역서》의 〈태양주세평행표(太陽周歲平行表)〉의 평행(平行)

일	도;분,초,미	일	도;분,초,미	일	도;분,초,미	일	도;분,초,미	일	도;분,초,미	일	도;분,초,미	일	도;분,초,미	일	도;분,초,미
1	0;59,08,20	51	50;16,04,51	101	199;33,01,23	151	148;49,57,54	201	198;06,54,26	251	247,23,50,57	301	296;40,47,29	351	345;57,44,01
2	1;58,16,40	52	51;15,13,11	102	100;32,09,43	152	149;49,06,14	202	199;06,02,46	252	248;22,59,17	302	297;39,55,49	352	346;56,52,21
3	2;57,24,59	53	52;14,21,31	103	101;31,18,03	153	150;48,14,34	203	200;05,11,06	253	249;22,07,37	303	298;39,04,09	353	347;56,00,40
4	2;56,33,19	54	53;13,29,51	104	102;30,26,22	154	151;47,22,54	204	201;04,19,25	254	250;21,15,57	304	299;38,12,29	354	348;55,09,00
5	4;55,41,39	55	54;12,38,11	105	103;29,34,42	155	152;46,31,14	205	202;03,27,45	255	251;20,24,17	305	300;37,20,48	355	349;54,17,20
6	5;54,49,59	56	55;11,46,31	106	104;28,43,02	156	153;45,39,34	206	203;02,36,05	256	252;19,32,37	306	301;36,29,08	356	350;53,25,40
7	6;53,58,19	57	56;10,54,50	107	105;27,51,22	157	154;44,47,53	207	204;01,44,25	257	253;18,40,56	307	302;35,37,28	357	351;52,34,00
8	7;53,06,39	58	57;10,03,10	108	106,26,59,42	158	155;43,56,13	208	205;00,52,45	258	254;17,49,16	308	303;34,45,48	358	352;51,42,19
9	8;52,14,58	59	58;09,11,30	109	107;26,08,02	159	156;43,04,33	209	206;00,01,05	259	255;16,57,36	309	304;33,54,08	359	353;50,50,39

일	도;분,초,미	일	도;분,초,미	일	도;분,초,미	일	도;분,초,미	일	도;분,초,미	일	도;분,초,미	일	도;분,초,미	일	도;분,초,미
10	9;51,23,18	60	59;08,19,50	110	108;25,16,21	160	157;42,12,53	210	206;59,09,24	260	256;16,05,56	310	305;33,02,28	360	354;49,58,59
11	10;50,31,38	61	60;07,28,10	111	109;24,24,41	161	158;41,21,13	211	207;58,17,44	261	257;15,14,16	311	306;32,10,47	361	355;49,07,19
12	11;49,39,58	62	61;06,36,30	112	110;23,33,01	162	159;40,29,33	212	208;57,26,04	262	258;14,22,36	312	307;31,19,07	362	356;48,15,39
13	12;48,48,18	63	62;05,44,49	113	111;22,41,21	163	160;39,37,52	213	209;56,34,24	263	259;13,30,55	313	308;30,27,27	363	357;47,23,59
14	13;47,56,38	64	63;04,53,09	114	112;21,49,41	164	161;38,46,12	214	210;55,42,44	264	260;12,39,15	314	309;29,35,47	364	358;46,32,18
15	14;47,04,57	65	64;04,01,29	115	113;20,58,01	165	162;37,54,32	215	211;54,51,03	265	261;11,47,35	315	310;28,44,07	365	359;45,40,38
16	15;46,13,17	66	65;03,09,49	116	114;20,06,20	166	163;37,02,52	216	212;53,59,23	266	262;10,55,55	316	311;27,52,27	366	360;44,48,58
17	16;45,21,37	67	66;02,18,09	117	115;19,14,40	167	164;36,11,12	217	213;53,07,43	267	263;10,04,15	317	312;27,00,46		
18	17;44,29,57	68	67;01,26,29	118	116;18,23,00	168	165;35,19,31	218	214;52,16,03	268	264;09,12,35	318	313;26,09,06		
19	18;43,38,17	69	68;00,34,48	119	117;17,31,20	169	166;34,27,51	219	215;51,24,23	269	265;08,20,54	319	314;25,17,26		
20	19;42,46,37	70	68;59,43,08	120	118;16,39,40	170	167;33,36,11	220	216;50,32,43	270	266;07,29,14	320	315;24,25,46		
21	20;41,54,56	71	69;58,51,28	121	119;15,48,00	171	168;32,44,31	221	217;49,41,02	271	267;06,37,34	321	316;23,34,06		
22	21;41,03,16	72	70;57,59,48	122	120;14,56,19	172	169;31,52,51	222	218;48,49,22	272	268;05,45,54	322	317;22,42,26		
23	22;40,11,36	73	71;57,08,08	123	121;14,04,39	173	170;31,01,11	223	219;47,57,42	273	269;04,54,14	323	318;21,50,45		
24	23;39,19,56	74	72;56,16,27	124	122;13,12,59	174	171;30,09,30	224	220;47,06,02	274	270;04,02,34	324	319;20,59,05		
25	24;38,28,16	75	73;55,24,47	125	123;12,21,19	175	172;29,17,50	225	221;46,14,22	275	271;03,10,53	325	320;20,07,25		
26	25;37,37,36	76	74;54,33,07	126	124;11,29,39	176	173;28,26,10	226	222;45,22,42	276	272;02,19,13	326	321;19,15,45		
27	26;36,44,55	77	75;53,41,27	127	125;10,37,59	177	174;27,34,30	227	223;44,31,01	277	273;01,27,33	327	322;18,24,05		
28	27;35,53,15	78	76;52,49,47	128	126;09,46,18	178	175;24,42,50	228	224;43,39,21	278	274;00,25,53	328	323;17,32,25		
29	28;35,10,35	79	77;51,58,07	129	127;08,54,38	179	176;25,51,10	229	225;42,47,41	279	274;59,44,13	329	324;16,40,44		
30	29;34,09,55	80	78;51,06,26	130	128;08,02,58	180	177;24,59,29	230	226;41,56,01	280	275;58,52,33	330	325;15,49,04		
31	30;33,18,15	81	79;50,14,46	131	129;07,11,18	181	178;24,07,49	231	227;41,04,21	281	276;58,00,52	331	326;14,57,24		
32	31;32,26,35	82	80;49,23,06	132	130;06,19,38	182	179;23,16,09	232	228;40,12,41	282	277;57,09,12	332	327;14,05,44		
33	32;31,34,54	83	81;48,31,26	133	131;05,27,57	183	180;22,24,29	233	229;39,21,00	283	278;56,17,32	333	328;13,14,04		
34	33;30,43,14	84	82;47,39,46	134	132;04,36,17	184	181;21,32,49	234	230;38,29,20	284	279;55,25,52	334	329;12,22,24		
35	34;29,51,34	85	83;46,48,06	135	133;03;44,37	185	182;20,41,09	235	231;37,37,40	285	280;54,34,12	335	330;11,30,43		
36	35;28,59,54	86	84;45,56,25	136	134;02,52,57	186	183;19,49,28	236	232;36,46,00	286	281;53,42,32	336	331;10,39,03		
37	36;28,08,14	87	85;45,04,45	137	135;02,01,17	187	184;18,57,48	237	233;35,54,20	287	282;52,50,51	337	332;09,47,23		
38	37;27,16,34	88	86;44,13,05	138	136;01,09,37	188	185;18,06,08	238	234;35,02,40	288	283;51,59,11	338	333;08,55,43		
39	38;26,24,53	89	87;43,21,25	139	137;00,17,56	189	186;17,14,28	239	235;34,10,59	289	284;51,07,31	339	334;08,04,03		
40	39;25,33,13	90	88;42,29,45	140	137;59,26,16	190	187;16,22,48	240	236;33,19,19	290	285;50,15,51	340	335;07,12,23		
41	40;24,41,33	91	89;41,38,05	141	138;58,34,36	191	188;15,31,08	241	237;32,27,39	291	286;49,24,11	341	336;06,20,42		
42	41;23,49,53	92	90;40,46,24	142	139;57,42,56	192	189;14,39,27	242	238;31,35,59	292	287;48,32,31	342	337;05,29,02		
43	42;22,58,13	93	91;39,54,44	143	140;56,51,16	193	190;13,47,47	243	239;30,44,19	293	288;47,40,50	343	338;04,37,22		
44	43;22,06,33	94	92;39,03,04	144	141;55,59,36	194	191;12,56,07	244	240;29,52,39	294	289;46,49,10	344	339;03,45,42		

일	도;분,초,미	일	도;분,초,미	일	도;분,초,미	일	도;분,초,미	일	도;분,초,미	일	도;분,초,미	일	도;분,초,미	일	도;분,초,미
45	44;21,14,52	95	93;38,11,24	145	142;55,07,55	195	192;12,04,27	245	241;29,00,58	295	290;45,57,30	345	340;02,54,02		
46	45;20,23,12	96	94;37,19,44	146	143;54,16,15	196	193;11,12,47	246	242;88,09,18	296	291;45,05,50	346	341;02,02,22		
47	46;19,31,23	97	95;36,28,04	147	144;53,24,35	197	194;10,21,07	247	243;27,17,38	297	292;44,14,10	347	342;01,10,41		
48	47;18,39,52	98	96;35,36,23	148	145;52,32,55	198	195;09,29,26	248	244;26,25,58	298	293;43,22,30	348	343;00,19,01		
49	48;17,48,12	99	97;34,44,43	149	146;51,41,15	199	196;08,37,46	249	245;25,34,18	299	294;42,30,49	349	343;59,27,21		
50	49;16,56,32	100	78;33,53,03	150	147;50,49,35	200	197;07,46,06	250	246;24,42,38	300	295;41,39,09	350	344;58,35,41		

〈표 8〉 원지점의 연중 매일 운행 누적 도수표

《승정역서》의 〈태양주세평행표〉의 최고행(最高行)

일	초	일	초	일	초	일	초	일	초	일	초	일	초	일	초
1	0	51	6	101	13	151	19	201	25	251	31	301	37	351	43
2	0	52	7	102	13	152	19	202	25	252	31	302	37	352	43
3	0	53	7	103	13	153	19	203	25	253	31	303	37	353	43
4	1	54	7	104	13	154	19	204	25	254	32	304	37	354	44
5	1	55	7	105	13	155	19	205	26	255	32	305	38	355	44
6	1	56	7	106	13	156	19	206	26	256	32	306	38	356	44
7	1	57	7	107	13	157	19	207	26	257	32	307	38	357	44
8	1	58	7	108	13	158	20	208	26	258	32	308	38	358	44
9	1	59	7	109	14	159	20	209	26	259	32	309	38	359	44
10	1	60	7	110	14	160	20	210	26	260	32	310	38	360	44
11	1	61	8	111	14	161	20	211	26	261	32	311	38	361	44
12	2	62	8	112	14	162	20	212	26	262	33	312	38	362	45
13	2	63	8	113	14	163	20	213	27	263	33	313	39	363	45
14	2	64	8	114	14	164	20	214	27	264	33	314	39	364	45
15	2	65	8	115	14	165	20	215	27	265	33	315	39	365	45
16	2	66	8	116	14	166	21	216	27	266	33	316	39	366	45
17	2	67	8	117	15	167	21	217	27	267	33	317	39		
18	2	68	8	118	15	168	21	218	27	268	33	318	39		
19	2	69	9	119	15	169	21	219	27	269	34	319	39		
20	3	70	9	120	15	170	21	220	27	270	34	320	39		
21	3	71	9	121	15	171	21	221	28	271	34	321	40		
22	3	72	9	122	15	172	21	222	28	272	34	322	40		
23	3	73	9	123	15	173	21	223	28	273	34	323	40		
24	3	74	9	124	15	174	22	224	28	274	34	324	40		
25	3	75	9	125	16	175	22	225	28	275	34	325	40		

일	초	일	초	일	초	일	초	일	초	일	초	일	초	일	초
26	3	76	9	126	16	176	22	226	28	276	34	326	40		
27	3	77	10	127	16	177	22	227	28	277	34	327	40		
28	4	78	10	128	16	178	22	228	28	278	34	328	40		
29	4	79	10	129	16	179	22	229	29	279	35	329	41		
30	4	80	10	130	16	180	23	230	29	280	35	330	41		
31	4	81	10	131	16	181	23	231	29	281	35	331	41		
32	4	82	10	132	16	182	23	232	29	282	35	332	41		
33	4	83	10	133	17	183	23	233	29	283	35	333	41		
34	4	84	10	134	17	184	23	234	30	284	35	334	41		
35	4	85	11	135	17	185	23	235	30	285	35	335	41		
36	5	86	11	136	17	186	23	236	30	286	35	336	41		
37	5	87	11	137	17	187	23	237	30	287	35	337	42		
38	5	88	11	138	17	188	23	238	30	288	36	338	42		
39	5	89	11	139	17	189	24	239	30	289	36	339	42		
40	5	90	11	140	17	190	24	240	30	290	36	340	42		
41	5	91	11	141	18	191	24	241	30	291	36	341	42		
42	5	92	11	142	18	192	24	242	30	292	36	342	42		
43	5	93	12	143	18	193	24	243	30	293	36	343	42		
44	6	94	12	144	18	194	24	244	30	294	36	344	42		
45	6	95	12	145	18	195	24	245	30	295	36	345	43		
46	6	96	12	146	18	196	24	246	31	296	37	346	43		
47	6	97	12	147	18	197	25	247	31	297	37	347	43		
48	6	98	12	148	18	198	25	248	31	298	37	348	43		
49	6	99	12	149	18	199	25	249	31	299	37	349	43		
50	6	100	12	150	19	200	25	250	31	300	37	350	43		

보충자료 2 마기니(Magini)가 제시한 태양의 평균운행 누적 도수표

〈표 7〉의 태양의 평균운행 누적 도수표는 지오바니 안토니오 마기니(Giovanni Antonio Magini, 1555-1617)의 《태양운행표 증보》 [(*Svpplementvm ephemeridvm, ac tabvlarvm secvndorvm mobilivm....* (1614)], 46-51쪽에 수록된 "1년의 개별적인 날들 동안의 태양의 균속운동표"(Tabula Aequalium motuum Solis ad singulos dies anni)와 일치한다.

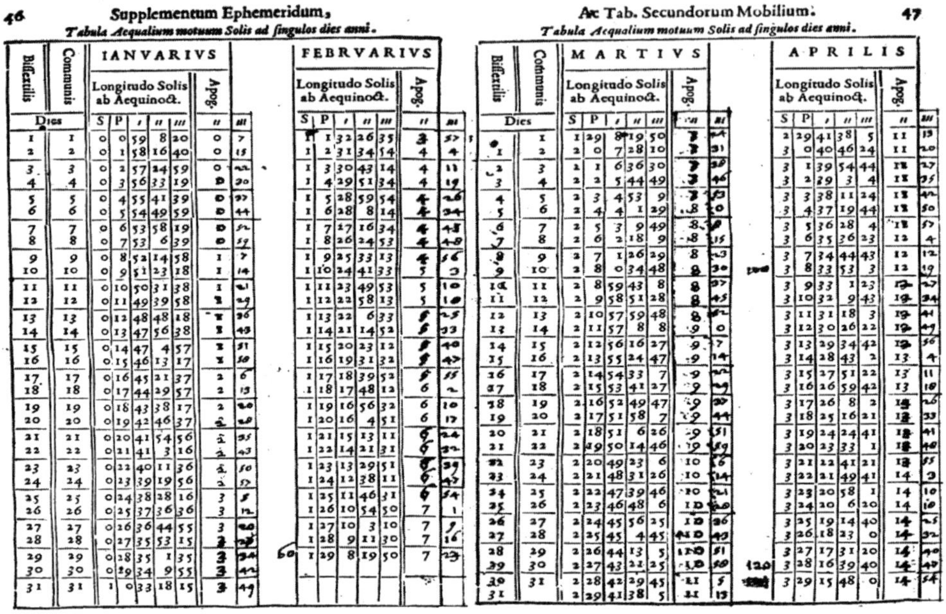

[그림 4] 마기니의 태양의 일일 평균운행 도수표(일부) [*Svpplementvm ephemeridvm, ac tabvlarvm secvndorvm mobilivm....* (Venetiis : Apud Haeredem Damiani Zenarij, 1614), 46-47쪽]

마기니는 이탈리아 천문학자, 지도제작자, 수학자이며, 볼로냐 대학에서 가르쳤다. 그는 프톨레마이오스의 《지리지》를 번역했으며, 정밀한 삼각함수표를 만들었고, 그레고리력에 맞추어 천문력을 제작했다.

마기니의 표는 월별로 구분되어 있지만, 〈일전표〉는 연 단위로 표기하여 366일까지 표기했다. 마기니의 수치는 〈표 7〉과 일치하며, 〈일전표〉의 오기를 바로잡아준다.

제2권 표 Ⅲ 제3표. 태양의 가감차 표 [일전가감차표(日躔加減差表)]

◎ '근지점～태양'의 거리에 대한 가감차를 10분마다 기록.

실제경도=평균경도±가감차 (0도～180도이면 가(+), 180도～360도이면 감(−))

① 인수(引數 argument)

a. 10분, 20분, 30분,⋯29도50분, 30도 ⇒ 1개 궁(宮)

b. '0도～180도'와 '180도～360도'를 대칭형으로 배치.

1궁, 2궁, 3궁, 4궁, 5궁, 6궁 ⇒ 상행의 도분(度分)에 대한 가차(加差)를 읽음.

12궁, 11궁, 10궁, 9궁, 8궁, 7궁 ⇒ 하행의 도분에 대한 감차(減差)를 읽음.

② 가감차의 변화 양상 : ±2도3분12초의 극대값을 가진 sin곡선.

a. 1궁0도(근지점)일 때 가차 0에서 출발하여 점차 증가.

b. 3궁28도30분(88도30분)～3궁29도10분(89도10분)에서 최대 가차 (+)2도3분12초.

c. 이후 점차 감소.

d. 6궁30도=7궁0도(원지점)일 때 가차 0을 거쳐 감차로 바뀌고 계속 감소.

e. 10궁0도50분(270도50분)～10궁1도30분(271도30분)에서 최대 감차 (−)2도3분12초.

f. 이후 점차 증가.

g. 12궁30도(근지점)일 때 감차 0.

〈표 9〉《숭정역서》의 태양 가감차표

(판나이 휘집본, 60진수)

	도	가감차		도	가감차		도	가감차		도	가감차		도	가감차		도	가감차
1궁0도	0	0;00,00	2궁0도	30	1;02,33	3궁0도	60	1;47,40	4궁0도	90	2;03,10	5궁0도	120	1;45,46	6궁0도	150	1;00,40
10분	1/6	0;00,22	10분	30 1/6	1;02,52	10분	60 1/6	1;47,50	10분	90 1/6	2;03,09	10분	120 1/6	1;45,35	10분	150 1/6	1;00,21
20분	1/3	0;00,44	20분	30 1/3	1;03,10	20분	60 1/3	1;48,01	20분	90 1/3	2;03,09	20분	120 1/3	1;45,24	20분	150 1/3	1;00,03
30분	1/2	0;01,06	30분	30 1/2	1;03,29	30분	60 1/2	1;48,11	30분	90 1/2	2;03,08	30분	120 1/2	1;45,13	30분	150 1/2	0;59,44
40분	2/3	0;01,28	40분	30 2/3	1;03,47	40분	60 2/3	1;48,21	40분	90 2/3	2;03,07	40분	120 2/3	1;45,02	40분	150 2/3	0;59,26
50분	5/6	0;01,50	50분	30 5/6	1;04,06	50분	60 5/6	1;48,32	50분	90 5/6	2;03,07	50분	120 5/6	1;44,51	50분	150 5/6	0;59,07
1	1	0;02,12	1	31	1;04,25	1	61	1;48,42	1	91	2;03,06	1	121	1;44,40	1	151	0;58,48
10분	1 1/6	0;02,34	10분	31 1/6	1;04,44	10분	61 1/6	1;48,52	10분	91 1/6	2;03,05	10분	121 1/6	1;44,29	10분	151 1/6	0;58,29
20분	1 1/3	0;02,56	20분	31 1/3	1;05,02	20분	61 1/3	1;49,02	20분	91 1/3	2;03,04	20분	121 1/3	1;44,17	20분	151 1/3	0;58,10
30분	1 1/2	0;03,18	30분	31 1/2	1;05,21	30분	61 1/2	1;49,12	30분	91 1/2	2;03,03	30분	121 1/2	1;44,06	30분	151 1/2	0;57,52
40분	1 2/3	0;03,40	40분	31 2/3	1;05,39	40분	61 2/3	1;49,22	40분	91 2/3	2;03,02	40분	121 2/3	1;43,55	40분	151 2/3	0;57,33
50분	1 5/6	0;04,02	50분	31 5/6	1;05,58	50분	61 5/6	1;49,32	50분	91 5/6	2;03,01	50분	121 5/6	1;43,43	50분	151 5/6	0;57,14
2	2	0;04,24	2	32	1;06,16	2	62	1;49,42	2	92	2;03,00	2	122	1;43,32	2	152	0;56,55
10분	2 1/6	0;04,46	10분	32 1/6	1;06,34	10분	62 1/6	1;49,52	10분	92 1/6	2;02,59	10분	122 1/6	1;43,20	10분	152 1/6	0;56,36
20분	2 1/3	0;05,08	20분	32 1/3	1;06,52	20분	62 1/3	1;50,11	20분	92 1/3	2;02,57	20분	122 1/3	1;43,09	20분	152 1/3	0;56,17
30분	2 1/2	0;05,29	30분	32 1/2	1;07,11	30분	62 1/2	1;50,11	30분	92 1/2	2;02,56	30분	122 1/2	1;42,57	30분	152 1/2	0;55,58
40분	2 2/3	0;05,51	40분	32 2/3	1;07,29	40분	62 2/3	1;50,20	40분	92 2/3	2;02,55	40분	122 2/3	1;42,45	40분	152 2/3	0;55,39
50분	2 5/6	0;06,13	50분	32 5/6	1;07,47	50분	62 5/6	1;50,30	50분	92 5/6	2;02,53	50분	122 5/6	1;42,34	50분	152 5/6	0;55,20
3	3	0;06,35	3	33	1;08,05	3	63	1;50,40	3	93	2;02,52	3	123	1;42,22	3	153	0;55,01
10분	3 1/6	0;06,57	10분	33 1/6	1;08,23	10분	63 1/6	1;50,49	10분	93 1/6	2;02,50	10분	123 1/6	1;42,10	10분	153 1/6	0;55,42
20분	3 1/3	0;07,19	20분	33 1/3	1;08,41	20분	63 1/3	1;50,59	20분	93 1/3	2;02,49	20분	123 1/3	1;41,58	20분	153 1/3	0;54,34
30분	3 1/2	0;07,41	30분	33 1/2	1;08,59	30분	63 1/2	1;51,08	30분	93 1/2	2;02,47	30분	123 1/2	1;41,46	30분	153 1/2	0;54,04
40분	3 2/3	0;08,02	40분	33 2/3	1;09,17	40분	63 2/3	1;51,17	40분	93 2/3	2;02,45	40분	123 2/3	1;41,34	40분	153 2/3	0;53,45
50분	3 5/6	0;08,24	50분	33 5/6	1;09,35	50분	63 5/6	1;51,27	50분	93 5/6	2;02,44	50분	123 5/6	1;41,22	50분	153 5/6	0;53,26
4	4	0;08,46	4	34	1;09,53	4	64	1;51,37	4	94	2;02,42	4	124	1;41,10	4	154	0;53,07
10분	4 1/6	0;09,08	10분	34 1/6	1;10,11	10분	64 1/6	1;51,45	10분	94 1/6	2;02,40	10분	124 1/6	1;40,57	10분	154 1/6	0;52,48
20분	4 1/3	0;09,30	20분	34 1/3	1;10,29	20분	64 1/3	1;51,45	20분	94 1/3	2;02,38	20분	124 1/3	1;40,45	20분	154 1/3	0;52,29
30분	4 1/2	0;09,51	30분	34 1/2	1;10,47	30분	64 1/2	1;52,03	30분	94 1/2	2;02,36	30분	124 1/2	1;40,33	30분	154 1/2	0;52,10
40분	4 2/3	0;10,13	40분	34 2/3	1;11,04	40분	64 2/3	1;52,12	40분	94 2/3	2;02,34	40분	124 2/3	1;40,20	40분	154 2/3	0;51,51
50분	4 5/6	0;10,35	50분	34 5/6	1;11,22	50분	64 5/6	1;52,21	50분	94 5/6	2;02,32	50분	124 5/6	1;40,08	50분	154 5/6	0;51,31
5	5	0;10,57	5	35	1;11,40	5	65	1;52,30	5	95	2;02,30	5	125	1;39,56	5	155	0;51,12
10분	5 1/6	0;11,19	10분	35 1/6	1;11,58	10분	65 1/6	1;52,39	10분	95 1/6	2;02,28	10분	125 1/6	1;39,43	10분	155 1/6	0;50,53

	도	가감차		도	가감차		도	가감차		도	가감차		도	가감차		도	가감차
20분	5 1/3	0:11,41	20분	35 1/3	1:12,15	20분	65 1/3	1:52,47	20분	95 1/3	2:02,25	20분	125 1/3	1:39,31	20분	155 1/3	0:50,34
30분	5 1/2	0:12,02	30분	35 1/2	1:12,33	30분	65 1/2	1:52,56	30분	95 1/2	2:02,23	30분	125 1/2	1:39,18	30분	155 1/2	0:50,14
40분	5 2/3	0:12,24	40분	35 2/3	1:12,50	40분	65 2/3	1:53,05	40분	95 2/3	2:02,21	40분	125 2/3	1:39,06	40분	155 2/3	0:49,55
50분	5 5/6	0:12,46	50분	35 5/6	1:13,08	50분	65 5/6	1:53,13	50분	95 5/6	2:02,18	50분	125 5/6	1:38,53	50분	155 5/6	0:49,36
6	6	0:13,08	6	36	1:13,25	6	66	1:53,22	6	96	2:02,16	6	126	1:38,42	6	156	0:49,16
10분	6 1/6	0:13,30	10분	36 1/6	1:13,42	10분	66 1/6	1:53,30	10분	96 1/6	2:02,13	10분	126 1/6	1:38,28	10분	156 1/6	0:48,57
20분	6 1/3	0:13,51	20분	36 1/3	1:14,00	20분	66 1/3	1:53,39	20분	96 1/3	2:02,11	20분	126 1/3	1:38,16	20분	156 1/3	0:48,37
30분	6 1/2	0:14,13	30분	36 1/2	1:14,17	30분	66 1/2	1:53,47	30분	96 1/2	2:02,08	30분	126 1/2	1:38,03	30분	156 1/2	0:48,18
40분	6 2/3	0:14,35	40분	36 2/3	1:14,34	40분	66 2/3	1:53,55	40분	96 2/3	2:02,05	40분	126 2/3	1:37,50	40분	156 2/3	0:47,58
50분	6 5/6	0:14,56	50분	36 5/6	1:14,52	50분	66 5/6	1:54,04	50분	96 5/6	2:02,03	50분	126 5/6	1:37,37	50분	156 5/6	0:47,39
7	7	0:15,18	7	37	1:15,09	7	67	1:54,12	7	97	2:02,00	7	127	1:37,24	7	157	0:47,19
10분	7 1/6	0:15,40	10분	37 1/6	1:15,26	10분	67 1/6	1:54,20	10분	97 1/6	2:01,57	10분	127 1/6	1:37,11	10분	157 1/6	0:47,00
20분	7 1/3	0:16,01	20분	37 1/3	1:15,44	20분	67 1/3	1:54,28	20분	97 1/3	2:01,54	20분	127 1/3	1:36,58	20분	157 1/3	0:46,40
30분	7 1/2	0:16,23	30분	37 1/2	1:16,01	30분	67 1/2	1:54,36	30분	97 1/2	2:01,51	30분	127 1/2	1:36,45	30분	157 1/2	0:46,21
40분	7 2/3	0:16,45	40분	37 2/3	1:16,18	40분	67 2/3	1:54,44	40분	97 2/3	2:01,48	40분	127 2/3	1:36,31	40분	157 2/3	0:46,01
50분	7 5/6	0:17,06	50분	37 5/6	1:16,35	50분	67 5/6	1:54,52	50분	97 5/6	2:01,45	50분	127 5/6	1:36,18	50분	157 5/6	0:45,42
8	8	0:17,28	8	38	1:16,52	8	68	1:55,00	8	98	2:01,42	8	128	1:36,05	8	158	0:45,22
10분	8 1/6	0:17,50	10분	38 1/6	1:17,09	10분	68 1/6	1:55,08	10분	98 1/6	2:01,39	10분	128 1/6	1:35,51	10분	158 1/6	0:45,02
20분	8 1/3	0:18,11	20분	38 1/3	1:17,26	20분	68 1/3	1:55,15	20분	98 1/3	2:01,35	20분	128 1/3	1:35,38	20분	158 1/3	0:44,43
30분	8 1/2	0:18,33	30분	38 1/2	1:17,43	30분	68 1/2	1:55,23	30분	98 1/2	2:01,32	30분	128 1/2	1:35,24	30분	158 1/2	0:44,23
40분	8 2/3	0:18,55	40분	38 2/3	1:18,00	40분	68 2/3	1:55,31	40분	98 2/3	2:01,28	40분	128 2/3	1:35,11	40분	158 2/3	0:44,04
50분	8 5/6	0:19,16	50분	38 5/6	1:18,16	50분	68 5/6	1:55,38	50분	98 5/6	2:01,25	50분	128 5/6	1:34,57	50분	158 5/6	0:43,44
9	9	0:19,38	9	39	1:18,33	9	69	1:55,46	9	99	2:01,21	9	129	1:34,44	9	159	0:43,24
10분	9 1/6	0:20,00	10분	39 1/6	1:18,50	10분	69 1/6	1:55,53	10분	99 1/6	2:01,18	10분	129 1/6	1:34,30	10분	159 1/6	0:43,04
20분	9 1/3	0:20,21	20분	39 1/3	1:19,06	20분	69 1/3	1:56,00	20분	99 1/3	2:01,14	20분	129 1/3	1:34,17	20분	159 1/3	0:42,44
30분	9 1/2	0:20,43	30분	39 1/2	1:19,23	30분	69 1/2	1:56,08	30분	99 1/2	2:01,10	30분	129 1/2	1:34,03	30분	159 1/2	0:42,25
40분	9 2/3	0:21,04	40분	39 2/3	1:19,40	40분	69 2/3	1:56,15	40분	99 2/3	2:01,06	40분	129 2/3	1:33,49	40분	159 2/3	0:42,05
50분	9 5/6	0:21,26	50분	39 5/6	1:19,56	50분	69 5/6	1:56,22	50분	99 5/6	2:01,02	50분	129 5/6	1:33,35	50분	159 5/6	0:41,45
10	10	0:21,47	10	40	1:20,13	10	70	1:56,29	10	100	2:00,58	10	130	1:33,21	10	160	0:41,25
10분	10 1/6	0:22,09	10분	40 1/6	1:20,30	10분	70 1/6	1:56,36	10분	100 1/6	2:00,54	10분	130 1/6	1:33,07	10분	160 1/6	0:41,05
20분	10 1/3	0:22,30	20분	40 1/3	1:20,46	20분	70 1/3	1:56,34	20분	100 1/3	2:00,49	20분	130 1/3	1:32,53	20분	160 1/3	0:40,45
30분	10 1/2	0:22,52	30분	40 1/2	1:21,03	30분	70 1/2	1:56,50	30분	100 1/2	2:00,45	30분	130 1/2	1:32,39	30분	160 1/2	0:40,25
40분	10 2/3	0:23,13	40분	40 2/3	1:21,19	40분	70 2/3	1:56,57	40분	100 2/3	2:00,41	40분	130 2/3	1:32,24	40분	160 2/3	0:40,05
50분	10 5/6	0:23,35	50분	40 5/6	1:21,35	50분	70 5/6	1:57,03	50분	100 5/6	2:00,36	50분	130 5/6	1:32,10	50분	160 5/6	0:39,45

	도	가감차		도	가감차		도	가감차		도	가감차		도	가감차		도	가감차
11	11	0:23,56	11	41	1:21,52	11	71	1:57,10	11	101	2:00,32	11	131	1:31,56	11	161	0:39,25
10분	11 1/6	0:24,18	10분	41 1/6	1:22,08	10분	71 1/6	1:57,16	10분	101 1/6	2:00,27	10분	131 1/6	1:31,42	10분	161 1/6	0:39,05
20분	11 1/3	0:24,39	20분	41 1/3	1:22,24	20분	71 1/3	1:57,23	20분	101 1/3	2:00,23	20분	131 1/3	1:31,27	20분	161 1/3	0:38,45
30분	11 1/2	0:25,01	30분	41 1/2	1:22,41	30분	71 1/2	1:57,29	30분	101 1/2	2:00,18	30분	131 1/2	1:31,13	30분	161 1/2	0:38,25
40분	11 2/3	0:25,22	40분	41 2/3	1:22,57	40분	71 2/3	1:57,36	40분	101 2/3	2:00,13	40분	131 2/3	1:30,58	40분	161 2/3	0:38,05
50분	11 5/6	0:25,44	50분	41 5/6	1:23,13	50분	71 5/6	1:57,42	50분	101 5/6	2:00,09	50분	131 5/6	1:30,44	50분	161 5/6	0:37,45
12	12	0:26,05	12	42	1:23,29	12	72	1:57,49	12	102	2:00,04	12	132	1:30,30	12	162	0:37,25
10분	12 1/6	0:26,26	10분	42 1/6	1:23,45	10분	72 1/6	1:57,55	10분	102 1/6	1:59,59	10분	132 1/6	1:30,15	10분	162 1/6	0:37,05
20분	12 1/3	0:26,48	20분	42 1/3	1:24,01	20분	72 1/3	1:58,02	20분	102 1/3	1:59,54	20분	132 1/3	1:30,01	20분	162 1/3	0:36,45
30분	12 1/2	0:27,09	30분	42 1/2	1:24,17	30분	72 1/2	1:58,08	30분	102 1/2	1:59,49	30분	132 1/2	1:29,46	30분	162 1/2	0:36,25
40분	12 2/3	0:27,30	40분	42 2/3	1:24,33	40분	72 2/3	1:58,14	40분	102 2/3	1:59,44	40분	132 2/3	1:29,31	40분	162 2/3	0:36,04
50분	12 5/6	0:27,52	50분	42 5/6	1:24,49	50분	72 5/6	1:58,20	50분	102 5/6	1:59,39	50분	132 5/6	1:29,17	50분	162 5/6	0:35,44
13	13	0:28,13	13	43	1:25,05	13	73	1:58,26	13	103	1:59,34	13	133	1:29,02	13	163	0:35,24
10분	13 1/6	0:28,34	10분	43 1/6	1:25,21	10분	73 1/6	1:58,32	10분	103 1/6	1:59,29	10분	133 1/6	1:28,47	10분	163 1/6	0:35,04
20분	13 1/3	0:28,56	20분	43 1/3	1:25,37	20분	73 1/3	1:58,38	20분	103 1/3	1:59,24	20분	133 1/3	1:28,33	20분	163 1/3	0:34,43
30분	13 1/2	0:29,17	30분	43 1/2	1:25,53	30분	73 1/2	1:58,44	30분	103 1/2	1:59,18	30분	133 1/2	1:28,18	30분	163 1/2	0:34,23
40분	13 2/3	0:29,38	40분	43 2/3	1:26,09	40분	73 2/3	1:58,49	40분	103 2/3	1:59,13	40분	133 2/3	1:28,03	40분	163 2/3	0:34,03
50분	13 5/6	0:30,00	50분	43 5/6	1:26,24	50분	73 5/6	1:58,55	50분	103 5/6	1:59,07	50분	133 5/6	1:27,48	50분	163 5/6	0:33,42
14	14	0:30,21	14	44	1:26,40	14	74	1:59,00	14	104	1:59,02	14	134	1:27,33	14	164	0:33,22
10분	14 1/6	0:30,42	10분	44 1/6	1:26,56	10분	74 1/6	1:59,05	10분	104 1/6	1:58,56	10분	134 1/6	1:27,18	10분	164 1/6	0:33,02
20분	14 1/3	0:31,04	20분	44 1/3	1:27,11	20분	74 1/3	1:59,11	20분	104 1/3	1:58,50	20분	134 1/3	1:27,03	20분	164 1/3	0:32,41
30분	14 1/2	0:31,25	30분	44 1/2	1:27,27	30분	74 1/2	1:59,16	30분	104 1/2	1:58,45	30분	134 1/2	1:26,48	30분	164 1/2	0:32,21
40분	14 2/3	0:31,46	40분	44 2/3	1:27,43	40분	74 2/3	1:59,22	40분	104 2/3	1:58,39	40분	134 2/3	1:26,32	40분	164 2/3	0:32,01
50분	14 5/6	0:32,07	50분	44 5/6	1:27,58	50분	74 5/6	1:59,27	50분	104 5/6	1:58,34	50분	134 5/6	1:26,17	50분	164 5/6	0:31,40
15	15	0:32,28	15	45	1:28,14	15	75	1:59,32	15	105	1:58,28	15	135	1:26,02	15	165	0:31,20
10분	15 1/6	0:32,49	10분	45 1/6	1:28,29	10분	75 1/6	1:59,37	10분	105 1/6	1:58,22	10분	135 1/6	1:25,47	10분	165 1/6	0:30,59
20분	15 1/3	0:33,10	20분	45 1/3	1:28,45	20분	75 1/3	1:59,42	20분	105 1/3	1:58,16	20분	135 1/3	1:25,32	20분	165 1/3	0:30,39
30분	15 1/2	0:33,31	30분	45 1/2	1:29,00	30분	75 1/2	1:59,47	30분	105 1/2	1:58,10	30분	135 1/2	1:25,16	30분	165 1/2	0:30,18
40분	15 2/3	0:33,52	40분	45 2/3	1:29,15	40분	75 2/3	1:59,52	40분	105 2/3	1:58,04	40분	135 2/3	1:25,01	40분	165 2/3	0:29,58
50분	15 5/6	0:34,13	50분	45 5/6	1:29,31	50분	75 5/6	1:59,57	50분	105 5/6	1:57,58	50분	135 5/6	1:24,45	50분	165 5/6	0:29,37
16	16	0:34,34	16	46	1:29,46	16	76	2:00,02	16	106	1:57,52	16	136	1:24,30	16	166	0:29,17
10분	16 1/6	0:34,55	10분	46 1/6	1:30,01	10분	76 1/6	2:00,07	10분	106 1/6	1:57,46	10분	136 1/6	1:24,14	10분	166 1/6	0:28,56
20분	16 1/3	0:35,16	20분	46 1/3	1:30,16	20분	76 1/3	2:00,11	20분	106 1/3	1:57,39	20분	136 1/3	1:23,59	20분	166 1/3	0:28,36
30분	16 1/2	0:35,37	30분	46 1/2	1:30,31	30분	76 1/2	2:00,16	30분	106 1/2	1:57,33	30분	136 1/2	1:23,43	30분	166 1/2	0:28,15

	도	가감차		도	가감차		도	가감차		도	가감차		도	가감차		도	가감차
40분	16 2/3	0:35,58	40분	46 2/3	1:30,46	40분	76 2/3	2:00,21	40분	106 2/3	1:57,27	40분	136 2/3	1:23,27	40분	166 2/3	0:27,55
50분	16 5/6	0:36,16	50분	46 5/6	1:31,00	50분	76 5/6	2:00,25	50분	106 5/6	1:57,20	50분	136 5/6	1:23,12	50분	166 5/6	0:27,34
17	17	0:36,40	17	47	1:31,15	17	77	2:00,30	17	107	1:57,14	17	137	1:22,56	17	167	0:27,14
10분	17 1/6	0:37,01	10분	47 1/6	1:31,30	10분	77 1/6	2:00,34	10분	107 1/6	1:57,07	10분	137 1/6	1:22,40	10분	167 1/6	0:26,53
20분	17 1/3	0:37,21	20분	47 1/3	1:31,44	20분	77 1/3	2:00,39	20분	107 1/3	1:57,00	20분	137 1/3	1:22,24	20분	167 1/3	0:26,33
30분	17 1/2	0:37,42	30분	47 1/2	1:31,59	30분	77 1/2	2:00,43	30분	107 1/2	1:56,54	30분	137 1/2	1:22,09	30분	167 1/2	0:26,12
40분	17 2/3	0:38,03	40분	47 2/3	1:32,13	40분	77 2/3	2:00,47	40분	107 2/3	1:56,47	40분	137 2/3	1:21,53	40분	167 2/3	0:25,52
50분	17 5/6	0:38,24	50분	47 5/6	1:32,28	50분	77 5/6	2:00,52	50분	107 5/6	1:56,40	50분	137 5/6	1:21,37	50분	167 5/6	0:25,31
18	18	0:38,45	18	48	1:32,42	18	78	2:00;56	18	108	1:56,33	18	138	1:21,21	18	168	0:25,11
10분	18 1/6	0:39,06	10분	48 1/6	1:32,56	10분	78 1/6	2:01,00	10분	108 1/6	1:56,26	10분	138 1/6	1:21,05	10분	168 1/6	0:24,51
20분	18 1/3	0:39,26	20분	48 1/3	1:33,11	20분	78 1/3	2:01,04	20분	108 1/3	1:56,19	20분	138 1/3	1:20,49	20분	168 1/3	0:24,30
30분	18 1/2	0:39,47	30분	48 1/2	1:33,25	30분	78 1/2	2:01,08	30분	108 1/2	1:56,12	30분	138 1/2	1:20,33	30분	168 1/2	0:24,09
40분	18 2/3	0:40,08	40분	48 2/3	1:33,39	40분	78 2/3	2:01,12	40분	108 2/3	1:56,04	40분	138 2/3	1:20,17	40분	168 2/3	0:23,48
50분	18 5/6	0:40,28	50분	48 5/6	1:33,53	50분	78 5/6	2:01,15	50분	108 5/6	1:55,57	50분	138 5/6	1:20,01	50분	168 5/6	0:23,28
19	19	0:40,49	19	49	1:34,07	19	79	2:01,19	19	109	1:55,50	19	139	1:19,45	19	169	0:23,07
10분	19 1/6	0:41,09	10분	49 1/6	1:34,21	10분	79 1/6	2:01,22	10분	109 1/6	1:55,42	10분	139 1/6	1:19,28	10분	169 1/6	0:22,46
20분	19 1/3	0:41,30	20분	49 1/3	1:34,35	20분	79 1/3	2:01,26	20분	109 1/3	1:55,35	20분	139 1/3	1:19,12	20분	169 1/3	0:22,25
30분	19 1/2	0:41,50	30분	49 1/2	1:34,49	30분	79 1/2	2:01,29	30분	109 1/2	1:55,27	30분	139 1/2	1:18,56	30분	169 1/2	0:22,05
40분	19 2/3	0:42,11	40분	49 2/3	1:35,02	40분	79 2/3	2:01,33	40분	109 2/3	1:55,20	40분	139 2/3	1:18,39	40분	169 2/3	0:21,44
50분	19 5/6	0:42,31	50분	49 5/6	1:35,16	50분	79 5/6	2:01,36	50분	109 5/6	1:55,12	50분	139 5/6	1:18,23	50분	169 5/6	0:21,23
20	20	0:42,52	20	50	1:35,30	20	80	2:01,40	20	110	1:55,05	20	140	1:18,07	20	170	0:21,03
10분	20 1/6	0:43,12	10분	50 1/6	1:35,44	10분	80 1/6	2:01,43	10분	110 1/6	1:54,57	10분	140 1/6	1:17,50	10분	170 1/6	0:20,42
20분	20 1/3	0:43,32	20분	50 1/3	1:35,57	20분	80 1/3	2:01,46	20분	110 1/3	1:54,50	20분	140 1/3	1:17,34	20분	170 1/3	0:20,21
30분	20 1/2	0:43,53	30분	50 1/2	1:36,11	30분	80 1/2	2:01,50	30분	110 1/2	1:54,42	30분	140 1/2	1:17,17	30분	170 1/2	0:20,00
40분	20 2/3	0:44,13	40분	50 2/3	1:36,24	40분	80 2/3	2:01,53	40분	110 2/3	1:54,34	40분	140 2/3	1:17,01	40분	170 2/3	0:19,39
50분	20 5/6	0:44,34	50분	50 5/6	1:36,38	50분	80 5/6	2:01,56	50분	110 5/6	1:54,26	50분	140 5/6	1:16,44	50분	170 5/6	0:19,19
21	21	0:44,54	21	51	1:36,51	21	81	2:01,59	21	111	1:54,18	21	141	1:16,28	21	171	0:18,58
10분	21 1/6	0:45,14	10분	51 1/6	1:37,04	10분	81 1/6	2:02,02	10분	111 1/6	1:54,10	10분	141 1/6	1:16,11	10분	171 1/6	0:18,37
20분	21 1/3	0:45,34	20분	51 1/3	1:37,18	20분	81 1/3	2:02,05	20분	111 1/3	1:54,02	20분	141 1/3	1:15,55	20분	171 1/3	0:18,16
30분	21 1/2	0:45,54	30분	51 1/2	1:37,31	30분	81 1/2	2:02,08	30분	111 1/2	1:53,54	30분	141 1/2	1:15,38	30분	171 1/2	0:17,55
40분	21 2/3	0:46,15	40분	51 2/3	1:37,44	40분	81 2/3	2:02,11	40분	111 2/3	1:53,45	40분	141 2/3	1:15,21	40분	171 2/3	0:17,34
50분	21 5/6	0:46,35	50분	51 5/6	1:37,57	50분	81 5/6	2:02,13	50분	111 5/6	1:53,37	50분	141 5/6	1:15,05	50분	171 5/6	0:17,14
22	22	0:46,55	22	52	1:38,10	22	82	2:02,16	22	112	1:53,29	22	142	1:14,48	22	172	0:16,53
10분	22 1/6	0:47,15	10분	52 1/6	1:38,23	10분	82 1/6	2:02,18	10분	112 1/6	1:53,21	10분	142 1/6	1:14,31	10분	172 1/6	0:16,32

	도	가감차		도	가감차		도	가감차		도	가감차		도	가감차		도	가감차
20분	22 1/3	0:47,35	20분	52 1/3	1:38,36	20분	82 1/3	2:02,21	20분	112 1/3	1:53,12	20분	142 1/3	1:14,14	20분	172 1/3	0:16,11
30분	22 1/2	0:47,55	30분	52 1/2	1:38,48	30분	82 1/2	2:02,23	30분	112 1/2	1:53,04	30분	142 1/2	1:13,57	30분	172 1/2	0:15,50
40분	22 2/3	0:48,16	40분	52 2/3	1:39,01	40분	82 2/3	2:02,26	40분	112 2/3	1:52,55	40분	142 2/3	1:13,40	40분	172 2/3	0:15,29
50분	22 5/6	0:48,36	50분	52 5/6	1:39,14	50분	82 5/6	2:02,28	50분	112 5/6	1:52,47	50분	142 5/6	1:13,23	50분	172 5/6	0:15,08
23	23	0:48,56	23	53	1:39,27	23	83	2:02,31	23	113	1:52,38	23	143	1:13,06	23	173	0:14,47
10분	23 1/6	0:49,16	10분	53 1/6	1:39,40	10분	83 1/6	2:02,33	10분	113 1/6	1:52,29	10분	143 1/6	1:12,49	10분	173 1/6	0:14,26
20분	23 1/3	0:49,36	20분	53 1/3	1:39,52	20분	83 1/3	2:02,35	20분	113 1/3	1:52,20	20분	143 1/3	1:12,32	20분	173 1/3	0:14,05
30분	23 1/2	0:49,56	30분	53 1/2	1:40,05	30분	83 1/2	2:02,38	30분	113 1/2	1:52,12	30분	143 1/2	1:12,15	30분	173 1/2	0:13,44
40분	23 2/3	0:50,16	40분	53 2/3	1:40,18	40분	83 2/3	2:02,40	40분	113 2/3	1:52,03	40분	143 2/3	1:11,57	40분	173 2/3	0:13,23
50분	23 5/6	0:50,36	50분	53 5/6	1:40,30	50분	83 5/6	2:02,42	50분	113 5/6	1:51,54	50분	143 5/6	1:11,40	50분	173 5/6	0:13,02
24	24	0:50,56	24	54	1:40,43	24	84	2:02:44	24	114	1:51,45	24	144	1:11,23	24	174	0:12,41
10분	24 1/6	0:51,16	10분	54 1/6	1:40,55	10분	84 1/6	2:02,46	10분	114 1/6	1:51,36	10분	144 1/6	1:11,06	10분	174 1/6	0:12,20
20분	24 1/3	0:51,36	20분	54 1/3	1:41,08	20분	84 1/3	2:02,47	20분	114 1/3	1:51,27	20분	144 1/3	1:10,49	20분	174 1/3	0:11,59
30분	24 1/2	0:51,55	30분	54 1/2	1:41,20	30분	84 1/2	2:02,49	30분	114 1/2	1:51,18	30분	144 1/2	1:10,32	30분	174 1/2	0:11,38
40분	24 2/3	0:52,15	40분	54 2/3	1:41,32	40분	84 2/3	2:02,51	40분	114 2/3	1:51,09	40분	144 2/3	1:10,14	40분	174 2/3	0:11,17
50분	24 5/6	0:52,35	50분	54 5/6	1:41,45	50분	84 5/6	2:02,52	50분	114 5/6	1:51,00	50분	144 5/6	1:09,57	50분	174 5/6	0:10,56
25	25	0:52,55	25	55	1:41,57	25	85	2:02,54	25	115	1:50,50	25	145	1:09,39	25	175	0:10,35
10분	25 1/6	0:53,15	10분	55 1/6	1:42,09	10분	85 1/6	2:02,55	10분	115 1/6	1:50,41	10분	145 1/6	1:09,22	10분	175 1/6	0:10,14
20분	25 1/3	0:53,35	20분	55 1/3	1:42,21	20분	85 1/3	2:02,57	20분	115 1/3	1:50,31	20분	145 1/3	1:09,04	20분	175 1/3	0:09,53
30분	25 1/2	0:53,54	30분	55 1/2	1:42,33	30분	85 1/2	2:02,58	30분	115 1/2	1:50,22	30분	145 1/2	1:08,47	30분	175 1/2	0:09,32
40분	25 2/3	0:54,14	40분	55 2/3	1:42,45	40분	85 2/3	2:02,59	40분	115 2/3	1:50,12	40분	145 2/3	1:08,29	40분	175 2/3	0:09,11
50분	25 5/6	0:54,33	50분	55 5/6	1:42,57	50분	85 5/6	2:03:01	50분	115 5/6	1:50,03	50분	145 5/6	1:08,12	50분	175 5/6	0:08,50
26	26	0:54,53	26	56	1:43,09	26	86	2:03,02	26	116	1:49,53	26	146	1:07,54	26	176	0:08,29
10분	26 1/6	0:55,13	10분	56 1/6	1:43,21	10분	86 1/6	2:03,03	10분	116 1/6	1:49,43	10분	146 1/6	1:07,36	10분	176 1/6	0:08,08
20분	26 1/3	0:55,32	20분	56 1/3	1:43,32	20분	86 1/3	2:03,04	20분	116 1/3	1:49,33	20분	146 1/3	1:07,18	20분	176 1/3	0:07,47
30분	26 1/2	0:55,52	30분	56 1/2	1:43,44	30분	86 1/2	2:03,05	30분	116 1/2	1:49,24	30분	146 1/2	1:07,00	30분	176 1/2	0:07,26
40분	26 2/3	0:56,11	40분	56 2/3	1:43,56	40분	86 2/3	2:03,06	40분	116 2/3	1:49,14	40분	146 2/3	1:06,43	40분	176 2/3	0:07,04
50분	26 5/6	0:56,31	50분	56 5/6	1:44,07	50분	86 5/6	2:03,07	50분	116 5/6	1:49,04	50분	146 5/6	1:06,25	50분	176 5/6	0:06,43
27	27	0:56,50	27	57	1:44,19	27	87	2:03,08	27	117	1:48,54	27	147	1:06,07	27	177	0:06,22
10분	27 1/6	0:57,10	10분	57 1/6	1:44,31	10분	87 1/6	2:03,09	10분	117 1/6	1:48,44	10분	147 1/6	1:05,49	10분	177 1/6	0:06,01
20분	27 1/3	0:57,29	20분	57 1/3	1:44,42	20분	87 1/3	2:03,09	20분	117 1/3	1:48,34	20분	147 1/3	1:05,31	20분	177 1/3	0:05,40
30분	27 1/2	0:57,48	30분	57 1/2	1:44,54	30분	87 1/2	2:03,10	30분	117 1/2	1:48,24	30분	147 1/2	1:05,13	30분	177 1/2	0:05,19
40분	27 2/3	0:58,08	40분	57 2/3	1:45,05	40분	87 2/3	2:03,10	40분	117 2/3	1:48,13	40분	147 2/3	1:04,35	40분	177 2/3	0:04,57
50분	27 5/6	0:58,27	50분	57 5/6	1:45,17	50분	87 5/6	2:03,11	50분	117 5/6	1:48,03	50분	147 5/6	1:04,37	50분	177 5/6	0:04,36

	도	가감차		도	가감차		도	가감차		도	가감차		도	가감차		도	가감차
28	28	0;58,46	28	58	1;45,28	28	88	2;03,11	28	118	1;47,53	28	148	1;04,19	28	178	0;04,15
10분	28 1/6	0;59,05	10분	58 1/6	1;45,39	10분	88 1/6	2;03,11	10분	118 1/6	1;47,42	10분	148 1/6	1;04,01	10분	178 1/6	0;03,54
20분	28 1/3	0;59,24	20분	58 1/3	1;45,51	20분	88 1/3	2;03,11	20분	118 1/3	1;47,32	20분	148 1/3	1;03,43	20분	178 1/3	0;03,33
30분	28 1/2	0;59,48	30분	58 1/2	1;46,02	30분	88 1/2	2;03,12	30분	118 1/2	1;47,21	30분	148 1/2	1;03,25	30분	178 1/2	0;03,12
40분	28 2/3	1;00,02	40분	58 2/3	1;46,13	40분	88 2/3	2;03,12	40분	118 2/3	1;47,11	40분	148 2/3	1;03,06	40분	178 2/3	0;02,50
50분	28 5/6	1;00,21	50분	58 5/6	1;46,24	50분	88 5/6	2;03,12	50분	118 5/6	1;47,00	50분	148 5/6	1;02,48	50분	178 5/6	0;02,29
29	29	1;00,40	29	59	1;46,35	29	89	2;03,12	29	119	1;46,50	29	149	1;02,30	29	179	0;02,08
10분	29 1/6	1;00,59	10분	59 1/6	1;46,46	10분	89 1/6	2;03,12	10분	119 1/6	1;46,39	10분	149 1/6	1;02,12	10분	179 1/6	0;01,47
20분	29 1/3	1;01,18	20분	59 1/3	1;46,57	20분	89 1/3	2;03,11	20분	119 1/3	1;46,29	20분	149 1/3	1;01,53	20분	179 1/3	0;01,25
30분	29 1/2	1;01,37	30분	59 1/2	1;47,08	30분	89 1/2	2;03,11	30분	119 1/2	1;46,18	30분	149 1/2	1;01,35	30분	179 1/2	0;01,04
40분	29 2/3	1;01,55	40분	59 2/3	1;47,19	40분	89 2/3	2;03,11	40분	119 2/3	1;46,07	40분	149 2/3	1;01,17	40분	179 2/3	0;00,43
50분	29 5/6	1;02,14	50분	59 5/6	1;47,29	50분	89 5/6	2;03,10	50분	119 5/6	1;45,57	50분	149 5/6	1;00,58	50분	179 5/6	0;00,21
															7궁0도	180	0;00,00

- 6궁 3도 10분의 값이 판나이 휘집본 《숭정역서》: 0;55,42 《신법산서》: 0;54,42 규장각본 《숭정역서》: 0;55,42이다.
- 5궁 27도 40분의 값이 판나이 휘집본 《숭정역서》: 1;04,35 《신법산서》: 1;04,55 규장각본 《숭정역서》: 1;04,35.이다.
- 1궁 0도(근지점)~7궁 0도(원지점)만 표시함.
- 7궁 0도(원지점)~12궁 30도(근지점)은 끝으로부터 거꾸로 읽어 올라가면 됨.

보충자료 3 《숭정역서》, 《신법산서》, 《역상고성》, 이퀀트(Equant) 모델의 태양 가감차 비교

※ 비교해 본 결과 《숭정역서》, 《신법산서》, 《역상고성》 모두 이퀀트(Equant) 모델로 계산한 값과 거의 비슷하였다. 그러나. 《역상고성》은 두 주전원 모델(Two epicycle model)을 사용하여 가감차를 구하는 방법을 제시하고 있다. 두 주전원 모델은 187쪽 〈표 3〉의 코페르니쿠스 모델과 같은 가감차 값을 갖는다. 〈표 3〉에서 어림으로 유도된 가감차를 보면 이퀀트 모델과 코페르니쿠스 모델이 같은 식을 갖는다. 따라서 《역상고성》이 두 주전원 모델로 가감차 값을 구했더라도 이퀀트 모델로 구한 가감차 값과 구별하기 어렵다.

〈표 10〉《숭정역서》, 《신법산서》, 《역상고성》, 이퀀트 모델의 태양 가감차 비교

M	《숭정역서》	《신법산서》	《역상고성》	이퀀트 모델(E=3584)		
도	도;분,초	도;분,초	도;분,초	도	분	초
0	0;00,00	0;00,00	0;0,0	0	0	0
6	0;13,08	0;13,08	0;13,07	0	13	7
12	0;26,05	0;26,05	0;26,04	0	26	4
18	0;38,45	0;38,45	0;38,44	0	38	44
24	0;50,56	0;50,56	0;50,57	0	50	57
30	1;02,33	1;02,33	1;02,34	1	2	34
36	1;13,25	1;13,25	1;13,28	1	13	29
42	1;23,29	1;23,29	1;23,32	1	23	33
48	1;32,42	1;32,42	1;32,39	1	32	40
54	1;40,43	1;40,43	1;40,43	1	40	43
60	1;47,40	1;47,40	1;47,38	1	47	39
66	1;53,22	1;53,22	1;53,21	1	53	21
72	1;57,49	1;57,49	1;57,47)	1	57	48
78	2;00;56	2;00;56	2;00,55	2	0	56
84	2;02;44	2;02;44	2;02,43	2	2	44
90	2;03,10	2;03,10	2;03,09	2	3	11
96	2;02,16	2;02,16	2;02,15	2	2	16
102	2;00,04	2;00,04	2;00,06	2	0	2
108	1;56,33	1;56,33	1;56,29	1	56	30
114	1;51,45	1;51,45	1;51,42	1	51	43
120	1;45,46	1;45,46	1;45,43	1	45	44
126	1;38,42	1;38,40	1;38,37	1	38	37
132	1;30,30	1;30,30	1;30,27	1	30	28
138	1;21,21	1;21,21	1;21,21	1	21	21
144	1;11,23	1;11,23	1;11,23	1	11	23
150	1;00,40	1;00,40	1;00,39	1	0	40
156	0;49,16	0;49,16	0;49,18	0	49	18
162	0;37,25	0;37,25	0;37,26	0	37	26
168	0;25,11	0;25,11	0;25,10	0	25	10
174	0;12,41	0;12,41	0;12,39	0	12	39
180	0;00,00	0;00,00	0;00,00	0	0	0

보충자료 4 마기니(Magini) 가감차표와의 비교

Tabula Aequationum Solis. 53

	Subtrahe																		
	0			1			2			3			4			5			
	P	′	″	P	′	″	P	′	″	P	′	″	P	′	″	P	′	″	
0	0	0	0	1	0	40	1	45	46	2	3	10	1	47	40	1	2	33	30
10	0	0	21	1	0	58	1	45	57	2	3	10	1	47	29	1	2	14	50
20	0	0	43	1	1	17	1	46	7	2	3	11	1	47	19	1	1	55	40
30	0	1	4	1	1	35	1	46	18	2	3	11	1	47	8	1	1	37	30
40	0	1	25	1	1	53	1	46	29	2	3	11	1	46	57	1	1	18	20
50	0	1	47	1	2	12	1	46	39	2	3	12	1	46	46	1	0	59	10
1	0	2	8	1	2	30	1	46	50	2	3	12	1	46	35	1	0	40	29
10	0	2	29	1	2	48	1	47	0	2	3	12	1	46	24	1	0	21	50
20	0	2	50	1	3	6	1	47	11	2	3	12	1	46	13	1	0	2	40
30	0	3	12	1	3	25	1	47	21	2	3	12	1	46	2	0	59	43	30
40	0	3	33	1	3	43	1	47	32	2	3	11	1	45	51	0	59	24	20
50	0	3	54	1	4	1	1	47	42	2	3	11	1	45	39	0	59	5	10
2	0	4	15	1	4	19	1	47	53	2	3	11	1	45	28	0	58	46	28
10	0	4	36	1	4	37	1	48	3	2	3	11	1	45	17	0	58	27	50
20	0	4	57	1	4	55	1	48	13	2	3	10	1	45	5	0	58	8	40
30	0	5	19	1	5	13	1	48	24	2	3	10	1	44	54	0	57	48	30
40	0	5	40	1	5	31	1	48	34	2	3	9	1	44	42	0	57	29	20
50	0	6	1	1	5	49	1	48	44	2	3	9	1	44	31	0	57	10	10
3	0	6	22	1	6	7	1	48	54	2	3	8	1	44	19	0	56	50	27
10	0	6	43	1	6	25	1	49	4	2	3	7	1	44	7	0	56	31	50
20	0	7	4	1	6	43	1	49	14	2	3	6	1	43	56	0	56	11	40
30	0	7	26	1	7	0	1	49	24	2	3	5	1	43	44	0	55	52	30
40	0	7	47	1	7	18	1	49	33	2	3	4	1	43	32	0	55	32	20
50	0	8	8	1	7	36	1	49	43	2	3	3	1	43	21	0	55	13	10
4	0	8	29	1	7	54	1	49	53	2	3	2	1	43	9	0	54	53	26
10	0	8	50	1	8	12	1	50	3	2	3	1	1	42	57	0	54	33	50
20	0	9	11	1	8	29	1	50	12	2	2	59	1	42	45	0	54	14	40
30	0	9	32	1	8	47	1	50	22	2	2	58	1	42	33	0	53	54	30
40	0	9	53	1	9	4	1	50	31	2	2	57	1	42	21	0	53	35	20
50	0	10	14	1	9	22	1	50	41	2	2	55	1	42	9	0	53	15	10
5	0	10	35	1	9	39	1	50	50	2	2	54	1	41	57	0	52	55	25
10	0	10	56	1	9	57	1	51	0	2	2	52	1	41	45	0	52	35	50
20	0	11	17	1	10	14	1	51	9	2	2	51	1	41	32	0	52	15	40
30	0	11	38	1	10	32	1	51	18	2	2	49	1	41	20	0	51	55	30
40	0	11	59	1	10	49	1	51	27	2	2	47	1	41	8	0	51	36	20
50	0	12	20	1	11	6	1	51	36	2	2	46	1	40	55	0	51	16	10
6	0	12	[illegible]	1	11	23	1	51	45	2	2	44	1	40	43	0	50	56	24
	11			10			9			8			7			6			
	Adde																		

[그림 5] 마기니의 가감차표(일부) [*Svpplementvm ephemeridvm, ac tabvlarvm secvndorvm mobilivm....* (Venetiis : Apud Haeredem Damiani Zenarij, 1614), 53쪽]

〈일전표〉의 가감차표는 마기니의 《태양운행표 증보》, 53-57쪽에 있는 〈태양가감차표(Tabula Aequationum Solis)〉와 동일하다. 마기니는 케플러의 천문학의 영향을 받은 초기의 인물로 다뤄진다.[82] 그는 케플러의 천문학 전체를 받아들이지는 않았지만, 특히 케플러를 통해 티코의 양심차를 반으로 나누는 이퀀트(Equant) 모델을 적용했다. 케플러는 1800이라는 수치를 제시했지만, 마기니는 티코의 양심차의 반인 1792를 사용해서 가감차표와 태양~지심거리표를 만들었다. 실제 1610년 1월 15일에 케플러에게 보내는 편지(《태양운행표 중보》, 254-255쪽)에서 티코의 양심차 값의 반인 1792를 사용하는 것에 대해 언급하고 있다. 하지만 마기니의 저서에서는 이퀀트(Equant) 모델을 사용하는 방식에 대한 설명은 없다. [그림 5]에서 나타나듯, 〈일전표〉는 10분 단위로 표기되어 있는 마기니의 표와 체제가 거의 동일하다.

하지만 마기니의 표는 원일점을 기준으로 한다면, 〈일전표〉는 근일점을 기준으로 하여 역순으로 배열했고, 마기니의 표는 황도 12궁을 0궁~11궁으로 나타낸 데 비해 〈일전표〉는 1궁~12궁으로 나타냈다. 6도 간격으로 〈일전표〉와 마기니의 값을 비교하면 〈표 11〉과 같다.

〈표 11〉 《숭정역서》의 가감차와 마가니의 가감차 비교(6도 간격)

《숭정역서》의 가감차		Magini의 가감차			
근일점 기준	도; 분,초	근일점 기준	도	분	초
0	0;00,00	180	0	0	0
6	0;13,08	174	0	13	8
12	0;26,05	168	0	26	5
18	0;38,45	162	0	38	45
24	0;50,56	156	0	50	56
30	1;02,33	150	1	2	33
36	1;13,25	144	1	13	25
42	1;23,29	138	1	23	29
48	1;32,42	132	1	32	42
54	1;40,43	126	1	40	43
60	1;47,40	120	1	47	40
66	1;53,22	114	1	53	22
72	1;57,49	108	1	57	49
78	2;00;56	102	2	0	56

82) James R. Voelkel & Owen Gingerich, "Giovanni Antonio Magini's "Keplerian" Tables of 1614 and Their Implications for the Reception of Keplerian Astronomy in the Seventeenth Century, *Journal for the History of Astronomy* 32/3 (2001), 237-262를 참조하라.

《숭정역서》의 가감차		Magini의 가감차			
근일점 기준	도; 분,초	근일점 기준	도	분	초
84	2;02;44	96	2	2	44
90	2;03,10	90	2	3	10
96	2;02,16	84	2	2	16
102	2;00,04	78	2	0	4
108	1;56,33	72	1	56	33
114	1;51,45	66	1	51	45
120	1;45,46	60	1	45	46
126	1;38,42	54	1	38	41
132	1;30,30	48	1	30	30
138	1;21,21	42	1	21	21
144	1;11,23	36	1	11	23
150	1;00,40	30	1	0	40
156	0;49,16	24	0	49	16
162	0;37,25	18	0	37	25
168	0;25,11	12	0	25	11
174	0;12,41	6	0	12	41
180	0;00,00	0	0	0	0

[그림 5]의 마기니의 값은 이퀀트(Equant) 모델로 티코의 양심차 값 3584의 절반인 1792를 사용했다. 티코는 이심원(Eccentric) 모델에 기초한 가감차 표를 제시하여 마기니의 값과 다르다. [그림 6]은 티코의 《새로운 천문학 입문》에 실린 티코의 가감차 표인데, 제목은 "양심차를 이심원의 반지름 1000000 혹은 60도에 대해 3584 혹은 2도 9분으로 전제할 때 우리 시대에 맞춰진 태양의 가감차표"(Tabula prosthaphaeresium solarium nostris temporis accomodata praesupponens eccentricitatem 3584. aut P. 2./.9 qualium semidiameter eccentrici est : 100000. aut P. 60./.0)라고 나와 있다. 이 표에선 양심차를 3584로 두고 90도(3 subt., 0)의 가감차가 2도 3분 9초, 96도 (3 subt,, 6)의 가감차가 2도 2분 55초 등등 《숭정역서》 및 마기니의 값과 확연히 다름을 볼 수 있다.

TABVLA PROSTHAPHÆRESIVM SOLARIVM NOSTRIS TEMPORIBVS ACCOMMODATA																
	0 Subt.			Diff. A.		1 Subt.			Diff. A.		2 Subt.			Diff. A.		
G.	P.	′	″	′	″	P.	′	″	′	″	P.	′	″	′	″	G.
0	0	0	0	2	5	0	59	44	1	49	1	44	47	1	6	30
1	0	2	5	2	5	1	1	33	1	48	1	45	53	1	4	29
2	0	4	10	2	4	1	3	21	1	47	1	46	57	1	2	28
3	0	6	14	2	4	1	5	8	1	46	1	47	59	1	0	27
4	0	8	18	2	4	1	6	54	1	44	1	48	59	0	58	26
5	0	10	22	2	4	1	8	38	1	43	1	49	57	0	56	25
6	0	12	26	2	4	1	10	21	1	42	1	50	53	0	54	24
7	0	14	30	2	3	1	12	3	1	41	1	51	47	0	52	23
8	0	16	33	2	3	1	13	44	1	40	1	52	39	0	51	22
9	0	18	36	2	3	1	15	24	1	39	1	53	30	0	49	21
10	0	20	39	2	2	1	17	3	1	37	1	54	19	0	48	20
11	0	22	41	2	2	1	18	40	1	36	1	55	7	0	45	19
12	0	24	43	2	2	1	20	16	1	35	1	55	52	0	42	18
13	0	26	45	2	2	1	21	51	1	33	1	56	34	0	40	17
14	0	28	47	2	1	1	23	24	1	32	1	57	14	0	38	16
15	0	30	48	2	1	1	24	56	1	31	1	57	52	0	36	15
16	0	32	49	2	0	1	26	27	1	29	1	58	28	0	34	14
17	0	34	49	1	59	1	27	56	1	27	1	59	2	0	32	13
18	0	36	48	1	59	1	29	23	1	26	1	59	34	0	30	12
19	0	38	47	1	58	1	30	49	1	24	2	0	4	0	28	11
20	0	40	45	1	58	1	32	13	1	23	2	0	32	0	26	10
21	0	42	43	1	57	1	33	36	1	22	2	0	58	0	24	9
22	0	44	40	1	56	1	34	58	1	20	2	1	22	0	21	8
23	0	46	36	1	55	1	36	18	1	18	2	1	43	0	19	7
24	0	48	31	1	54	1	37	36	1	16	2	2	2	0	17	6
25	0	50	25	1	53	1	38	52	1	14	2	2	19	0	14	5
26	0	52	18	1	53	1	40	6	1	12	2	2	33	0	12	4
27	0	54	11	1	52	1	41	18	1	11	2	2	45	0	10	3
28	0	56	3	1	51	1	42	29	1	9	2	2	55	0	8	2
29	0	57	54	1	50	1	43	38	1	8	2	3	3	0	6	1
30	0	59	44			1	44	46			2	3	9			0
G.	11 Adde			Diff. S.		10 Adde			Diff. S.		9 Adde			Diff. S.		G.

PRÆSVPPONENS ECCENTRICITATEM 3584. aut P. 2. /. 9 QVALIVM SEMIDIAMETER ECCENTRICI EST: 100000. aut P. 60. /. 0																
	3 Subt.			Diff. A. S.		4 Subt.			Diff. S.		5 Subt.			Diff. S.		
G.	P.	′	″	′	″	P.	′	″	′	″	P.	′	″	′	″	G
0	2	3	9	0	4	1	48	36	1	3	1	3	33	1	53	30
1	2	3	13	0	2	1	47	33	1	5	1	1	40	1	55	29
2	2	3	15	0	2	1	46	28	1	7	0	59	45	1	57	28
3	2	3	13	0	4	1	45	21	1	9	0	57	48	1	59	27
4	2	3	9	0	6	1	44	12	1	11	0	55	49	2	1	26
5	2	3	3	0	8	1	43	1	1	14	0	53	48	2	1	25
6	2	2	55	0	10	1	41	47	1	16	0	51	47	2	2	24
7	2	2	45	0	12	1	40	31	1	17	0	49	45	2	2	23
8	2	2	33	0	14	1	39	14	1	19	0	47	43	2	3	22
9	2	2	19	0	17	1	37	55	1	20	0	45	40	2	4	21
10	2	2	2	0	19	1	36	35	1	22	0	43	36	2	5	20
11	2	1	43	0	21	1	35	13	1	24	0	41	31	2	6	19
12	2	1	22	0	24	1	33	49	1	26	0	39	25	2	7	18
13	2	0	58	0	26	1	32	23	1	29	0	37	18	2	8	17
14	2	0	32	0	28	1	30	54	1	31	0	35	10	2	9	16
15	2	0	4	0	30	1	29	23	1	33	0	33	1	2	9	15
16	1	59	34	0	32	1	27	50	1	34	0	30	52	2	10	14
17	1	59	2	0	35	1	26	16	1	36	0	28	42	2	10	13
18	1	58	27	0	37	1	24	40	1	37	0	26	32	2	11	12
19	1	57	50	0	39	1	23	3	1	38	0	24	21	2	11	11
20	1	57	11	0	41	1	21	25	1	39	0	22	10	2	11	10
21	1	56	30	0	44	1	19	46	1	41	0	19	59	2	12	9
22	1	55	46	0	46	1	18	5	1	43	0	17	47	2	12	8
23	1	55	0	0	48	1	16	22	1	46	0	15	35	2	13	7
24	1	54	12	0	51	1	14	36	1	48	0	13	22	2	13	6
25	1	53	21	0	53	1	12	48	1	49	0	11	9	2	13	5
26	1	52	28	0	55	1	10	59	1	50	0	8	56	2	14	4
27	1	51	33	0	57	1	9	9	1	51	0	6	42	2	14	3
28	1	50	36	0	59	1	7	18	1	52	0	4	28	2	14	2
29	1	49	37	1	1	1	5	26	1	53	0	2	14	2	14	1
30	1	48	36			1	3	33			0	0	0			0
G.	8 Adde			Diff. S. A.		7 Adde			Diff. A.		6 Adde			Diff. A.		G.

[그림 6] 티코의 가감차 표 [*Tychonis Brahe Dani Scripta Astronomica*, ed. I. L. E. Dreyer, Tomus II (Hauniae, 1913), 49-50쪽]

이렇게 볼 때《숭정역서》의 태양운동 이론은 티코에게 크게 의존하지만, 티코보다 한 단계 발전된 형태라고 평가될 수 있다. 이것은 〈일전역지〉와 〈일전표〉를 만든 나아곡(羅雅谷, Giacomo Rho)이 당대의 천문학을 잘 알고 있었으며, 실제 관측에 부합되는 이론과 실제를 중국에 소개하기 위해 노력했다는 것을 잘 보여준다.

제2권 표 Ⅳ 제4표. 태양의 동지 근처 실제운행 도수를 시간으로 변환한 표[태양동지자행변시표(太陽冬至自行變時表)]

◎ 《신법산서》에는 없는 표[83)]

◎ 동지 전후 2, 3일 이내에만 사용 가능.

태양의 실제운행 도수가 0분에서 61분까지 커질 때 시간 변화를 1분마다 기록.

'자행(自行)'은 시행(視行), 실행(實行)이라고도 함.[84)] 평행(平行 평균운행 도수)과 대비되는 개념.

대통력(大統曆)은 항상 동지점을 기준으로 계산하기 때문에 이 표가 필요함.[85)]

① 자행(自行) : 이 표의 인수(引數)인 태양의 실제운행 도수[86)]

a. 동지 전후 2, 3일 이내에 태양이 실제로 운행한 도수

b. 분 단위와 초 단위를 겹쳐 배열함.

1분, 2분, 3분, …, 59분, 60분, 61분 ⇒ 시간을 시, 분, 초 단위로 읽음.

1초, 2초, 3초, …, 59초, 60초, 61초 ⇒ 시간을 분, 초, 미 단위로 읽음.

② 시간 값의 변화 양상

a. 분당 시간 변화는 대체로 23분 28초.

---

83) 이 표는 옥스퍼드대본, 규장각본, 《서양신법역서》본에서부터 제외되었다. 石云里 · 褚龙飞(2017), 936면.

84) 《신법산서》〈일전표〉에는 '시행(視行)', '실행(實行)'과 함께 '세행(細行)'도 '자행(自行)'의 동의어로 제시되어 있고, 〈일전표〉에서 실제로 그렇게 쓰였다. 그러나 《숭정역서》〈일전표〉에서 '세행(細行)'은 '세밀하게 구분한 행도'라는 의미이다. 319쪽 각주 66) 참조.

85) 동지시각을 정확히 결정해야 하기 때문이다.

86) 동지 근처에서 태양은 하루에 $61'21''$ 를 가기에 $1'$ (각분)을 움직이는 시간은 $\frac{24^h}{61'21''}=0^h23^m28^s/1'$ 이 나온다. 또한 시간이나 각도나 같은 60진법을 사용하기에 $0^m23^s28^{ss}/1''$ 가 된다. 이 값을 규칙적으로 곱해 주면 표를 만들 수 있다. 《숭정역서》에 제시된 값과 계산값이 조금 다른 부분이 보이는데, 이는 《숭정역서》에 잘못 기록된 것으로 이후 규장각본과 《신법산서》에는 대부분 계산값에 가까운 수치로 정정되었다.

b. 자행(自行) 60분에 대한 시간은 23시28분19초
자행 59분60초에 대한 시간은 23시28분17초19미
: 두 값이 같지 않음.[87)]

c. 자행 59분08초에 대한 시간은 23시7분56초41미
: 평균치보다 약 52분 짧음.[88)]

〈표 12〉 태양의 동지 근처 실제 운행 도수-시간 환산표 비교 : 태양의 '겉보기 운행[자행(自行)]' 도수값(분, 초)을 시간값(시, 분)으로 변환한 표

《숭정역서》의 〈태양동지자행변시표(太陽冬至自行變時表)〉, 동짓날 실제 태양의 매도 운행 누적 시간
A열의 값을 '분'단위로 읽으면 B열의 값을 '시'단위로,
A열의 값을 '초'단위로 읽으면 B열의 값을 '분'단위로 읽어야 한다.

《숭정역서》에 제시된 값		계산된 값		
A(각분, 각초)	B(시, 분)	(시, 분)	(분, 초)	(초, 미)
1	0:24,28	0	23	28
2	0:46,57	0	46	57
3	1:10,25	1	10	25
4	1:33,53	1	33	53
5	1:57,22	1	57	22
6	2:20,50	2	20	50
7	2:44,18	2	44	18
8	3:07,47	3	7	47
9	3:31,15	3	31	15
10	3:54,43	3	54	43
11	4:18,11	4	18	11
12	4:41,40	4	41	40
13	5:05,08	5	5	8

87) 〈표 13〉 태양의 동지 근처 실제 운행표를 이용하여 자행 60분을 읽으면 23시28분19초이다. 그런데 자행 59분과 60초를 따로 읽어 합하며 23시04분49초＋23분28초19미＝23시28분17초19미가 나온다. 따라서 두 값은 같지가 않다. 왜냐하면 〈표 13〉을 만들면서 '미' 이하의 값들을 생략했기 때문이다.

88) 자행 59분08초를 〈표 13〉에서 읽으면 23시4분49초＋3분7초47미＝23시7분56초47미가 된다. 그런데 〈표 14〉 태양의 평균 운행 누적 도수를 이용하면 23시56분37초02미＋3분14초47미44섬＝23시59분51초49미44섬이 된다. 따라서 23시59분51초49미44섬－23시7분56초47미＝51분55초2미44섬＝약 52분 짧다.

《숭정역서》에 제시된 값		계산된 값		
A(각분, 각초)	B(시, 분)	(시, 분)	(분, 초)	(초, 미)
14	5;28,36	5	28	36
15	5;52,05	5	52	5
16	6;15,33	6	15	33
17	6;49,01	6	39	1
18	7;02,29	7	2	30
19	7;25,58	7	25	58
20	7;45,26	7	49	26
21	8;12,55	8	12	55
22	8;36,23	8	36	23
23	8;59,51	8	59	51
24	9;23,20	9	23	20
25	9;46,48	9	46	48
26	10;10,16	10	10	16
27	10;33,44	10	33	44
28	10;56,13	10	57	13
29	11;19,45	11	20	41
30	11;44,09	11	44	9
31	12;09,36	12	7	38
32	12;13,06	12	31	6
33	12;55,34	12	54	34
34	13;19,03	13	18	3
35	13;44,38	13	41	31
36	14;47,59	14	4	59
37	13;54,35	14	28	28
38	14;18,04	14	51	56
39	14;41,33	15	15	24
40	15;38,53	15	38	53
41	15;02,21	16	2	21
42	16;25,50	16	25	49
43	16;49,18	16	49	17
44	17;12,46	17	12	46
45	17;36,13	17	36	14
46	17;59,41	17	59	42

《숭정역서》에 제시된 값		계산된 값		
A(각분, 각초)	B(시, 분)	(시, 분)	(분, 초)	(초, 미)
47	18;21,09	18	23	11
48	18;46,36	18	46	39
49	19;10,04	19	10	7
50	19;33,35	19	33	36
51	19;57,03	19	57	4
52	20;20,32	20	20	32
53	20;44,00	20	44	1
54	21;07,38	21	7	29
55	21;30,57	21	30	57
56	21;54,29	21	54	26
57	22;57,53	22	17	54
58	22;41,21	22	41	22
59	23;04,49	23	4	50
60	23;28,19	23	28	19
61	23;52,47	23	51	47

제2권 표 해설Ⅱ 태양의 '세밀 행도[세행細行]'를 시간으로 변환한 표의 사용법[89] [태양세행변시표용법(太陽細行變時表用法)]

(1) 태양의 '운행 도수[행도(行度)]' 두 가지와 그 두 가지에 대한 표

① 평균운행[평행(平行)]

→ 태양의 평균운행 도분(度分)을 시간으로 변환한 표(**제5표**)

: 1년 중 모든 절기에 사용 가능.

- 1년 중 모든 절기의 실제운행 도분을 시간으로 변환한 표는 별도로 있음.[90]

② 실제운행[자행(自行)]

→ 태양의 동지 근처 실제운행을 시간으로 변환한 표(**제4표**)

: 동지 전후 2, 3일 이내에만 사용 가능.

- 대통력(大統曆)은 항상 동지를 기점으로 계산하기 때문에 이 표가 필요함.
- 자행(自行)은 시행(視行), 실행(實行)이라고도 칭함.

(2) 평균운행 표의 검색법 1 : 평균운행 도수를 시간으로 변환하기

① 오른쪽에서 왼쪽으로 헤아려 나감.

② 위 칸에 1부터 60까지 태양 운행 도수의 분초를 쓰고, 아래 칸에 시, 분, 초를 순차적으로 열거함.

---

89) 옥스퍼드대본, 규장각본, 《서양신법역서》본에는 이 절이 없고 대신에 〈태양의 연중 실제운행 도수를 시간으로 변환한 표에 대한 해설[태양주세세행변시표설(太陽周歲細行變時表說)]〉이 있다. 石云里 · 褚龙飞(2017), 937면. 《신법산서》도 마찬가지이다. 자세한 내용은 본서의 제4부를 참조하라.

90) 《숭정역서》의 〈일전표〉에는 이 표가 없다. 《신법산서》의 제9표 〈태양의 실제운행 도수를 시간으로 변환한 표[세행변시표(細行變時表)]〉가 이에 해당한다.

③ 위 칸에서 읽은 운행 도수가 '분' 단위이면, 아래칸의 단위가 '시, 분, 초, 미'가 되고 위 칸에서 읽은 운행 도수가 '초' 단위이면, 아래칸의 단위가 '분, 초, 미'가 됨.

(3) 평균운행 표를 이용한 계산 예 1

갑자년 위무오(胃戊午)일 새벽 자정(子正 0시) 초각(0각)부터 동지까지 35분 44초의 평균운행이 더 필요하다고 할 때, 동지 시각의 분초를 구해 보자.

- 이 만큼의 평균운행[평행(平行)]을 채운 뒤에 평동지(平冬至)가 된다는 뜻임.

① 〈태양의 세밀 평균운행 도수를 시간으로 변환한 표[태양세평행변시표(太陽細平行變時表) 제5표]〉의 위 칸에서 35를 찾아 '분' 단위의 수로 삼고 그 아래칸의 14시12분13초50미를 취함.

② 다음으로 위 칸에서 44를 찾아 '초' 단위의 수로 삼고 그 아래 칸의 17분51초22미를 취함.

③ 위에서 찾은 두 수를 합하면 14시29분05초12미가 됨.

- 57각14분05초12미로 표현할 수도 있음.

(4) 평균운행 표의 검색법 2 : 시간을 평균운행 도수로 변환하기

① 먼저 아래 칸에서 구하려는 시, 각, 분, 초를 찾음.

② '①'에서 찾은 시, 각, 분, 초의 윗칸에서 '평균운행[평행(平行)]'[91] 분(分)을 취함.

(5) 평균운행 표를 이용한 계산 예 2 : 14시29분05초12미의 시간 동안 이루어지는 태양의 평균운행[평행(平行)] 분(分)을 구해 보자.

91) 원문은 '실제운행[자행(自行)]'이지만, 이 검색법은 (2)항의 검색법을 역(逆)으로 진행하는 것이며, 이 뒤에 제시된 계산예 역시 시간을 평균운행 도수로 변화한 것이므로 바로잡았다.

① 〈태양의 세밀 평균운행 도수를 시간으로 변환한 표[태양세평행변시표(太陽細平行變時表) 제5표]〉의 아래칸에서, 먼저 주어진 시간에 가까운 시간을 찾으면, 14시12분13초50미가 있음.

② ①의 윗칸에 있는 35분을 취함.

③ 14시12분13초50미는 주어진 시간보다 16분51초07미[92]가 적으므로, 표의 하단에서 이에 근접한 수를 찾으면 16분38초20미[93]가 있음.

④ ③의 윗칸에 있는 41초를 취함.

⑤ 주어진 시간에 차려면 아직도 12초47미가 모자라므로, 표의 하단에서 이에 근접한 수를 찾으면 12초54미 남짓이 있음.

⑥ ⑤의 윗칸에 있는 31미를 취함.

⑦ 앞에서 취한 세 수를 합하면 평균운행 도수 35분41초31미가 됨.
(▼ 주어진 시간과 초, 미 단위의 수가 조금 차이 나는 것은 따지지 않음.)

(6) 실제운행 표의 검색법

① 실제운행 도수의 분초(分秒)를 가지고 시간을 구하는 방법 : 〈태양의 동지 근처 실제운행 도수를 시간으로 변환한 표[태양동지자행변시표(太陽冬至自行變時表) 제4표]〉를 위 (2)항과 같이 이용함.

② 시간을 가지고 실제운행 도수의 분초를 구하는 방법 : 별도의 표[94]가 있음.

---

92) 실제 계산 결과는 16분51초22미 이지만, 이후의 계산이 모두 원문의 16분51초07미 에 따라 이루어지고 있으므로, 수정하지 않고 그대로 옮겼다.

93) 제5표에서 상단 '41'에 대한 하단의 수는 '16 38 29 38'이므로 반올림하여 '16 38 30'이지만, 이후의 계산이 모두 원문의 16분38초20미 에 따라 이루어지고 있으므로, 수정하지 않고 그대로 옮겼다.

94) 여기서 말한 '별도의 표'가 《신법산서》의 〈역원 후 200항년 표 해설[역원후이백항년표설(曆元後二百恒年表說)]〉에서 '24절기의 일률(日率 동지부터 각 절기까지 일수)' 구하기에 사용된 표로 생각된다. 264쪽 각주 12)에 밝혔듯이 이 표가 《숭정역서》 판나이 휘집본과 규장각본과 《신법산서》에는 모두 보이지 않는다.

제2권 표 V 제5표. 태양의 세밀 평균운행 도수를 시간으로 변환한 표 [태양세평행변시표(太陽細平行變時表)]

◎ 《신법산서》에는 없는 표

옥스퍼드대본, 규장각본, 《서양신법역서》본에서부터 사라짐.[95]

◎ 태양의 '평균운행 도수[평행(平行)]'가 0분에서 60분까지 커질 때 시간 변화를 1분마다 기록.

① 표의 형식은 제4표와 동일.

② 시간 값의 변화 양상

a. 초당 시간 변화가 24초20미58섬으로 일정함.

b. 평균운행 도수 60분에 대한 시간은 24시20분58초

평균운행 도수 59분60초에 대한 시간 역시 24시20분58초

: 두 값이 같음.

c. 평균운행 도수 59분08초에 대한 시간 변화는 23시59분52초7미로 24시에 가까움.

〈표 13〉 태양의 평균운행 도수-시간 환산표 :
태양의 평균운행 도수값(분, 초)을 시간값(시, 분)으로 변환한 표

평행(平行) 분(초)	《숭정역서》의 〈태양세평행변시표(太陽細平行變時表)〉의 시분초 1열을 '분' 단위로 읽을 때는 '시', '초' 단위로 읽을 때는 '분'
1	0;24,20,58
2	0;48,41,56
3	1;13,02,54
4	1;37,23,52
5	2;01,44.50
6	2;26,05,48
7	2;50,26,46
8	3;14,47,44

95) 石云里 · 褚龙飞(2017), 939면.

평행(平行) 분(초)	《숭정역서》의 〈태양세평행변시표(太陽細平行變時表)〉의 시분초 1열을 '분' 단위로 읽을 때는 '시', '초' 단위로 읽을 때는 '분'
9	3;39,08,42
10	4;03,29,40
11	4;27,50,38
12	4;52,11,36
13	5;16,32,34
14	5;40,53,32
15	5;06,14,30
16	6;29,35,28
17	6;53,56,26
18	7;18,17,24
19	7;42,38,22
20	8;06,59,20
21	8;31,20,18
22	8;55,41,16
23	9;20,02,14
24	9;44,23,12
25	10;08,44,10
26	10;33,05,08
27	10;57,26,06
28	11;27,47,04
29	11;46,08,02
30	12;10,29,00
31	12;54,49,58
32	12;59,11,56
33	13;23,32,54
34	13;49,52,52
35	14;12,13,50
36	14;36,34,48
37	15;06,55,46
38	15;25,16,44
39	15;49,37,42
40	16;13,58,40
41	16;38,29,38

평행(平行) 분(초)	《숭정역서》의 〈태양세평행변시표(太陽細平行變時表)〉의 시분초 1열을 '분' 단위로 읽을 때는 '시', '초' 단위로 읽을 때는 '분'
42	07;02,40,36
43	17;27,01,34
44	17;51,22,32
45	18;15,43,30
46	18;40,04,28
47	19;04,25,26
48	19;28,46,24
49	19;53,07,22
50	20;17,28,20
51	20;41,49,18
52	21;06,10;16
53	21;30,31,14
54	21;54,25,12
55	22;19,13,10
56	22;43,24,08
57	23;07,25,06
58	23;32,16,04
59	23;56,37,02
60	24;20,58,00

보충자료 5 태양이 연 평균 1′(각분) 움직이는 데 걸리는 시간

태양은 365.2422일 동안 360각도를 공전하기에 이를 이용하면 평균 움직임을 구할 수 있다. 1일 동안 0.985647각도(59분 08초 20미)를 움직이기에 1각도를 움직이는데, 1.014562일이 걸린다. 따라서 1각분 움직이는 데 0.405825시간(24분 20초 58미)이 걸리고, 1각초 움직이는데 0.405825분(24초 20미 58섬)이 걸린다.

제2권 표 VI 제6표. 하루 중의 시간에 대한 태양의 평균운행 도수 표[96] [주일시대준일행표(周日時對準日行表)]

◎ 하루 중에 경과한 시간 동안 진행되는 태양의 '평균운행 도수[평행(平行)]'를 1초, 1분, 1시간마다 기록.

① 인수(引數)를 시간으로 잡고 초, 분, 시간 단위를 겹쳐 배열함.

1시, 2시, 3시, …, 23시, 24시 ⇒ '평행'을 도, 분, 초, 미 단위로 읽음.

1분, 2분, 3분, …, 59분, 60분 ⇒ '평행'을 분, 초, 미, 섬 단위로 읽음.

1초, 2초, 3초, …, 59초, 60초 ⇒ '평행'을 초, 미, 섬, 망(芒) 단위로 읽음.

② 평균운행 도수의 변화 양상.

a. 초당 운행 도수 변화가 2미27섬51망으로 일정함.

b. 60초에 대한 평균운행 도수=1분에 대한 평균운행 도수.

60분에 대한 평균운행 도수=1시간에 대한 평균운행 도수.

c. 24시간에 대한 평균운행 도수=59분08초21미.

〈표 14〉 태양의 평균운행 시간-도수 환산표 :
태양의 평균운행 시간 값(시, 분, 초)을 도수 값(도, 분, 초)으로 변환한 표

시분초	《숭정역서》의 〈주일시대준일행표(周日時對準日行表)〉의 평행(平行) 1열을 '시' 단위로 읽을 때는 '도', '분' 단위로 읽을 때는 '분', '초' 단위로 읽을 때는 '초'
1	0;02,27,51
2	0;04,55,42
3	0;07,23,32
4	0;09,51,23
5	0;12,19,24
6	0;14,47,05

96) 옥스퍼드대본, 《서양신법역서》본에는 이 표가 〈일전표〉 제1권 끝에 배치되었다. 石云里 · 褚龙飞(2017), 950면. 《신법산서》도 마찬가지이다. 규장각본 〈일전표〉의 목록에는 제1권의 끝에 〈하루 중의 시간에 대한 태양이 평균운행 도수 상세표[주일시분초대준태양세평행전도표(周日時分秒對準太陽細平行躔度表)]〉이 기록되어 있으나 본문에 누락되었는데, 이것이 곧 이 표일 것이다. 본서의 제3부를 참조하라.

시분초	《숭정역서》의 〈주일시대준일행표(周日時對準日行表)〉의 평행(平行) 1열을 '시' 단위로 읽을 때는 '도', '분' 단위로 읽을 때는 '분', '초' 단위로 읽을 때는 '초'
7	0;17,14,56
8	0;19,42,47
9	0;22,10,37
10	0;24,38,28
11	0;27,06,19
12	0;29,34,10
13	0;32,02,01
14	0;34,29,52
15	0;36,57,42
16	0;39,25,33
17	0;41,53,24
18	0;44,21,15
19	0;46,49,06
20	0;49,16,57
21	0;51,44,47
22	0;54,12,38
23	0;56,40,29
24	0;59,08,21
25	1;01,36,11
26	1;04,04,01
27	1;06,31,52
28	1;08,59,43
29	1;11,27,34
30	1;12,55,25
31	1;16,23,16
32	1;18,51,06
33	1;21,18,57
34	1;23,46,48
35	1;26,14,39
36	1;28,43,30
37	1;31,10,21
38	1;33,38,11
39	1;36,06,02
40	1;38,33,53

시분초	《숭정역서》의 〈주일시대준일행표(周日時對準日行表)〉의 평행(平行) 1열을 '시' 단위로 읽을 때는 '도', '분' 단위로 읽을 때는 '분', '초' 단위로 읽을 때는 '초'
41	1;41,01,44
42	1;43,29,36
43	1;45,57,26
44	1;48,25,16
45	1;50,53,07
46	1;53,20,58
47	1;55,48,49
48	1;58,16,40
49	2;00,44,30
50	2;03,12,21
51	2;05,40,12
52	2;08,08,03
53	2;10,35,54
54	2;13,03,45
55	2;05,31,35
56	2;17,59,26
57	2;20,27,17
58	2;22,55,08
59	2;25,22,59
60	2;27,50,50
	24시에 대한 0;59,08,21은 《신법산서》에서 0;59,08,20으로, 55시에 대한 2;05,31,55는 《신법산서》에서 2;15,31,55로 바로잡힘.

보충자료 6 태양의 연 평균 시간 당 운행 도수

태양은 365.2422일 동안 360각도를 공전하기에 이를 이용하면 평균 움직임을 구할 수 있다. 이 값은 1일 동안 0.985647각도(59분 08초 20미)를 움직이고, 이 값은 1시간당 0.04106각도(2분 27초 51미)를 움직이고, 1분당 0.04106각분(2초 27미 51섬)을 움직인 것이 된다. 당연히 1초당 운행도수는 0.04106각초(2미 27섬 51망)가 된다. 이 표에서 24시간에 대한 도수가 59분 08초 21미로 기록된 것은 나중에 《신법산서》에서 59분 08초 20미로 바로잡힌다.

제2권 표 해설 Ⅲ 일차표의 사용법[97] [일차표용법(日差表用法)]

(1) 일차표의 검색법

① 제1행 : 태양의 경도.
→ 구하고자 하는 도수(度數)를 여기에서 찾음.

② 제1열 : 12궁 24절기.
→ 구하고자 하는 궁수(宮數)와 절기 이름을 여기에서 찾음.

③ 찾은 도수에서 수직으로 내려오고, 찾은 궁수와 절기 이름에서 수평으로 뻗어와서, 둘이 만나는 칸에 있는 차수(差數 일차(日差))를 취함.

④ 이 표에 표시된 '가(加)' 또는 '감(減)'에 따라, '③'에서 취한 일차를 앞에서 계산한 '평균운행[평행(平行)]' 시각에 더하거나 빼면 '실제시각[정시각(定時刻)]'이 됨.

(2) 일차표를 이용한 계산 예 : 천계(天啓) 갑자년(1624년) 동지의 실제 시각을 구해 보자.

① 앞서 구한 동지 때 태양의 〈평균운행[평행(平行)]〉 시각이 15시01분34초임.

② 동지는 초궁(初宮 0궁) 초도(初度 0도)이므로, 일차표에서 초궁 초도에 대한 일차를 찾으면 8분을 얻음.

③ 초궁 초도에는 '가(加)' 표시가 되어 있으므로, '평균운행[평행(平行)]' 시각에 일차를 더한 15시09분34초가 동지의 '실제시각[정시定時]'이 됨.
(▼ 정시(定時)는 실시(實時), 용시(用時)라고도 칭함. 이 세 가지 용어를 모두 통용함.)

---

97) 옥스퍼드대본, 규장각본, 《서양신법역서》본에는 이 절이 〈일차표 해설[일차표설(日差表說)]〉로 대체되었다. 石云里 · 褚龙飞(2017), 951면. 《신법산서》도 마찬가지이다. 자세한 내용은 본서의 제4부를 참조하라.

제2권 표 Ⅶ 제7표. 균시차 표[98) [일차표(日差表)]

◎ 동지점부터 태양의 경도가 1도 증가할 때마다 일차(균시차)를 기록.
실제시각[정시각(定時刻)] = 평균운행시각[평행시각(平行時刻)] + 일차(日差).

① 일경도(日經度) : 이 표의 인수(引數)인 태양의 경도('동지점~태양'의 거리)

a. 가로행 : 0도(初), 1도, 2도, 3도,…, 29도, 30도 ⇒ 1개 궁(宮).

b. 세로행 : 12궁 24절기
초궁(0궁) 동지(冬至), 초궁 소한(小寒), 1궁 대한(大寒), 1궁 입춘(立春), ……, 11궁 소설(小雪), 11궁 대설(大雪).

② 일차(日差)의 변화 양상

a. 초궁0도(동지점, 0도)일 때 가차(+) 8분에서 출발하여 점차 감소.

b. 초궁18도(18도)일 때 0을 찍고, 초궁19도(19도)부터 감차(−)로 바뀌어 계속 감소.

c. 1궁15도(45도)~1궁29도(59도)일 때 감차의 극대값 (−)8분을 찍고 증가세로 돌아섬.

d. 이후 점차 증가하여 3궁0도(90도), 3궁1도(91도)일 때 0을 찍고, 3궁2도(92도)부터 가차(+)로 바뀌어 계속 증가.

e. 4궁19도(139도)~5궁2도(152도)일 때 가차의 제1극대값 (+)12분을 찍고 감소세로 돌아섬.

f. 6궁25도(205도)~7궁12도(222도)일 때 가차의 극소값 (+)2분을 찍고 증가세로 돌아섬.

g. 9궁30도(300도)~10궁19도(319도)일 때 가차의 제2극대값 (+)24분을 찍고 감소세로 돌아섬.

---

98) 옥스퍼드대본, 규장각본, 《서양신법역서》본에도 수치가 같고 형식이 다른 〈균시차표[일차표(日差表)]〉가 있다. 石云里 · 褚龙飞(2017), 952면. 《신법산서》도 마찬가지이다. 형식의 변화로 가독성이 한층 높아졌다.

h. 11궁30도(360도)일 때 8.5분.

I. 최소값 −8분과 최대값 +24분의 절댓값을 합하면 32분→ 일차(균시차)의 최대 편차.

〈표 15〉 일차표

	《숭정역서》	《신법산서》		《숭정역서》	《신법산서》		《숭정역서》	《신법산서》
경도	분	분	경도	분	분	경도	분	분
동지	8	8	곡우	8.5	8.5	처서	6	6
5	7	6	125	9.5	9.5	245	7	7
10	3.5	3.5	130	11	11	250	9	9
소한	1.5	1.5	입하	11	11	백로	10.5	10.5
20	-1	-1	140	12	12	260	12	12
25	-3	-3	145	12	12	265	13.5	13.5
대한	-5	-5	소만	12	12	추분	16	16
35	-6	-6	155	11	11	275	17.5	17.5
40	-7	-7	160	11	11	280	19	19
입춘	-8	-8	망종	10	10	한로	20.5	20.5
50	-8	-8	170	9	9	290	22	22
55	-8	-8	175	8	8	295	23	23
우수	-7	-7	하지	6.5	6.5	상강	24	24
65	-7	-7	185	5.5	5.5	305	24	24
70	-7	-6	190	5	5	310	24	24
경칩	-5	-5	소서	4	4	입동	24	24
80	-4	-4	200	3	3	320	23.5	23.5
85	-2	-2	205	2	2	325	22.5	22.5
춘분	0	0	대서	2	2	소설	21	21
95	10	0.5	215	2	2	335	20	20
100	3	3	220	2	2	340	18	18
청명	4.5	4.5	입추	3	3	대설	15.5	15.5
110	6	6	230	3	3	350	13.5	13.5
115	7.5	7.5	235	4.5	4.5	355	11	11

보충자료 7 《숭정역서》와 《신법산서》의 일차표 비교

《숭정역서》에 제시된 값 중에는 변화 추세에 맞지 않는 튀는 값들이 보이는데 이후 규장각 본에서 일부가 바로 잡히고, 《신법산서》에서는 모두 정정되었다. 〈표 15〉는 《숭정역서》와 《신법산서》의 〈일차표〉에서 5도 간격으로 일차값을 뽑아 비교한 것이다. 경도 5도와 95도에서 《신법산서》의 정정된 값을 볼 수 있다.

보충자료 8 균시차(Equation of Time)

《숭정역서》를 따르면 지구에서 본 태양은 양심차 $E = 2e = 0.03584$인 궤도를 따라 이퀀트(Equant) 운동을 하고, 12월 28일경에 지구와 태양 사이가 가장 가까웠다. 1월 1일부터 지나간 날을 n이라 하면 근일점부터 지나간 날은 $n+4$일이 된다. 태양은 하루에 $\frac{360}{365.2422} = 0.985653°/day$를 진행한다. 따라서 평균근점이각 M_1, 황경 λ_1, 양심치 q 사이의 관계는 아래와 같다. 여기서 양심차 q는 사용한 모델에 따라

$$q = \frac{180}{\pi}(2e\sin M_1 + ke^2\sin^2 M_1) \begin{cases} k=2. & Eccentric \text{ 모형} \\ k=1, & Equant \text{ 모형, 코페르니쿠스 모형} \\ k=5/4, & \text{케플러 모형} \end{cases} \tag{1}$$

을 사용한다. 그리고

$$M_1 = 0.985653(n+4) \tag{2}$$

$$\lambda_1 = M_1 + q = M_1 + \frac{180}{\pi}(2e\sin M_1 + ke^2\sin^2 M_1) \tag{3}$$

이 된다. q는 실제 태양과 평균 태양의 경도 차이이다. 그런데 지구는 24시간 동안 대략 361°를 자전하기에 지구가 1°를 자전하는 데 3.98892분이 걸린다. 따라서 이에 해당하는 균시차 ET_1은

$$ET_1 = 3.98892(M_1 - \lambda_1) = -3.98892\,q \tag{4}$$

가 된다. [그림 7]에서 최댓값과 최솟값이 한번 나타나는 사인곡선에 해당한다.

지구는 23.5° 기울어 자전하기에 실제 태양(황도를 따라서 평균 진행으로 가정)과 평균 태양(적도를 따라서 진행)은 다르게 진행한다. 1월 1일부터 3월 21일경의 춘분날까지는 대략 81일이 된다. 따라서 춘분점부터 $(n-81)$일이 경과한 때 황도를 따라서 진행하는 태양의 평균 경도 M_2는

$$M_2 = 0.985633(n-81) \tag{5}$$

이 된다. 이때에 해당하는 적도를 따른 태양 경도를 λ_2라 하면,

$$\tan\lambda_2 = \tan M_2 \cos(23.5°) \tag{6}$$

이에 해당하는 균시차 ET_2는

$$ET_2 = 3.98892(M_2 - \lambda_2) \tag{7}$$

가 된다. (7)식의 곡선은 [그림 7]에서 최대가 두 번 나타나는 사인 곡선이다. 이제 우리가 구하는 균시차는

$$ET = ET_1 + ET_2 \tag{8}$$

이다. 이렇게 계산한 균시차와 《숭정역서》에서 제공하는 〈**일차표**(균시차표)〉와 비교하여 [그림 7]을 완성하였다. 《숭정역서》에 나오는 〈일차표〉와 비교하려면 춘분날, 곧 태양이 춘분점(3궁0도)에 있을 때 균시차가 0이 되도록 조정하여야 한다. 7.5분 정도가 조정되었다.[99] 그리고 동지를 기준으로 가로축의 각도를 바꾸면 일차표의 자료와 거의 일치한다.

99) 현대 천문학에서는 (8)식의 균시차를 그대로 사용하고 있다.

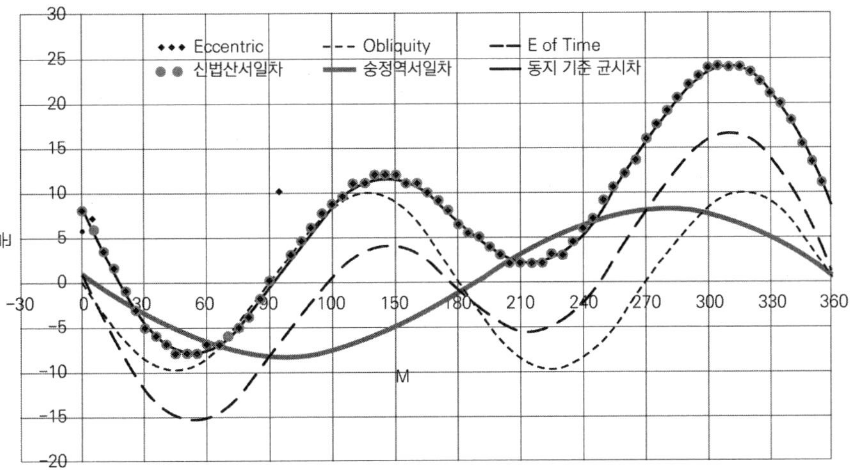

[그림 7] (8)식을 이용하여 그린 균시차 곡선과 《신법산서》와 《숭정역서》의 자료 비교

위의 방법은 균시차를 정확하게 구하는 방법에서 두 효과(가감차 효과와 23.5도 자전축이 기울어진 효과)를 나누어 계산하여 더한 것이다. 일반적으로 균시차를 정확하게 구하는 방법은 (2)식 $M_1 = 0.985653(n+4)$와 (3)식에 근일점 경도 $\lambda_p = -0.985653 \times 85 = -83.7805°$를 택하면,

$$\lambda \simeq \lambda_1 + \lambda_p = M + \lambda_p + 2e\sin M \tag{9}$$

가 된다. 그리고 태양의 적경 α는

$$\alpha = \tan^{-1}(\tan\lambda\cos\varepsilon) \tag{10}$$

가 된다. 그런데 $\tan^{-1}(\tan\lambda\cos\varepsilon) \simeq \lambda - \tan^2\left(\frac{\varepsilon}{2}\right)\sin(2\lambda)$[100]로 어림할 수 있다.

---

100) $\alpha = \tan^{-1}(\tan\lambda\cos\varepsilon)$에서 $\tan\alpha = \tan\lambda\cos\varepsilon$이 된다.
그런데

$$\tan(\alpha-\lambda) = \frac{\tan\alpha - \tan\lambda}{1+\tan\alpha\tan\lambda} = \frac{\tan\lambda(\cos\varepsilon - 1)}{1+\tan^2\lambda\cos\varepsilon} = \frac{-\tan\lambda 2\sin^2(\varepsilon/2)}{1+\tan^2\lambda - \tan^2\lambda 2\sin^2(\varepsilon/2)}$$

$$= -\tan^2\left(\frac{\varepsilon}{2}\right)\sin(2\lambda)\frac{\cos^2(\varepsilon/2)}{1-2\sin^2\lambda\sin^2(\varepsilon/2)}$$ 가 되는데

$0.95853 < \frac{\cos^2(\varepsilon/2)}{1-2\sin^2\lambda\sin^2(\varepsilon/2)} < 1.45221$ 이고, $(\alpha-\lambda) \ll 1$이기에 $\tan(\alpha-\lambda) \simeq \alpha-\lambda$.

전체 균시차(EoT, Equation of Time)는

$$EoT = (M_1 + \lambda_p) - \alpha = (M_1 + \lambda_p) - \tan^{-1}(\tan\lambda\cos\varepsilon) \tag{11}$$

이 된다. 그런데 이를 어림하고 (9)식을 대입하면

$$\begin{aligned} EoT &= (M_1 + \lambda_p) - \alpha = (M_1 + \lambda_p) - \tan^{-1}(\tan\lambda\cos\varepsilon) \\ &\simeq (M_1 + \lambda_p) - \lambda + \tan^2\left(\frac{\varepsilon}{2}\right)\sin(2\lambda) \\ &= -2e\sin M_1 + \tan^2\left(\frac{\varepsilon}{2}\right)\sin(2M_1 + 2\lambda_p) \end{aligned} \tag{12}$$

가 된다. (12)식에서 첫 번째 $-2e\sin M_1$는 ET_1에 해당한다. 왜냐하면 이 식은 $e \ll 1$일 때 (4)식의 q와 같다. 또한 두 번째 $\tan^2\left(\frac{\varepsilon}{2}\right)\sin(2M + 2\lambda_p)$는 ET_2에 해당한다. 왜냐하면

$$\begin{aligned} M_2 &= M_1 + \lambda_p = 0.985653(n+4) + \lambda_p \\ &= 0.985653(n+4) - 83.73051 = 0.985653(n-81) \end{aligned} \tag{13}$$

이다. 그런데 (6), (7)식에서

$$\begin{aligned} ET_2 &= M_2 - \tan^{-1}(\tan M_2\cos\varepsilon) \\ &= (M_1 + \lambda_p) - \tan^{-1}(\tan(M_1 + \lambda_p)\cos\varepsilon) \\ &\simeq \tan^2\left(\frac{\varepsilon}{2}\right)\sin(2M_1 + 2\lambda_p) \end{aligned} \tag{14}$$

이 된다. 따라서 (8)식과 같이 구해도 같은 결과가 나온다. 이를 [그림 7], [그림 8], [그림 9]에서 계산한 균시차를 비교해 보아도 그 차이를 알아 볼 수 없다. 그러나 두 효과를 구별할 수는 있다.

따라서 $\alpha \simeq \lambda - \tan^2\left(\frac{\varepsilon}{2}\right)\sin(2\lambda)$로 어림할 수 있다.

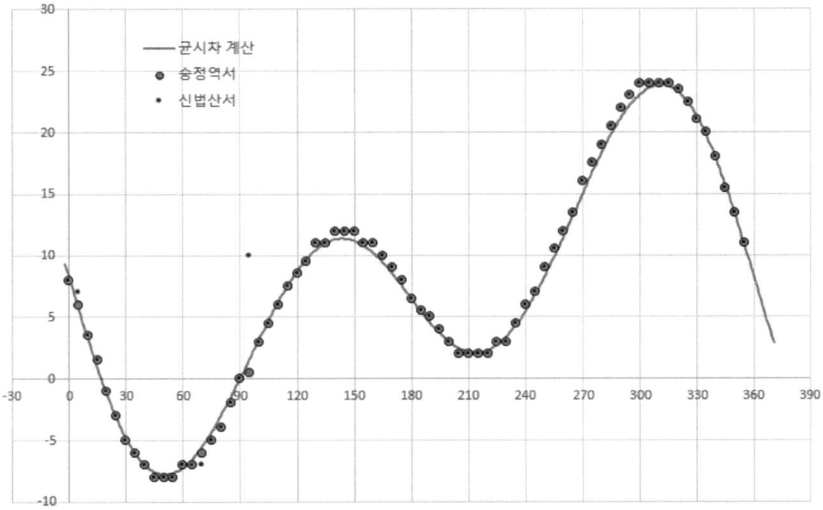

[그림 8] (11)식을 이용하여 그린 균시차 곡선과 《신법산서》와 《숭정역서》의 자료 비교

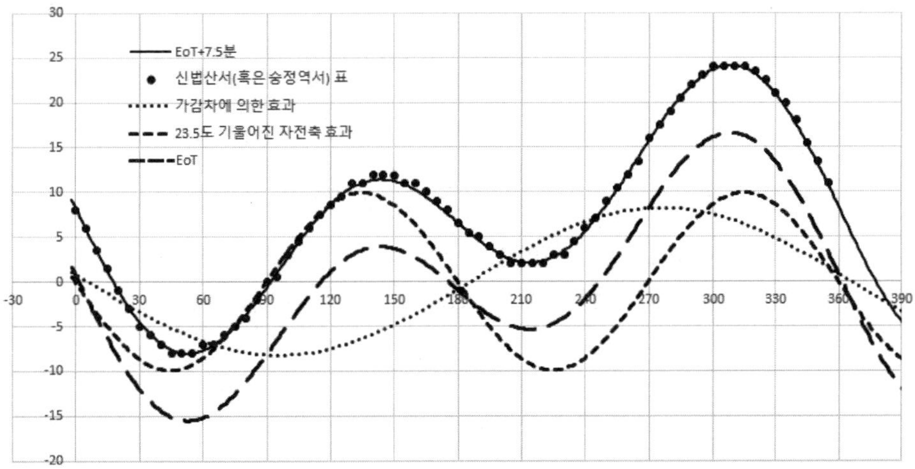

[그림 9] (12)식을 이용하여 그린 균시차 곡선과 《신법산서》와 《숭정역서》의 자료 비교

제2권 표 해설 Ⅳ 〈청몽기차표〉와 〈지반경차표〉의 사용법 [청몽지반경표용법(淸蒙地半徑表用法)]

(1) 〈청몽기차표〉의 사용법(▾ 청몽기에 대한 해설은 〈일전역지(日躔曆指)〉 제3장에 보임.)

① '태양의 측정고도[일궤고(日軌高)]'101)를 잼.

② 〈태양의 고도에 따른 청몽기차 표[일고청몽기차표(日高淸蒙氣差表) 제8표]〉에서 '①'의 측정고도에 대한 청몽기차 분초(分秒)를 찾음.

③ '태양의 지평선 위 실제고도[일전지평상지실고(日躔地平上之實高)]'102) ='태양의 측정고도[일궤고(日軌高)]'－청몽기차.

(2) 〈청몽기차표〉를 사용한 실제고도 계산 예 : '태양의 측정고도[일궤고(日軌高)]'가 16도일 때 실제고도[실고(實高)]를 구해 보자.

① 표에서 태양의 고도 16도에 대한 청몽기차를 찾으면 7분.

② '태양의 지평선 위 실제고도[일전지평상지실고(日躔地平上之實高)]' ＝태양의 측정고도 16도－청몽기차 7분＝15도53분.

(3) 〈지반경차표〉의 사용법(▾ 지반경차에 대한 해설은 〈일전역지〉 제8장에 보임.)

① '태양의 측정고도[일궤고(日軌高)]'를 잼.

② 측정 당일에 태양까지 거리가 세 가지 중에 어디에 속하는지를 살핌.

---

101) '태양의 측정고도[일궤고(日軌高)]'는 지구 표면에서 측정한 태양의 고도를 말한다.

102) 여기서 '실제고도[실고(實高)]'는 청몽기차의 영향을 제거한 고도를 말한다. 《숭정역서》 〈일전역지〉와 〈일전표〉에서 '실(實)'은 일반적으로 평균운행 도수, 평균시각 등을 뜻하는 '평(平)'과 상대되는 말로, 지구에서 실제로 관측되는 겉보기 값을 지칭하는 말로 쓰였다. 그런데 여기서는 지표면에서 실제로 관측되는 값을 '측정고도[일궤고(日軌高)]'로 칭하고, 관측값에서 청몽기차를 제외시킨 값을 '실제고도[실고(實高)]'로 칭하였음에 주의해야 한다.

a. 하지 전후의 3궁(90도) 이내일 때 : '원지점 거리[최고(最高)]'에 속함.

b. 춘분과 추분 전후의 3궁(90도) 이내일 때 : '중간 거리[중거(中距)]'에 속함.

c. 동지 전후의 3궁(90도) 이내일 때 : '근지점 거리[최고충(最高衝)]'에 속함.

③ 〈원지점 거리 등 태양까지 거리를 세 가지로 대별하여 나타낸 지반경차표[최고삼거지반경차표(最高三距地半徑差表) 제9표]〉에서 '①'의 측정고도를 '일고(日高)'에서 찾고, 구하려는 날에 해당하는 거리를 '②'에서 찾아, 둘이 만나는 칸에서 지반경차 분초(分秒)를 찾음.

④ '태양의 지평선 위 실제고도[일전지평상지시고(日躔地平上之視高)]'[103)]
=태양의 측정고도+지반경차.

(4) 〈지반경차표〉를 사용한 계산예

하지 때 측정한 '태양의 측정고도[일궤고(日軌高)]'가 16도였다. '태양 위치의 지평선 위 실제고도[시고(視高)]'를 구해 보자.

① 하지 때는 '원지점 거리[최고(最高)]'에 속하므로, 표에서 16도와 '원지점 거리[최고(最高)]'가 만나는 칸에 있는 지반경차 2분47초를 취함.

② '태양의 지평선 위 실제고도[일전지평상지시고(日躔地平上之視高)]'
=태양의 측정고도+지반경차−청몽기차
=16도+2분47초−7분=15도55분47초.

---

103) 여기서 '실제고도[시고(視高)]'는 지반경차의 영향을 제거한 고도를 말한다. 215쪽 각주 84)에 보였듯이 평균운행을 뜻하는 '평행(平行)'에 대하여 실제운행을 나타내는 말로 자행(自行), 시행(視行), 실행(實行)이 제시된 것을 참고하면, 시고(視高)와 실고(實高)가 모두 태양의 실제 고도를 뜻하는 말로 쓰인 것이 이해된다. 그럼에도 불구하고 이 용어는 아무래도 혼란스러운 점이 있기 때문에 《역상고성》에서는 '진고(眞高)'라는 용어로 새롭게 정리된다.

제2권 表 Ⅷ 제8표. '태양의 고도[일고(日高)]'에 따른 청몽기차 표 [일고청몽기차표(日高清蒙氣差表)]

◎ 태양의 고도가 0도부터 45도까지 1도 증가할 때마다 나타나는 청몽기차를 기록.

① '태양의 고도[일고(日高)]' : 이 표의 인수(引數)인 '태양의 측정고도[일궤고(日軌高)]'

② 청몽기차의 변화 양상

a. 고도가 0도일 때 최대 청몽기차 34분.

b. 고도가 33도일 때 55초로, 분 단위 미만의 수치.

c. 고도가 45도일 때 5초. 이후는 청몽기차가 거의 없다고 보아 기록하지 않음.

③ 실제고도[실고(實高)] = 측정한 겉보기고도[소측시고(所測視高)][104] − 청몽기차

〈표 16〉 청몽기차표

태양의 관측 고도(도)	《숭정역서》 판나이 휘집본과 규장각본의 〈일고청몽기차표(日高清蒙氣差表)〉의 청몽(분) (《신법산서》 표와 동일)
0	34;00
1	26;00
2	20;00
3	17;00
4	15;30
5	14;30
6	13;30
7	12;45
8	11;15

104) 〈청몽기차표〉 사용법에서 '측정고도[일궤고(日軌高)]'라고 했던 것을 이 표의 말미에는 '관측한 겉보기고도[소측시고(所測視高)]'라고 표현하였다. 여기서 '시고(視高)'는 〈지반경차표〉 사용법에서 '지구중심에서 측정한 실제고도'라는 의미로 사용한 시고(視高)와 다른 말임에 주의해야 한다.

태양의 관측 고도(도)	《숭정역서》 판나이 휘집본과 규장각본의 〈일고청몽기차표(日高清蒙氣差表)〉의 청몽(분) (《신법산서》 표와 동일)
9	10;30
10	10;00
11	09;30
12	09;00
13	08;30
14	18;00 (《신법산서》에서 8:00으로 바로잡힘)
15	07;30
16	07;00
17	06;30
18	05;45
19	05;00
20	04;30
21	04;00
22	03;30
23	03;10
24	02;50
25	02;30
26	02;15
27	02;00
28	01;45
29	01;35
30	01;25
31	01;15
32	01;05
33	00;55
34	00;45
35	00;35
36	00;30
37	00;25
38	00;20
39	00;15
40	00;10
41	00;09
42	00;08
43	00;07
44	00;06
45	00;05

보충자료 9 《숭정역서》의 〈청몽기차표〉와 티코의 굴절표의 비교

〈일전표〉의 〈청몽기차표〉는 티코의 굴절표를 그대로 가져온 것이다. 〈일전역지〉에서 볼 수 있듯이, 티코는 정밀한 관측으로 대기의 굴절 현상을 발견하고 체계화시킨 인물이다.

TABVLA REFRACTIONVM SOLARIVM

Alt. ⊙ G.	Refractio		Alt. ⊙ G.	Refractio	
0	34	0	23	3	10
1	26	0	24	2	50
2	20	0	25	2	30
3	17	0	26	2	15
4	15	30	27	2	0
5	14	30	28	1	45
6	13	30	29	1	35
7	12	45	30	1	25
8	11	15	31	1	15
9	10	30	32	1	5
10	10	0	33	0	55
11	9	30	34	0	45
12	9	0	35	0	35
13	8	30	36	0	30
14	8	0	37	0	25
15	7	30	38	0	20
16	7	0	39	0	15
17	6	30	40	0	10
18	5	45	41	0	9
19	5	0	42	0	8
20	4	30	43	0	7
21	4	0	44	0	6
22	3	30	45	0	5

[그림 10] 티코의 굴절표 [*Tychonis Brahe Dani Scripta Astronomica*, ed. I. L. E. Dreyer, Tomus II (Hauniae, 1913), 64쪽]

보충자료 10 《숭정역서》의 청몽기차와 현대 천문학의 대기에 의한 굴절값 비교

현대 천문학에서는 대기에 의한 평균 굴절각을 $R = 0.97\tan(90^\circ - a)$를 일반적으로 사용한다[105]. 아래 [그림 11]의 곡선은 이를 이용하여 그린 것이고, 점들은 《숭정역서》, 《신법산서》의 자료이다.

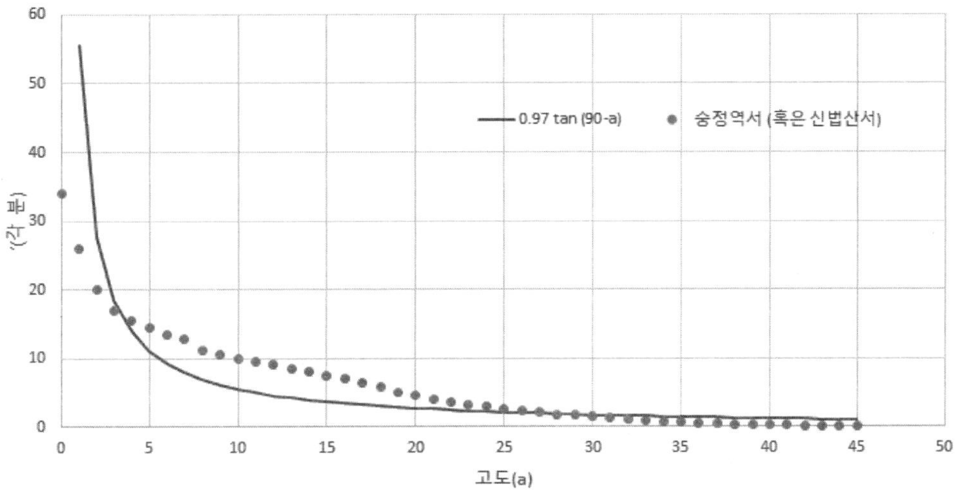

[그림 11] 숭정역서의 청몽기차와 현대천문학에서 제공하는 굴절값과의 비교

105) H. Karttunen, P. Kroger, 민영기, 윤홍식, 홍승수 공역, 『기본천문학』, 형설출판사, 28쪽 참조.

제2권 표 IX 제9표. 원지점 거리 등 태양까지 거리를 세 가지로 대별하여 나타낸 지반경차 표[최고삼거지반경차표(最高三距地半徑差表)]

◎ 태양의 고도가 0도부터 90도까지 1도 증가할 때마다 발생하는 지반경차를 기록

① '태양의 고도[지평고(地平高)]' : 이 표의 인수(引數)인 '태양의 측정고도[일궤고(日軌高)]'

② '원지점 거리[최고(最高)]', '중간 거리[중거(中距)]', '근지점 거리[최고충(最高衝)]'

: 태양까지 세 가지 거리.

③ 지반경차의 변화 양상

a. 최대값 : '근지점 거리[최고충(最高衝)]'에서 고도가 0도일 때 3분7초.

b. 최소값 : 고도가 90도일 때 세 가지 거리에서 모두 0분0초.

c. 태양까지 거리가 가까울수록 지반경차가 큼.

'원지점 거리[최고(最高)]' ≤ '중간 거리[중거(中距)]' ≤ '근지점 거리[최고충(最高衝)]'

〈표 17〉 지반경차표

태양의 관측 고도 (도)	《숭정역서》 판나이 휘집본, 규장각본의 〈최고삼거지반경차표〉의 최고(最高) 거리(하지 전후 각 45도)에서 지반경차(분)	《숭정역서》 판나이 휘집본과 규장각본의 〈최고삼거지반경차표〉의 중거(中距) 거리(춘추분 전후 각 각 45도)에서 지반경차(분)	《숭정역서》 판나이 휘집본과 규장각본의 〈최고삼거지반경차표〉의 최고충(最高衝) 거리(동지 전후 각 45도)에서 지반경차(분)
0	2;54	3;00	3;07
1	2;54	3;00	3;07
2	2;54	3;00	3;07
3	2;54	3;00	3;07
4	2;53	2;59	3;06
5	2;53	2;59	3;06
6	2;53	2;59	3;06
7	2;52	2;58	3;05
8	2;52	2;58	3;05
9	2;51	2;57	3;04
10	2;51	2;57	3;04

태양의 관측 고도(도)	《숭정역서》 판나이 휘집본, 규장각본의 〈최고삼거지반경차표〉의 최고(最高) 거리(하지 전후 각 45도)에서 지반경차(분)	《숭정역서》 판나이 휘집본과 규장각본의 〈최고삼거지반경차표〉의 중거(中距) 거리(춘추분 전후 각 각 45도)에서 지반경차(분)	《숭정역서》 판나이 휘집본과 규장각본의 〈최고삼거지반경차표〉의 최고충(最高衝) 거리(동지 전후 각 45도)에서 지반경차(분)
11	2;50	2;56	3;03
12	2;50	2;56	3;03
13	2;49	2;55	3;02
14	2;48	2;54	3;01
15	2;48	2;54	3;00
16	2;47	2;55	2;59
17	2;46	2;52	2;38
18	2;46	2;51	2;58
19	2;45	2;50	2;57
20	2;44	2;50	2;56
21	2;43	2;49	2;55
22	2;42	2;48	2;53
23	2;41	2;46	2;52
24	2;40	2;45	2;50
25	2;38	2;44	2;49
26	2;37	2;43	2;47
27	2;35	2;41	2;45
28	2;33	2;39	2;44
29	2;31	2;37	2;43
30	2;30	2;36	2;42
31	2;28	2;34	2;40
32	2;27	2;32	2;38
33	2;25	2;30	2;37
34	2;23	2;29	2;35
35	2;22	2;27	2;33
36	2;20	2;25	2;21
37	2;18	2;23	2;29
38	2;17	2;21	2;27
39	2;15	2;19	2;25
40	2;13	2;18	2;23
41	2;11	2;16	2;21
42	2;09	2;14	2;19
43	2;07	2;14	2;17
44	2;05	2;09	2;15
45	2;03	2;07	2;12
46	2;01	2;05	2;10
47	1;59	2;03	2;08
48	1;57	2;00	2;05
49	1;55	1;58	2;03
50	1;52	1;56	2;00

태양의 관측 고도(도)	《숭정역서》 판나이 휘집본, 규장각본의 〈최고삼거지반경차표〉의 최고(最高) 거리(하지 전후 각 45도)에서 지반경차(분)	《숭정역서》 판나이 휘집본과 규장각본의 〈최고삼거지반경차표〉의 중거(中距) 거리(춘추분 전후 각 각 45도)에서 지반경차(분)	《숭정역서》 판나이 휘집본과 규장각본의 〈최고삼거지반경차표〉의 최고충(最高衝) 거리(동지 전후 각 45도)에서 지반경차(분)
51	1;50	1;54	1;58
52	1;47	1;51	1;55
53	1;45	1;48	1;52
54	1;43	1;46	1;50
55	1;40	1;43	1;47
56	1;38	1;41	1;45
57	1;35	1;39	1;42
58	1;32	1;36	1;39
59	1;30	1;33	1;36
60	1;27	1;30	1;33
61	1;25	1;28	1;31
62	1;22	1;25	1;28
63	1;19	1;22	1;25
64	1;16	1;19	1;22
65	1;13	1;16	1;19
66	1;10	1;14	1;17
67	1;08	1;11	1;14
68	1;05	1;08	1;11
69	1;02	1;05	1;08
70	0;59	1;02	1;05
71	0;56	0;59	1;02
72	0;53	0;56	0;59
73	0;50	0;53	0;56
74	0;47	0;49	0;52
75	0;45	0;46	0;48
76	0;42	0;43	0;45
77	0;39	0;40	0;41
78	0;36	0;37	0;38
79	0;33	0;34	0;35
80	0;30	0;31	0;32
81	0;27	0;28	0;29
82	0;24	0;25	0;25
83	0;21	0;21	0;22
84	0;18	0;18	0;19
85	0;15	0;15	0;16
86	0;12	0;12	0;13
87	0;09	0;09	0;09
88	0;06	0;06	0;06
89	0;03	0;03	0;03
90	0;00	0;00	0;00

보충자료 11 티코의 지반경차표

〈일전표〉의 지반경차표는 티코의 표를 그대로 가져왔다.

TABVLA PARALLAXIVM SOLARIVM IN CIRCVLO VERTICALI AD EIVS A TERRA REMOTIONEM TRIPLICEM

Alt.	Maxi.		Medi.		Min.		Alt.	Maxi.		Medi.		Min.		Alt.	Maxi.		Medi.		Min.	
G.	′	″	′	″	′	″	G.	′	″	′	″	′	″	G.	′	″	′	″	′	″
0	2	54	3	0	3	7	30	2	30	2	36	2	42	60	1	27	1	30	1	33
1	2	54	3	0	3	7	31	2	28	2	34	2	40	61	1	25	1	28	1	31
2	2	54	3	0	3	7	32	2	27	2	32	2	38	62	1	22	1	25	1	28
3	2	54	3	0	3	7	33	2	25	2	30	2	37	63	1	19	1	22	1	25
4	2	53	2	59	3	6	34	2	23	2	29	2	35	64	1	16	1	19	1	22
5	2	53	2	59	3	6	35	2	22	2	27	2	33	65	1	13	1	16	1	19
6	2	53	2	59	3	6	36	2	20	2	25	2	31	66	1	10	1	14	1	17
7	2	52	2	58	3	5	37	2	18	2	23	2	29	67	1	8	1	11	1	14
8	2	52	2	58	3	5	38	2	17	2	21	2	27	68	1	5	1	8	1	11
9	2	51	2	57	3	4	39	2	15	2	19	2	25	69	1	2	1	5	1	8
10	2	51	2	57	3	4	40	2	13	2	18	2	23	70	0	59	1	2	1	5
11	2	50	2	56	3	3	41	2	11	2	16	2	21	71	0	56	0	59	1	2
12	2	50	2	56	3	3	42	2	9	2	14	2	19	72	0	53	0	56	0	59
13	2	49	2	55	3	2	43	2	7	2	12	2	17	73	0	50	0	53	0	56
14	2	48	2	54	3	1	44	2	5	2	9	2	15	74	0	47	0	49	0	52
15	2	48	2	54	3	0	45	2	3	2	7	2	12	75	0	45	0	46	0	48
16	2	47	2	53	2	59	46	2	1	2	5	2	10	76	0	42	0	43	0	45
17	2	46	2	52	2	58	47	1	59	2	3	2	8	77	0	39	0	40	0	41
18	2	46	2	51	2	58	48	1	57	2	0	2	5	78	0	36	0	37	0	38
19	2	45	2	50	2	57	49	1	55	1	58	2	3	79	0	33	0	34	0	35
20	2	44	2	50	2	56	50	1	52	1	56	2	0	80	0	30	0	31	0	32
21	2	43	2	49	2	55	51	1	50	1	54	1	58	81	0	27	0	28	0	29
22	2	42	2	48	2	53	52	1	47	1	51	1	55	82	0	24	0	25	0	25
23	2	41	2	46	2	52	53	1	45	1	48	1	52	83	0	21	0	21	0	22
24	2	40	2	45	2	50	54	1	43	1	46	1	50	84	0	18	0	18	0	19
25	2	38	2	44	2	49	55	1	40	1	43	1	47	85	0	15	0	15	0	16
26	2	37	2	43	2	47	56	1	38	1	41	1	45	86	0	12	0	12	0	13
27	2	35	2	41	2	45	57	1	35	1	39	1	42	87	0	9	0	9	0	9
28	2	33	2	39	2	44	58	1	32	1	36	1	39	88	0	6	0	6	0	6
29	2	31	2	37	2	43	59	1	30	1	33	1	36	89	0	3	0	3	0	3
30	2	30	2	36	2	42	60	1	27	1	30	1	33	90	0	0	0	0	0	0

[그림 12] 티코의 지반경차표 [*Tychonis Brahe Dani Scripta Astronomica*, ed. I. L. E. Dreyer, Tomus II (Hauniae, 1913), 65쪽]

제2권 표 X 제10표. 지구 중심으로부터 태양까지 거리 표 [태양거지심표(太陽距地心表)]

◎ 태양궤도원[태양본권(太陽本圈)]의 반경을 십만(100000)으로 잡았을 때 상대적인 거리 기록.

① '원지점～근지점'과 '근지점～원지점'에서 태양의 지심거리를 대칭으로 배열함.

a. 원지점부터의 경도는 우측 제2열에 위에서 아래로 '6궁～11궁'을 배열하고, 상행에 우에서 좌로 '0도～30도'를 배열.

b. 근지점부터의 경도는 좌측 제1열에 아래서 위로 '초궁～5궁'을 배열하고, 하행에 좌에서 우로 '0도～30도'를 배열.

② 태양의 지심거리 변화 양상.

a. 원지점(6궁0도 180도)에서 최대 거리 101792.

b. 근지점(초궁0도 0도)에서 최소 거리 098208.

〈표 18〉 지구~태양 거리표(태양본천의 반경 100000)

초궁 0도	98208	3궁 0도	100048	6궁 0도	101792	9궁 0도	100048
6	98215	96	100134	186	101779	276	99891
12	98245	102	100418	192	101750	282	99674
18	98297	108	100597	198	101705	288	99490
24	98371	114	100769	204	101644	294	99311
1궁	98462	4궁	100933	7궁	101564	10궁	99141
36	98569	126	101085	216	101466	306	98980
42	98692	132	101226	222	101353	312	98829
48	98829	138	101353	228	101226	318	98692
54	98980	144	101466	234	101085	324	98569
2궁	99141	5궁	101564	8궁	100933	11궁	98462

66	99311	156	101644	246	100769	336	98371
72	99490	162	101705	252	100597	342	98297
78	99674	168	101750	258	100418	348	98245
84	99891	174	101779	264	100134	354	98215

보충자료 12 《숭정역서》와 이퀀트(Equant) 모델에서 지구~태양 거리 비교

〈일전역지〉의 〈지구~태양 거리표〉는 양심차가 3584일 때 이퀀트 모델을 사용한 계산값과 거의 일치한다.

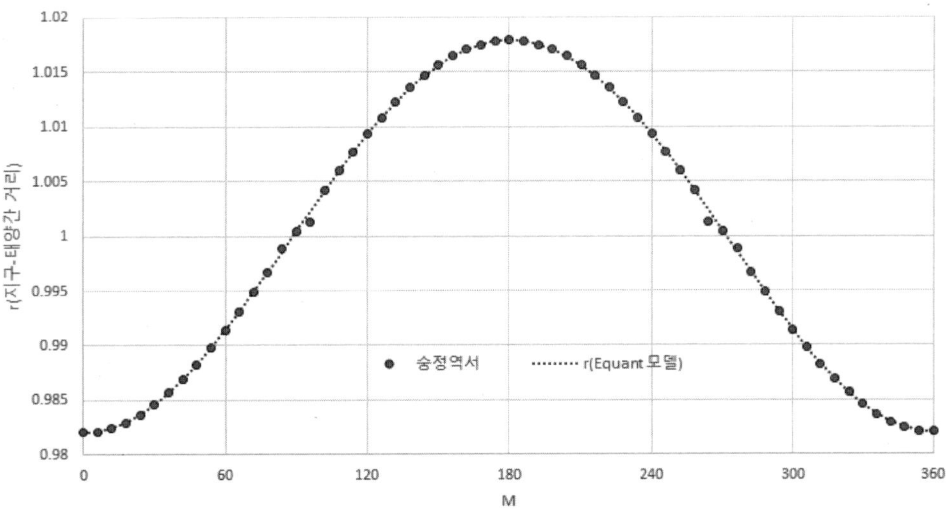

[그림 13] 《숭정역서》와 이퀀트(Equant) 모델에서 지구~태양 거리 비교

보충자료 13 티코와 마기니의 지구~태양 거리표

〈일전표〉의 〈지구~태양 거리표〉는 마기니의 《태양운행표 증보》, 58쪽에서 가져왔다. 여기서도 〈일전표〉는 티코의 이심원(Eccentric) 모델에서 벗어나 이퀀트(Equant) 모델을 적용하였다. [그림 14]는 티코의 이심원 모델과 마기니의 이퀀트 모델의 차이를 잘 보여준다.

TABVLA DIST. ⊙ A TERRA

Menses	Dist. ab Apog.	In P. qualium Semid. Ecc. 100000	In Semidiamet. Terræ	M.	Dist. ab Apog.	Menses
NIVS	0	103584	1182	56	360	IV.
	5	103571	1182	47	355	
	10	103532	1182	20	350	
	15	103466	1181	35	345	
IVLIVS	20	103375	1180	33	340	MAIVS
	25	103259	1178	7	335	
	30	103119	1177	38	330	
	35	102956	1175	46	325	
	40	102771	1173	39	320	
	45	102566	1171	18	315	
AVGVSTVS	50	102341	1168	44	310	APRILIS
	55	102098	1165	57	305	
	60	101839	1163	0	300	
	65	101567	1159	54	295	
	70	101282	1156	39	290	
	75	100987	1153	16	285	
SEPTEMBER	80	100684	1149	49	280	MARTIVS
	85	100376	1146	18	275	
	90	100069	1142	48	270	
	95	99752	1139	16	265	
	100	99440	1135	37	260	
	105	99133	1132	6	255	
OCTOBER	110	98832	1128	40	250	FEBRVARIVS
	115	98539	1125	19	245	
	120	98257	1122	6	240	
	125	97988	1119	1	235	
	130	97735	1116	8	230	
	135	97498	1113	26	225	
NOVEMBER	140	97282	1110	58	220	IANVARIVS
	145	97086	1108	43	215	
	150	96913	1106	45	210	
	155	96764	1105	3	205	
	160	96640	1103	38	200	
	165	96543	1102	43	195	
DECEM.	170	96472	1101	43	190	BER
	175	96430	1101	14	185	
	180	96416	1101	4	180	

58 *Tabula distantiarum* ☼ *à terra, qualium semidiameter Eccentrici* 100000.

Gradus	Anomalia, seu Argumentum Solis. 0	1	2	3	4	5	Gradus
0	101792	101564	100933	100048	99141	98462	30
1	101791	101549	100906	1000[illegible]	[illegible]9113	98446	29
2	101790	101533	100879	99985	99086	98430	28
3	101788	101517	100852	99954	99059	98415	27
4	101785	101501	100825	99923	99032	98400	26
5	101782	101484	100797	99892	99006	98385	25
6	101779	101466	100769	9986[illegible]	98980	98371	24
7	101775	101448	100741	99829	98954	98358	23
8	101771	101430	100713	99798	98928	98345	22
9	101766	101411	100684	99767	98903	98332	21
10	101761	101392	100655	99736	98878	98320	20
11	101756	101373	100626	99705	98853	98308	19
12	101750	101353	100597	99674	98829	98297	18
13	101744	101333	100568	99643	98805	98287	17
14	101737	101312	100538	99612	98782	98277	16
15	101730	101291	100508	99581	98759	98268	15
16	101722	101270	100478	99[illegible]1	98736	98260	14
17	101714	101248	100448	99520	98714	98252	13
18	101705	101226	100418	99490	98692	98245	12
19	101696	101203	100387	99459	98670	98238	11
20	101687	101180	100357	99429	98649	98232	10
21	101677	101157	100326	99399	98628	98227	9
22	101667	101133	100296	99369	68608	98222	8
23	101656	101109	100265	99340	98588	98218	7
24	101644	101085	100234	99311	98569	98215	6
25	101632	101060	100203	99282	98550	98212	5
26	101619	101035	100172	99253	98532	98210	4
27	101606	101010	100141	99225	98514	98209	3
28	101592	100985	100110	99197	98496	98208	2
29	101578	100959	100079	99169	98479	98208	1
30	101564	100933	100048	99141	98462	98208	0
Anom.	11	10	9	8	7	6	Anom.
	Anomalia, seu Argumentum Solis.						

[그림 14] 티코와 마기니의 지구~태양 거리 표 비교 [*Tychonis Brahe Dani Scripta Astronomica*, ed. I. L. E. Dreyer, Tomus II (Hauniae, 1913), 83쪽; S*vpplementvm ephemeridvm, ac tabvlarvm secvndorvm mobilivm....* (Venetiis : Apud Haeredem Damiani Zenarij, 1614), 59쪽]

왼쪽이 티코의 표로, 원지점에서 103584, 근지점에서 96416이다. 오른쪽이 마기니의 표로, 원지점에서 101792, 근지점에서 98208이다. 티코의 표는 원지점과 근지점에서 거리차가 양심차 3584의 2배인 데 비해 마기니의 표는 양심차 3584만큼 차이가 난다. 《숭정역서》〈일전표〉의 태양거지심표도 마기니의 표와 같이 원지점의 101792에서 시작하여 근지점의 98208로 끝나고 있다. 다만 마기니표는 원지점을 0궁0도, 근지점을 6궁0도로 표시한 데 비해 《숭정역서》〈일전표〉는 원지점을 6궁0도, 근지점을 초궁(0궁0도)로 표시하였다.

제3부

규장각본《숭정역서》〈일전표(日躔表)〉(奎中 3418-v.26)

◎ 표제가 "《서양신법역서(西洋新法曆書)》"이지만 실은 "《숭정역서(崇禎曆書)》" 명간본(明刊本)임.

- 표제가 쓰인 겉장만 후대에 개비한 것.
- 서광계(徐光啟)의 관함 서두가 청간본(淸刊本)에 쓰인 "명예부상서(明禮部尙書)"가 아닌 명간본에 쓰인 "흠차예부상서(欽差禮部尙書)"임.

◎ 편찬 참가자 명단에서 판나이 휘집본(프랑스 국가도서관본)《숭정역서》와 다른 기록.

① 판나이(潘鼐) 휘집본(彙集本) : 원서(遠西) 야소회사 나아곡이 지음[찬(撰)].
  규장각본 : 극서(極西) 야소회사 나아곡이 지음[찬(撰)].

② 판나이 휘집본 : 동사정(董思定) 장채신(張寀臣)이 검산함[핵산(覈算)]
  규장각본 : 오명저(鄔明著) 동사정(董思定)이 검산함[핵산(覈算)]

〈일전표〉 목차[日躔表目錄]

제1권

1. 〈역원 후 200항년 표〉 해설[역원후이백항년표설(曆元後二百恒年表說)]
2. 천정동지(天正冬至) 시각 구하기[구천정동지시각(求天正冬至時刻)]
3. 24절기의 일률(日率) 구하기[구이십사절기일률(求二十四節氣日率)]
4. 태양이 각 절기점과 만나는 시각 계산법[구태양교절기시각법(求太陽交節氣時刻法)]

5. 각 지역의 절기 시각과 그때 태양의 경도 도분 구하기[구각처절기시각급일전도분(求各處節氣時刻及日躔度分)]
6. 임의의 시각에 태양의 경도 도분 구하기[수시구태양소전경도분(隋時求太陽所躔經度分)]
7. 태양의 수도분(宿度分) 구하기[구태양전수도분(求太陽躔宿度分)]
8. 〈역원 후 200항년 표〉의 근수 계산법[산이백항년표근법(算二百恒年表根法)
9. 역원 후 200항년 표(曆元後二百恒年表)
10. 태양의 연중 매일 평균운행 누적 도수 표[태양주세각일평행전도표(太陽周歲各日平行躔度表)][1)]
11. 하루 중의 시간에 대한 태양이 평균운행 도수 상세표[주일시분초대준태양세평행전도표(周日時分秒對準太陽細平行躔度表)][2)]

제2권

12. 태양의 가감차 표[일전가감차표(日躔加減差表)][3)] －계산법 부기(附記)－
13. 태양의 연중 실제운행 도수를 시간으로 변환한 표[태양주세세행변시표(太陽周歲細行變時表)]
14. 일차표(日差表)
15. '태양의 고도[日高]'에 따른 청몽기차 표[일고청몽기차표(日高淸蒙氣差表)]
16. 원지점 거리 등 태양까지 거리를 세 가지로 대별하여 나타낸 지반경차표[최고삼거지반경차표(最高三距地半徑差表)]
17. 지구 중심으로부터 태양까지 거리 표[태양거지심원근표(太陽距地心遠近表)]

---

1) 《신법산서》의 제6표 〈태양의 연중 매일 평균운행 누적 도수 표[태양주세평행표(太陽周歲平行表)]〉에 해당한다. 《신법산서》의 제2표～제5표는 규장각본의 목록에도 내용에도 없다.

2) 목록에만 있고 내용은 없음. 《신법산서》의 제7표 〈하루 중의 시간에 대한 태양의 운행도수 표[주일시대준일행표(周日時對準日行表)]〉에 해당한다.

3) 《신법산서》의 제8표에 해당한다. 《신법산서》에서도 이 표가 〈일전표〉 제2권의 처음에 실렸다. 이후의 내용과 순서는 모두 《신법산서》와 동일하다.

제1권 표 해설 I 〈역원 후 200항년 표〉 해설 [역원후이백항년표설(曆元後二百恒年表說)]

◎《신법산서》와 대부분 동일함.

cf. '7. 태양의 수도분(宿度分) 구하기[구태양전수도분(求太陽躔宿度分)]'의 '12궁 거수표(十二宮距宿表 황도 12궁을 기준으로 적도 28수의 경도를 나타낸 표)'에 다른 점이 있음.

① 세차운동의 수치가 다름 : 매년 52초(규장각본), 매년 51초(《신법산서》)

② 표의 수치가 [그림 1], [그림, 2]와 같이 다름([그림 1]의 네모 친 부분과, [그림, 2]의 음영부분)

③ 표의 상단 좌측 "삼(參) 17도14분"과 "자(觜) 18도35분"의 위치가 서로 바뀜.

: 규장각본은 적경의 증가 방향과 맞지 않음을 감수하면서 전통적인 순서를 고수하고,《신법산서》는 적경의 증가 방향에 맞추어 순서를 바꿈[4].

- 규장각본은 "자(觜)"를 표기하지 않고 빈난으로 처리함.

(1) 규장각본의 〈12궁거수표〉의 내용은 다음과 같음

〈12궁거수표[십이궁거수검(十二宮距宿鈐)]〉는 숭정 원년(1628)에 계산한 것이다. 항성의 운행으로 인하여 역원 이후 매년 52초, 10년마다 8분40초, 20년마다 17분20초를 더한다.

---

4) 자(觜, 오리온 ϕ^1, ϕ^1 Ori, 05h34m49.24s)가 삼(參, 오리온 δ, δOri, 05h32m00.40s)보다 동쪽에 있다. 동양과 서양의 별자리를 동정하는 과정에서 사용한 삼수와 자수의 수거성(宿距星)이 전통적인 수거성과 달랐기 때문에 자수가 삼수보다 동쪽에 있게 된 것이다.

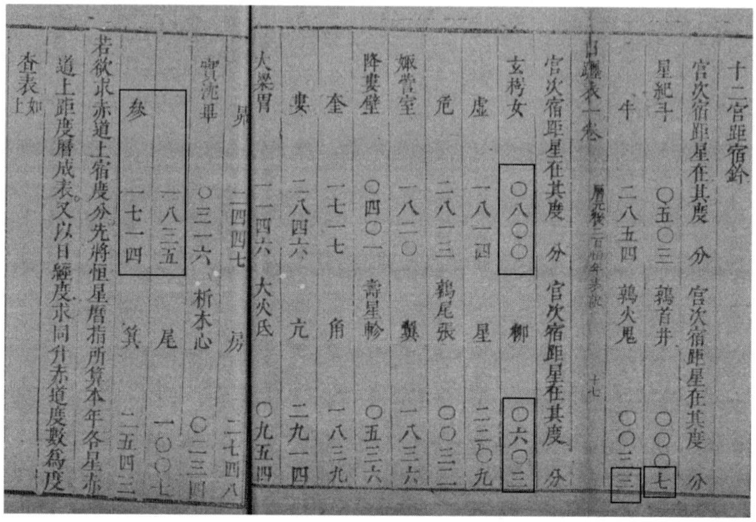

[그림 1] 규장각본의 12궁거수표

(2) 《신법산서》의 〈12궁거수표〉의 내용은 다음과 같음.

〈12궁거수표[십이궁거수검(十二宮距宿鈐)]〉는 숭정 원년(1628)에 계산한 것이다. 항성의 운행으로 인하여 역원 이후 매년 51초, 10년마다 8분30초, 20년마다 17분00초를 더한다.

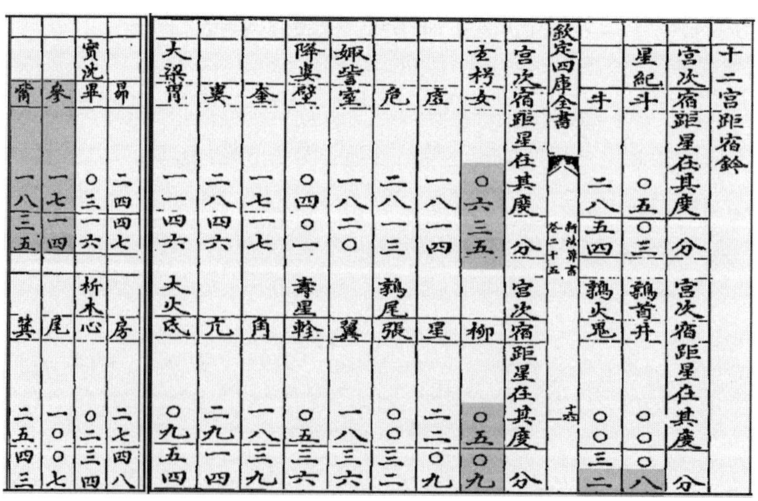

[그림 2] 《신법산서》의 12궁거수표

제1권 표 I 제1표. 역원(曆元) 후 200항년(恒年) 표 [역원후이백항년표(曆元後二百恒年表)]

◎ 《신법산서》의 제1표와 같음.

cf, 《신법산서》의 제2표～제4표(《숭정역서》 판나이 휘집본에 없는 표)와 제5표 (《숭정역서》의 제6표를 간략화한 것)는 규장각본에 없음.

제1권 표 II 제2표. 태양의 연중 매일 평균운행 누적 도수 표 [태양주세평행표(太陽周歲平行表)]

◎ 《신법산서》의 제6표, 《숭정역서》 판나이 휘집본의 제2표와 같음

: '목차-1권-10'에 기재된 제목 〈태양의 연중 매일 평균운행 누적 도수 표[태양주세각일평행전도표(太陽周歲各日平行躔度表)]〉와 제목이 다름 (목차와 본문의 제목이 다름).

cf, '목차-1권-11'에 제목이 기재된 〈하루 중의 시간에 대한 태양의 평균운행 도수 상세표[주일시분초대준태양세평행전도표(周日時分秒對準太陽細平行躔度表)]〉가 본문에는 없음. 《신법산서》의 제7표, 《숭정역서》 판나이 휘집본의 제6표에 해당하는 표로 생각됨.

제2권 표 Ⅲ 제3표. 태양의 가감차 표 [일전가감차표(日躔加減差表)]

◎ 《신법산서》의 제8표, 《숭정역서》 판나이 휘집본의 제3표와 같음.
《신법산서》도 제2권의 첫 부분에 이 표가 배치됨.
《숭정역서》은 제1권의 끝에 이 표가 배치됨.

제2권 표 해설 Ⅱ 〈일전표〉의 가감차 계산 [일전표 가감산(日躔表加減算)]

가감차표 계산에 대한 해설[산가감표설(算加減表說)]

◎ 《신법산서》와 내용, 순서 모두 동일함.
그림의 표시 오류까지 그대로 《신법산서》에 인습됨.(316쪽 [그림 8]의 '지심(地心)', 317쪽 [그림 9]의 '정(丁)').

제2권 표 해설 Ⅲ 태양의 연중 실제운행 도수를 시간으로 변환한 표에 대한 해설[태양주세세행변시표설(太陽周歲細行變時表說)]

◎ 《신법산서》와 내용, 순서 모두 동일함.

제2권 表 Ⅳ 제4표. 태양의 실제운행 도수를 시간으로 변환한 표[세행변시표(細行變時表)]

◎ 《신법산서》와 내용, 순서 모두 동일함.

제2권 表 해설 Ⅳ 〈일차표〉 해설 [일차표설(日差表說)]

◎ 《신법산서》와 내용, 순서 모두 동일함.

제2권 表 Ⅴ 제5표. 일차표(日差表)

◎ 《신법산서》와 내용, 형식, 순서 모두 동일함.

제2권 表 해설 Ⅴ 〈청몽기차표〉와 〈지반경차표〉의 사용법 [청몽지반경표용법(淸蒙地半徑表用法)]

◎ 《신법산서》와 내용, 순서 모두 동일함.

제2권 표 VI 제6표. '태양의 고도[일고(日高)]'에 따른 청몽기차 표 [일고청몽기차표(日高淸蒙氣差表)]

◎ 《신법산서》와 내용, 순서 모두 동일함.

제2권 표 VII 제7표. 원지점 거리 등 태양까지 거리를 세 가지로 대별하여 나타낸 지반경차 표 [최고삼거지반경차표(最高三距地半徑差表)]

◎ 《신법산서》와 내용, 순서 모두 동일함.

제2권 표 VIII 제8표. 지구 중심으로부터 태양까지 거리 표 [태양거지심표(太陽距地心表)]

◎ 《신법산서》와 형식, 순서 모두 동일함.

cf, 《숭정역서》 판나이 휘집본의 잘못된 표값을 규장각본은 인습하고 《신법산서》는 정정함.(다음 그림 참조)

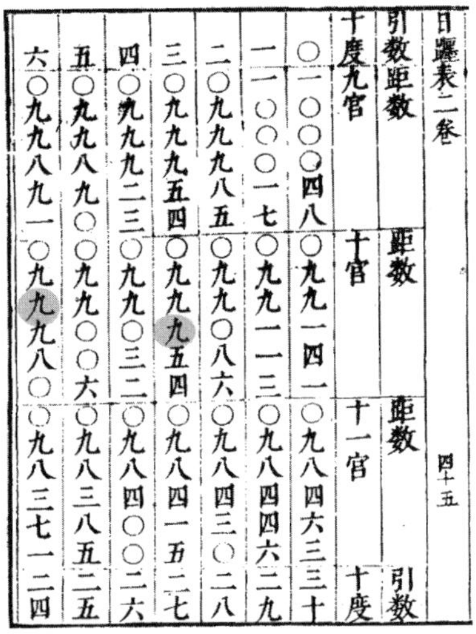

[그림 3] 《숭정역서》 판나이 휘집본

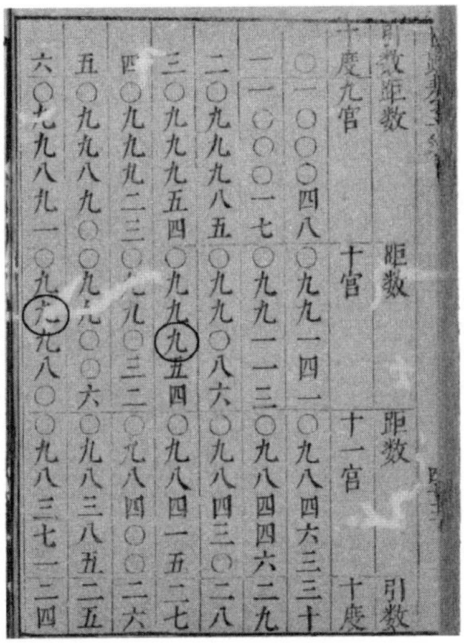

[그림 4] 《숭정역서》 규장각본

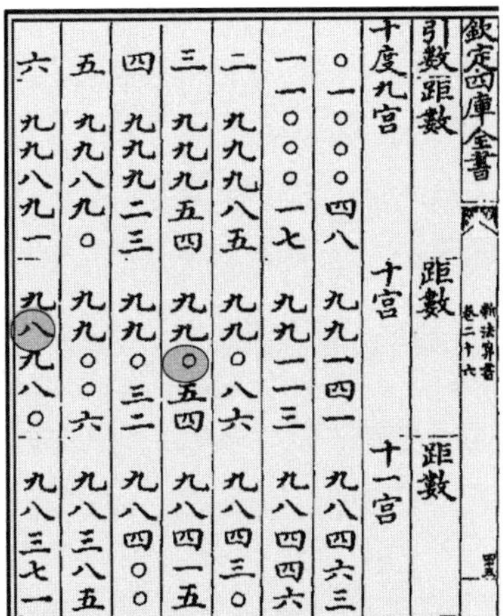

[그림 5] 《신법산서》

제4부

《신법산서(新法算書)》 제25, 26권 〈일전표(日躔表)〉

명(明) 서광계(徐光啟) 등이 지음[찬撰][1]

《신법산서》 제25권

〈일전표〉 제1권

표 해설 I 역원 후 200항년 표 해설

[역원후이백항년표설(曆元後二百恒年表說)]

1~8.

《숭정역서》 〈일전표〉의 내용과 동일함.

9. 천정동지 시각 구하기[구천정동지시각(求天正冬至時刻)]

1) 계산 방법 : 《숭정역서》 〈일전표〉의 내용과 동일.

2) 계산 예 1 : 숭정 무진년(1628년)의 이듬해인 기사년의 천정동지 시각 산정.

사용한 표의 값이 달라서 계산 결과가 다름.[2]

---

1) 《숭정역서》 판나이 휘집본(潘鼐彙集本 : 프랑스 국가도서관본), 옥스퍼드대본, 규장각본과 《서양신법역서》본에는 모두 〈일전표〉의 찬자(撰者)를 나아곡(羅雅谷, Giacomo Rho)으로 명시하고, 서광계(徐光啟)는 '편찬을 총괄했다[督修]'고 기록하였다. 청 건륭제 때 《사고전서(四庫全書)》 편찬을 위해 재정리하면서 이와 같이 표현이 바뀐 것이다.

2) 《숭정역서》 〈일전표〉의 '천정동지 시각 구하기(176쪽)'를 참고할 것. 정확한 계산을 해보면 동짓날 13시 20분 41초가 나온다. 《숭정역서》에 계산의 큰 오류가 보인다. 이하에서 《숭정역서》라고 한 것은 특별한 언급이 덧붙지 않는 한 판나이 휘집본을 가리킨다.

a. 《숭정역서》: 동짓날[3] 19시1각10분19초.

b. 《신법산서》: 동짓날 13시0각12분09초.

3) 계산 예 2 : 숭정 경오년(1630년)의 이듬해인 신미년의 동지시각 산정.

사용한 표의 값이 달라서 계산 결과가 다름.[4]

a. 《숭정역서》: 동지 다음날 6각09분09초.

b. 《신법산서》: 동지 다음날 3각13분20초.

10. 천정동지(天正冬至) 시각 구하기에 대한 도해

《숭정역서》〈일전표〉의 도해와 동일함.

11. 24절기의 일률(日率 동지부터 각 절기까지 일수) 구하기[구이십사절기일률(求二十四節氣日率)]

1) 개념

(1) 절기 일률(日率)

① 평균값[평(平)] : '천구 둘레[천주(天周)]'의 1/24.

② 실제값[실(實)] : 태양이 아무 궁(宮)의 절기를 운행하는 일률

→ 이 절에서는 실제 값을 사용함.

(2) 4정(四正) : 천구를 4등분한 천구상의 네 지점.

태양 운행의 속도가 네 지점에서 각기 다름.

① 동지 : 황도상의 가장 남쪽 지점.

태양이 이곳에 다다랐다 하면 즉시 북쪽으로 돌아가므로 '지(至)'라고 명명함.

---

3) 동짓날은 평동지가 든 날이고, 천정동지 시각은 정동지 시각을 말한다.

4) 정확한 계산을 해보면 동지 다음날 6각 11분 32초가 나온다. 《신법산서》에 계산의 큰 오류가 보인다.

낮이 가장 짧고 밤이 가장 긴 극한의 지점임.

② 하지 : 동지의 반대편[충(衝)] 지점.

태양이 이곳에 다다랐다 하면 즉시 남쪽으로 돌아감.

낮이 가장 길고 밤이 가장 짧은 극한의 지점임.

③ 춘분과 추분 : 태양이 적도를 지나면서 일주권이 천구를 이등분하는 지점.

따라서 낮과 밤의 길이가 같은 지점임.

(3) 24절기 : 4정을 각기 6절기로 등분한 천구상의 24지점.

각 절기의 황도상 간격은 15도로 동일함.

동지 + 15도 = 제2절기

동지 + 15도 + 15도 = 제3절기

동지 + (N×15도) = 제(N + 1)절기

각 절기의 날짜 수는 각기 서로 다름. (▼ 그 까닭은 〈일전역지〉에 보임)

한 절기의 날짜 수도 해마다 달라짐. (▼ 원지점의 이동과 양심차의 변화 등이 이유임)

그러나 2,30년 동안의 차이가 1시간을 넘지 않음.

→ 한번 계산한 절기 일률을 여러 해 동안 사용해도 됨.

2) 계산법

(1) 구하려는 절기점이 동지점으로부터 떨어진 도수를 정함.

(2) 〈태양주세평행표(太陽周歲平行表)〉에서 도수와 분수를 가로 행끼리 비교하여 구하려는 절기의 도수보다 작으면서 가장 가까운 도수와 분수를 구함.

(3) (2)에서 구한 값에서 구하려는 해의 '동지점~근지점 황경[최고충도분(最高衝度分)]'을 뺌.

(4) (3)에서 남은 수를 인수(引數)로 〈일전가감차표(日躔加減差表)〉를 찾아 균수(均數 가감차)를 구함.

(5) 일전가감차표의 가(加), 감(減) 표시에 따라 (2)에서 구한 값에 더하거나 뺌.

(6) (5)에서 구한 도수가 곧 동지점부터 구하려는 절기점까지의 일수 동안 태양이 운행한 도수임.

(7) 만약 (5)에서 구한 도수가 (1)의 도수와 같다면, (2)에서 구한 일수가 구하려는 동지부터 절기까지의 일수임. (▾〈태양주세평행표〉의 중행에는 도수가 제시되고 상행에는 일수가 제시되어, 도수를 취하면 그것이 어떤 일수에 대한 도수인지를 알게 됨.)

(8) 만약 (5)에서 구한 도수가 (1)의 도수보다 크거나[영(盈)] 작다면[축(縮)], 서로 뺀 차를 시간으로 변환함. (▾구하려는 날이 동지로부터 떨어진 일수를 가지고 〈태양의 실제운행 도수를 시간으로 변환한 표[세행변시표(細行變時表)]〉를 검색함. 본표 해설[5]을 보라.)

(9) 만약 실제운행 도수가 절기의 도수를 넘는다면, (8)에서 구한 시간을 (2)의 일수에서 뺌.

(10) 만약 실제운행 도수가 절기의 도수에 못미치면, (8)에서 구한 시간을 (2)의 일수에 더함.

(11) 〈일차표(日差表)〉에서 구하려는 절기에 대한 일차분(日差分)을 찾아 (9), (10)에서 구한 값에 더하거나 빼면 '동지부터 구하려는 절기까지 일수[절기일률(節氣日率)]'가 얼마인지 나옴.

(12) (11)에서 구한 일수는 모두 동지부터 계산한 일수이므로, 각 절기 일률을 서로 빼면 각 절기의 일수가 됨.

(13) 동지시각에 절기 일률을 더하면 구하려는 해의 구하려는 절기가 어느 날 어느 시에 있는지가 나옴.

5) 〈태양의 연중 실제운행 도수를 시간으로 변환한 표에 대한 해설[태양주세세행변시표설(太陽周歲細行變時表說)]〉을 말한다. 판나이 휘집본(프랑스 국가도서관본)에는 없고, 옥스퍼드대본, 규장각본, 《서양신법역서》본, 《신법산서》에는 들어 있다.

3) 계산 예 1 : 숭정6년(1633년)[6] 계유년의 동지부터 소한까지 일률은 얼마인가?

(1) 〈태양주세평행표(표 Ⅵ)〉에서 소한의 황경보다 작으면서 가장 가까운 도수를 찾으면, 소한의 황경이 15도이므로, 15일에 대한 14도47분05초를 얻음.

[(59분8초19미50섬/일)×15일＝14도47분05초]

(2) 이해의 근지점 황경이 6도4분이므로(표 Ⅰ의 두 번째 표 이용),

14도47분05초－6도4분＝8도43분 → 〈일전가감차표(표 Ⅷ)〉의 인수(引數)

(3) 〈일전가감차표〉를 이용하여 8도43분에 대한 균수를 구하면 가차(加差) 19분01초.

(q(8도43분)＝19분01초)[7]

(4) 동지 이후 15일 동안 태양의 운행 도수＝14도47분05초＋19분01초

＝15도06분06초.

(5) (4)에서 구한 값이 소한의 도수 15도보다 크므로,

15도06분06초－15도＝06분06초.

(6) 〈세행변시표(표 Ⅸ)〉[8]를 이용하여 06분06초를 시간으로 변환하면 2시간23분32초.

[(6분06초/61분12초)×24h＝2시간23분32초][9]

---

6) 원문은 '숭정5년(崇禎5年)'이지만 계유년은 숭정6년이며, 계산에 사용한 값이 모두 숭정6년(1633)의 값이므로 바로잡아 옮겼다.

7) 《숭정역서》, 《신법산서》 모두 가감차 계산은 이퀀트(Equant) 모델을 이용하였다. 근지점을 기준으로 평균 근점 이각을 M이라 하면 가감차 q는 정확한 모델 계산에 의하면
$$q=\sin^{-1}\left[\frac{2e\sin M}{\sqrt{1-2e\cos M\sqrt{1-e^2\sin^2 M}+e^2+2e^2\sin^2 M}}\right]$$
이다. 그러나 어림 공식인 $q \simeq 2e\sin M+e^2\sin(2M)$을 사용하여도 그 차이는 1초 미만이다. q(8도43분)＝19분0.52초인 반면, 어림 계산은 q(8도43분)$\simeq$19분0.17초이다. 일전가감차표의 값과 계산값의 오차는 4초를 넘지 않는다. 《숭정역서》 〈일전표〉의 〈보충자료 3〉 참조. 이후의 '계산 예 5'까지 모두 마찬가지이다.

8) 《신법산서》에 실린 〈태양의 실제운행 도수를 시간으로 변환한 표[세행변시표(細行變時表)]〉와는 다른 것으로 추정된다. 이 절의 계산 예에서 모두 마찬가지이다. 아래 각주 12) 참조.

9) 아래 행에서 태양의 1일 운행도수가 61분10초인 행을 이용한다고 한 것은 10초 간격으로 주어진 표를 이용하기 위함으로 생각된다. 그러나 61분12초가 계산 결과에는 더 잘 맞는다.

- 이때 태양의 1일 운행도수가 61분10초이므로 표의 이 행에서 6분보다 작으면서 가까운 수를 찾음.
- 먼저 5분6초를 만나 2시간을 얻음. 6분6초보다 1분이 작으므로 60초로 바꾸어 또 찾으면 58초38미[10]를 만나 23분을 얻음. 또 1초22미[11]가 작은데, 표에는 1초가 없으므로 82미로 바꾸어 찾으면 76미를 만남. 그래도 원래의 수치보다 작으므로, 제1수를 차례로 더하면 32초를 얻음. 세 수를 합하면 2시간23분32초가 나옴.[12]

(7) 태양의 동지부터 소한까지 일률 = 15일 − 2시간23분32초

= 14일21시간36분28초.

4) 계산 예 2 : 숭정6년(1633년) 계유년의 동지부터 대한까지 일률은 얼마인가?

(1) 〈태양주세평행표(표 Ⅵ)〉에서 대한의 황경보다 작으면서 가장 가까운 도수를 찾으면, 대한의 황경이 30도이므로, 30일에 대한 29도34분10초를 얻음.

[(59분8초19미50섬/일)×30일 = 29도34분10초]

(2) 이해의 근지점 황경이 6도4분이므로(표 Ⅰ의 두 번째 표 이용),

---

10) 태양의 1일 운행도수 61분12초를 기준으로 계산하면 58초39미가 된다.

11) 태양의 1일 운행도수 61분12초를 기준으로 계산하면 1초21미가 된다.

12) 《숭정역서》 판나이 휘집본, 규장각본, 《신법산서》에는 이 계산 과정에 사용된 표가 보이지 않는다. 이 계산 과정에 사용된 표는 〈주일시대준일행표(周日時對準日行表)〉와 같이 하루 중의 시간 진행 순으로 태양의 운행 도수를 기입하되, 〈태양의 실제운행 도수를 시간으로 변환한 표[세행변시표(細行變時表)]〉와 같이 태양의 하루 운행 도수가 60분20초인 동짓날부터 57분30초인 하짓날까지 10초 간격으로 최소 25개의 표를 따로따로 제시했을 것으로 추정된다. 《신법산서》에 실린 〈세행변시표(細行變時表)〉를 이용해도 6분6초를 시간으로 변환할 수 있는데, 그 과정은 다음과 같다. 태양의 하루 운행 도수가 60분10초인 이 날은 60분20초인 동짓날에 가까우므로 동짓날의 표를 이용한다. 우행의 6분에 해당하는 시간이 2시간20분52초10미이고, 6초에 해당하는 시간이 2분20초52미이므로 두 수를 합하면 2시간23분12초35미가 된다.(이와 같은 〈세행변시표〉 이용법은 《숭정역서》 규장각본과 《신법산서》의 〈세행변시표 해설〉에 상세히 설명되어 있다.) 결과 값이 본문의 값보다 20초 정도 작다. 표 값이 바뀌었을 수도 있지만 《신법산서》의 〈세행변시표〉는 20초 혹은 30초 간격으로 10개의 표만 주어졌기 때문에 정밀도 역시 떨어질 수밖에 없다.

29도34분10초−6도4분=23도30분10초 → 〈일전가감차표(표 Ⅷ)〉의 인수(引數).

(3) 〈일전가감차표〉를 이용하여 23도30분10초에 대한 균수를 구하면 가차(加差) 49분56초.

(q(23도30분10초)=49분57초)

(4) 동지 이후 30일 동안 태양의 운행 도수=29도34분10초+49분56초
=30도24분06초.

(5) (4)에서 구한 값이 대한의 도수 30도보다 크므로,
30도24분06초−30도=24분06초.

(6) 〈세행변시표(표 Ⅸ)〉를 이용하여 24분06초를 시간으로 변환하면 9시간 27분남짓.[13]

[(24분06초/61분12초)×24h=9시간27분][14]

- 대한은 동지부터 30일 후여서 태양의 1일 시운행 도수가 61분임.
- 61분에 해당하는 표에서 24분을 찾으면, 먼저 22분57초를 만나 9시간을 얻음. 22분57초가 24분06초보다 작은 1분09초를 69초로 바꾸어 표를 찾으면 68초35미를 만나 27분 남짓을 얻음.

(7) 태양의 동지부터 대한까지 일시율(日時率)=30일−9시간27분 남짓
=29일14시간33분 어름.

(8) 태양의 소한부터 대한까지 일시율
=(대한 일률 29일14시간33분)−(소한 절기일 14일21시간36분28초)
=14일16시간56분32초.

5) 계산 예 3 : 숭정6년(1633년) 계유년의 입동이 전년 동지부터 경과한 일시는 얼마인가?

(1) 〈태양주세평행표(표 Ⅳ)〉에서 입동의 황경보다 작으면서 가장 가까운

---

13) 《신법산서》에 실린 〈세행변시표〉를 이용하여 계산하면 9시간28분55초가 된다.

14) 아래에서 1일 운행도수가 61분인 표를 이용한다고 했지만, 61분12초가 계산 결과에는 더 잘 맞는다.

도수를 찾으면, 입동의 황경이 315도이므로, 319일에 대한 314도25분17초26미를 얻음.

(315도÷59분 8초 19미 50섬=319.6일)

(2) 이해의 근지점 황경이 6도4분이므로(표 I의 두 번째 표 이용)
314도25분17초26미−6도4분=308도21분 → 〈일전가감차표(표 VIII)〉의 인수(引數).

(3) 〈일전가감차표〉를 이용하여 308도21분에 대한 균수를 구하면 감차(減差) 1도37분43초.

(q(308도21분)=1도37분42초)

• 11궁8도의 도수는 하행에서 읽음.

(4) 동지 후 319일 동안 태양의 운행 도수
=314도25분17초26미−1도37분43초=312도47분35초.

(5) (4)에서 구한 값이 입동의 도수 315도보다 작으므로, 동지 후 319일에 태양이 입동에 못 미치는 도수=315도−312도47분35초=2도12분25초
→ 입동의 일률을 계산할 수 없으므로 2일을 더한 321일을 기준으로 다시 계산함.

(1)′ 〈태양주세평행표〉에서 321일에 대한 도수 316도23분34초를 얻음.

[(59분8초19미50섬/일)×321일=316도23분34초]

(2)′ 이해의 근지점 황경이 6도4분이므로,
316도23분34초−6도4분=310도19분 → 〈일전가감차표(표 VIII)〉의 인수(引數).

(3)′ 〈일전가감차표〉를 이용하여 310도19분에 대한 균수를 구하면 감차(減差) 1도35분02초.

(q(310도19분)=1도35분02초)

(4)′ 동지 후 321일 동안 태양의 운행 도수=316도23분34초−1도35분02초
=314도48분32초.

(5)′ (4)에서 구한 값이 입동의 도수 315도보다 작으므로, 동지 후 321일에

태양이 입동에 못미치는 도수=315도−314도48분32초=11분28초.

(6)′ 〈세행변시표(표 Ⅸ)〉를 이용하여 11분28초를 시간으로 변환하면 4시간 33분남짓.

[(11분28초/60분29초)×24시간=4시간33분][15]

(7)′ 동지부터 입동까지 일시(日時)=321일+4시간33분남짓=321일4시간33분.

- (4)′에서 구한 수가 입동의 황경에 차지 않으므로 (6)′에서 구한 값을 더함.

(8) 태양의 소한부터 입동까지 일시율

=(입동 일률 321일4시간33분)−(소한 절기일 14일21시간36분28초)

=306일6시간56분32초.

6) **계산 예 4** : 미래의 갑자년(1684년) 소한의 일시율을 구해 보자. (▾ 역원 후 56년인 해)

(1) 〈태양주세평행표(표 Ⅵ)〉에서 소한의 황경보다 작으면서 가장 가까운 도수를 찾으면, 소한의 황경이 15도이므로, 15일에 대한 14도47분05초를 얻음.

[(59분8초19미50섬/일)×15일=14도47분05초]

(2) 갑자년의 근지점 황경이 6도42분이므로(표 Ⅰ의 두 번째 표 이용), 14도47분05초−6도42분=8도05분 → 〈일전가감차표(표 Ⅷ)〉의 인수(引數).

(3) 〈일전가감차표〉를 이용하여 8도05분에 대한 균수를 구하면 가차(加差) 17분38초.

(q(8도05분)=17분38초)

(4) 동지 이후 15일 동안 태양의 운행 도수=14도47분05초+17분38초

=15도04분43초.

---

15) 본문에는 명시되지 않았으나 태양의 1일 운행도수가 60분29초일 때 계산 결과가 잘 맞는다. 60분30초에 해당하는 표를 사용했을 것으로 생각된다. 《신법산서》의 〈세행변시표〉 중 60분30초에 해당하는 표를 사용하면 결과값이 4시간32분56초가 된다.

(5) (4)에서 구한 값이 소한의 도수 15도보다 크므로,

15도04분43초 − 15도 = 04분43초.

(6) 〈세행변시표(표 Ⅸ)〉를 이용하여 04분43초를 시간으로 변환하면 1시간 51분.

[(04분43초/61분12초)×24시 = 1시간51분][16)]

(7) 태양의 동지부터 소한까지 일률 = 15일 − 1시간51분 = 14일22시간09분.

- 계산 예 1의 계유년 소한의 일률 14일21시간36분28초보다 30분 남짓 늦음.

(14일22시간09분 − 14일21시간36분28초 = 32분 32초)

7) 계산 예 5 : 역원 후 150년 무술년(1776년) 소한의 일시율을 구해 보자.

(1) 〈태양주세평행표(표 Ⅵ)에서 소한의 황경보다 작으면서 가장 가까운 도수를 찾으면, 소한의 황경이 15도이므로, 15일에 대한 14도47분05초를 얻음.(표 Ⅰ의 두 번째 표 이용)

[(59분8초19미50섬/일)×15일 = 14도47분05초]

(2) 무술년의 근지점 황경이 7도52.5분(52분29초)이므로,

14도47분05초 − 7도52.5분(52분29초) = 6도54분36초[17)] → 〈일전가감차표(표 Ⅶ)〉의 인수(引數).

(3) 〈일전가감차표〉를 이용하여 6도54분36초에 대한 균수를 구하면 가차(加差) 15분06초.[18)]

(q(6도54분36초) = 15분6초)

---

16) 본문에는 명시되지 않았으나 태양의 1일 운행도수가 61분12초일 때 계산 결과가 잘 맞는다. 61분10초에 해당하는 표를 사용했을 것으로 생각된다. 《신법산서》의 〈세행변시표〉 중 61분 20초에 해당하는 표를 사용하면 결과 값이 1시간40분45초가 된다.

17) 원문에는 '15도 − 7도52.5분 = 7도7.5분'으로 서술되었으나 절기 일률 계산법과 앞의 계산예 6가지에 모두 맞지 않으므로 바로잡아 옮겼다. 이후의 계산값들도 이에 맞게 바로잡아 옮겼다.

18) 원문은 15분33초.

(4) 동지 이후 15일 동안 태양의 운행 도수=14도47분05초+15분06초
=15도02분11초.[19]

(5) (4)에서 구한 값이 소한의 도수 15도보다 크므로,
15도02분11초－15도=02분11초.

(6) 〈세행변시표(표 Ⅸ)〉를 이용하여 02분11초를 시간으로 변환하면 0시간 51분.[20]
[(02분11초/61분12초)×24시=0시간51분][21]

(7) 태양의 동지부터 소한까지 일률=15일－0시간51분
=14일23시간09분.[22]

12. 태양이 각 절기점과 만나는 시각 계산법[구태양교절시각법(求太陽交節時刻法)][23]

1) 구하려는 절기의 날짜와 시각=(평동지의 날짜와 시각)+(구하려는 절기의 일률)

2) 계산 예

(1) 앞의 '계산 예 1'에서 다룬 계유년(1633년)의 평동지 날짜와 시각
=갑진일 새벽 자정(0시) 후 7시03분.

① 계유년의 근수(根數)=41분07초09미[24],
태양의 1일 평균운행 도수=59분08초20미.
(표 Ⅰ의 제1표 이용)

19) 원문은 15도02분38초.
20) 원문은 0시간58분.
21) '계산 예 4'와 동일한 태양의 1일 운행도수를 사용하였다.
22) 원문은 14일 23시간02분.
23) 《숭정역서》 〈일전표〉에는 〈사기(四氣 : 춘분 · 하지 · 추분 · 동지)의 시각을 구하는 대략적인 계산법[구사기시각약법(求四氣時刻約法)]〉만 있는데, 《신법산서》는 모든 절기 시각의 일반적인 계산법을 제시하고 있다.
24) 원문은 41분17초19미이지만 〈역원 후 200항년 표〉 및 이어지는 계산값에 근거하여 바로잡아 옮겼다.

② 갑진일 새벽 자정부터 평동지까지 태양의 평균운행 도수
=59분08초20미－41분07초09미=18분01초.

③ 18분01초를 시간으로 변환하면 7시간03분 → 평동지 시각이 갑진일 7시간03분.
[(18분01초/61분20초)×24시=7시간03분, 〈세행변시표(表 IX)〉를 이용하여도 7시간 03분][25]

(2) 태양이 소한에 도달하는 날짜와 시각
=갑진일 7시03분+(소한 일률 14일21시간36분28초)
=기미일 자정 후 4시39분.

3) 역원인 무진년(1628년)의 24정절기(定節氣) 일률

(1) 소한 시각 계산을 위한 기책(氣策)[26] : 14일 21시33분. (▼일차 1.5분을 더함)
(2) 대한 시각 계산을 위한 기책 : 29일 14시32분. (▼일차 5분을 뺌)
(3) 입춘 시각 계산을 위한 기책 : 44일 09시05분. (▼일차 8분을 뺌)
(4) 우수 시각 계산을 위한 기책 : 59일 04시52분. (▼일차 7분을 뺌)
(5) 경칩 시각 계산을 위한 기책 : 74일 03시44분. (▼일차 5분을 뺌)
(6) 춘분 시각 계산을 위한 기책 : 89일 05시46분. (▼일차 0분)
(7) 청명 시각 계산을 위한 기책 : 104일 11시08분. (▼일차 4.5분을 더함)
(8) 곡우 시각 계산을 위한 기책 : 119일 19시55분. (▼일차 8.5분을 더함)
(9) 입하 시각 계산을 위한 기책 : 135일 07시48분. (▼일차 11분을 더함)
(10) 소만 시각 계산을 위한 기책 : 150일 22시35분. (▼일차 12분을 더함)
(11) 망종 시각 계산을 위한 기책 : 166일 15시27분. (▼일차 10분을 더함)
(12) 하지 시각 계산을 위한 기책 : 182일 09시33분. (▼일차 6.5분을 더함)
(13) 소서 시각 계산을 위한 기책 : 198일 04시08분. (▼일차 4분을 더함)

25) ②에서 태양의 1일 평균 운행 도수를 사용한 것과 달리 여기서는 61분20초/24시 의 실제운행도수를 사용하여 계산하였다.
26) 여기서 기책(氣策)은 절기 일률(節氣日率)과 동의어이다. 곧 '동지~각 절기'의 시간 간격을 뜻한다.

(14) 대서 시각 계산을 위한 기책 : 213일 22시15분. (▼ 일차 2분을 더함)
(15) 입추 시각 계산을 위한 기책 : 225일 14시35분. (▼ 일차 3분을 더함)
(16) 처서 시각 계산을 위한 기책 : 245일 04시55분. (▼ 일차 6분을 더함)
(17) 백로 시각 계산을 위한 기책 : 260일 16시08분. (▼ 일차 10.5분을 더함)
(18) 추분 시각 계산을 위한 기책 : 276일 0시07분. (▼ 일차 16분을 더함)
(19) 한로 시각 계산을 위한 기책 : 291일 04시49분. (▼ 일차 20.5분을 더함)
(20) 상강 시각 계산을 위한 기책 : 306일 06시08분. (▼ 일차 24분을 더함)
(21) 입동 시각 계산을 위한 기책 : 321일 04시31분. (▼ 일차 24분을 더함)
(22) 소설 시각 계산을 위한 기책 : 336일 0시29분. (▼ 일차 21분을 더함)
(23) 대설 시각 계산을 위한 기책 : 350일 18시12분. (▼ 일차 15.5분을 더함)
(24) 동지 시각 계산을 위한 기책 : 365일 11시59분. (▼ 일차 8분을 더함)

13. 각 지역의 절기 시각과 그때 태양의 경도 도분 구하기 [구각처절기시각급일전도분(求各處節氣時刻及日躔度分)]

1) 순천부(북경) 및 순천부와 경도가 같은 남북쪽 지방 : 앞의 11항, 12항의 계산법에 따름.

2) 순천부의 동서쪽 지방

(1) 순천부의 절기 시각을 구함.
(2) 순천부에서 동쪽으로 1천리를 가면 경도 2도의 차이가 남.
① 《광여도(廣輿圖)》[27] 〈총도(總圖)〉에 사방 500리마다 남북으로 일직선 상에 있는 곳을 경도가 같다고 하고, 동서로 일직선 상에 있는 곳을 위도가 같다고 함.

27) 명나라 나홍선(羅洪先)이 원나라 주사본(朱思本)의 《여지도(輿地圖)》를 증보하여 1541년에 2권으로 완성한 세계지도로 명말청초에 큰 영향을 끼쳤다.

② 만약 어떤 지방이 순천부로부터 동서로 1방, 곧 500리 떨어져 있다면 2도의 차이가 남.

만약 2방, 곧 1천리 떨어져 있다면 4도의 차이가 남.

3방, 4방...N방 떨어져 있으면 6도, 8도...2N도 차이가 남.

③ 남쪽과 북쪽으로 떨어진 거리는 무관함.

(3) 경도 2도의 차이를 시간으로 환산하면 8분이 됨.

① 경도 1도＝시간 4분, 경도 15도＝1시간, 경도 1분＝시간 4초[28)]

② 표가 있어 〈측야시(測夜時 밤 시각 측정하기)〉권 안에 보임.[29)]

(4) (1)의 계산값에 8분을 더함.

(5) 만약 동쪽으로 2방만큼 간 곳이라면 16분을 더함.

동쪽으로 N방만큼 간 곳의 절기 시각＝순천부의 절기 시각＋8N분

(6) 만약 순천부에서 서쪽으로 1방만큼 간 곳이면 8분을 빼고, 2방만큼 간 곳이면 16분을 뺌.

서쪽으로 N방만큼 간 곳의 절기 시각＝순천부의 절기 시각－8N분

(7) 《광여도》처럼 경도를 세분하면 절기 시각도 세밀하게 계산함.

① 《광여도》에서 상등주(上登州)는 경사(京師 북경) 동쪽으로 2.5방의 거리에 있음.

따라서 20분(＝8×2.5)을 더함.

숭정6년(1633년) 계유년[30)] 등주의 동지시각

＝순천부의 동지시각 갑진일 오정 외 38분[31)]＋20분

＝갑진일 오정 외 58분.

---

28) 원문에는 '경도 1분＝시간 4분'으로 되어 있으나, '경도 1도＝시간 4분'에 맞지 않으므로 바로잡아 옮겼다.

29) 〈측야시(測夜時)〉는 서광계의 후임 이천경이 1634년 12월 3일에 올린 5차 진정 서목 중의 〈야중측시(夜中測時)〉 1권이다. 이 책은 간행되지 못하였고, 그 대신 사고전서본《신법산서》에는 제17권의 〈혼천의설(渾天儀說) 2〉 '구황도각호 출몰지시(求黃道各弧出沒之時)' 말미에 도수(度數)와 시분(時分)을 상호 환산하는 표가 실려 있다.

30) 원문은 '숭정5년'이지만 11절의 계산예 등에 의거하여 바로잡아 옮겼다.

31) 12절의 계산예에서 구한 계유년 동지 시각은 갑진일 7시03분으로, 갑진일 진초(辰初) 03분이 된다. 여기서 갑진일 오정 외 38분, 곧 갑진일 12시38분이라고 한 것은 5시간35분이나 차이가 나는데, 어디서 나온 수치인지 미상이다.

② 《광여도》에서 서안부(西安府)는 경사 서쪽으로 3.5방의 거리에 있음. 따라서 28분(=8×3.5)을 뺌.

이해 서안부의 동지시각

=순천부의 동지시각 갑진일 오정 외 38분－28분

=갑진일 오정 외 10분.[32)]

(8) 특정한 장소, 특정한 때에 '태양의 위치[일전(日躔)]' 구하기

① 구하려는 때 순천부의 시각을 설정함.

② 구하려는 장소가 순천부에서 몇 방의 거리에 있어서 몇 분의 시간차가 나는지를 계산함.

③ 구하려는 장소가 순천부의 동쪽에 있으면, 그곳의 시각=①+② 서쪽에 있으면, 그곳의 시각=①－②.

④ ③의 시각을 가지고 계산법에 따라 '태양의 도분[일전도분(日躔度分)]'을 구함.[33)]

14. 임의의 시각에 태양의 경도 도분 구하기[수시구태양소전경도분(隋時求太陽所躔經度分)]

1) 계산법

(1) '구하려는 각년의 경도차를 동지로부터 헤아린 표〈(역원 후 200항년 표 표Ⅰ)〉'에서 '평균운행 경도[평행경도(平行經度) 기년도분(紀年度分)]'와 최고충도(最高衝度) 두 값을 취함.

(2) 〈태양주세각일평행표(太陽周歲各日平行表 태양주세평행표 표Ⅵ)〉에서 구하려는 날이 근(根 동지 다음 날 새벽 자정)으로부터 떨어진 일수를 가지고 (1)과 같이 두 값을 취함.

---

32) 원문에는 '오정각 외 6분'으로 되어 있으나, 계산 결과에 맞지 않으므로 바로잡아 옮겼다.

33) 여기서 '태양 위치의 도분[일전도분(日躔度分)]'은 관측 장소와 시각에 따라 달라지는 지평경도, 곧 방위각을 뜻하는 것으로 생각된다. 14절의 계산예에서는 황경의 뜻으로 사용되었다.

(3) 만약 구하려는 시각이 있다면 〈시각세행표(時刻細行表 주일시대준일행표(周日時對準日行表) 표 Ⅷ)〉에서 값(평균운행 경도)을 취함.

(4) (1), (2), (3)에서 취한 수를 동류끼리 합산하여 두 개의 총수(總數)를 만듦.

(5) 두 총수의 차를 인수(引數)로 삼아 〈일전가감차표(日躔加減差表)〉에서 균수(均數)를 구함.

(6) 구하려는 때 태양의 도분(황경) = 경총수(經總數 경도의 총합) ± 균수. (단, +는 가차, −는 감차)

2) 계산 예 : 숭정4년(1631) 신미년 정월 초1일 자정 초각 때 '태양의 도분[일전도분(日躔度分) 황경]'을 구해 보자.

(1) 정월 초1일은 여을해(女乙亥)일로, 근(根 동지 다음 날 새벽 자정)으로부터 41일 후이므로, 〈각일평행표(各日平行表 태양주세평행표 표 Ⅵ)〉에서 일수를 가지고 값을 취하면, 태양의 운행 도수는 40도24분41초33미, 최고충 이동 도수는 5초임.

(41일×59분8초19미50섬 = 40도24분41초33미, 45초×41일÷365.2422일 = 5초)

(2) 이해 신미년의 근수(根數)는 10분37초33미이고, 최고충 도분은 6도2분14초임.

(표 Ⅰ의 첫1표와 제2표 이용)

(3) 자정 초각은 하루 중의 운행 시간이 0임.

(4) (1), (2)의 수를 동류끼리 합산하면 경총(經總 경도의 총합) 40도35분19초, 최고충 총수 6도02분19초를 얻음.

(40도24분41초33미 + 10분37초33미 = 40도35분19초1미)

(5초 + 6도02분14초 = 6도02분19초)

(5) 두 총수를 서로 빼면 34도33분0초가 나오므로, 이 수를 인수로 삼아 〈일전가감차표(日躔加減差表)〉에서 균수를 구하면 가차 1도10분53초가 나옴.

(40도35분19초1미 − 6도02분19초 = 34도33분, q(34도33분) = 1도10분55초)

(6) 이날 이 시각 '태양의 도수[태양전도(太陽躔度) 황경]'
= 경총수(經總數) + 균수 = 41도46분12초 = 현효(玄枵 Aqu) 11도46분12초
(40도35분19초1미 + 1도10분55초 = 41도46분14초)

15. 태양의 수도분(宿度分) 구하기[구태양전수도분(求太陽躔宿度分)]

1) '태양의 황도 수도[태양전황도수도(太陽躔黃道宿度)]' 계산법

- 태양 위치의 황도 수도는 황도상의 도분을 사용해야 함.
  만약 적도 수도를 계산하려 한다면 적도거성도(赤道距星度)를 사용해야 함.
  각기 계산법이 있음.

(1) 태양의 궁도분[34]을 놓고, 〈황도12궁 거수표(距宿表)〉에서 태양이 있는 궁 안에서 '태양의 궁내(宮內) 도분보다 작으면서 가장 가까운 도분을 가진[소근(小近)]' 수(宿)의 도분 수(數)를 찾아 서로 뺌. 그 차가 곧 태양이 아무 수로부터 지나온 도분임.
→ 태양의 황도수도분 = (태양의 궁내 도분) − (태양 직전 수의 도분)

(2) 만약 태양이 있는 궁 안에서 '태양의 경도보다 작으면서 가장 가까운 도분을 가진[소근(小近)]' 수(宿)의 도분이 태양의 궁내 도분보다 커서 뺄 수 없다면, 직전 궁 안에서 '태양의 경도보다 작으면서 가장 가까운 도분을 가진[소근(小近)]' 수(宿)의 도분을 사용함.
→ 태양의 황도수도분
= 30도 − (직전 궁 안에서 태양 직전 수 도분) + (태양의 궁내 도분)

2) 계산 예 1 : 태양이 순화궁(鶉火宮, Leo) 28도37분에 있다면,

(1) 순화궁 안에서 '태양의 경도보다 작으면서 가장 가까운 도분을 가진[소근(小近)]' 수의 도분을 찾으면 성수(星宿) 22도09분.

34) 순화궁(鶉火宮, Leo) 28도37분, 현효궁(玄枵宮, Aqu) 1도38분 등 먼저 황도12궁 중의 궁을 나타내고 나서 나머지 도수로 해당 궁 안에서의 도수를 나타낸 것이다.

(2) 태양의 황도수도분

=(태양의 순화궁 28도37분)－(성수의 순화궁 22도09분)

=성수 6도28분

3) 계산 예 2 : 태양이 현효(玄枵 Aqu) 1도38분에 있다면,

(1) 현효궁 안에는 태양의 궁내 도분보다 작은 도분을 가진 수가 없음.

• 도분이 가장 작은 여수(女宿)도 6도[35]를 넘어 태양의 궁내 도분보다 큼.

(2) 직전 궁을 사용하면 '태양의 경도보다 작으면서 가장 가까운 도분을 가진[소근(小近)]' 수의 도분으로서 우수(牛宿) 28도54분을 얻음.

(3) 태양의 황도수도분

=30도－(우수의 성기(星紀)궁 28도54분)＋(태양의 현효궁 1도38분)

=(우수 후 성기궁 끝까지 도분 1도06분)+(현효궁 1도38분)=우수 2도40분

4) 12궁거수표(十二宮距宿表)[36]

숭정 원년에 계산한 것임. 항성의 운행으로 인해 역원 이후 매년 51초를 더하고, 10년째는 8분30초를 더하고, 20년째는 17분00초를 더함.[37]

[(51초1년)×10년＝8분30초, 51초×20년＝17분]

35) 원문에는 '8도'로 되어 있으나 뒤에 나오는 〈12궁거수표〉에 따라 바로잡아 옮겼다.

36) 《숭정역서》 규장각본의 이 표에는 '삼(參) 17도14분'과 '자(觜) 18도35분'의 위치가 서로 바뀌고 '자(觜)'가 삭제되어 있다. 또 규장각본에는 '정(井) 00도08분'이 '정 00도07분'으로, '귀(鬼) 00도32분'이 '귀 00도33분'으로 되어 있다.

37) 《숭정역서》 규장각본에는 매년 52초, 10년째 8분40초, 20년째 17분20초를 더한다고 되어 있다. 지구 자전축에 의한 세차 50.287초/년을 더해주는 것으로 보인다. 참고로 지구궤도의 근일점 이동은 11.45초/년이다.

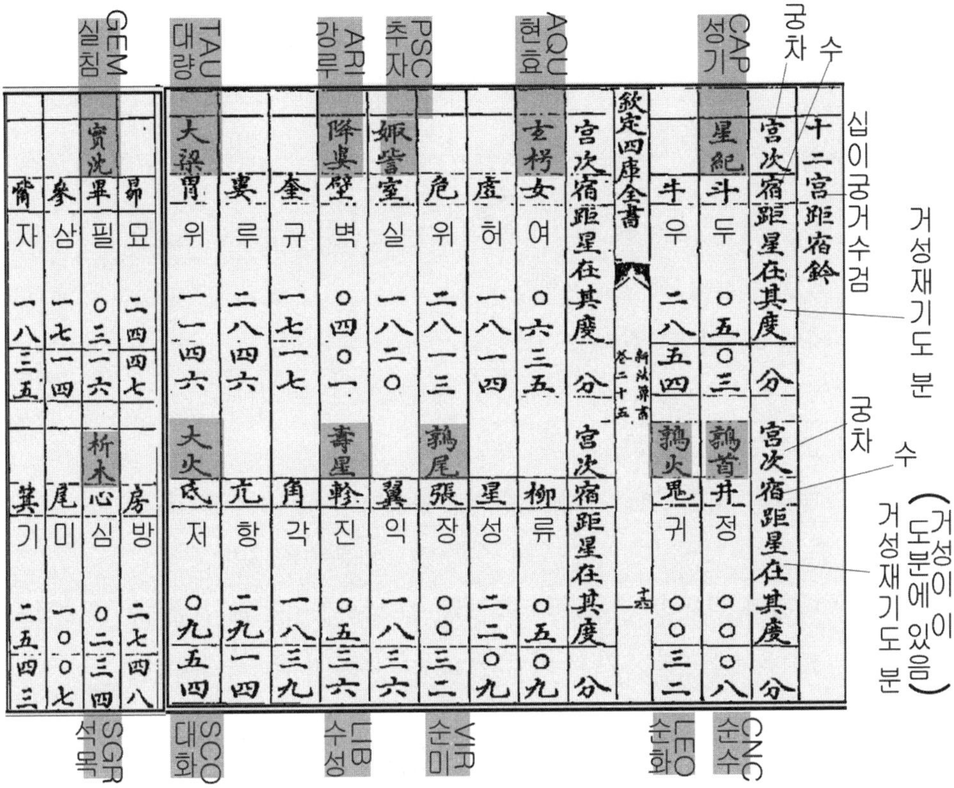

[그림 1] 《신법산서》의 12궁거수표

5) '적도 수도(赤道宿度)' 계산법

(1) 〈항성역지(恒星曆指)〉에서 계산한, 구하려는 해에 각 항성이 적도상에서 가지는 거도(距度) 입성표를 준비함.

(2) 태양의 경도를 가지고, '황도와 함께 떠오르는 적도의 도수[동승적도도수(同升赤道度數)]를 구함.

[$\tan\alpha = \tan\lambda\cos(23.5°)$]

(3) (2)에서 구한 도수를 가지고 1)과 같은 방법으로 (1)의 표를 이용하여 적도 수도를 구함.

6. 〈역원 후 200항년 표〉의 근수 계산법[산이백항년표근법(算二百恒年表根法)

1) 계산법

(1) 숭정 원년(1628년) 평동지의 분초를 놓음. (▼관측치가 《일전고(日躔考)》[38] 안에 보임.)

(2) 세실 365일 5시간48분45초[39]를 놓음.

(3) 역원은 항상 동지 후 첫째 자정 때에 있으므로, 만 1년이 아니라 1년에 365일만을 사용함.

(4) (태양의 하루 평균운행 도수 59분08초19미49섬)×(365일)

=359도45분40초38미

(5) (다음해 역원의 근수)=359도45분40초38미+(전년의 근수)−360도

(5)′ '359도45분40초38미+(전년의 근수)'가 360도보다 작으면,

(다음해 역원의 근수)

=(59분08초19미49섬×366일)+(전년의 근수)−360도

2) 계산 예 1

(1) 숭정 원년 무진년 역원 근(根 동지 다음 날 새벽 자정)의 수차(宿次)는 정(井), 기일(紀日)은 기묘(己卯).

(2) 동지 다음 날 새벽 자정 때 순천부에서 태양의 평균운행이 성기궁(星紀宮 Cap)0도53분35초39미에 있었음.

(3) (성기궁 초도 53분35초39)+(365일 동안 태양의 평균운행 도수 359도45분40초38미)=360도39분16초17미

(4) 360도39분16초17미−360도=39분16초17미

---

38) 《일전고(日躔考)》는 이천경의 5차 진정 서목에 2권의 분량으로 들어 있었으나 간행되지 않은 책이다.

39) 《숭정역서》에는 세실(1회귀년)값으로 365일 5시간48분33초를 사용하였는데 《신법산서》는 이보다 12초 큰 값을 사용하였다.

→ 어떤 날 자정에 태양이 동지를 지나 성기 초궁 39분 남짓에 도달함.

(5) 수차(宿次) 정(井)에 1수를 더하면 귀(鬼)를 얻고, 기일(紀日) 기묘(己卯)에 다섯 간지를 더하면 갑신(甲申)을 얻음.

(6) 기사년의 역원=귀갑신(鬼甲申)일 새벽 자정. 이때 태양이 성기궁 39분 남짓에 있음.

3) 계산 예 2

(1) 숭정 4년(1631) 신미년 역원 근(根 동지 다음 날 새벽 자정)의 수차(宿次)는 성(星), 기일(紀日)은 갑오.

(2) 이해 역원의 근수(동지 다음 날 새벽 자정 때 평균태양이 동지점(Cap0도)을 지나온 경도차)=10분37초33미

(3) (근수 10분37초33미)+(365일 동안 태양의 평균운행 도수 359도45분40초38미)=359도56분18초11미 < 360도

(3)′ (근수 10분37초33미)+(366일 동안 태양의 평균운행 도수 359도45분40초38미)=10분37초33미+(59분08초19미49섬×366일)=360도55분26초31미

(4) 360도55분26초31미−360도=55분26초31미

→ 숭정 5년(1632년) 임신년 역원의 근수

(5) 수차(宿次) 성(星)에 2수를 더하면 익(翼)를 얻고, 기일(紀日) 갑오에 여섯 간지를 더하면 경자를 얻음.

(6) 임신년의 역원인 익경자(翼庚子)일 새벽 자정 때 태양이 동지점을 55분 남짓 지남.

4) 〈역원 후 200항년 표〉의 수기일(宿紀日)

(1) 28수로 근일(根日 동지 다음날)의 일차(日次) 나타내기

① 365일 동안 태양의 평균운행 도수를 더할 때 내년 근일의 수(宿)=금년 근일의 수+1수.

∵ 365일÷28=13………1

② 366일 동안 태양의 평균운행 도수를 더할 때 내년 근일의 수(宿) =금년 근일의 수+2수

∵ 366일÷28=13………2

(2) 60간지로 근일의 일차(日次) 나타내기

① 365일 동안 태양의 평균운행 도수를 더할 때 내년 근일의 간지 =금년 근일의 간지+5간지

∵ 365일÷60=6………5

② 366일 동안 태양의 평균운행 도수를 더할 때 내년 근일의 간지 =금년 근일의 간지+6간지

∵ 366일÷60=6………6

5) 평년(平年)과 윤년(閏年)

(1) 평년 : 365일을 더하는 해

(2) 윤년 : 366일을 더하는 해 → 1일이 많아서 윤년이 됨.

6) 〈역원 후 200항년 표〉는 역원 이후 200년까지 계산한 것

: 과거로 가고 싶으면 거꾸로 계산하면 됨.

7) '간략 계산법[약법(約法)]'

(1) 360도−(365일 동안 태양의 평균운행 도수 359도45분40초38미)=14분19초22미

(2) 내년 역원의 근수=(금년 역원의 근수)−14분19초22미

∵ (금년 역원의 근수)+(359도45분40초38미)−360도

=(금년 역원의 근수)−(360도−359도45분40초38미)

=(금년 역원의 근수)−(14분19초22미)

(3) (금년 역원의 근수) < {360도 − (359도45분40초38미)} 인 경우는,

내년 역원의 근수 = (금년 역원의 근수) + (60분 − 15분11초02미)

∵ (금년 역원의 근수) + {(366일 동안 운행도수 360도44분48초58미) − 360도}

= (금년 역원의 근수) + (44분48초58미)

= (금년 역원의 근수) + (60분 − 15분11초02미)

표Ⅰ 제1표. 역원 후 200항년 표(曆元後二百恒年表)[40]

◎ 《숭정역서》의 제1표와 같은 틀. 그러나 기년도분(紀年度分) 값이 다름

예) 제1년 무진년 : 《신법산서》의 값이 55초49미 만큼 큼.

제200년 정해년 : 《신법산서》의 값이 1분10초6미 만큼 큼.

〈표 1〉 〈역원 후 200항년 표〉의 '평동지~동지 다음 날 새벽 자정' 태양 경도차

《신법산서》와 규장각본의 〈역원 후 200항년 표〉의 기년도분(紀年度分) '평동지~동지 다음 날 새벽 자정' 태양 경도차(분)											
무진	1628	53;35,39	무오	1678	47;07,19	무신	1728	40;38,59	무술	1778	34;10,39
기사	1629	39;16,17	기미	1679	32;47,57	기유	1729	26;19,37	기해	1779	19;51,17
경오	1630	24;56,55	경신	1680	18;28,35	경술	1730	12;00,15	경자	1780	05;31,55
신미	1631	10;37,33	신유	1681	04;09,13	신해	1731	56;49,13	신축	1781	50;20,53
임신	1632	55;26,31	임술	1682	48;58,11	임자	1732	42;29,51	임인	1782	36;01,31
계유	1633	41;07,09	계해	1683	34;38,49	계축	1733	28;10,29	계묘	1783	21;42,09
갑술	1634	26;47,47	갑자	1684	20;19,27	갑인	1734	13;51,07	갑진	1784	07;22,47
을해	1635	12;28,25	을축	1685	06;00,05	을묘	1735	58;40,05	을사	1785	52;11,45
병자	1636	57;17,23	병인	1686	50;49,03	병진	1736	44;20,43	병오	1786	37;52,23
정축	1637	42;58,01	정묘	1687	36;29,41	정사	1737	30;01,21	정미	1787	23;33,01
무인	1638	28;38,39	무진	1688	22;10,19	무오	1738	15;41,59	무신	1788	09;13,39
기묘	1639	14;19,17	기사	1689	07;50,57	기미	1739	01;22,37	기유	1789	54;02,37
경진	1640	59;08,15	경오	1690	52;39,55	경신	1740	46;11,35	경술	1790	39;43,15
신사	1641	44;48,53	신미	1691	38;20,33	신유	1741	31;52,13	신해	1791	25;23,53
임오	1642	30;29,31	임신	1692	24;01,11	임술	1742	17;32,51	임자	1792	11;04,31
계미	1643	16;10,09	계유	1693	09;41,49	계해	1743	03;13,29	계축	1793	55;53,29
갑신	1644	01;50,47	갑술	1694	54;30,47	갑자	1744	48;02,27	갑인	1794	41;34,07
을유	1645	46;39,45	을해	1695	40;11,25	을축	1745	33;43,05	을묘	1795	27;14,45
병술	1646	32;20,23	병자	1696	25;52,03	병인	1746	19;23,43	병진	1796	12;55,23

40) 제1표, 제2표, 제3표 등에 대한 설명은 원문에 설명문이 있는 것을 옮긴 것이 아니라, 원문에는 표만 제시되어 있는 것을 분석한 내용이다. 원문의 설명문을 옮긴 '표 해설Ⅰ', '표 해설Ⅱ', '표 해설Ⅲ' 등은 제목의 아이콘에 음영처리를 하여 구분되도록 하였다.

정해	1647	18;01,01	정축	1697	11;32,41	정묘	1747	05;04,21	정사	1797	57;44,21
무자	1648	03;41,39	무인	1698	56;21,39	무진	1748	49;53,19	무오	1798	43;24,59
기축	1649	48;30,37	기묘	1699	42;02,17	기사	1749	35;33,57	기미	1799	29;05,37
경인	1650	34;11,15	경진	1700	27;42,55	경오	1750	21;14,35	경신	1800	14;46,15
신묘	1651	19;51,53	신사	1701	13;23,33	신미	1751	06;55,13	신유	1801	00;26,53
임진	1652	05;32,31	임오	1702	58;12,31	임신	1752	51;44,11	임술	1802	45;15,51
계사	1653	50;21,29	계미	1703	43;53,09	계유	1753	37;24,49	계해	1803	30;56,29
갑오	1654	36;02,07	갑신	1704	29;33,47	갑술	1754	23;05,27	갑자	1804	16;37,07
을미	1655	21;42,45	을유	1705	15;14,25	을해	1755	08;46,05	을축	1805	02;17,45
병신	1656	07;23,23	병술	1706	00;55,03	병자	1756	53;35,03	병인	1806	47;06;43
정유	1657	52;12,21	정해	1707	45;44,01	정축	1757	39;15,41	정묘	1807	32;47,21
무술	1658	37;52,59	무자	1708	31;24,39	무인	1758	24;56,19	무진	1808	18;27,59
기해	1659	23;33,37	기축	1709	17;05,17	기묘	1759	10;36,57	기사	1809	04;08,37
경자	1660	09;14,15	경인	1710	02;45,55	경진	1760	55;25,55	경오	1810	48;57,35
신축	1661	54;03,13	신묘	1711	47;34,54	신사	1761	41;06,33	신미	1811	34;38,13
임인	1662	39;43,51	임진	1712	33;15,31	임오	1762	26;47,11	임신	1812	20;18,51
계묘	1663	25;24,29	계사	1713	18;56,09	계미	1763	12;27,49	계유	1813	05;59,29
갑진	1664	11;05,07	갑오	1714	04;36,47	갑신	1764	57;16,47	갑술	1814	50;48,27
을사	1665	55;54,05	을미	1715	49;25,45	을유	1765	42;57,25	을해	1815	36;29,05
병오	1666	41;34,43	병신	1716	35;06,23	병술	1766	28;38,03	병자	1816	22;09,43
정미	1667	27;15,21	정유	1717	20;47,01	정해	1767	14;18,41	정축	1817	07;50,21
무신	1668	12;55,59	무술	1718	06;27,39	무자	1768	59;07,39	무인	1818	52;39,19
기유	1669	57;44,57	기해	1719	51;16,37	기축	1769	44;48,17	기묘	1819	38;19,57
경술	1670	43;25,35	경자	1720	36;57,15	경인	1770	30;28,55	경진	1820	24;00,35
신해	1671	29;06,13	신축	1721	22;37,53	신묘	1771	16;09,33	신사	1821	09;41,13
임자	1672	14;46,51	임인	1722	08;18,31	임진	1772	01;50;11	임오	1822	54;30,11
계축	1673	00;27,29	계묘	1723	53;07,29	계사	1773	46;39,09	계미	1823	40;10,49
갑인	1674	45;16,27	갑진	1724	38;48,07	갑오	1774	32;19,47	갑신	1834	25;51,27
을묘	1675	30;57,05	을사	1725	24;28,45	을미	1775	18;00,25	을유	1825	11;32,05
병진	1676	16;37,43	병오	1726	10;09,23	병신	1776	03;41,03	병술	1826	56;21,03
정사	1677	02;18,21	정미	1727	54;58,21	정유	1777	48;30,01	정해	1827	42;01,41

〈표 2〉 〈역원 후 200항년 표〉의 '평동지~근지점'의 태양 경도차(도)

《신법산서》와 규장각본의 〈역원 후 200항년 표〉의 최고충도분(最高衝度分) '평동지~근지점'의 태양 경도차(도)											
무진	1628	5;59,59	무오	1678	6;37,29	무신	1728	7;14,59	무술	1778	7;52,29
기사	1629	6;00,44	기미	1679	6;38,14	기유	1729	7;15,44	기해	1779	7;53,14
경오	1630	6;01,29	경신	1680	6;38,59	경술	1730	7;16,29	경자	1780	7;53,59
신미	1631	6;02,14	신유	1681	6;39,44	신해	1731	7;17,14	신축	1781	7;54,44
임신	1632	6;02,59	임술	1682	6;40,29	임자	1732	7;17,59	임인	1782	7;55,29
계유	1633	6;03,44	계해	1683	6;41,14	계축	1733	7;18,44	계묘	1783	7;56,14
갑술	1634	6;04,29	갑자	1684	6;41,59	갑인	1734	7;19,29	갑진	1784	7;56,59
을해	1635	6;05,14	을축	1685	6;42,44	을묘	1735	7;20,14	을사	1785	7;57,44
병자	1636	6;05,59	병인	1686	6;43,29	병진	1736	7;20,59	병오	1786	7;58,29
정축	1637	6;06,44	정묘	1687	6;44,14	정사	1737	7;21,44	정미	1787	7;59,14
무인	1638	6;07,29	무신	1688	6;44,59	무오	1738	7;22,29	무신	1788	7;59,59
기묘	1639	6;08,14	기사	1689	6;45,44	기미	1739	7;23,14	기유	1789	8;00,44
경진	1640	6;08,59	경오	1690	6;46,29	경신	1740	7;23,59	경술	1790	8;01,29
신사	1641	6;09,44	신미	1691	6;47,14	신유	1741	7;24,44	신해	1791	8;02,14
임오	1642	6;10,29	임신	1692	6;47,59	임술	1742	7;25,29	임자	1792	8;02,59
계미	1643	6;11,14	계유	1693	6;48,44	계해	1743	7;26,14	계축	1793	8;03,44
갑신	1644	6;11,59	갑술	1694	6;49,29	갑자	1744	7;26,59	갑인	1794	8;04,29
을유	1645	6;12,44	을해	1695	6;50,14	을축	1745	7;27,44	을묘	1795	8;05,14
병술	1646	6;13,29	병자	1696	6;50,59	병인	1746	7;28,29	병진	1796	8;05,59
정해	1647	6;14,14	정축	1697	6;51,44	정묘	1747	7;29,14	정사	1797	8;06,44
무자	1648	6;14,59	무인	1698	6;52,29	무진	1748	7;29,59	무오	1798	8;07,29
기축	1649	6;15,44	기묘	1699	6;53,14	기사	1749	7;30,44	기미	1799	8;08,14
경인	1650	6;16,29	경진	1700	6;53,59	경오	1750	7;31,29	경신	1800	8;08,59
신묘	1651	6;17,14	신사	1701	6;54,44	신미	1751	7;32,14	신유	1801	8;09,44
임진	1652	6;17,59	임오	1702	6;55,29	임신	1752	7;32,59	임술	1802	8;10,29
계사	1653	6;18,44	계미	1703	6;56,14	계유	1753	7;33,44	계해	1803	8;11,14
갑오	1654	6;19,29	갑신	1704	6;56,59	갑술	1754	7;34,29	갑자	1804	8;11,59
을미	1655	6;20,14	을유	1705	6;57,44	을해	1755	7;35,14	을축	1805	8;12,44

병신	1656	6;20,59	병술	1706	6;58,29	병자	1756	7;35,59	병인	1806	8;13,29
정유	1657	6;21,44	정해	1707	6;59,14	정축	1757	7;36,44	정묘	1807	8;14,14
무술	1658	6;22,29	무자	1708	6;59,59	무인	1758	7;37,29	무진	1808	8;14,59
기해	1659	6;23,14	기축	1709	7;00,44	기묘	1759	7;38,14	기사	1809	8;15,44
경자	1660	6;23,59	경인	1710	7;01,29	경진	1760	7;38,59	경오	1810	8;16,29
신축	1661	6;24,44	신묘	1711	7;02,14	신사	1761	7;39,44	신미	1811	8;17,14
임인	1662	6;25,29	임진	1712	7;02,59	임오	1762	4;40,29	임신	1812	8;17,59
계묘	1663	6;16,14	계사	1713	7;03,44	계미	1763	7;41,14	계유	1813	8;18,44
갑진	1664	6;26,59	갑오	1714	7;04,29	갑신	1764	7;41,59	갑술	1814	8;19,29
을사	1665	6;27,44	을미	1715	7;05,14	을유	1765	7;42,44	을해	1815	8;20,14
병오	1666	6;28,29	병신	1716	7;05,59	병술	1766	7;43,29	병자	1816	8;20,59
정미	1667	6;29,14	정유	1717	7;06,44	정해	1767	7;44,14	정축	1817	8;21,44
무신	1668	6;29,59	무술	1718	7;07,29	무자	1768	7;44,59	무인	1818	8;22,29
기유	1669	6;30,44	기해	1719	7;08,14	기축	1769	7;45,44	기묘	1819	8;23,14
경술	1670	6;31,29	경자	1720	7;08,59	경인	1770	7;46,29	경진	1820	8;23,59
신해	1671	6;32,14	신축	1721	7;09,44	신묘	1771	7;47,14	신사	1821	8;24,44
임자	1672	6;32,59	임인	1722	7;10,29	임진	1772	7;47,59	임오	1822	8;25,29
계축	1673	6;33,44	계묘	1723	7;11,14	계사	1773	7;48,44	계미	1823	8;26,14
갑인	1674	6;34,29	갑진	1724	7;11,59	갑오	1774	7;49,29	갑신	1824	8;26,59
을묘	1675	6;35,14	을사	1725	7;12,44	을미	1775	7;50,14	을유	1825	8;27,44
병진	1676	6;35,59	병오	1726	7;13,29	병신	1776	7;50,59	병술	1826	8;28,29
정사	1677	6;36,44	정미	1727	7;14,14	정유	1777	7;51,44	정해	1827	8;29,14

-병인(1746년) 규장각본 : 7;28,29 《신법산서》 : 7;28, 8

표 Ⅱ 제2표. 태양의 평균운행을 오랜 시간대에 걸쳐 나타낸 표 [태양평행영표(太陽平行永表)]

◎ 《숭정역서》에는 없는 표.

청초(淸初)의 《서양신법역서》본부터 추가됨.[41]

◎ 60년을 '갑자수(甲子數) 1'로 하여 제1갑자년(B.C.2276)부터 천계(天啓) 4년(1624년)까지 66갑자와 천계 4년부터 제132갑자년(5584년)까지 66갑자, 총 131갑자(131×60=7860년) 동안 태양의 평균운행을 기록.

① 거동지(距冬至) : 동지 다음 날 새벽 자정 때 태양이 동지점으로부터 떨어진 도수.

1624년(갑자년)의 실제값 52분[42]을 기준으로 전후 갑자수의 값들을 채운 것.

7860년 동안 1도 증가. '27미28.85섬/년'의 증가율.

② 최고충(最高衝) : 근지점의 경도. **'45분/60년'**의 속도로 증가.

1624년(갑자년)의 5도57분17초55미를 기준으로 전후의 값들을 채운 것.[43]

③ 수수(宿數) : 동지 이튿날의 일차(日次)를 28수의 서수(序數)로 나타냄.[44]

예) 〈역원 후 200항년 표〉에서 1684년(갑자년)의 수차(宿次) : 기(箕)

〈태양평행영표〉에서 제67갑자(1684년)의 수수(宿數) : 08

---

41) 石云里 · 褚龙飞(2017), 902면.

42) 〈역원 후 200항년 표〉에서 1628년(무진년)의 기년 도분(紀年度分) 53분35초39미에서 4년 동안의 감소율 1분50초52미를 빼면 1624년(갑자년)의 기년 도분 51분44초47미가 나와서 이 표의 값과 부합한다. 그러나 이 표에서 60년 후인 제67갑자의 값 52분과 120년 후인 제68갑자의 값 53분은 〈역원 후 200항년 표〉에서 1684년(갑자년)의 20분19초27미, 1744년(갑자년)의 48분02초27초와 유사한 점이 없다. 두 표에서 사용한 태양의 1일 평균운행 도수가 달랐던 것이 아닌가 싶다. 《숭정역서》와 《신법산서》에 실린 〈역원 후 200항년 표〉의 기년 도분 값도 서로 판이하다는 사실과 함께 볼 때 《숭정역서》가 여러 차례 개정되는 과정에서 여러 가지 관측값들이 섞여 사용된 것 같다.

43) 1624년(갑자년)부터 60년 후(제67갑자)의 값 6도42분과 120년 후(제68갑자)의 값 7도27분은 〈역원 후 200항년 표〉의 1684년(갑자년)의 6도41분59초, 1744년(갑자년)의 7도26분59초와 통한다.

44) 그런데 1684년과 1744년의 경우를 표본으로 삼아 비교할 때, 〈태양평행영표〉의 수수 · 기일은 〈역원 후 200항년 표〉의 수차 · 기일보다 서수(序數)를 1씩 더하여 기입하고 있다. 〈역원 후 200항년 표〉의 수차와 기일을 동지 당일의 것으로 생각하여 1씩 더한 것이 아닐까 싶지만, 상세하지 않다.

④ 기일(紀日) : 동지 다음 날의 일차(日次)를 60간지의 서수(序數)로 나타냄.

예) 〈역원 후 200항년 표〉에서 1684년(갑자년)의 기일 : 임신(壬申)

〈태양평행영표〉에서 제67갑자(1684년)의 기일 : 10

〈표 3〉 B.C.2276년~A.D.5584년 동안 갑자년의 '평동지~동짓날 자정'의 경도차 및 근지점의 경도

《신법산서》 〈태양평행영표(太陽平行永表)〉의 거동지(距冬至)(도) 및 최고충(最高衝)(도)
B.C.2276년~A.D.5584년 동안 갑자년의 '평동지~동짓날 자정'의 경도차 및 근지점의 경도

갑자수	연도	거동지(도)	최고충(도)	갑자수	연도	거동지(도)	최고충(도)
1	-2276	0;22	317;12	67	1684	0;52	6;42
2	-2216	0;22	317;52	68	1744	0;53	7;27
3	-2156	0;23	318;42	69	1804	0;53	8;12
4	-2096	0;23	319;27	70	1864	0;54	8;57
5	-2036	0;24	320;12	71	1924	0;54	9;42
6	-1976	0;24	320;57	72	1984	0;55	10;27
7	-1916	0;24	321;42	73	2044	0;55	11;12
8	-1856	0;25	322;27	74	2104	0;55	11;57
9	-1796	0;25	323;12	75	2164	0;56	12;42
10	-1736	0;26	323;57	76	2224	0;56	13;27
11	-1676	0;26	324;42	77	2284	0;57	14;12
12	-1616	0;27	325;27	78	2344	0;57	14;57
13	-1556	0;27	326;12	79	2404	0;58	15;42
14	-1496	0;28	326;57	80	2464	0;58	16;27
15	-1436	0;28	327;42	81	2524	0;59	17;12
16	-1376	0;29	328;27	82	2584	0;59	17;57
17	-1316	0;29	329;12	83	2644	1;00	18;42
18	-1256	0;30	329;57	84	2704	1;00	19;27
19	-1196	0;30	330;42	85	2764	1;01	20;12
20	-1136	0;30	331;27	86	2824	1;01	20;57
21	-1076	0;31	332;12	87	2884	1;01	21;42
22	-1016	0;31	332;57	88	2944	1;02	22;27
23	-956	0;32	333;42	89	3004	1;02	23;12
24	-896	0;32	334;27	90	3064	1;03	23;57
25	-836	0;33	335;12	91	3124	1;03	24;42
26	-776	0;33	335;57	92	3184	1;04	25;27
27	-716	0;34	336;42	93	3244	1;04	26;12
28	-656	0;34	337;27	94	3304	1;05	26;57

갑자수	연도	거동지(도)	최고충(도)	갑자수	연도	거동지(도)	최고충(도)
29	-596	0;35	338;12	95	3364	1;05	27;42
30	-536	0;35	338;57	96	3424	1;06	28;27
31	-476	0;36	339;42	97	3484	1;06	29;12
32	-416	0;36	340;27	98	3544	1;07	29;57
33	-356	0;36	341;12	99	3604	1;07	30;00
34	-296	0;37	341;57	100	3664	1;07	31;27
35	-236	0;37	342;42	101	3724	1;08	32;12
36	-176	0;38	343;27	102	3784	1;08	32;57
37	-116	0;38	344;12	103	3844	1;09	33;42
38	-56	0;39	344;57	104	3904	1;09	34;27
39	4	0;39	345;42	105	3964	1;10	35;12
40	64	0;40	346;27	106	4024	1;10	35;57
41	124	0;40	347;12	107	4084	1;11	36;42
42	184	0;41	347;57	108	4144	1;11	37;27
43	244	0;41	348;42	109	4204	1;12	38;12
44	304	0;42	349;27	110	4264	1;12	38;57
45	364	0;42	350;12	111	4324	1;13	39;42
46	424	0;43	350;57	112	4384	1;13	40;27
47	484	0;43	351;42	113	4444	1;13	41;12
48	544	0;43	352;27	114	4504	1;14	41;57
49	604	0;44	353;12	115	4564	1;14	42;42
50	664	0;44	353;57	116	4624	1;15	43;27
51	724	0;45	354;42	117	4684	1;15	44;12
52	784	0;45	355;27	118	4744	1;16	44;57
53	844	0;46	356;12	119	4804	1;16	45;42
54	904	0;46	356;57	120	4864	1;17	46;27
55	964	0;47	357;42	121	4924	1;17	47;12
56	1024	0;47	358;27	122	4984	1;18	47;57
57	1084	0;48	359;12	123	5044	1;18	48;42
58	1144	0;48	359;57	124	5104	1;19	49;27
59	1204	0;48	0;42	125	5164	1;19	50;12
60	1264	0;49	1;27	126	5224	1;19	50;57
61	1324	0;49	2;12	127	5284	1;20	51;42
62	1384	0;50	2;57	128	5344	1;20	52;27
63	1444	0;50	3;42	129	5404	1;21	53;12
64	1504	0;51	4;27	130	5464	1;21	53;57
65	1564	0;51	5;12	131	5524	1;22	54;42
66	1624	0;52	5;57	132	5584	1;22	55;27

표 Ⅲ 제3표. 60년간 태양의 평균운행 표 [태양평행육십영년표(太陽平行六十零年表)]

◎ 《숭정역서》에는 없는 표.

청초(淸初)의 《서양신법역서》본부터 추가됨.[45]

◎ 제2표를 구성하는 1갑자(60년) 안의 매년 평균운동을 기록한 표.

① 평행(平行) : 태양의 연간 평균운행 도수를 매년 누적하고, '360×N'을 제외하여 360도 미만의 도수로 나타냄. 각 해의 실제값이 아니라 해수에 따른 증가 수치임.

② 최고충(最高衝) : 근지점의 경도. '45초/년'의 속도로 증가.

③ 수수(宿數) : 동지 이튿날의 일차를 28수의 서수로 나타낼 때, 햇수에 따른 증가 수치.

- 어느 해 동지 이튿날 새벽 자정부터 이듬해 동지 이튿날 새벽 자정까지 365일이 걸리는 경우 : '365÷28=13………1'이므로 1년마다 수수가 1씩 증가함.
- 어느 해 동지 이튿날 새벽 자정부터 이듬해 동지 이튿날 새벽 자정까지 366일이 걸리는 경우 : '366÷28=13………2'이므로 1년에 수수가 2만큼 증가함.

④ 기일(紀日) : 동지 이튿날의 일차를 60간지의 서수로 나타낼 때, 햇수에 따른 증가 수치.

- 어느 해 동지 이튿날 새벽 자정부터 이듬해 동지 이튿날 새벽 자정까지 365일이 걸리는 경우 : '365÷60=6………5'이므로 1년마다 기일이 5씩 증가함.
- 어느 해 동지 이튿날 새벽 자정부터 이듬해 동지 이튿날 새벽 자정까지 366일이 걸리는 경우 : '366÷60=6………6'이므로 1년에 기일이 6만큼 증가함.

---

45) 石云里 · 褚龙飞(2017), 908면.

〈표 4〉 60년 동안 매년 태양의 평균운행 및 근지점의 이동 누적 도수

《신법산서》〈태양평행육십영년표(太陽平行六十零年表)〉의
평행(平行)(도) 및 최고충행(最高衝行)(분)
60년 동안 매년 태양의 평균운행 및 근지점의 이동 누적 도수

연수	평행도 누적도수(도)	근지점 이동 누적도수(초)
1	359;45	0;45
2	359;31	1;30
3	359;17	2;15
4	0;02	3;00
5	359;48	3;45
6	359;33	4;30
7	359;19	5;15
8	0;04	6;00
9	359;49	6;45
10	359;35	7;30
11	359;21	8;15
12	0;06	9;00
13	359;51	9;45
14	359;37	10;30
15	359;23	11;15
16	0;07	12;00
17	359;52	12;45
18	359;38	13;30
19	359;24	14;15
20	0;09	15;00
21	359;55	15;45
22	359;41	16;30
23	359;26	17;15
24	0;11	18;00
25	329;57	18;45
26	329;42	19;30
27	329;28	20;15
28	0;13	21;00
29	329;559	21;45
30	329;44	22;30

연수	평행도 누적도수(도)	근지점 이동 누적도수(초)
31	329;30	23;15
32	0;15	24;00
33	0;00	24;45
34	329;46	25;30
35	329;32	26;15
36	0;17	27;00
37	0;02	27;45
38	359;48	28;30
39	359;34	29;15
40	0;18	30;00
41	0;04	30;45
42	359;50	31;30
43	359;36	32;15
44	0;20	33;00
45	0;06	33;45
46	359;52	34;30
47	359;37	35;15
48	0;22	36;00
49	0;08	36;45
50	359;54	37;30
51	359;37	38;15
52	0;24	39;00
53	0;10	39;45
54	359;55	40;30
55	359;41	41;15
56	0;26	42;00
57	0;12	42;45
58	359;57	43;30
59	359;43	44;15
60	0;27	45;00
계산방법	a = (360/365.2422) × 365 b = (360/365.2422) × 366 평년의 평행 = 전 연수 도수 + a-360 윤년의 평행 = 전 연수 도수 + b-360	45초/60 = 45미 45미 × 연수

표 해설 II 태양의 실제운행 도수를 계산하는 간략한 방법[46) [태양세행간법(太陽細行簡法)]

1. 계산 표[산표(算表)]

1) 간략한 계산법

(1) 천정동지를 놓음.[47)]

(2) 1년 중 매일 자정 초각 때 실제운행[세행(細行)] 도수를 〈주세표(周歲表)〉[48)]를 이용하여 구함.

2) 〈주세표(周歲表)〉의 4가지 구성 요소

(1) 제1열 : 동지로부터 헤아린 일수(日數)

(2) 제2열 : 태양의 평균운행[평행(平行)] 누적 도수

(3) 제3열 : 태양의 실제운행[세행(細行)] 누적 도수

(4) 제4열 : 태양의 1일 운행 도수

2. 주세표의 사용 방법

1) 1년 중 태양의 매일 실제운행 도수 구하기

(1) 구하려는 해 동지 다음 날 새벽 자정 때 태양 위치의 분수(分數)를 따로 놓음.

(2) 동지 이후 매일 새벽 자정까지 운행한 경도의 도분(度分) 값을 차례로 더함.

→ 구하려는 해 1년 동안의 매일 실제운행 도수가 나옴.

---

46) 이 절은 청초(淸初)의 《서양신법역서》본부터 추가된 것이다. 石云里 · 褚龙飞(2017), 908면.

47) 아래 2항의 '〈주세표〉 이용 방법'을 참고할 때, 이는 구하려는 해의 천정동지 다음 날 새벽 자정 때 태양의 도수를 놓는다는 뜻으로 판단된다.

48) 〈태양주세평실이행표(太陽周歲平實二行表 표Ⅳ)〉를 가리킨다.

2) 일·월·오성의 실제운행 도수와 절기 입궁(入宮) 시각 구하기

(1) 달 · 토성 · 목성 · 화성 : 태양의 매일 실제운행[실행(實行)] 표, 곧 제3열을 이용.

(2) 금성 · 수성 · 태양 : 태양의 매일 평균운행[평행(平行)], 곧 제2열을 이용하여 실제운행 도수를 구함.[49)]

(3) 절기의 입궁 시각 : '태양의 1일 운행 분수[일행분(日行分)]', 곧 제4열을 이용함.

49) 평균운행표를 이용하여 실제운행 도수를 구한다는 말은 모순되는 듯하지만 상세하지 않으므로 우선 원문대로 옮겨두었다.

표 Ⅳ 제4표. 태양의 연중 평균운행과 실제운행 도수 표 [태양주세평실이행표(太陽周歲平實二行表)]

◎ 《숭정역서》에는 없는 표.
청초(淸初)의 《서양신법역서》본부터 추가됨.50)

◎ 동지 다음 날 새벽 자정부터 366일 후까지 태양의 평균운행 및 실제운행 도수를 1일마다 기록.

(1) 192일까지는 실제운행 도수가 앞서다가 193일부터 평균운행 도수가 앞섬.

(2) 제3열의 '실제운행 도수[실행]'는 아래와 같이 30개의 구간으로 구별하여 표시된 제4열의 '1일 운행도수[일행(日行)]'를 매일 누적한 것임.

① 61분+20초[강(强)] : 1일~29일

② 61분 : 30일~40일

③ 61분-20초[약(弱)] : 41일~49일

④ 60분+20초 : 50일~69일

⑤ 60분 : 70일~80일

⑥ 60분-20초 : 81일~89일

⑦ 59분+20초 : 90일~100일

⑧ 59분 : 101일~109일

⑨ 59분-20초 : 110일~120일

⑩ 58분+20초 : 121일~129일

⑪ 58분 : 130일~140일

⑫ 58분-20초 : 141일~149일,

⑬ 57분+20초 : 150일~169일

⑭ 57분+10초[소강(小强)] : 170일~180일

⑮ 57분 : 181일~200일

⑯ 57분+10초[소강(小强)] : 201일~209일

---

50) 石云里 · 褚龙飞(2017), 908면.

⑰ 57분+20초 : 210일~229일

⑱ 57분+30초[반(半)] : 230일~240일

⑲ 58분−20초 : 241일~249일

⑳ 58분 : 250일~260일

㉑ 58분+20초 :261일~269일

㉒ 59분−20초 : 270일~280일

㉓ 59분+10초 : 281일~289일

㉔ 59분+20초 : 290일~300일

㉕ 60분−20초 : 301일~309일

㉖ 60분+10초 : 310일~320일

㉗ 60분+30초 : 321일~329일

㉘ 61분−20초 : 330일~340일

㉙ 61분 : 341일~349일

㉚ 61분+20초 : 350일~366일

〈표 5〉 태양 실제운행의 1년 동안 매일 누적 경도

《신법산서》의 〈태양주세평실이행표(太陽周歲平實二行表)〉의 실행(實行)(도)
태양 실제운행의 1년 동안 매일 누적 경도(도)

일수	표 값	계산		일수	표 값	계산		일수	표 값	계산		일수	표 값	계산	
	도;분	도	분		도;분	도	분		도;분	도	분		도;분	도	분
1	1;01	1	1	93	93;56	93	54	185	182;37	182	37	277	271;07	271	9
2	2;03	2	3	94	94;55	94	53	186	183;34	183	34	278	272;06	272	8
3	3;04	3	4	95	95;54	95	52	187	184;31	184	31	279	273;05	273	7
4	4;05	4	5	96	96;53	96	51	188	185;28	185	28	280	274;04	274	6
5	5;07	5	6	97	97;52	97	50	189	186;25	186	25	281	275;04	275	6
6	6;08	6	8	98	98;51	98	49	190	187;22	187	22	282	276;03	276	5
7	7;10	7	9	99	99;50	99	48	191	188;19	188	19	283	277;03	277	4
8	8;11	8	10	100	100;49	100	47	192	189;16	189	16	284	278;02	278	3
9	9;12	9	12	101	101;48	101	46	193	190;13	190	13	285	279;01	279	3
10	10;13	10	13	102	102;47	102	45	194	191;10	191	10	286	280;00	280	2

일수	표 값	계산		일수	표 값	계산		일수	표 값	계산		일수	표 값	계산	
	도;분	도	분		도;분	도	분		도;분	도	분		도;분	도	분
11	11;15	11	14	103	103;46	103	44	195	192;07	192	8	287	280;59	281	1
12	12;16	12	16	104	104;45	104	43	196	193;04	193	5	288	281;59	282	1
13	13;17	13	17	105	105;44	105	42	197	194;01	194	2	289	282;58	283	0
14	14;18	14	18	106	106;43	106	41	198	194;58	194	59	290	283;58	283	60
15	15;20	15	19	107	107;41	107	39	199	195;55	195	56	291	284;57	284	59
16	16;21	16	21	108	108;40	108	38	200	196;52	196	53	292	285;57	285	59
17	17;22	17	22	109	109;38	109	37	201	197;50	197	50	293	286;56	286	58
18	18;24	18	23	110	110;37	110	35	202	198;47	198	47	294	287;56	287	58
19	19;25	19	24	111	111;36	111	34	203	199;44	199	44	295	288;56	288	58
20	20;26	20	26	112	112;34	112	32	204	200;41	200	41	296	289;55	289	57
21	21;27	21	27	113	113;33	113	31	205	201;38	201	39	297	290;55	290	57
22	22;29	22	28	114	114;31	114	29	206	202;35	202	36	298	291;55	291	57
23	23;30	23	29	115	115;30	115	28	207	203;32	203	33	299	292;54	292	57
24	24;31	24	30	116	116;28	116	26	208	204;29	204	30	300	293;54	293	57
25	25;32	25	32	117	117;26	117	25	209	205;27	205	27	301	294;54	294	56
26	26;33	26	33	118	118;25	118	23	210	206;24	206	24	302	295;54	295	56
27	27;35	27	34	119	119;23	119	21	211	207;21	207	22	303	296;54	296	56
28	28;36	28	35	120	120;21	120	20	212	208;18	208	19	304	297;54	297	56
29	29;37	29	36	121	121;20	121	18	213	209;15	209	16	305	298;54	298	56
30	30;38	30	37	122	122;18	122	16	214	210;12	210	13	306	299;54	299	56
31	31;39	31	38	123	123;16	123	14	215	211;10	211	11	307	300;54	300	56
32	32;40	32	39	124	124;14	124	13	216	212;07	212	8	308	301;54	301	57
33	33;41	33	40	125	125;12	125	11	217	213;04	213	5	309	302;54	302	57
34	34;42	34	41	126	126;10	126	9	218	214;02	214	2	310	303;55	303	57
35	35;43	35	42	127	127;08	127	7	219	214;59	214	60	311	304;55	304	57
36	36;44	36	43	128	128;06	128	5	220	215;56	215	57	312	305;55	305	57
37	37;45	37	44	129	129;04	129	3	221	216;53	216	55	313	306;55	306	58
38	38;46	38	45	130	130;02	130	1	222	217;50	217	52	314	307;56	307	58
39	39;47	39	46	131	131;00	130	59	223	218;48	218	49	315	308;56	308	58
40	40;48	40	47	132	131;58	131	57	224	219;45	219	47	316	309;56	309	59
41	41;49	41	48	133	132;56	132	55	225	220;43	220	44	317	310;57	310	59

일수	표 값	계산		일수	표 값	계산		일수	표 값	계산		일수	표 값	계산	
	도;분	도	분		도;분	도	분		도;분	도	분		도;분	도	분
42	42;50	42	49	134	133;54	133	53	226	221;40	221	42	318	311;57	311	59
43	43;51	43	50	135	134;52	134	50	227	222;37	222	39	319	312;58	312	60
44	44;52	44	51	136	135;50	135	48	228	223;35	223	37	320	313;58	314	0
45	45;53	45	51	137	136;47	136	46	229	224;32	224	34	321	314;59	315	1
46	46;53	46	52	138	137;45	137	44	230	225;30	225	32	322	315;59	316	1
47	47;54	47	53	139	138;43	138	41	231	226;28	226	29	323	317;00	317	2
48	48;55	48	54	140	139;41	139	39	232	227;25	227	27	324	318;01	318	3
49	49;55	49	54	141	140;38	140	37	233	228;23	228	25	325	319;01	319	3
50	50;56	50	55	142	141;36	141	34	234	229;20	229	22	326	320;02	320	4
51	51;57	51	56	143	142;33	142	32	235	230;18	230	20	327	321;03	321	5
52	52;58	52	56	144	143;31	143	30	236	231;15	231	18	328	322;03	322	5
53	53;58	53	57	145	144;28	144	27	237	232;13	232	15	329	323;04	323	6
54	54;59	54	57	146	145;26	145	25	238	233;11	233	13	330	324;05	324	7
55	55;59	55	58	147	146;23	146	22	239	234;09	234	11	331	325;06	325	8
56	57;00	56	58	148	147;21	147	20	240	235;06	235	9	332	326;07	326	8
57	58;00	57	59	149	148;18	148	17	241	236;04	236	6	333	327;08	327	9
58	59;01	58	59	150	149;16	149	15	242	237;02	237	4	334	328;08	328	10
59	60;01	59	60	151	150;13	150	12	243	238;00	238	2	335	329;09	329	11
60	61;02	61	0	152	151;11	151	10	244	238;58	239	0	336	330;10	330	12
61	62;02	62	0	153	152;08	152	7	245	239;56	239	58	337	331;11	331	13
62	63;02	63	1	154	153;05	153	5	246	240;54	240	56	338	332;12	332	14
63	64;03	64	1	155	154;03	154	2	247	241;52	241	54	339	333;13	333	15
64	65;03	65	1	156	155;00	154	59	248	242;50	242	52	340	334;14	334	16
65	66;03	66	2	157	155;57	155	57	249	243;48	243	50	341	335;15	335	17
66	67;03	67	2	158	156;55	156	54	250	244;46	244	48	342	336;16	336	18
67	68;03	68	2	159	157;52	157	51	251	245;44	245	46	343	337;17	337	19
68	69;04	69	2	160	158;49	158	48	252	246;42	246	44	344	338;18	338	20
69	70;04	70	2	161	159;47	159	46	253	247;40	247	43	345	339;19	339	21
70	71;04	71	2	162	160;44	160	43	254	248;38	248	41	346	340;20	340	22
71	72;04	72	2	163	161;41	161	40	255	249;37	249	39	347	341;22	341	23
72	73;04	73	2	164	162;38	162	37	256	250;35	250	37	348	342;23	342	24

일수	표 값	계산		일수	표 값	계산		일수	표 값	계산		일수	표 값	계산	
	도;분	도	분		도;분	도	분		도;분	도	분		도;분	도	분
73	74;04	74	2	165	163;35	163	35	257	251;33	251	36	349	343;24	343	25
74	75;04	75	2	166	164;32	164	32	258	252;32	252	34	350	344;25	344	27
75	76;04	76	2	167	165;30	165	29	259	253;30	253	32	351	345;26	345	28
76	77;04	77	2	168	166;28	166	26	260	254;28	254	31	352	346;27	346	29
77	78;03	78	2	169	167;24	167	23	261	255;26	255	29	353	347;29	347	30
78	79;03	79	1	170	168;21	168	21	262	256,25	256	28	354	348;30	348	31
79	80;03	80	1	171	169;18	169	18	263	257;24	257	26	355	349;31	349	33
80	81;03	81	1	172	170;15	170	15	264	258;23	258	25	356	350;32	350	34
81	82;02	82	1	173	171;12	171	12	265	259;22	259	23	357	351;34	351	35
82	83;02	83	0	174	172;09	172	9	266	260;20	260	22	358	352;35	352	36
83	84;01	83	60	175	173;07	173	6	267	261;19	261	21	359	353;36	353	38
84	85;01	84	59	176	174;04	174	3	268	262;17	262	19	360	354;37	354	39
85	86;01	85	59	177	175;01	175	0	269	263;16	263	18	361	355;39	355	40
86	87;00	86	58	178	175;58	175	57	270	264;15	264	17	362	356;40	356	41
87	88;00	87	58	179	176;55	176	55	271	265;14	265	16	363	357;41	357	43
88	88;59	88	57	180	177;52	177	52	272	266;13	266	15	364	358;42	358	44
89	89;58	89	57	181	178;49	178	49	273	267;11	267	13	365	359;44	359	45
90	90;58	90	56	182	179;46	179	46	274	268;10	268	12	366	0;45	360	46
91	91;57	91	55	183	180;42	180	43	275	269;09	269	11				
92	92;56	92	55	184	181;40	181	40	276	270;08	270	10				

원문의 표에는 동지 후 날짜에 따른 태양의 1일 운행도수가 아래와 같이 30개 구간으로 구분되어 있다.

① 1일~29일: 61분20초 ② 30일~40일: 61분 ③ 41일~49일: 60분40초
④ 50일~69일: 60분20초 ⑤ 70일~80일: 60분 ⑥ 81일~89일: 59분40초
⑦ 90일~100일: 59분20초 ⑧ 101일~109일: 59분 ⑨ 110일~120일: 58분40초
⑩ 121일~129일: 58분20초 ⑪ 130일~140일: 58분 ⑫ 141일~149일: 57분40초
⑬ 150일~169일: 57분20초 ⑭ 170일~180일: 57분10초 ⑮ 181일~200일: 57분
⑯ 201일~209일: 57분10초 ⑰ 210일~229일: 57분20초 ⑱ 230일~240일: 57분30초
⑲ 241일~249일: 57분40초 ⑳ 250일~260일: 58분 ㉑ 261일~269일: 58분20초
㉒ 270일~280일: 58분40초 ㉓ 281일~289일: 59분10초 ㉔ 290일~300일: 59분20초
㉕ 301일~309일: 59분40초 ㉖ 310일~320일: 60분10초 ㉗ 321일~329일: 60분30초
㉘ 330일~340일: 60분40초 ㉙ 341일~349일: 61분 ㉚ 350일~366일: 61분20초

〈표 6〉 1년 중 태양의 평균 운행 누적 도수

《신법산서》의 〈태양주세평실이행표(太陽周歲平實二行表)〉의 평행(平行)(A) 및 〈태양주세평행표〉의 평행(平行)(B)

1년 중 태양의 평균 운행 누적 도수표

일수	A 평균운행 도수(도)	B 평균운행 도수(도)	일수	A 평균운행 도수(도)	B 평균운행 도수(도)	일수	A 평균운행 도수(도)	B 평균운행 도수(도)
1	0;59	0;59,08,20	123	121;14	121;14,04,39	245	241;29	241;29,00,58
2	1;58.	1;58,16,40	124	122;13	122;13,12,59	246	242;28	242;28,09,18
3	2;57	2;57,24,59	125	123;12	123;12,21,19	247	243;27	243;27,17,38
4	3;57	3;56,33,19	126	124;11	124;11,29,39	248	244;26	244;26,25,58
5	4;56	4;55,41,39	127	125;11	125;10,37,59	249	245;26	245;25,34,18
6	5;55	5;54,49,59	128	126;10	126;09,46,18	250	246;25	246;24,42,38
7	6;54	6;53,58,19	129	127;09	127;08,54,38	251	247,24	247,23,50,57
8	7;53.	7;53,06,39	130	128;08	128;08,02,58	252	248;23	248;22,59,17
9	8;52.	8;52,14,58	131	129;07	129;07,11,18	253	249;22	249;22,07,37
10	9;51	9;51,23,18	132	130;06	130;06,19,38	254	250;21	250;21,15,57
11	10;51	10;50,31,38	133	131;05	131;05,27,57	255	251;20	251;20,24,17
12	11;50	11;49,39,58	134	132;05	132;04,36,17	256	252;20	252;19,32,37
13	12;49	12;48,48,18	135	133;04	133;03;44,37	257	253;19	253;18,40,56
14	13;48	13;47,56,38	136	134;03	134;02,52,57	258	254;18	254;17,49,16
15	14;47	14;47,04,57	137	135;02	135;02,01,17	259	255;17	255;16,57,36
16	15;46	15;46,13,17	138	136;01	136;01,09,37	260	256;16	256;16,05,56
17	16;45	16;45,21,37	139	137;00	137;00,17,56	261	257;15	257;15,14,16
18	17;45	17;44,29,57	140	137;59	137;59,26,16	262	258;14	258;14,22,36
19	18;44	18;43,38,17	141	138;59	138;58,34,36	263	259;14	259;13,30,55
20	19;43	19;42,46,37	142	139;58	139;57,42,56	264	260;13	260;12,39,15
21	20;42	20;41,54,56	143	140;57	140;56,51,16	265	261;12	261;11,47,35
22	21;41	21;41,03,16	144	141;56	141;55,59,36	266	262;11	262;10,55,55
23	22;40	22;40,11,36	145	142;55	142;55,07,55	267	263;10	263;10,04,15
24	23;39	23;39,19,56	146	143;54	143;54,16,15	268	264;09	264;09,12,35
25	24;38	24;38,28,16	147	144;53	144;53,24,35	269	265;08	265;08,20,54
26	25;38	25;37,36,36	148	145;53	145;52,32,55	270	266;07	266;07,29,14
27	26;37	26;36,44,55	149	146;52	146;51,41,15	271	267;06	267;06,37,34
28	27;36	27;35,53,15	150	147;51	147;50,49,35	272	268;06	268;05,45,54

일수	A 평균운행 도수(도)	B 평균운행 도수(도)	일수	A 평균운행 도수(도)	B 평균운행 도수(도)	일수	A 평균운행 도수(도)	B 평균운행 도수(도)
29	28;35	28;35,01,35	151	148;50	148;49,57,54	273	269;05	269;04,54,14
30	29;34	29;34,09,55	152	149;49	149;49,06,14	274	270;04	270;04,02,34
31	30;33	30;33,18,15	153	150;48	150;48,14,34	275	271;03	271;03,10,53
32	31;32	31;32,26,35	154	151;47	151;47,22,54	276	272;02	272;02,19,13
33	32;32	32;31,34,54	155	152;47	152;46,31,14	277	273;01	273;01,27,33
34	33;31	33;30,43,14	156	153;46	153;45,39,34	278	274;00	274;00,35,53
35	34;30	34;29,51,34	157	154;45	154;44,47,53	279	275;00	274;59,44,13
36	35;29	35;28,59,54	158	155;44	155;43,56,13	280	275;59	275;58,52,33
37	36;28	36;28,08,14	159	156;43	156;43,04,33	281	276;58	276;58,00,52
38	37;27	37;27,16,34	160	157;42	157;42,12,53	282	277;57	277;57,09,12
39	38;26	38;26,24,53	161	158;41	158;41,21,13	283	278;56	278;56,17,32
40	39;26	39;25,33,13	162	159;40	159;40,29,33	284	279;55	279;55,25,52
41	40;25	40;24,41,33	163	160;40	160;39,37,52	285	280;54	280;54,34,12
42	41;24	41;23,49,53	164	161;39	161;38,46,12	286	281;54	281;53,42,32
43	42;23	42;22,58,13	165	162;38	162;37,54,32	287	282;53	282;52,50,51
44	43;22	43;22,06,33	166	163;37	163;37,02,52	288	283;52	283;51,59,11
45	44;21	44;21,14,52	167	164;36	164;36,11,12	289	284;51	284;51,07,31
46	45;20	45;20,23,12	168	165;35	165;35,19,31	290	285;50	285;50,15,51
47	46;20	46;19,31,32	169	166;34	166;34,27,51	291	286;49	286;49,24,11
48	47;19	47;18,39,52	170	167;34	167;33,36,11	292	287;49	287;48,32,31
49	48;18	48;17,48,12	171	168;33	168;32,44,31	293	288;48	288;47,40,50
50	49;17	49;16,56,32	172	169;32	169;31,52,51	294	289;47	289;46,49,10
51	50;16	50;16,04,51	173	170;31	170;31,01,11	295	290;46	290;45,57,30
52	51;15	51;15,13,11	174	171;30	171;30,09,30	296	291;45	291;45,05,50
53	52;14	52;14,21,31	175	172;29	172;29,17,50	297	292;44	292;44,14,10
54	53;14	53;13,29,51	176	173;28	173;28,26,10	298	293;43	293;43,22,30
55	54;13	54;12,38,11	177	174;28	174;27,34,30	299	294;42	294;42,30,49
56	55;12	55;11,46,31	178	175;27	175;26,42,50	300	295;41	295;41,39,09
57	56;11	56;10,54,50	179	176;26	176;25,51,10	301	296;41	296;40,47,29
58	57;10	57;10,03,10	180	177;25	177;24,59,29	302	297;40	297;39,55,49
59	58;09	58;09,11,30	181	178;24	178;24,07,49	303	298;39	298;39,04,09
60	59;08	59;08,19,50	182	179;23	179;23,16,09	304	299;38	299;38,12,29

일수	A 평균운행 도수(도)	B 평균운행 도수(도)	일수	A 평균운행 도수(도)	B 평균운행 도수(도)	일수	A 평균운행 도수(도)	B 평균운행 도수(도)
61	60;07	60;07,28,10	183	180;22	180;22,24,29	305	300;37	300;37,20,48
62	61;07	61;06,36,30	184	181;22	181;21,32,49	306	301;36	301;36,29,08
63	62;06	62;05,44,49	185	182;21	182;20,41,09	307	302;36	302;35,37,28
64	63;05	63;04,53,09	186	183;20	183;19,49,28	308	303;35	303;34,45,48
65	64;04	64;04,01,29	187	184;19	184;18,57,48	309	304;34	304;33,54,08
66	65;03	65;03,09,49	188	185;18	185;18,06,08	310	305;33	305;33,02,28
67	66;02	66;02,18,09	189	186;17	186;17,14,28	311	306;32	306;32,10,47
68	67;01	67;01,26,29	190	187;16	187;16,22,48	312	307;31	307;31,19,07
69	68;01	68;00,34,48	191	188;16	188;15,31,08	313	308;30	308;30,27,27
70	69;00	68;59,43,08	192	189;15	189;14,39,27	314	309;30	309;29,35,47
71	69;59	69;58,51,28	193	190;14	190;13,47,47	315	310;29	310;28,44,07
72	70;58	70;57,59,48	194	191;13	191;12,56,07	316	311;28	311;27,52,27
73	71;57	71;57,08,08	195	192;12	192;12,04,27	317	312;27	312;27,00,46
74	72;56	72;56,16,27	196	193;11	193;11,12,47	318	313;26	313;26,09,06
75	73;55	73;55,24,47	197	194;10	194;10,21,07	319	314;25	314;25,17,26
76	74;55	74;54,33,07	198	195;09	195;09,29,26	320	315;24	315;24,25,46
77	75;54	75;53,41,27	199	196;09	196;08,37,46	321	316;24	316;23,34,06
78	76;53	76;52,49,47	200	197;08	197;07,46,06	322	317;23	317;22,42,26
79	77;52	77;51,58,07	201	198;07	198;06,54,26	323	318;22	318;21,50,45
80	78;51	78;51,06,26	202	199;06	199;06,02,46	324	319;21	319;20,59,05
81	79;50	79;50,14,46	203	200;05	200;05,11,06	325	320;20	320;20,07,25
82	80;49	80;49,23,06	204	201;04	201;04,19,25	326	321;19	321;19,15,45
83	81;49	81;48,31,26	205	202;03	202;03,27,45	327	322;18	322;18,24,05
84	82;48	82;47,39,46	206	203;03	203;02,36,05	328	323;18	323;17,32,25
85	83;47	83;46,48,06	207	204;02	204;01,44,25	329	324;17	324;16,40,44
86	84;46	84;45,56,25	208	205;01	205;00,52,45	330	325;16	325;15,49,04
87	85;45	85;45,04,45	209	206;00	206;00,01,05	331	326;15	326;14,57,24
88	86;44	86;44,13,05	210	206;59	206;59,09,24	332	327;14	327;14,05,44
89	87;43	87;43,21,25	211	207;58	207;58,17,44	333	328;13	328;13,14,04
90	88;42	88;42,29,45	212	208;57	208;57,26,04	334	329;12	329;12,22,24
91	89;42	89;41,38,05	213	209;57	209;56,34,24	335	330;11	330;11,30,43
92	90;41	90;40,46,24	214	210;56	210;55,42,44	336	331;11	331;10,39,03

일수	A 평균운행 도수(도)	B 평균운행 도수(도)	일수	A 평균운행 도수(도)	B 평균운행 도수(도)	일수	A 평균운행 도수(도)	B 평균운행 도수(도)
93	91;40	91;39,54,44	215	211;55	211;54,51,02	337	332;10	332;09,47,23
94	92;39	92;39,03,04	216	212;54	212;53,59,23	338	333;09	333;08,55,43
95	93;38	93;38,11,24	217	213;53	213;53,07,43	339	334;08	334;08,04,03
96	94;37	94;37,19,44	218	214;52	214;52,16,02	340	335;07	335;07,12,23
97	95;36	95;36,28,04	219	215;51	215;51,24,23	341	336;06	336;06,20,42
98	96;36	96;35,36,23	220	216;51	216;50,32,43	342	337;05	337;05,29,02
99	97;35	97;34,44,43	221	217;50	217;49,41,02	343	338;05	338;04,37,22
100	98;34	8;33,53,03	222	218;49	218;48,49,22	344	339;04	339;03,45,42
101	99;33	99;33,01,23	223	219;48	219;47,57,42	345	340;03	340;02,54,02
102	100;32	100;32,09,43	224	220;47	220;47,06,02	346	341;02	341;02,02,22
103	101;31	101;31,18,03	225	221;46	221;46,14,22	347	342;01	342;01,10,41
104	102;30	102;30,26,22	226	222;45	222;45,22,42	348	343;00	343;00,19,01
105	103;30	103;29,34,42	227	223;45	223;44,31,01	349	343;59	343;59,27,21
106	104;29	104;28,43,02	228	224;44	224;43,39,21	350	344;59	344;58,35,41
107	105;28	105;27,51,22	229	225;43	225;42,47,41	351	345;58	345;57,44,01
108	106,27	106,26,59,42	230	226;42	226;41,56,01	352	346;57	346;56,52,21
109	107;26	107;26,08,02	231	227;41	227;41,04,21	353	347;56	347;56,00,40
110	108;25	108;25,16,21	232	228;40	228;40,12,41	354	348;55	348;55,09,00
111	109;24	109;24,24,41	233	229;39	229;39,21,00	355	349;54	349;54,17,20
112	110;24	110;23,33,01	234	230;38	230;38,29,20	356	350;53	350;53,25,40
113	111;23	111;22,41,21	235	231;38	231;37,37,40	357	351;53	351;52,34,00
114	112;22	112;21,49,41	236	232;37	232;36,46,00	358	352;52	352;51,42,19
115	113;21	113;20,58,01	237	233;36	233;35,54,20	359	353;51	353;50,50,39
116	114;20	114;20,06,20	238	234;35	234;35,02,40	360	354;50	354;49,58,59
117	115;19	115;19,14,40	239	235;34	235;34,10,59	361	355;49	355;49,07,19
118	116;18	116;18,23,00	240	236;33	236;33,19,19	362	356;48	356;48,15,39
119	117;18	117;17,31,20	241	237;32	237;32,27,39	363	357;47	357;47,23,59
120	118;17	118;16,39,40	242	238;32	238;31,35,59	364	358;47	358;46,32,18
121	119;16	119;15,48,00	243	239;31	239;30,44,19	365	359;46	359;45,40,38
122	120;15	120;14,56,19	244	240;30	240;29,52,39	366	360;45	360;44,48,58

태양주세평실이행표(제4표)의 평행은 대체로 태양주세평행표(제6표)의 평행을 분단위로 반올림한 값과 일치한다.

다만, 18일, 54일, 271일, 278일, 280일은 예외이다.

보충자료 1 《숭정역서》와 티코의 태양 연중 실제 1일 운행 도수 표 비교

근지점부터 d일 후의 평균근점이각 M은 $M = 360d/365.2422$ 도이다. 따라서 가감차가 $q(M)$일 때 d일의 실제운행도수는 $M + q(M)$이 된다. 여기서 $q(M) = 2e\sin M + e^2\sin(2M)$이다. 그런데 $(d+1)$ 일과 d일 사이의 실제운행도수 차이는 대략 $\Delta M(1 + 2e\cos M + 2e^2\cos(2M))$이 된다. 여기서 $\Delta M = 360/365.2422°$/일이고 $e = 0.01792$ 즉 양심차 $E = 2e = 0.03584$를 이용하였다. 1일 운행도수가 평균근점이각 180도를 전후하여 대칭이어야 한다. 그러나 표가 대칭을 보이지 않는 이유는 동짓날부터 일수를 세었기 때문이다.

TABVLA MOTVS DIVRNI SOLIS AD SINGVLOS GRADVS DISTANTIÆ AB APOGÆO

Dist. ab Apogæo	Diurnus Solis		Dist. ab Apogæo	Dist. ab Apogæo	Diurnus Solis		Dist. ab Apogæo	Dist. ab Apogæo	Diurnus Solis		Dist. ab Apogæo
G.	'	''	G.	G.	'	''	G.	G.	'	''	G.
0	57	5	360	30	57	21	330	60	58	6	300
1	57	5	359	31	57	23	329	61	58	8	299
2	57	6	358	32	57	24	328	62	58	10	298
3	57	6	357	33	57	25	327	63	58	12	297
4	57	6	356	34	57	26	326	64	58	13	296
5	57	6	355	35	57	28	325	65	58	15	295
6	57	7	354	36	57	29	324	66	58	17	294
7	57	7	353	37	57	30	323	67	58	19	293
8	57	7	352	38	57	31	322	68	58	21	292
9	57	7	351	39	57	32	321	69	58	23	291
10	57	8	350	40	57	33	320	70	58	26	290
11	57	8	349	41	57	35	319	71	58	28	289
12	57	8	348	42	57	36	318	72	58	30	288
13	57	9	347	43	57	37	317	73	58	32	287
14	57	9	346	44	57	39	316	74	58	35	286
15	57	10	345	45	57	40	315	75	58	37	285
16	57	10	344	46	57	42	314	76	58	39	284
17	57	11	343	47	57	43	313	77	58	41	283
18	57	11	342	48	57	45	312	78	58	43	282
19	57	12	341	49	57	46	311	79	58	45	281
20	57	12	340	50	57	48	310	80	58	48	280
21	57	13	339	51	57	50	309	81	58	50	279
22	57	14	338	52	57	51	308	82	58	52	278
23	57	15	337	53	57	53	307	83	58	54	277
24	57	16	336	54	57	55	306	84	58	55	276
25	57	16	335	55	57	57	305	85	58	57	275
26	57	17	334	56	57	59	304	86	58	59	274
27	57	18	333	57	58	0	303	87	59	1	273
28	57	19	332	58	58	2	302	88	59	3	272
29	57	20	331	59	58	4	301	89	59	5	271
30	57	21	330	60	58	6	300	90	59	7	270

AD ECCENTRICITATEM HVIVS ÆVI QVÆ EST P. 2. /. 9. DE P. 60. /. 0. COMPOSITA

Dist. ab Apogæo	Diurnus Solis		Dist. ab Apogæo	Dist. ab Apogæo	Diurnus Solis		Dist. ab Apogæo	Dist. ab Apogæo	Diurnus Solis		Dist. ab Apogæo
G.	'	''	G.	G.	'	''	G.	G.	'	''	G.
90	59	7	270	120	60	11	240	150	61	1	210
91	59	9	269	121	60	13	239	151	61	2	209
92	59	12	268	122	60	15	238	152	61	3	208
93	59	15	267	123	60	17	237	153	61	4	207
94	59	17	266	124	60	18	236	154	61	5	206
95	59	19	265	125	60	20	235	155	61	6	205
96	59	21	264	126	60	22	234	156	61	7	204
97	59	23	263	127	60	24	233	157	61	8	203
98	59	25	262	128	60	26	232	158	61	9	202
99	59	27	261	129	60	28	231	159	61	10	201
100	59	29	260	130	60	30	230	160	61	11	200
101	59	31	259	131	60	32	229	161	61	12	199
102	59	34	258	132	60	34	228	162	61	13	198
103	59	36	257	133	60	35	227	163	61	14	197
104	59	38	256	134	60	37	226	164	61	15	196
105	59	40	255	135	60	39	225	165	61	16	195
106	59	43	254	136	60	41	224	166	61	16	194
107	59	45	253	137	60	43	223	167	61	17	193
108	59	48	252	138	60	45	222	168	61	17	192
109	59	50	251	139	60	47	221	169	61	18	191
110	59	52	250	140	60	49	220	170	61	18	190
111	59	54	249	141	60	51	219	171	61	18	189
112	59	56	248	142	60	52	218	172	61	19	188
113	59	58	247	143	60	53	217	173	61	19	187
114	59	59	246	144	60	55	216	174	61	19	186
115	60	1	245	145	60	56	215	175	61	20	185
116	60	3	244	146	60	57	214	176	61	20	184
117	60	5	243	147	60	58	213	177	61	20	183
118	60	7	242	148	60	59	212	178	61	20	182
119	60	9	241	149	61	0	211	179	61	21	181
120	60	11	240	150	61	1	210	180	61	21	180

[그림 2] 2도9분/60도 = 0.03584의 양심차를 가지고 원지점에서 1도씩 떨어질 때 태양의 1일 운동 (*Tychonis Brahe Dani Scripta Astronomica*, ed. I. L. E. Dreyer, Tomus II (Hauniae, 1913), 51-52쪽.

[그림 2]는 티코가 작성한, 양심차가 3584(=2도9분/60도)일 때 태양의 위치가 원지점을 기준으로 1도[51]씩 변함에 따른 태양의 1일 실제 운행 도수를 기록한 표이다. 값들은 해당일 동안만 운행한 값이다. 즉 위 식에서 $\Delta M(1+2e\cos M+2e^2\cos(2M))$에 해당하는 값이다. 이 표는 좌열에 0°~180°를 순차적으로 배열하고, 우열에 180°~360°를 역순으로 배열하였다. 완전한 대칭이기 때문이다. 《신법산서》의 제4표 중 실제운행 도수 표와 제9표 '태양의 실제 운행 도수를 시간으로 변환한 표[세행변시표(細行變時表)]에서 태양의 1일 실제운행 도수의 구간을 나눈 것은 티코의 이 표를 기반으로 했을 것으로 생각된다. 다만 제4표와 제9표가 상호 부합하지 않는 점이 있음을 볼 때에, 이와 유사한 다른 문헌의 표도 함께 이용되었을 수 있다. 또 264쪽 각주 12)에 언급한 것과 같이 이를 기반으로 하되 제4표, 제9표보다 구간을 더 세분하여 '도수-시간'을 대응시킨 표도 만들어 사용했던 것으로 보인다.

51) 현대적인 계산을 해 보면 양심차가 3584, 그리고 이심원 모델을 이용하여 가감차를 계산하여 일(day) 간격으로 계산하면 티코의 표에 제시된 값과 거의 동일한 값들을 얻는다. 만약 도(degree) 간격으로 계산하면 티코가 제시한 값과 차이가 있다. 오히려 《신법산서》에 제시된 〈태양주세평실이행표〉가 훨씬 정확하다.

표 V 제5표. 하루 중의 시간에 따른 태양의 운행 도수 표 [태양주일시분행표(太陽周日時分行表)]

◎ 《숭정역서》에는 없는 표.

청초(淸初)의 《서양신법역서》본부터 추가됨.[52)]

◎ 제7표 〈하루 중의 시간에 대한 태양의 운행도수 표[주일시대준일행표(周日時對準日行表)] 표 Ⅷ〉보다 간략한 표.

: 제7표보다 도수의 아랫자리를 확 줄임.

'시' 단위에 대한 도수 값은 '분'·'초' 단위로 읽고

'분' 단위에 대한 도수 값은 '초'·'미' 단위로 읽도록 구성됨.

◎ 하루 중의 시간에 따른 태양의 평균운행 도수를 나타냄.

〈표 7〉 태양의 평균 운행 누적 시간

태양의 평균 운행 누적 시간 값(시,분,초)을 도수 값(도,분,초)으로 변환한 표
《신법산서》의 〈태양주일시분행표(太陽周日時分行表)〉의 도수(A) 및 〈주일시대준일행표(周日時對準日行表)〉의 도수(B)
(평행을 '시' 단위로 읽을 때 도수값의 단위는 '분', '분' 단위로 읽을 때는 '초')

평행 시(분, 초)	도수 값(도, 분, 초) A	도수 값 (분;초, 미,섬) B
1	0;02	0;02,27,51
2	0;04	0;04,55,42
3	0;07	0;07,23,33
4	0;09	0;09,51,24
5	0;12	0;12,19,15
6	0;14	0;14,47,05
7	0;17	0;17,14,56
8	0;19	0;19,42,47
9	0;22	0;22,10,37
10	0;24	0;24,38,28
11	0;27	0;27,06,19
12	0;29	0;29,34,10

52) 石云里·褚龙飞(2017), 918면.

평행 시(분, 초)	도수 값(도, 분, 초) A	도수 값 (분;초, 미,섬) B
13	0;32	0;32,02,01
14	0;34	0;34,29,52
15	0;37	0;36,57,42
16	0;39	0;39,25,33
17	0;41	0;41,53,24
18	0;44	0;44,21,15
19	0;46	0;46,49,06
20	0;49	0;49,16,57
21	0;51	0;51,44,47
22	0;54	0;54,12,38
23	0;56	0;56,40,29
24	0;59	0;59,08,20
25	1;01	1;01,36,11
26	1;04	1;04,04,01
27	1;06	1;06,31,52
28	1;08	1;08,59,43
29	1;11	1;11,27,34
30	1;13	1;13,55,25
31	1;16	1;16,23,16
32	1;18	1;18,51,06
33	1;21	1;21,18,57
34	1;23	1;23,46,48
35	1;26	1;26,14,39
36	1;28	1;28,42,30
37	1;31	1;31,10,21
38	1;33	1;33,38,11
39	1;36	1;36,06,02
40	1;38	1;38,33,53
41	1;41	1;41,01,44
42	1;43	1;43,29,35
43	1;45	1;45,57,26
44	1;48	1;48,25,16

평행 시(분, 초)	도수 값(도, 분, 초) A	도수 값 (분;초, 미,섬) B
45	1;50	1;50,53,07
46	1;53	1;53,20,58
47	1;55	1;55,48,49
48	1;58	1;58,16,40
49	2;00	2;00,44,30
50	2;03	2;03,12,21
51	2;05	2;05,40,12
52	2;08	2;08,08,03
53	2;10	2;10,35,54
54	2;13	2;13,03,45
55	2;15	2;15,31,35
56	2;17	2;17,59,26
57	2;20	2;20,27,17
58	2;22	2;22,55,08
59	2;25	2;25,22,59
60	2;27	2;27,50,50

〈태양 주일시분행표(제5표)〉의 도수값은 대체로 〈주일시대준일행표(제7표)〉의 도수값을 초 단위에서 버림한 값과 일치한다. 다만 15시와 30시는 예외적으로 반올림한 값과 같다.

태양의 평균 운행 각도 59분8초19미50섬을 24시로 나누면 1시간에는 2분27초50미50섬을 진행하고, 다시 이 값을 60으로 나누면 1분에 2초27미51섬을 진행한다. 또 이 값을 60으로 나누면 1초에 2미27섬51망을 진행한다.

표 VI 제6표. 태양의 연중 매일 평균운행 누적 도수 표 [태양주세평행표(太陽周歲平行表)]-평균운행 경도(平行經度)라고도 함-

◎ 《숭정역서》의 제2표와 완전히 동일한 표.

: 이 표의 내용은 여기에 별도로 싣는 대신 〈태양주세평실이행표(제4표)〉의 평행과 함께 299쪽의 〈표 6〉에 수록함,

표 VII 제7표. 하루 중의 시간에 대한 태양의 운행도수 표 [주일시대준일행표(周日時對準日行表)]

◎ 《숭정역서》의 제6표와 완전히 동일한 표.

: 《숭정역서》의 '24시'에 대한 운행 도수 '59분08초21미'를 《신법산서》의 '59분08초20미'로 바로 잡음.

: 이 표의 내용은 여기에 별도로 싣는 대신 〈태양주일시분행표(제5표)〉와 함께 305쪽 〈표 7〉에 수록함.

《신법산서》 제26권

〈일전표〉 제2권

表 Ⅷ 제8표. 태양의 가감차 표 [일전가감차표(日躔加減差表)]

◎ 《숭정역서》의 제3표와 완전히 동일한 표.

表 해설 Ⅲ 〈일전표〉의 가감차 계산[53] [일전표 가감산(日躔表加減算)]

가감차표 계산에 대한 해설[산가감표설(算加減表說)]

1) 계산 예 1 : 태양이 원지점[최고(最高)]에서 30도 거리에 있을 때 가감차를 구해 보자.

(▾ 전체 그림은 〈일전역지〉에 보임. 지금 여기서는 그 그림의 절반을 사용함.[54])

(1) [그림 3]에서

갑 : 원지점

을 : 태양

$\overset{\frown}{\text{갑을}}$: 30도

(∠갑신을＝30도＝θ)

---

53) 이 절은 판나이 휘집본(프랑스 국가도서관본)에는 없고, 옥스퍼드대본, 규장각본, 《서양신법역서》본에서부터 추가된 내용이다. 石云里 · 褚龙飞(2017), 934면.

54) 그러나 지금 전해지는 《사고전서(四庫全書)》본 《신법산서》의 〈일전역지〉에는 이와 같은 그림이 없다.

$\overline{\text{병무}}$: 양심차(兩心差) 3584

($E=2e=0.03584$)

신 : $\overline{\text{병무}}$의 중점

$\overline{\text{병신}}=\overline{\text{신무}}=1792$

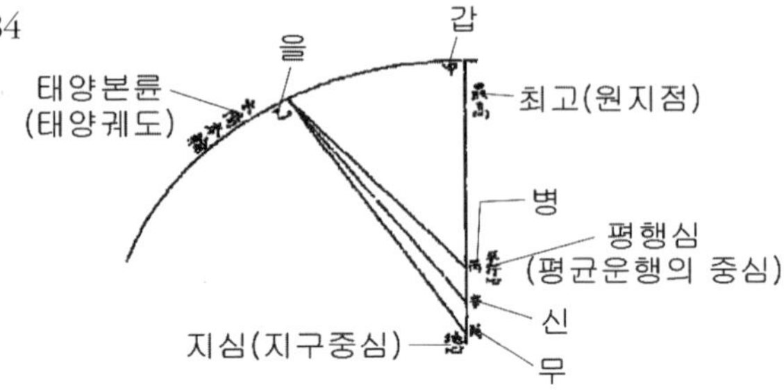

[그림 3] 원지점 전후의 가감차 계산 1

(2) [그림 4]의 삼각형 '을병신'에서

$\overline{\text{병신}}=1792$

$\overline{\text{을병}}$ = 전수(全數) $100000(=r_0)$[55]

$\angle$(병신을)=30도$(=\theta)$[56]

'병'에서 $\overline{\text{신을}}$에 수선 $\overline{\text{병정}}$을 그으면

'병정신', '병정을' 두 삼각형이 만들어짐.

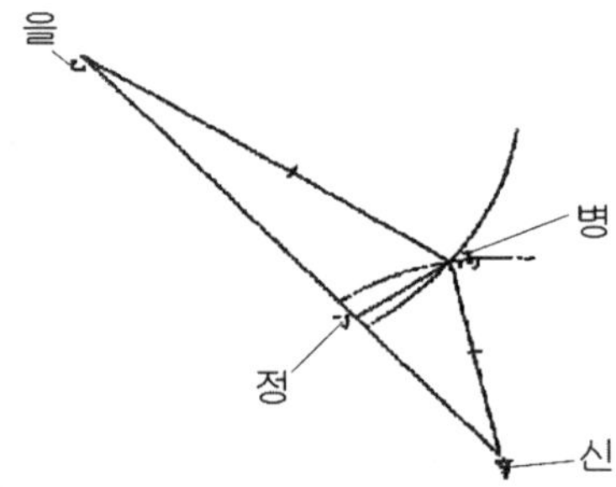

[그림 4] 원지점 전후의 가감차 계산 2

(3) [그림 5]의 직각삼각형 '병정신'에서

$\overline{\text{병신}}=1792(=r_0e)$

$\angle$신=30도$(=\theta)$

'신'을 중심, '병'을 경계로 하여 호(弧)를 그리고

$\overline{\text{신병}}$을 전수(全數)로 삼으면,

$\overline{\text{병정}}=\overline{\text{신병}}\sin(\angle\text{신})$, $\overline{\text{신정}}=\overline{\text{신병}}\cos(\angle\text{신})$ 이므로[57]

다음의 두 비례식이 성립함.

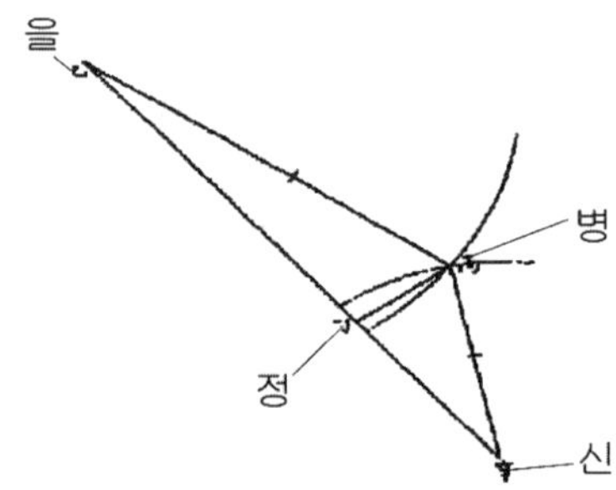

[그림 5] 원지점 전후의 가감차 계산 3

55) '병'을 태양궤도의 중심으로 정한 것이다. 뒤의 계산에 2의 설명에서도 마찬가지이다. 그러나 그림에서 '병'은 평균운행의 중심이고, '신'이 태양궤도의 중심이다. 그림과 해설이 모순된다. 그림이 태양운행의 이퀀트(Equant) 모델에 맞다.

56) '신'을 평균운행의 중심으로 삼아 평균운행의 도수를 나타낸 것이다. 그림에서 '병'을 평균운행의 중심으로 표시한 것과 모순된다.

57) sin은 '정현(正弦)'을 옮긴 것이고, cos은 '여현(餘弦)'을 옮긴 것이다. 할원팔선(割圓八線) 중 두 가지이다.

{전수(全數) 100000} : ($\overline{\text{병신}}$ 1792) = {sin(∠신) 50000} : ($\overline{\text{병정}}$ 896)[58]

($\overline{\text{병정}} = \overline{\text{병신}}\sin 30° = r_0 e \sin\theta$)

{전수(全數) 100000} : ($\overline{\text{병신}}$ 1792} = {cos(∠신) 86603} : ($\overline{\text{신정}}$ 1551)[59]

($\overline{\text{신정}} = \overline{\text{병신}}\cos 30° = r_0 e \cos\theta$)

(4) '을'을 중심, '병'을 경계로 하여 호(弧)를 그리고

$\overline{\text{을병}}$을 전수(全數)로 삼으면,

($\overline{\text{을병}} = r_0$)

$\overline{\text{병정}}$ = sin(∠을)($= r_0 \sin q_1$)

($\sin q_1 = e \sin\theta$)

$\overline{\text{정을}}$ = cos(∠을) 이므로 〈할원팔선표(割圓八線表)〉를 검색하면,

∠을 = 30분46초($= q_1$)

$\overline{\text{을정}}$ = 99996($= r_0 \cos q_1$)

$\overline{\text{을신}} = \overline{\text{을정}} + \overline{\text{정신}}$ = 101547

($\overline{\text{을신}} = r_0(\cos q_1 + e\cos\theta) = r_0(\cos(\sin^{-1}(e\sin\theta)) + e\cos\theta)))$

(5) [그림 6]의 삼각형 '을신무'에서

$\overline{\text{신무}}$ = 1792($= r_0 e$)

$\overline{\text{을신}}$ = 101547

∠(을신무) = 180도 − 30도

= 150도($= 180° - \theta$)

'무'에서부터 $\overline{\text{을신}}$의 연장선에 수선 $\overline{\text{무정}}$을 그으면

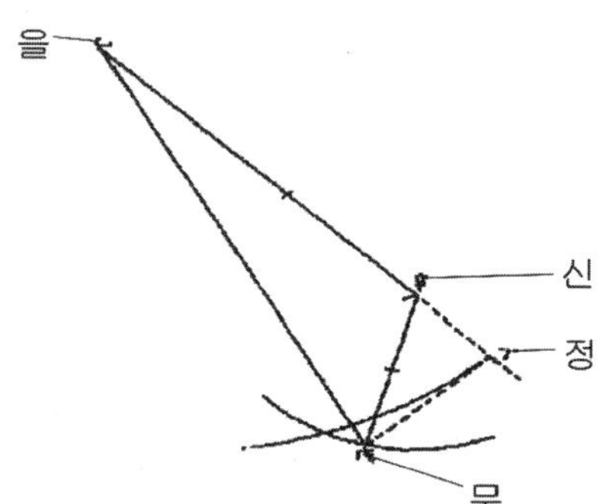

[그림 6] 원지점 전후의 가감차 계산 4

58) 'sin(∠신) = $\overline{\text{병정}} \div \overline{\text{병신}}$'을 비례식으로 쓴 것이다. 이후에 이와 같은 경우는 굳이 각주로 밝히지 않았다.

59) 'cos(∠신) = $\overline{\text{신정}} \div \overline{\text{병신}}$'을 비례식으로 쓴 것이다. 이후에 이와 같은 경우는 굳이 각주로 밝히지 않았다.

'신정무' 직각삼각형이 만들어짐.

'신정무' 직각삼각형에서

$\overline{\text{신무}} = 1792$

$\angle(\text{무신정}) = 180\text{도} - \angle(\text{을신무}) = 30\text{도}(=\theta)$

(6) '신'을 중심, '무'를 경계로 삼아 호를 그리면,

$\overline{\text{무정}}\ \ 896 = \overline{\text{신무}}\sin(\angle\text{신}) = (r_0 e\sin\theta)$

$\overline{\text{신정}}\ \ 1551 = \overline{\text{신무}}\cos(\angle\text{신}) = (r_0 e\cos\theta)$

이므로 다음 두 비례식이 성립함.

{전수(全數) 100000} : ($\overline{\text{신무}}$ 1792) = {sin(∠신) 50000} : ($\overline{\text{정무}}$ 896)

{전수(全數) 100000} : ($\overline{\text{신무}}$ 1792) = {cos(∠신) 86603} : ($\overline{\text{정신}}$ 1551)

$\overline{\text{을정}} = \overline{\text{을신}} + \overline{\text{신정}} = 101547 + 1551 = 103098$

$(\overline{\text{을정}} = r_0(\cos q_1 + 2e\cos\theta) = r_0(\cos(\sin^{-1}(e\sin\theta)) + 2e\cos\theta))$

(7) 삼각형 '을정무'에서

$\overline{\text{을정}} = 103098$

$\overline{\text{정무}} = 896$

'을'을 중심, '정'을 경계로 삼아 호를 그리면,

$\overline{\text{정무}}/\overline{\text{을정}} = \tan(\angle\text{을} = q_2)$이므로 다음 비례식이 성립함.

$$(\tan q_2 = \frac{r_0 e\sin\theta}{\overline{\text{을정}}})$$

{$\overline{\text{을정}}$ 103098} : {전수(全數) 100000} = ($\overline{\text{정무}}$ 896) : {tan(∠을) 869}

할원팔선표를 검색하면

$\angle\text{을} = 29\text{분}53\text{초}(=q_2)$

∴ $\overset{\frown}{\text{갑을}}$(원지점~태양) 30도에 대한 가감차[가감균수(加減均數)]

= {(4)에서 구한 ∠을 30분46초} + {(7)에서 구한 ∠을 29분53초}

= 1도0분39초

(가감차 = $q = q_1 + q_2$)

(▼〈일전가감차표(日躔加減差表)〉에서 6궁30도[60]의 가감차 1도0분40초가 이에 부합함.)

보충자료 2 《신법산서》에서 제시한 가감차 계산 방법

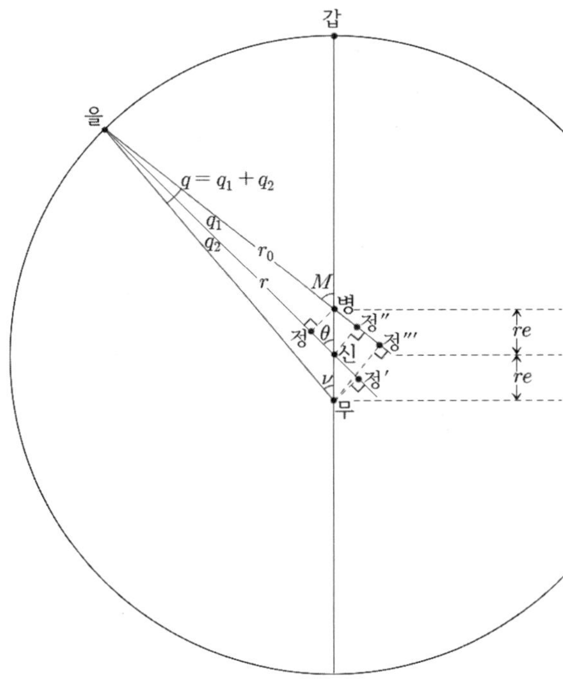

[그림 7] 이퀀트(Equant) 모델에서 가감차 구하기

《신법산서》에 제시된 계산은 이퀀트(Equant) 모델을 이용하였다([그림 7] 참조). 그리고 계산은 ∠을신병 = θ, $\overline{을병} = r_0 = 1$, $\overline{병신} = \overline{신무} = e$라고 놓았다. 그러나 이퀀트(Equant) 모델은 평균 원점이각 M = ∠을병갑, $\overline{을신} = r_0 = 1$, $\overline{병신} = \overline{신무} = e$, ∠을신갑 $= \theta = M - q_1$, ∠을무갑 $= \nu = \theta - q_2 = M - q_2 - q_1 = M - q$을 사용한다.

60) 위 계산은 원지점 이각(離角)에 대해, 〈가감차표〉는 근지점 이각에 대해 계산한 것이므로 6궁(180도)을 더하여 표를 검색한다.

왜냐하면 '신'이 태양 궤도원의 중심이기 때문이다. 그러기에 위의 계산을 바로 일전 가감차표의 값과 바로 비교해서는 안 된다.

이퀀트(Equant) 모델을 이용해 보자. 첫 번째 방법은 본문과 같이 가감차를 θ각으로 나타내 보자. △을병신에서 '병'에서 $\overline{\text{을신}}$에 수선을 그어 만나는 점을 '정'이라 하면, $\tan q_1 = \dfrac{e\sin\theta}{1-e\cos\theta}$이고, △을무신에서 '무'에서 $\overline{\text{을신}}$의 연장선에 수선을 그어 만나는 점을 '정''이라 하면 $\tan q_2 = \dfrac{e\sin\theta}{1+e\cos\theta}$가 된다. 또한 $M=\theta+q_1$, $q=q_1+q_2$가 된다.

두 번째 방법은 다음과 같다. 가감차를 M각의 함수로 나타내려면, △을병신에서 '신'에서 $\overline{\text{을병}}$의 연장선에 수선을 그어 만나는 점을 '정''"라 하자. 그러면 $\sin q_1 = e \sin M$이 된다. 그리고 $\theta = M - q_1$을 구한 다음 △을무신에서 $\tan q_2 = \dfrac{e\sin\theta}{1+e\cos\theta}$을 이용하여 q_2를 구한다. 가감차는 $q=q_1+q_2$가 된다.

세 번째 방법은 △을병신에서 $\overline{\text{을병}}=r_1$이라 하면 cos 공식을 이용하면 $r_1^2+e^2-2r_1e\cos(180°-M)=1$이기에 $r_1=-e\cos M+\sqrt{1-e^2\sin^2 M}$이 되고, △을무병에서 $\overline{\text{을무}}=r_2$라 하면 $r_2^2=r_1^2+(2e)^2-2r_1(2e)\cos(180°-M)$에서 $r_2=\sqrt{1+2e\cos M\sqrt{1-e^2\sin^2 M}+e^2+2e^2\sin^2 M}$이다. '무'에서 $\overline{\text{을병}}$의 연장선에 수선을 그어 만나는 점을 '정'''라 하자.

그러면$\sin q = \dfrac{2e\sin M}{\sqrt{1+2e\cos M\sqrt{1-e^2\sin^2 M}+e^2+2e^2\sin^2 M}}$을 얻을 수 있다. 이 식을 이용하여 가감차 q를 구할 수 있다. 또한 이 식을 어림하면 $q \simeq 2e\sin M - e^2\sin(2M)$이 된다. $\nu = M-q$이기에 원지점을 기준으로 하면 가감차는 음(-)의 값을 가진다. 따라서 $-q \simeq -2e\sin M + e^2\sin(2M)$로 계산해서 더해주면 된다. 물론 근지점(180도 이후)부터는 $\sin M < 0$이기에 $-q$의 값은 양(+)이 된다.

《신법산서》〈일전표〉에 나오는 방법에서는 $\overline{\text{을병}}=1$, $\overline{\text{병신}}=\overline{\text{신무}}=e$라 놓고 계산하였다. 그런데 '신'이 태양 궤도원의 중심이기에 $\overline{\text{을신}}=r$이라하면 $\overline{\text{병신}}=\overline{\text{신무}}=re$가 된다. 그러면 △을병신에서 $r^2+(re)^2-2r(re)\cos\theta=1$에서 $r=\dfrac{1}{\sqrt{1+e^2-2e\cos\theta}}$이 된다. 따라서 $\sin q_1 = re\sin\theta$에서 q_1을 구할 수 있다. 그리고 △을무신에서

$\tan q_2 = \dfrac{re\sin\theta}{r+re\cos\theta} = \dfrac{e\sin\theta}{1+e\cos\theta}$이 된다. 이렇게 계산해야 $M=\theta+q_1$이 된다. 그러기에 《신법산서》에 제시된 방법으로 일전가감차표를 계산해 낼 수 없다.

틀렸지만 《신법산서》 〈일전표〉에 제시된 방법을 비교를 위하여 참고로 다시 유도해 보면, $\overline{\text{을병}}=1$, $\overline{\text{병신}}=\overline{\text{신무}}=e$이고, △을병신에서 ∠을신병$=\theta$, ∠병을신$=q_1$이라 하면, sin 공식을 이용하여 $\sin q_1 = e\sin\theta$가 되어 θ를 알면 q_1을 구할 수 있다. 이제 '병'에서 $\overline{\text{을신}}$에 수선을 그어 만나는 점을 '정'이라하면, $\overline{\text{을신}}=\overline{\text{을정}}+\overline{\text{정신}}=\cos q_1+e\cos\theta$이 된다. 또한 ∠을병갑$=M=\theta+q_1$이다. 이제 △을무신에서 '무'에서 $\overline{\text{을신}}$의 연장선에 수선을 그어 만나는 점을 '정''라 하자. ∠무신정'$=\theta$이기에 $\overline{\text{신정}'}=e\cos\theta$, $\overline{\text{무정}'}=e\sin\theta$이기에 $\overline{\text{을정}'}=\overline{\text{을신}}+\overline{\text{신정}'}$이고, 따라서 $\overline{\text{을정}'}=\cos q_1+2e\cos\theta$이다. 그래서 $\tan q_2=\dfrac{e\sin\theta}{\overline{\text{을정}'}}=\dfrac{e\sin\theta}{\cos q_1+2e\cos\theta}$가 되어 q_2를 구할 수 있다. 그런데 이 방법이 틀린 이유는 $\overline{\text{을병}}=1$이라 하면 $\overline{\text{병신}}=\overline{\text{신무}}=e$가 아니다. $\overline{\text{을신}}$의 값이 일정하고 $\overline{\text{을병}}$의 값은 변한다. $\overline{\text{을병}}$을 일정하게 놓으면 $\overline{\text{병신}}=\overline{\text{신무}}$의 값은 변하게 된다.

《신법산서》의 저자는 앞의 **계산 예 1 : 태양이 원지점[최고(最高)]에서 30도 거리에 있을 때 가감차 계산**과 뒤의 **계산 예 2 : 태양이 근지점[최고충(最高衝)]에서 30도 거리에 있을 때 가감차**에서 '계산 결과가 〈일전표〉의 가감차표의 값과 부합한다'고 자평했으나 이는 아마도 계산의 오차를 감안하여 내린 평가로 생각된다. 엄밀하게는 《신법산서》의 가감차 계산은 언급하였듯이 틀린 방법을 이용하였다(〈표 8〉 참조).

〈표 8〉 《신법산서》 가감차 계산과 함께 제시된 저자의 평을 재비평

$e=0.01792, \theta=30°$ 일 때			
계산 예 1 : 태양이 원지점에서 30도 거리에 있을 때 가감차 계산	$q_1=\sin^{-1}(e\sin\theta)$	0.513377도	30분48초9.44미
	$r_1=1+e\cos\theta$	1.015519	
	$q_2=\tan^{-1}\left(\dfrac{e\sin\theta}{r_1+e\cos\theta}\right)$	0.497903도	29분52초27.08미
	$q=q_1+q_2$	1.011280도	1도0분40초36.53미
현대 가감차 계산	$q(M)=q(\theta+q_1)$	1.026714도	1도1분36초10.12미
	$q(\theta=30°)$	1.010985도	1도0분39초32.7미

※ 《신법산서》의 저자들이 자신들의 계산 결과가 〈일전표〉의 가감차 값과 부합된다고 자평하였으나 잘못된 계산 방법을 이용하였기에 비교 자체가 안 된다. 이는 가감차 값이 작기에 비슷한 값으로 나온 것에 불과하다.

《신법산서》에 제시된 방법을 고친 방법	$r=\dfrac{1}{\sqrt{1-2e\cos\theta+e^2}}$	1.015722	
	$q_1=\sin^{-1}(re\sin\theta)$	0.521448도	31.28691
	$q_2=\tan^{-1}\left(\dfrac{e\sin\theta}{1+e\cos\theta}\right)$	0.505512도	30.3307
	$q=q_1+q_2$	1.026960도	1도1분37초3.4미
	$M=\theta+q_1$	30.521448도	
	$q(M)=q(\theta+q_1)$	1.026960도	1도1분37초3.4미

※ 고친 방법으로 계산하면 현대 가감차 계산값과 정확하게 부합된다.

2. 계산 예 2 : 태양이 근지점[최고충(最高衝)]에서 30도 거리에 있을 때 가감차를 구해 보자.[61]

(1) [그림 8]의 삼각형 '을병신'에서

$\overline{\text{병신}}=1792$

$\overline{\text{을병}}=$ 전수(全數) 100000

'병'에서 $\overline{\text{을신}}$의 연장선에 수선 $\overline{\text{병정}}$을 그으면

'병정신' 삼각형이 만들어짐.

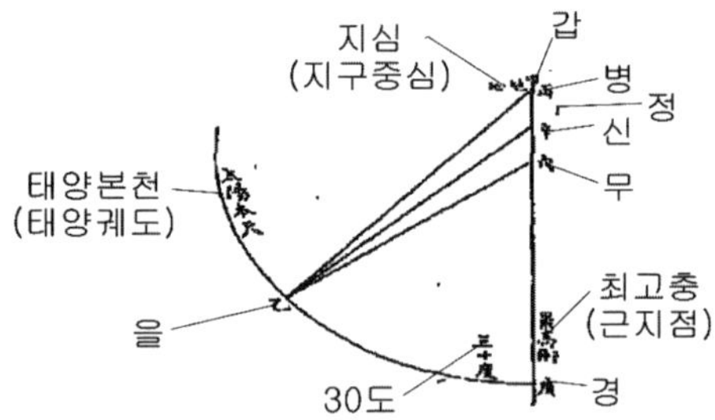

[그림 8] 근지점 전후의 가감차 계산 1

(2) [그림 9]의 직각삼각형 '병정신'에서

∠(정신병) = 180도 − ∠(병신을)

= 30도 $\overline{\text{병신}}=1792$

61) 계산에 2를 나타낸 [그림 8]에서 '지구중심[지심(地心)]'가 '갑' 위치에 표시되어 있으나 실은 '무' 위치가 지구 중심이다.

'신'을 중심, '병'을 경계로 삼아 호를 그리면,

$\overline{\text{병정}}$ = sin(∠신)

$\overline{\text{신정}}$ = cos(∠신) 이므로 다음의 두 비례식이 성립함.[62)]

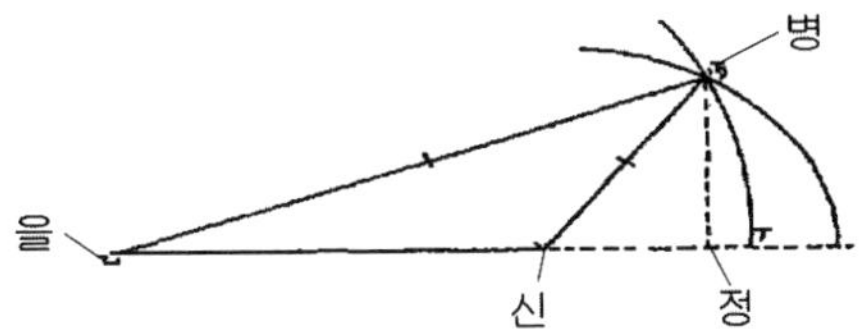

[그림 9] 근지점 전후의 가감차 계산 2

{전수(全數) 100000} : ($\overline{\text{병신}}$ 1792) = {sin(∠신) 50000} : ($\overline{\text{병정}}$ 896)

{전수(全數) 100000} : ($\overline{\text{병신}}$ 1792) = {cos(∠신) 86603} : ($\overline{\text{정신}}$ 1551)

(3) 큰 삼각형 '병정을'에서

$\overline{\text{병을}}$ = 전수(全數) 100000

$\overline{\text{병정}}$ = 896

'을'을 중심, '병'을 경계로 하여 호(弧)를 그리면

$\overline{\text{병정}}$ = sin(∠을) = 896 이므로 sin표[정현표(正弦表)]를 검색하면,

∠(신을병) = 30분46초

cos(30분46초) = 99996 = $\overline{\text{을정}}$

$\overline{\text{신을}}$ = $\overline{\text{을정}}$ − $\overline{\text{정신}}$ = 99996 − 1551 = 98445

(4) 삼각형 '신무을'에서

$\overline{\text{신무}}$ = 1792

$\overline{\text{신을}}$ = 98445

∠(무신을) = 30도

'무'에서부터 $\overline{\text{을신}}$ 에 수선 $\overline{\text{무정}}$ 을 그으면 두 개의 직각삼각형으로 나누어짐.

(5) [그림 10]의 직각삼각형 '신무정'에서

$\overline{\text{신무}}$ = 1792

62) 'sin(∠신) = $\overline{\text{병정}}$ ÷ $\overline{\text{병신}}$'과 'cos(∠신) = $\overline{\text{신정}}$ ÷ $\overline{\text{병신}}$'을 비례식으로 쓴 것이다.

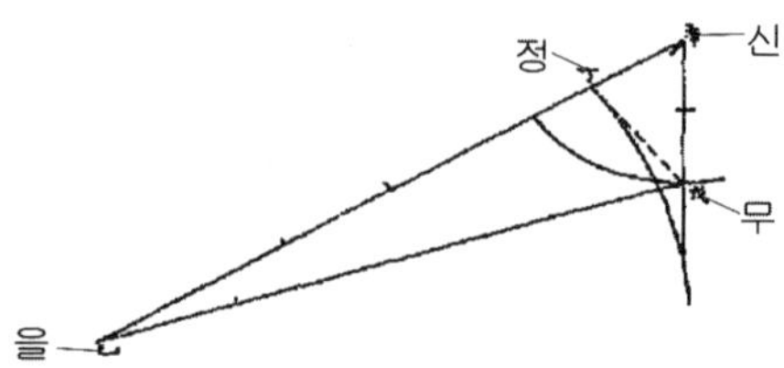

[그림 10] 근지점 전후의 가감차 계산 3

∠신＝30도

'신'을 중심, '무'를 경계로 삼아 호를 그리면,

$\overline{\text{무정}}$ ＝sin(∠신)

$\overline{\text{신정}}$ ＝cos(∠신) 이므로 다음 두 비례식이 성립함.

{전수(全數) 100000} : ($\overline{\text{신무}}$ 1792)＝{sin(∠신) 50000} : ($\overline{\text{무정}}$ 896)

{전수(全數) 100000} : ($\overline{\text{신무}}$ 1792)＝{cos(∠신) 86603} : ($\overline{\text{신정}}$ 1551)

$\overline{\text{정을}}$ ＝ $\overline{\text{신을}}$ － $\overline{\text{정신}}$ ＝98445－1551＝96894

(6) 삼각형 '정무을'에서

$\overline{\text{무정}}$ ＝896

$\overline{\text{정을}}$ ＝96894

'을'을 중심, '정'을 경계로 삼아 호를 그리면,

$\overline{\text{무정}}$ / $\overline{\text{정을}}$ ＝tan(∠을)[63] 이므로 다음 비례식이 성립함.

($\overline{\text{정을}}$ 96894) : {전수(全數) 100000}＝($\overline{\text{정무}}$ 896) : {tan(∠을) 925}

〈할원팔선표〉의 tan표[절선표(切線表)]를 검색하면

∠을＝31분44초＝∠무을신

∴ $\overset{\frown}{\text{갑을}}$(근지점～태양) 30도에 대한 가감차[가감균수(加減均數)]

＝{(6)에서 구한 ∠무을신 31분44초}＋{(3)에서 구한 ∠신을병 30분46초}

＝1도02분30초[64]

(▼ 가감차표에서 0궁30도의 가감차 1도02분33초가 이에 가까움.)[65]

---

63) 원문은 '$\overline{\text{무정}}$＝tan(∠을)'로 되어 있으나, 이어지는 비례식에 맞지 않으므로 앞의 '계산 예 1'의 유사한 계산 단계의 서술에 의거하여 바로 잡아 옮겼다.

64) 저본에는 1도20분30초로 되어 있으나 실제 계산 결과 및 표 값과 너무 차이가 크므로 '2'와 '0'의 순서를 바로잡아 옮겼다.

65) 〈보충 자료 1〉을 참고할 것. 여기서의 계산에 사용한 각과 가감차 표에 사용한 각이 서로 다르다.

표 해설 Ⅳ 태양의 연중 실제운행 도수를 시간으로 변환한 표에 대한 해설[66) [태양주세세행변시표설(太陽周歲細行變時表說)]

1) 태양의 '운행 도수[행도(行度)]' 두 가지

(1) '평균운행 도수[평행(平行)]' : 59분08초남짓/1일

(2) '실제운행 도수[자행(自行)]' : 최대치 61분20초/1일, 최소치 57분6초/1일[67)

- 자행(自行)은 시행(視行), 실행(實行), 세행(細行)이라고도 칭함.
- 자행의 값은 〈1일 동안의 실제운행 도수 표[주일세행표(周日細行表)]〉[68) 에 보임.

2) 〈태양의 실제운행 도수 표[태양세행표(太陽細行表)]〉'를 배치한 방법

: '실제운행 도수[자행(自行)]'가 가장 큰 61분20초를 취하고, 순차적으로 30초씩 줄여나가다가 57분6초에 이르러 멈춤.
→ 10개의 표가 만들어짐. (▼61분, 60분30초 등)

---

66) 〈태양의 실제운행 도수를 시간으로 변환한 표[세행변시표(細行變時表)]〉(제9표)에 대한 해설이다. 《신법산서》〈일전표〉에서는 '세행(細行)'을 실제운행의 뜻으로 사용하여, 《숭정역서》〈일전표〉에서 '세밀하게 구분한 운행 도수'라는 의미로 쓰인 것과 다름에 주의해야 한다. 이 해설 첫문단의 소주(小註)에서 '자행(自行)'의 동의어로 '시행(視行)', '실행(實行)', '세행(細行)' 세 가지를 소개한 데 비해, 《숭정역서》는 '시행(視行)'과 '실행(實行)' 두 가지만 소개하였다.

67) 〈세행변시표〉는 태양의 1일 운행 도수를 61분20초부터 57분까지 10가지로 대별하여 10개의 표를 연어이 제시하였다. 표에서 하짓날 운행도수 57분은 57분6초를 간단히 표현한 것으로 볼 수 있다.

68) 〈태양의 실제운행 도수를 시간으로 변환한 표[세행변시표(細行變時表)]〉(제9표)를 가리킨다. 다음 항에서는 〈태양의 실제운행 도수 표[태양세행표(太陽細行表)]〉라고도 칭하였고, 이 절의 제목에서는 〈태양의 연중 실제운행 도수를 시간으로 변환한 표[태양주세세행변시표(太陽周歲細行變時表)]〉라고 하였다.

3) 표에 사용한 단위

(1) 24시간을 '미(微)' 단위로 환산하여 나뉨수[실(實) dividend]로 삼음.

(2) 하루 동안 태양의 실제운행 분초를 '미' 단위로 환산하여 나눗수[법(法) divisor]로 삼음.

(3) (1)을 (2)로 나누면 '태양이 하루에 운행하는 거리 60분'[69]에 대한 시간 수가 나옴.

(4) (3)의 계산값을 각기[70] 반으로 나누고 다시 반으로 나누기를 반복함.

(5) (4)의 계산값의 단위인 '미'를 '초', '분', '시' 단위로 정리함.
→ 표의 일행분(日行分)[71]과 일행분에 대한 시, 분, 초, 미 값

4) 표 검색법

(1) 태양이 운행한 분(分)수를 가지고 시간을 계산하려고 할 때 이 표를 사용.

(2) 구하려는 날 태양의 1일 실제운행 분(分)수에 맞는 표를 10개 중에 선택함.

(3) 태양이 운행한 분(分)수를 우행(右行)[72]의 일행분(日行分)에서 찾음.

(4) (3)에서 찾은 분(分)수에 대한 값을 찾으면 시, 분 단위의 시간이 나옴.

(5) 만약 원래의 수에 초 단위의 수가 남아 있다면, 우행의 일행분의 단위를 '초'로 읽어 해당 수를 찾음.

(6) (5)에서 찾은 초 수에 대한 값을 찾으면 분, 초 단위의 시간이 나옴.

(7) 원래의 수에 미 단위의 수가 남은 경우도 이와 같이 함.

5) 계산 예 1 : 숭정 무진년(1628년)의 동지를 계산하여 자정으로부터 경도차 33분44초20미를 얻음. 이것을 시간으로 변환하기.

(1) 동지 때의 표[73] 우행에서 33분을 찾고 그에 대한 시간 값을 읽으면 12시간

---

69) 61분20초부터 57분6초까지 변화하는 태양의 하루 운행 거리를 대표하여 일컬은 말이다.

70) 태양의 1일 실제운행 분초를 10가지로 대별하여 계산한 각각의 결과 값을 가리킨다.

71) 일행분(日行分)이 1분부터 60분까지 1분 간격으로 설정되어 있다.

72) '일행분' 이하의 열을 가리킨다.

54분46초57미.

(2) 또 우행에서 44초를 찾고 그에 대한 시간 값을 읽으면 17분13초03미.

(3) 다시 우행에서 20미를 찾고 그에 대한 시간 값을 읽으면 7초49미.

(4) (1), (2), (3)을 합하면 13시간12분07초49미를 얻음.

((24시÷61분20초)×33분44초20미 = 13시간12분07초49미)

6) 제시된 날의 실제운행 도수가 표의 윗난에 기입된 하루 운행 도수와 맞지 않는 경우의 표 검색법

(1) 가장 가까운 하루 운행 도수를 선택하여 사용함.

(2) 정밀한 값을 구하려고 할 때는, 표에 기입된 하루 운행 도수와의 차를 취하고 양쪽 표의 수에 중비례법(中比例法)[74]을 사용함.

(3) 그러나 (2)의 방법으로 구한 값이 표의 값과 1초 이상의 차이가 나지 않아서 오차가 미미함. → 자세하게 기록하지 않음.

7) 계산 예 2 : 무진년(1628년)의 입하(立夏)를 계산하여 자정으로부터 경도차 38분56초57미를 얻음. 이것을 시간으로 변환하기.

(1) 입하일은 동지로부터 135일 되는 날이므로 동지 전후 131일의 표[75]를 사용함.

(2) 우행에서 38분을 찾고 그에 대한 시간 값을 읽으면 15시간43분26초53미.

(3) 또 우행에서 56초를 찾고 그에 대한 시간 값을 읽으면 23분10초21미.

(4) 다시 우행에서 57미를 찾고 그에 대한 시간 값을 읽으면 23초35미.

(5) (2), (3), (4)를 합하면 16시간07분00초49미를 얻음.

((24시÷58분)×38분56초57미 = 16시간07분00초49미)

---

73) 하루 동안 태양의 실제운행 도수가 61분20초인 첫째 표이다.

74) 중비례법(中比例法)은 비례보간(比例補間), 곧 두 인수(引數) α, $\alpha+1$의 사잇값 $\alpha+\Delta\alpha$ $(0<\Delta\alpha<1)$에 대한 결과값 $f(\alpha+\Delta\alpha)$를 구하기 위하여, 두 인수 사이에서 결과값이 선형(線形)으로 변화한다는 가정 하에 비례식 $\Delta\alpha : 1 = \{f(\alpha+\Delta\alpha)-f(\alpha)\} : \{f(\alpha+1)-f(\alpha)\}$를 사용하는 계산법을 말한다.

75) 하루 동안 태양의 실제운행 도수가 58분인 여덟째 표이다.

8) 거꾸로 시간을 가지고 운행 분(分)수를 구하는 방법

(1) 제시된 시간을, 구하려는 날에 해당하는 실제운행 도수 표의 중행(中行)[76] 에서 찾고, 그에 대한 우행의 수를 읽으면 분 단위의 경도값이 됨.

(2) 제시된 시간이 중행에 없는 경우는 '그보다 작으면서 가장 가까운 수[근소수(近小數)]'를 사용하여, 우행에서 그에 대한 분 수를 읽음.

(3) 제시된 시간과 (2)에서 사용한 시간의 차를 다시 표의 중행에서 찾고, 우행에서 그에 대한 수를 읽으면 초 단위의 경도값이 나옴.

(4) 남은 시간보다 '작으면서 가장 가까운 수[근소수(近小數)]'를 또 사용하여 다시 구하면 미 단위의 경도값이 나옴.

(5) (2), (3), (4)를 합하면 분, 초, 미 단위의 운행 도수가 나옴.

9) 계산 예 3 : (동지 전후 100일 경에) 시간이 14시간29분05초12미만큼 누적될 때 태양의 평균운행 분(分)수 구하기

(1) 해당되는 표의 중행에서 이 시간보다 작으면서 가장 가까운 수를 취하면 곧 14시14분14초14미이고, 그 우행에 35분이 있음.

- 해당되는 표가 없는 경우는 가까운 59분 표를 사용해도 됨.

(2) 문제에 제시된 수와 (1)에서 사용한 수의 차를 내면 14분50초58미임.

(3) 14분을 가지고 이 수보다 작으면서 가장 가까운 수를 중행에서 찾으면 그 우행에 36초가 있음.

(4) 또 시간의 12초를 가지고 표를 검색하면 30미를 얻음.

(5) (1), (3), (4)에서 얻은 수를 모두 합하면 35분36초30미를 얻음.

((14시간29분05초12미÷24시)×59분＝35분36초30미)

76) 시, 분, 초, 미 이하의 열을 가리킨다.

표 IX 제9표. 태양의 실제운행 도수를 시간으로 변환한 표 [세행변시표(細行變時表)]

◎ 《숭정역서》 판나이 휘집본(프랑스 국가도서관본)에는 없는 표. 옥스퍼드대본, 규장각본, 《서양신법역서》본에서부터 추가됨.[77]

◎ 동지 때 가장 빠르고 하지 때 가장 느린 태양의 실제운행 시간을, 운행 도수 1분부터 60분까지 1분 간격으로 나타낸 표.

(1) 태양의 1일 실제운행 도수를 10가지로 대별하여 10개의 표를 순차적으로 배치함.[78]

① 61분20초 : 동짓날

② 61분 : 동지 전후 38일

③ 60분30초 : 동지 전후 57일

④ 60분 : 동지 전후 72일

⑤ 59분30초 : 동지 전후 87일

⑥ 59분 : 동지 전후 100일

⑦ 58분30초 : 동지 전후 116일

⑧ 58분 : 동지 전후 131일

⑨ 57분30초 : 동지 전후 151일

⑩ 57분 : 하짓날

(2) 각 단계마다 1분부터 60분까지 태양의 운행 분수 1분마다 경과 시간을 누적함.

77) 石云里 · 褚龙飞(2017), 939면.

78) 여기서 하루 동안 태양의 실제운행 분수를 10가지로 대별한 것은 앞의 〈태양의 연중 평균운행과 실제운행 도수 표[태양주세평실이행표(太陽周歲平實二行表)]〉(제4표)에서 30가지로 대별한 것과 상당히 다르다. 동지부터 하지까지는 구분의 상세도에서만 차이가 나는 듯하나, 하지 이후는 상세도 이상의 차이가 나고 있다. 두 표가 서로 다른 계통에서 나온 것으로 생각된다.

〈표 9〉 동지 전후 n일의 하루 중 운행 도수(분, 초) 누적에 따른 경과 시간

《신법산서》의 〈세행변시표(細行變時表)〉

겉보기 운행 도수(분, 초)	동짓날 61분20초/일	전후 38일 61분/일	전후 57일 60분30초/일	전후 72일 60분/일	전후 87일 59분30초/일	전후 100일 59분/일	전후 116일 58분30초/일	전후 131일 58분/일	전후 151일 57분30초/일	하짓날 57분/일
1	0;23,28,41	0;23,36,23	0;23,48,06	0;24	0;24,12,06	0;24,24,24	0;24,36,55	0;24,49,39	0;25,02,36	0;25,15,47
2	0;46,57,23	0;47,12,47	0;47,36,12	0;48	0;48,24,12	0;48,48,48	0;49,13,50	0;49,39,18	0;50,05,13	0;50,31,34
3	1;10,26,05	1;10,49,10	1;11,24,18	1;12	1;12,36,18	1;13,13,13	1;13,50,46	1;14,28,58	1;15,07,49	1;15,47,22
4	1;33,54,47	1;34,25,34	1;35,12,23	1;36	1;36,48,24	1;37,37,37	1;38,27,41	1;39,18,37	1;40,10,26	1;41,03,09
5	1;57,23,28	1;58,01,58	1;59,00,29	2;00	2;01,00,30	2;02,02,02	2;03,04,37	2;04,08,16	2;05,13,02	2;06,18,56
6	2;20,52,10	2;21,38,21	2;22,48,35	2;24	2;25,12,36	2;26,26,26	2;27,41,32	2;28,57,56	2;30,15,39	2;31,34,44
7	2;44,20,52	2;45,14,45	2;46,36,41	2;48	2;49,24,42	2;50,50,50	2;52,18,27	2;53,47,35	2;55,18,15	2;56,50,31
8	3;07,49,34	3;08,51,09	3;10,24,47	3;12	3;13,36,48	3;15,15,15	3;16,55,23	3;18,37,14	3;20,20,52	3;22,06,19
9	3;31,18,15	3;32,27,32	3;34,12,53	3;36	3;37,48,54	3;39,39,39	3;41,32,18	3;43,26,53	3;45,23,28	3;47,22,06
10	3;54,46,57	3;56,03,56	3;56,00,59	4;00	4;02,01,00	4;04,04,04	4;06,09,13	4;08,16,33	4;10,26,05	4;12,37,53
11	4;18,15,39	4;19,40,19	4;21,49,05	4;24	4;26,13,06	4;28,28,28	4;30,46,09	4;33,06,12	4;35,28,41	4;37,53,41
12	4;41,44,21	4;43,16,43	4;45,37,11	4;48	4;50,25,12	4;52,52,52	4;55,23,04	4;57,55,51	5;00,31,18	5;03,09,28
13	5;05,13,02	5;06,53,07	5;09,25,17	5;12	5;14,37,18	5;17,17,17	5;20,00,00	5;22,45,31	5;25,33,54	5;28,25,15
14	5;28,41,44	5;30,29,30	5;33,13,23	5;36	5;38,49,24	5;41,41,41	5;44,36,55	5;47,35,10	5;50,36,31	5;53,41,03
15	5;52,10,26	5;54,05,54	5;57,01,29	6;00	6;03,01,30	6;06,06,06	6;09,13,50	6;12,24,49	6;15,39,07	6;18,56,50
16	6;15,39,08	6;17,42,17	6;20,49,35	6;24	6;27,13,36	6;30,30,30	6;33,50,46	6;37,14,28	6;40,41,44	6;44,12,38
17	6;39,07,49	6;41,18,41	6;44,37,41	6;48	6;51,25,34	6;54,54,54	6;58,27,41	7;02,04,08	7;05,44,20	7;09,28,25
18	7;02,36,31	7;04,55,05	7;08,25,47	7;12	7;15,37,49	7;19,19,19	7;23,04,37	7;26,53,47	7;30,46,57	7;34,44,12
19	7;26,05,13	7;28,31,28	7;32,13,53	7;36	7;39,49,55	7;43,43,43	7;47,41,32	7;51,43,27	7;55,49,34	7;59,59,59
20	7;49,33,54	7;52,07,52	7;56,01,59	8;00	8;04,02,01	8;08,08,08	8;12,18,27	8;16,33,06	8;20,52,10	8;25,15,47
21	8;13.02,36	8;15,44,15	8;19,50,05	8;24	8;28,14,07	8;32,32,32	8;36,55,23	8;41,22,45	8;45,54,47	8;50,31,34
22	8;36,31,18	8;39,20,39	8;43,38,11	8;48	8;52,26,13	8;56,56,56	8;01,32,18	9;06,12,24	9;10,57,23	9;15,47,22
23	9;00,00,00	9;02,57,02	9;07,26,17	9;12	9;16,38,19	9;21,21,21	9;26,09,13	9;31,02,04	9;35,59,59	9;41,03,09
24	9;23,28,41	9;26,33,26	9;31,14,22	9;36	9;40,50,25	9;45,45,45	9;50,46,09	9;55,51,43	10;01,02,36	10;06,18,56
25	9;46,57,23	9;50,09,50	9;55,02,28	10;00	10;05,02,31	10;10,10,10	10;15,23,04	10;20,41,22	10;26,05,13	10;31,34,44
26	10;10,26,05	10;13,46,13	10;18,50,34	10;24	10;29,14,37	10;34,34,34	10;40,00,00	10;45,31,02	10;51,07,49	10;56,50,31
27	10;33,54,47	10;37,22,37	10;42,38,40	10;48	10;53,26,43	10;58,58,58	11;04,36,55	11;10,20,41	11;16,10,26	11;22,06,19
28	10;57,23,28	11;00,59,01	11;06,26,46	11;12	11;17,38,49	11;23,23,23	11;29,13,50	11;35,10,20	11;41,13,02	11;47,22,06
29	11;20,52,10	11;24,35,24	11;30,14,52	11;36	11;41,50,55	11;47,47,47	11;53,50,46	11;59,59,59	12;06,15,39	12;12,37,53
30	11;44,20,52	11;48,11,48	11;54,02,58	12;00	12;06,03,01	12;12,12,12	12;18,27,41	12;24,49,39	12;31,18,15	12;37,53,41
31	12;07,49,34	12;11,48,11	12;17,51,04	12;24	12;30,15,07	12;36,36,36	12;43,04,37	12;49,39,18	12;56,20,52	13;03,09,28
32	12;31,18,16	12;35,24,35	12;41,39,10	12;48	12;54,27,13	13;01,01,01	13;07,42,32	13;14,28,58	13;21,23,28	13;28,25,15
33	12;54,46,57	12;59,00,59	13;05,27,16	13;12	13;18,39,19	13;25,25,25	13;32,18,27	13;39,18,37	13;46,26,05	13;53,41,03

겉보기 운행 도수(분, 초)		동짓날 61분20초/일	전후 38일 61분/일	전후 57일 60분30초/일	전후 72일 60분/일	전후 87일 59분30초/일	전후 100일 59분/일	전후 116일 58분30초/일	전후 131일 58분/일	전후 151일 57분30초/일	하짓날 57분/일
34		13;18,15,39	13;22,37,22	13;29,15,22	13;36	13;42,51,25	13;49,49,49	13;56,55,23	14;04,08,16	14;11,28,41	14;18,56,50
35		13;41,44,21	13;46,13,46	13;53,03,28	14;00	14;07,03,31	14;14,14,14	14;21,32,18	14;28,57,56	14;36,31,18	14;44,12,38
36		14;05,13,02	14;09,50,10	14;16,51,34	14;24	14;31,15,37	14;38,38,38	14;46,09,14	14;53,47,35	15;01,33,54	15;09,28,25
37		14;28,41,44	14;33,26,33	14;40,39,40	14;48	14;55,27,43	15;03,03,03	15;10,46,09	15;18,37,14	15;26,36,31	15;34,44,12
38		14;52,10,26	14;57,02,57	15;04,27,46	15;12	15;19,39,49	15;27,27,27	15;35,23,04	15;43,26,53	15;51,39,07	15;59,59,59
39		15;15,39,08	15;20,39,20	15;28,15,52	15;36	15;43,51,56	15;51,51,51	16;00,00,00	16;08,16,33	16;16,41,44	16;25,15,47
40		15;39,07,49	15;44,15,44	15;52,03,58	16;00	16;08,04,02	16;16,16,16	16;24,36,55	16;33,06,12	16;41,44,20	16;20,31,34
41		16;02,36,31	16;07,52,08	16;15,52,04	16;24	16;32,16,08	16;40,40,40	16;49,13,50	16;57,55,51	17;06,46,57	17;15,47,22
42		16;26,05,13	16;31,28,31	16;39,40,10	16;48	16;56,28,14	16;05,05,05	17:13,50,46	17:22,45,31	17:31,49,33	17:41,03,09
43		16;49,33,54	16;55,04,55	17;03,28,12	17;12	17:20,40,20	17:29,29,29	17:38,27,41	17:47,35,10	17:56,52,10	18;06,18,56
44		17;13,02,36	17;18,41,18	17;27,16,21	17;36	17;44,52,26	17;53,53,53	18;03,04,37	18;12,24,49	18;21,54,47	18;31,34,44
45		17;36,31,18	17;42,17,42	17;51,04,27	18;00	18;09,04,32	18;18,18,18	18;27,41,32	18;37,14,29	18;46,57,23	18;56,50,31
46		18;00,00,00	18;05,54,06	18;14,52,33	18;24	18;33,16,38	18;42,42,42	18;52,18,27	19;02,04,08	19;11,59,59	19;22,06,19
47		18;23,28,41	18;29,30,29	18;38,40,39	18;48	18;57,28,44	19;07,07,07	19;16,55,23	19;26,53,47	19;37,02,36	19;47,22,06
48		18;46,57,13	18;53,06,53	19;02,28,45	19;12	19;21,40,50	19;31,31,31	19;41,32,18	19;51,43,27	20;02,05,13	20;12,37,53
49		19;10,26,05	19;16,43,16	19;26,16,51	19;36	19;45,52,56	19;55,55,55	20;06,09,14	20;16,33,06	20;27,07,49	20;37,53,41
50		19;33,54,47	19;40,19,40	19;50,04,57	20;00	20;10,05,02	20;20,20,20	20;30,46,09	20;41,22,45	20;52,10,26	21;03,09,28
51		19;57,23,28	20;03,56,04	20;13,53,03	20;24	20;34,17,08	20;44,44,44	20;55,23,04	21;06,12,24	21;17,13,02	21;28,25,15
52		20;20,52,10	20;27,32,27	20;37,41,09	20;48	20;58,29,14	21;09,09,09	21;20,00,00	21;31,02,04	21;42,15,39	22,53,41,03
53		20;44,20,52	20;51,08,51	21;01,29,15	21;12	21;22,41,20	21;33,33,33	21;44,36,55	21;55,51,43	22;07,18,15	22;18,56,50
54		21;07,49,34	21;14,45,14	21;25,17,21	21;36	21;46,53,26	21;57,57,57	22;09,13,50	22;20,41,22	22;32,20,52	22;44,12,38
55		21;31;18,15	21;38,21,38	21;45,05,27	22;00	22;11,05,32	22;22,22,22	22;33,50,46	22;45,31,02	22;57,23,28	23;09,28,25
56		21;54,46,57	22;01,58,02	22;12,53,33	22;24	22;35,17,39	22;46,46,46	22;58,27,41	23;10,20,41	23;22,26,05	23;43,44,12
57		22;18,15,39	22;25,34,25	22;36,41,39	22;48	22;59,29,45	23;11,11,11	23;23,04,37	23;35,10,20	23;47,28,41	24;00,00,00
58		22;41,44,21	22;45,10,45	23;00,29,45	23;12	23;23,41,51	23;35,35,35	23;47,41,32	23;59,59,59	24;12,31,18	24;25,15,47
59		23;05,13,02	23;12,47,12	23;24,17,51	23;36	23;47,53,57	23;59,59,59	24;12,18,27	24;24,49,39	24;37,33,54	24;50,31,34
60		23;28,41,44	23;36,23,36	23;48,05,57	24;00	24;12,06,03	24;24,24,24	24;36,55,23	24;49,39,18	25;02,36,31	25;15,47,22
a		61분 20초	61분	60분 30초	60분	59분 30초	59분	58분 30초	58분	57분 30초	57분
24/a =1분에 대한 값	도	0	0	0	0.4	0	0.	0	0	0	0
	분	23	23	23	24	24	24	24	24	25	25
	초	28	36	48	0	12	24	36	49	2	15
	미	41	23	6	0	6	24	55	39	36	47
24×60/a =60분에 대한 값	도	23	23	23	24	24	24	24	24	25	25
	분	28	36	48	0	12	24	36	49	2	15
	초	41	23	5	0	6	24	55	39	36	47
	미	44	36	57	0	3	24	23	18	31	22

표 해설 V 일차표 해설 [일차표설(日差表說)]

1) 태양의 운행 도수를 측정할 때 춘분점을 근본으로 삼음

: 춘분 때는 '평균 일[평일(平日)]'과 '실제 일[용일(用日)]'의 구분이 없음

→ 춘분을 기준으로 계산하여 〈일차표〉를 작성함.[79)]

2) 일차의 원인 두 가지

(1) 태양의 '평균운행 도수[평행(平行)]'와 '실제운행 도수[시행(視行)]'의 차

(2) 황도와 적도의 '적도지평 상승 도수[정구승도(正球升度)]'[80)]의 차

cf, 사정(四正 춘분, 하지, 추분, 동지) 때는 (2)의 차가 없고 (1)의 차만 작용함.[81)]

---

79) 춘분 때 일차가 '0'이 되도록 놓고, 이에 대한 상대적인 크기로 연중 〈일차표〉를 작성했다는 말이다. 〈일차표〉의 형식은 동지부터 시작되었다.

80) 《신법산서》 제27권의 〈승도표용법(升度表用法)〉에는 이를 사동승(斜同升)과 대비되는 정동승(正同升)이라는 용어로 표현하고, '적도상의 황도 승도[적도상지황도승도(赤道上之黃道升度)]'라고도 칭한다고 하였다. '적도지평 상승 도수[정구승도(正球升度)]'는 곧 적도 지방에서 황도와 함께 지평선 위로 떠오르는 적도의 도수를 말하는 것으로, 일주권이 바르게(수직으로) 그려지기 때문에 '정(正)'자를 붙인 것이다. 이에 비해 '사동승(斜同升)'은 그 밖의 지방에서 황도와 함께 지평선 위로 떠오르는 적도의 도수를 일컫는 말로, 일주권이 비스듬하게 그려지기 때문에 '사(斜)'자를 붙인 것이다.

81) 《신법산서》 제27권의 〈승도표용법〉에 정동승(正同升)은 사정(四正 : 춘분, 하지, 추분, 동지) 때 모두 같고, 사동승(斜同升)은 춘분과 추분 때만 같다고 하였다. 이어지는 계산 예 중에 춘분과 추분 때만 가감차의 황도 도수를 곧바로 시간으로 환산하고 나머지 시점에는 적도 도수로 바꾼 뒤에 시간으로 환산한 까닭이다. 그러나 여기서 말한 것은 입하와 입춘 때의 계산 예에서는 '춘분～입하', '동지～입춘'의 황도호와 적도호 차를 고려한 데 반해 사정 때에는 이를 고려하지 않는 것과 관계된다.

보충자료 3 일차의 두 번째 원인 : 황경(λ)에 따른 황경과 적경의 차($\lambda-\alpha$)

$\tan\alpha = \tan\lambda\cos\varepsilon$를 이용하여 $\alpha-\lambda$를 구해보면 [그림 11]과 같다. 황경과 그에 따른 적경의 차는 $\lambda=0°$(춘분), 90°(하지), 180°(추분), 270°(동지) 때에 $\lambda-\alpha=0$이 된다.

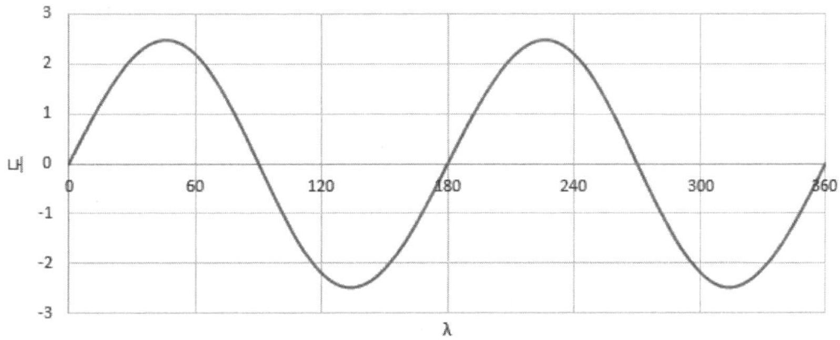

[그림 11] 황경(λ)에 따른 황경과 적경의 차($\lambda-\alpha$)

3) 하지 때 일차 계산

(1) '두 가지 운행 도수의 차[양행차(兩行差)]' = 1도50분

① 하지는 원지점 이전 약 6도에 있음 → '근지점~춘분'이 84도[82)]

($E=2e=0.03584$일 때, 근지점 이각 M에 대한 가감차는 $q=2e\sin(M)+e^2\sin(2M)$이다. $M=84$도에 대한 가감차는 2도2분46초이기에 대략 2도3분이 된다.)

② 분초는 생략하고 6도에 대한 가감차를 구하면 13분

($M=6$도에 대한 가감차는 13분 정도가 된다.)

82) 원문에는 '춘분~하지'가 84도인 것으로 되어 있으나 바로잡았다. '하지~원지점'이 6도, '춘분~하지'가 90도이므로 '근지점~춘분'이 84도가 된다. 〈일전가감차표〉는 근지점을 기준으로 작성되었기 때문에 '근지점~춘분'의 도수가 필요하다.

③ 최대 가감차(춘분 때 가감차) 2도3분[83]－13분＝1도50분

→ 황도상의 춘분부터 하지까지 '**두 가지 운행 도수[양행(兩行)]**'의 차

(2) 춘분 전후의 황도 1도50분과 '함께 적도지평을 상승하는[동승(同升)]' 적도는 1도38분[84]

(tan($\Delta\alpha$ ＝tan(1도50분)cos(23.5°)을 이용하면 1도40분53초가 계산된다.)

- 시간은 '적도상의 도수[적도도(赤道度)]'를 가지고 헤아리므로 적도도를 계산함.
- 최대 가감차가 춘분 때 발생하므로 춘분 전후의 '상승 도수[승도(升度)]'를 사용함.

→ 시간으로 바꾸면 6분36초[85] ≒ 6.5분 ⇒ 〈일차표〉의 값과 일치함.[86)]

(1도40분53초를 시간으로 구하면 6분43초가 된다.)

- 적도도 1도＝시간 4분

  적도도 1분＝시간 4초

(3) 평균운행[평행(平行)]보다 실제운행[시행(視行)]이 큼[87)]

⇒ 〈일차표〉에 '가(加: ＋)' 표시

83) 〈일전가감차표〉에서 90도, 곧 3궁0도의 가감차 2도3분10초를 초 단위에서 반올림한 것이다. 〈일전가감차표〉의 인수(引數)는 본디 근지점으로부터 구하려는 점까지의 경도차인데, 일차 계산예에서는 모두 동지점으로부터 구하려는 점까지의 경도차를 인수로 삼아 가감차를 구하고 있다. 춘분점의 경우, 본래는 근지점으로부터 84도, 곧 2궁24도의 위치에 있으므로 가감차가 2도2분44초이지만, 이 계산예에서는 동지점으로부터의 거리 90도, 곧 3궁0도를 가지고 가감차를 찾았다. 이후의 하지, 추분, 동지, 입하, 입춘의 가감차가 모두 마찬가지이다.

84) 《신법산서》 제27권의 〈승도표(升度表)〉를 사용한 계산결과는 1도40분50초이다. 표에서 강루지차(降婁之次, Ari)의 황도상 도수가 1도일 때 적도상의 황도 승도가 55분이고, 황도상 도수가 2도일 때 적도상의 황도 승도가 1도50분이다. 비례보간법을 사용하면 춘분 전후의 황도상 도수 1도50분일 때 적도상의 황도 승도는 [55분＋(55×50÷60)＝] 1도40분50초가 된다. 위에서 보듯이 계산값은 여기에 가깝다.

85) 실제 계산결과는 1도38분×4분/도＝6분32초이다.

86) 〈일차표〉에서 하지인 6궁 초도의 일차가 6.5도이다.

87) 334쪽 [그림 12]에서 보듯이 일차 계산의 기준값은 춘분점의 가감차 ＋2°3′이다. 이 값에서 하지점의 가감차 ＋13′을 빼면 ＋1°50′이 남는다. 이를 가리켜 '실제운행이 평균운행보다 크다'고 한 것이다. 춘분과 동지점에서도 마찬가지이다.

→ 평균시각[평시(平時)] + 일차 = 실제시각[시시(視時)]

4) 추분 때 일차 계산

(1) 춘분점으로부터 계산한 '두 가지 운행 도수의 차[양행차(兩行差)]'가 4도6분임.[88] (2도3분×2 = 4도6분)

(2) 4도6분을 시간으로 바꾸면 16분24초로, 〈일차표〉의 값과 일치함.

- 끝수가 30초 미만이므로 〈일차표〉에서는 계산하지 않음.[89]

(3) 평균운행[평행(平行)]보다 실제운행[시행(視行)]이 큼
⇒ 〈일차표〉에 '가(加: +)' 표시.

5) 동지 때 일차 계산

(1) 동지점이 근지점에 못 미친 거리가 역시 6도임 → 균수(均數)가 13분.[90]
($E = 2e = 0.03584$일 때, 가감차 $q = 2e\sin(M) + e^2\sin(2M)$이다. 6도에 대한 가감차는 13분 정도가 된다.)

(2) '최대 가감차[전차(全差)]' 2도3분과 13분을 더하면 2도16분.[91]

(근일점과 춘분 사이의 각이 84도이기에 이에 따른 가감차는 2도2분46초, 대략 2도3분이 된다. 따라서 동지와 근일점 사이의 각에 대한 가감차 13분을 더하면 양행차는 2도16분이 된다.)

---

88) 〈일전가감차표〉에서 (춘분점 2궁24도의 가감차) ≃ (3궁0도의 가감차) ≃ +2도3분이고, (추분점 8궁24도의 가감차) ≃ (9궁0도의 가감차) ≃ −2도3분이므로 두 가감차의 절댓값을 합한 것이 양행차가 된다.

89) 〈일차표〉에서 추분인 9궁 초도의 일차가 16분이다.

90) 〈일전가감차표〉에서 364도, 곧 11궁24도의 가감차 13분8초를 반올림한 것이다.

91) 춘분점의 가감차 2도3분에 동지점의 가감차 13분을 더하여 '춘분~동지'의 '두 가지 운행의 도수 차[양행차(兩行差)]' 2도16분을 구한 것이다.

(3) 적도 승도를 조사하면 2도05분.[92]

(tan($\Delta\alpha$)=tan(2도16분)cos(23.5°)을 이용하면 2도 4분 44초가 계산된다.)

(4) 시간으로 바꾸면 8분20초.

(1각도는 4분, 1각분은 4초에 해당하기에 2도05분에 대한 시간은 8분20초에 해당한다.)

- 끝수가 30초 미만이므로 〈일차표〉에서는 계산하지 않음.[93]
- 정밀한 값을 구하려면 초 단위 수를 사용할 수 있음.

(5) 부호는 '가(加 : +)'

6) 입하(立夏) 때 일차 계산

(1) 입하점의 균수(均數)를 찾아 최대 가감차와의 차를 구하면 36분.[94]

(춘분점에서 균수 2도2분46초와 입하점 135도에 대한 균수 1도26분1초와의 차이는 36분45초이다.)

- 원지점으로부터 계산함.[95]

92) 《신법산서》 제27권의 〈승도표〉에서 강루지차(降婁之次, Ari)의 황도상 도수가 2도일 때 적도상의 황도 승도가 1도50분이고, 황도상 도수가 3도일 때 적도상의 황도 승도가 2도45분이다. 비례보간법을 사용하면 춘분 전후의 황도상 도수 2도16분일 때 적도상의 황도 승도는 [1도50분+(55×16÷60)=] 2도4분40초 ≒ 2도5분이 된다.

93) 〈일차표〉에서 동지인 초궁 초도의 일차가 8분이다.

94) 〈일전가감차표〉에서 입하점(135도)에 대한 가감차가 1도26분2초이다. 최대 가감차 2도3분에서 이 값을 빼면 36분57초가 된다.

95) 무슨 의미인지 미상이지만 입하의 일차 계산에서 중요한 요소로 작용하는 듯하다.

(2) 적도상의 도수가 33분.[96]

($\tan(\Delta\alpha) = \tan(\Delta q)\cos(23.5°)$을 이용하면, $\Delta q = 37$분은 $\Delta\alpha = 34$분으로, $\Delta q = 36$분은 $\Delta\alpha = 33$분으로 계산된다.)

(3) 춘분 때 황도와 적도의 상승 도수 차 13분[97]을 빼면 20분이 남음.

- '두 가지 운행 도수[양행(兩行)]'로 인한 일차(日差)로, 첫 번째 원인이다.

(4) 황도 45도(입하점)와 함께 떠오르는 적도상의 도수가 42도29분[98]이므로,

($\tan(\alpha) = \tan(45°)\cos(23.5°)$에서 42도 31분 22초를 얻는다.)

그 차가 2도31분[99]

(45도 − 42도 31분 22초 = 2도 28분 38초)

- 적도상의 상승 도수가 황도상의 도수보다 작으므로
  실제시각[용일(用日)]'이 평균시각[평일(平日)]보다 커서 더해야 함.
- 평균운행이 실제운행보다 크므로
  실제시각일[용일(用日)]이 작아서 더해야 함.[100]

(5) (3)과 (4)의 두 수를 합하면 2도50분

(2도 31분 + 20분 = 2도 51분)

---

96) 《신법산서》 제27권의 〈승도표〉에서 강루지차(降婁之次, Ari)의 황도상 도수가 0도일 때 적도상의 황도 승도가 0분이고, 황도상 도수가 1도일 때 적도상의 황도 승도가 55분이다. 비례보간법을 사용하면 춘분 전후의 황도상 도수 36분일 때 적도상의 황도 승도는 (55×36÷ 60) =] 33분이 된다.

97) 춘분 때는 황도와 적도가 한 점에서 만나므로 동시에 상승한다. 여기서 상승 도수 차 13분이라 한 것은 하지점에 대한 균수 13분으로 생각된다. 이 수를 빼는 것은 원지점으로부터 계산한다는 것과 관련이 있는 듯하나 미상이다.

98) 《신법산서》 제27권의 〈승도표〉에서는 42도31분이다.

99) 원문은 '2도31초'이지만 '2도31분'이어야 전후의 계산이 맞으므로 바로잡아 옮겼다.

100) 일반적인 견지에서 보면 모순된 듯하나, 이 역시 원지점부터 계산한다는 것과 관련된 것일 수 있다.

(6) 시간으로 바꾸면 11분16초[101)]

(해당하는 시간은 11분23초이다)

(7) 부호는 '가(加 : +)'

7) 입춘 때 일차 계산

(1) 입춘점의 균수(均數)를 찾아 최대 가감차와의 차를 구하면 35분.[102)]

(최대 가감차 2도 3분에서 입춘점 45도에 대한 균수 1도28분와의 차이는 35분 정도이다.)

- 근지점으로부터 계산함.[103)]

(2) 적도상의 도수가 33분.[104)]

- 평춘분 때 황도와 적도의 상승 도수 차가 13분[105)]이지만 지금은 이를 계산하지 않음. 춘분과 추분 때 두 수가 서로 같기 때문.

---

101) 실제 계산값은 11분20초이다.

102) 〈일전가감차표〉에서 입춘점(45도)에 대한 가감차가 1도28분14초이다. 최대 가감차 2도3분에서 이 값을 빼면 34분46초가 된다.

103) 무슨 의미인지 미상이지만 입춘의 일차 계산에서 중요한 요소로 작용하는 듯하다.

104) 《신법산서》 제27권의 〈승도표〉에서 강루지차(降婁之次, Ari)의 황도상 도수가 0도일 때 적도상의 황도 승도가 0분이고, 황도상 도수가 1도일 때 적도상의 황도 승도가 55분이다. 비례보간법을 사용하면 춘분 전후의 황도상 도수 35분일 때 적도상의 황도 승도는 (55×35÷60)=32분05초가 된다.

105) 각주 97) 참조. 다만, 여기서 13분은 동지점의 균수와 관련된 듯하고, 이 점을 언급한 것은 근지점부터 계산한다는 것과 관련된 듯하다.

(3) 입춘 때 적도의 상승 도수가 47도29분[106]이므로, 황도상의 도수보다 2도29분이 많음.

- 동지로부터 계산한 값임.
  (−45도에 대한 입춘과 춘분 상승 도수는 −42도31분이므로 45도−42도31분=2도29분)

(4) (3)에서 (2)를 빼면 1도56분.

(2도29분−33분=1도56분)

- 평균운행이 실제운행보다 크므로 그 차를 평균 시각에 더해야 함.[107]
- 적도 도수가 황도 도수보다 크므로 그 차를 평균 시각에서 빼야 함.
- 두 요소의 부호가 다르므로
  균법(均法)[108]에 따라 서로 빼고 실수(實數)[109]의 부호를 따라야 함.

(5) 시간으로 바꾸면 7분44초. '반올림하여 간단히 하면[약산(約算)]' 8분.

(6) 부호는 '감(減 : −)'

보충자료 4 춘분 때 가감차를 기준으로 계산한 각 절기의 균시차

《숭정역서》와 《신법산서》의 균사차 [일차]는 춘분점에서 '0'이 되도록 조정한 값이다. 따라서 춘분 때 가감차 2°3′을 기준으로 각 절기의 평균태양의 적경과 실제태양의 적경의 차($\Delta\alpha$)를 구하여 시간차(ΔT)로 환산하면 균시차가 된다.

---

106) 《신법산서》 제27권의 〈승도표〉에서는 춘분부터 계산한 값이 317도28분이므로, 동지부터는 47도28분이 된다.
107) 이 역시 모순된 듯하나 근지점부터 계산한다는 것과 관련된 것일 수 있다.
108) 상반된 효과를 내는 두 가지 요인의 합을 구하는 방법인 듯하다.
109) 실수(實數)는 피승수, 피제수 등을 가리키는 말이다. 여기서는 두 수의 차를 구할 때 절댓값이 커서 피감되는 수를 말한다.

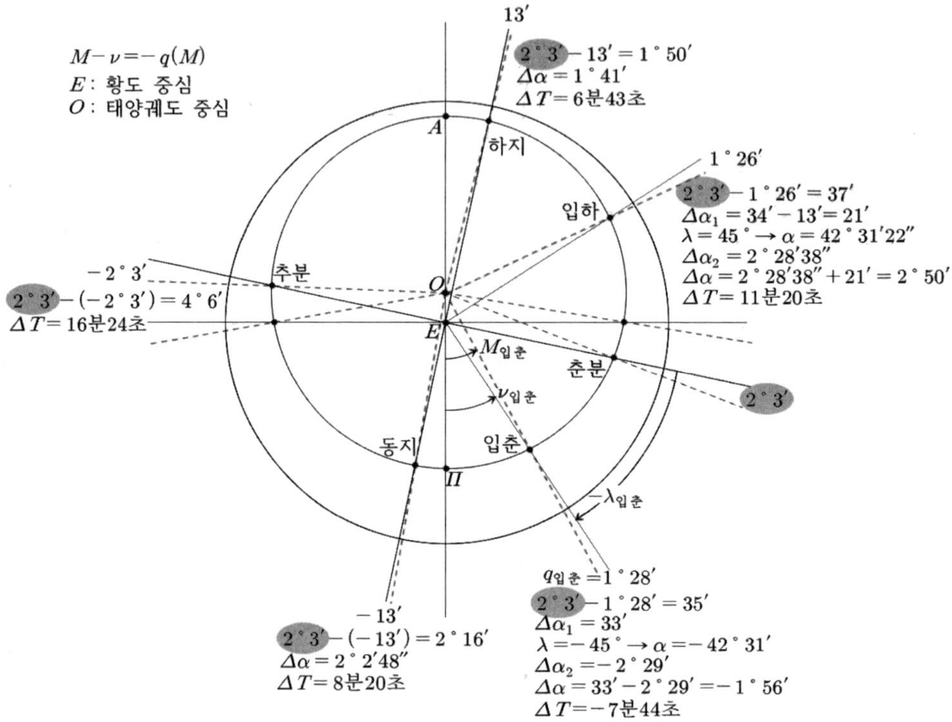

[그림 12] 일차 계산 예

8) 고대(古代)의 값을 사용한 일차 계산

(1) 각 절기의 표를 계산한 방법이 위와 같음.

(2) 만약 고대의 '두 가지 운행 도수의 최대차' 또는 '각 역법에서 황도와 적도의 최대 거리' 또는 '원지점~하지'의 도수를 사용한다면, 다시 계산하여 표를 만들어야 함.

- 예로부터 각 역법에서 사용한 황도와 적도의 최대 거리가 다름.

9) 〈일차표〉의 구성 항목

(1) 제1열 : 12궁

(2) 제2열 : 절기

(3) 제1행 : 궁도(宮度)[110)]

10) 〈일차표〉의 사용 방법

(1) 앞에서 구한 절기 때의 태양 경도의 궁도와 절기를 놓음.

- 앞에서 구한 경도는 모두 '평균시각에 대한 도수[평일도(平日度)]'임

(2) (1)의 궁도와 절기에 따라 제1열, 제2열의 궁 · 절기와 제1행의 도수가 가로 · 세로로 만나는 난에서 일차 수를 얻음.

(3) 해당 난의 부호를 조사하여 평균시각[평시(平時)]에 가감하면 실제시각[용일시(用日時)]이 나옴.

11) 〈일차표〉를 사용한 실제시각 계산 예

(1) 계유년(1633) 동지가 12시31분30초로 계산됨

(2) 〈일차표〉에서 동지를 조사하면 8분이 나옴

(3) 부호가 가(加 +)이므로 (1)에 더하여 나온 12시39분30초가 실제시각[용시(用時)]임.

110) 12궁 각 궁 안에서 0도부터 30도까지 도수를 궁도(宮度)라고 하였다.

12) 〈일차표〉를 사용하여 실제시각으로부터 태양의 평균운행 경도 구하기

(1) 태양의 경도를 반올림하여 간단히 해서 궁도를 구함.

(2) 〈일차표〉에서 (1)에서 구한 궁도에 대한 일차 수를 찾음.

(3) 실제시각에 (2)에서 구한 일차 수를 부호를 반대로 사용하여 가감하면 평균시각이 나옴.

(4) 평균시각으로부터 태양의 평균운행 경도를 계산할 수 있음.

- 계산예가 〈일전역지〉에 보임.

표 X 제10표. 일차표(日差表)

◎ 《숭정역서》 〈일전표〉의 일차표와 같은 내용을 《신법산서》는 가독성이 높게 편집함.

〈표 10〉 《신법산서》 〈일차표〉 값과 계산값의 비교(e=0.01792)

각도	M	−q(M)	λ	α	λ−α	EoT(분)= [−q(M)+(λ−α)]×4	EoT(분) +7.52분	《신법산서》	EoT(분)+7.52−《신법산서》 값
(동지)0	-6	0.2185	-90	-90.0000	0.0000	0.8739	8.3938	8	0.3938
5	-1	0.0365	-85	-84.5504	-0.4496	-1.6525	5.8675	6	-0.1325
10	4	-0.1458	-80	-79.1163	-0.8837	-4.1179	3.4020	3.5	-0.0980
15	9	-0.3269	-75	-73.7125	-1.2875	-6.4575	1.0624	1.5	-0.4376
20	14	-0.5054	-70	-68.3525	-1.6475	-8.6118	-1.0919	-1	-0.0919
25	19	-0.6799	-65	-63.0475	-1.9525	-10.5294	-3.0095	-3	-0.0095
30	24	-0.8489	-60	-57.8069	-2.1931	-12.1682	-4.6483	-5	0.3518
35	29	-1.0112	-55	-52.6370	-2.3630	-13.4966	-5.9767	-6	0.0233
40	34	-1.1654	-50	-47.5418	-2.4582	-14.4941	-6.9741	-7	0.0259
(입춘)45	39	-1.3103	-45	-42.5227	-2.4773	-15.1504	-7.6305	-8	0.3696
50	44	-1.4449	-40	-37.5785	-2.4215	-15.4656	-7.9457	-8	0.0544
55	49	-1.5680	-35	-32.7058	-2.2942	-15.4487	-7.9288	-8	0.0713
60	54	-1.6788	-30	-27.8996	-2.1004	-15.1166	-7.5967	-7	-0.5967
65	59	-1.7764	-25	-23.1531	-1.8469	-14.4933	-6.9733	-7	0.0267
70	64	-1.8602	-20	-18.4581	-1.5419	-13.6082	-6.0883	-6	-0.0883
75	69	-1.9294	-15	-13.8055	-1.1945	-12.4956	-4.9757	-5	0.0244
80	74	-1.9837	-10	-9.1854	-0.8146	-11.1933	-3.6734	-4	0.3267
85	79	-2.0226	-5	-4.5871	-0.4129	-9.7420	-2.2221	-2	-0.2221
(춘분)90	84	-2.0461	0	0.0000	0.0000	-8.1842	-0.6643	0	-0.6643
95	89	-2.0538	5	4.5871	0.4129	-6.5638	0.9561	0.5	0.4561
100	94	-2.0459	10	9.1854	0.8146	-4.9251	2.5948	3	-0.4052
105	99	-2.0225	15	13.8055	1.1945	-3.3121	4.2078	4.5	-0.2922

각도	M	-q(M)	λ	α	λ-α	EoT(분)=[-q(M)+(λ-α)]×4	EoT(분)+7.52분	《신법산서》	EoT(분)+7.52-《신법산서》 값
110	104	-1.9838	20	18.4581	1.5419	-1.7678	5.7521	6	-0.2479
115	109	-1.9303	25	23.1531	1.8469	-0.3335	7.1864	7.5	-0.3136
120	114	-1.8623	30	27.8996	2.1004	0.9523	8.4722	8.5	-0.0278
125	119	-1.7804	35	32.7058	2.2942	2.0550	9.5749	9.5	0.0750
130	124	-1.6854	40	37.5785	2.4215	2.9448	10.4647	11	-0.5353
(입하)135	129	-1.5779	45	42.5227	2.4773	3.5978	11.1177	11	0.1177
140	134	-1.4588	50	47.5418	2.4582	3.9976	11.5175	12	-0.4825
145	139	-1.3290	55	52.6370	2.3630	4.1361	11.6560	12	-0.3440
150	144	-1.1895	60	57.8069	2.1931	4.0145	11.5345	12	-0.4655
155	149	-1.0414	65	63.0475	1.9525	3.6444	11.1643	11	0.1643
160	154	-0.8857	70	68.3525	1.6475	3.0474	10.5673	11	-0.4327
165	159	-0.7236	75	73.7125	1.2875	2.2555	9.7754	10	-0.2246
170	164	-0.5563	80	79.1163	0.8837	1.3096	8.8296	9	-0.1704
175	169	-0.3849	85	84.5504	0.4496	0.2587	7.7786	8	-0.2214
(하지)180	174	-0.2108	90	90.0000	0.0000	-0.8433	6.6766	6.5	0.1767
185	179	-0.0352	95	95.4496	-0.4496	-1.9392	5.5808	5.5	0.0808
190	184	0.1407	100	100.8837	-0.8837	-2.9720	4.5479	5	-0.4521
195	189	0.3155	105	106.2875	-1.2875	-3.8876	3.6323	4	-0.3677
200	194	0.4881	110	111.6475	-1.6475	-4.6376	2.8823	3	-0.1177
205	199	0.6572	115	116.9525	-1.9525	-5.1810	2.3389	2	0.3389
210	204	0.8216	120	122.1931	-2.1931	-5.4864	2.0336	2	0.0336
215	209	0.9799	125	127.3630	-2.3630	-5.5322	1.9877	2	-0.0123
220	214	1.1312	130	132.4582	-2.4582	-5.3077	2.2122	2	0.2122
(입추)225	219	1.2743	135	137.4773	-2.4773	-4.8120	2.7079	3	-0.2921
230	224	1.4081	140	142.4215	-2.4215	-4.0539	3.4660	3	0.4661
235	229	1.5316	145	147.2942	-2.2942	-3.0504	4.4695	4.5	-0.0305
240	234	1.6438	150	152.1004	-2.1004	-1.8262	5.6937	6	-0.3063
245	239	1.7439	155	156.8469	-1.8469	-0.4118	7.1081	7	0.1081
250	244	1.8312	160	161.5419	-1.5419	1.1571	8.6770	9	-0.3230

각도	M	-q(M)	λ	α	λ-α	EoT(분)=[-q(M)+(λ-α)]×4	EoT(분)+7.52 분	《신법산서》	EoT(분)+7.52-《신법산서》 값
255	249	1.9048	165	166.1945	-1.1945	2.8411	10.3611	10.5	-0.1389
260	254	1.9642	170	170.8146	-0.8146	4.5982	12.1181	12	0.1181
265	259	2.0089	175	175.4129	-0.4129	6.3840	13.9040	13.5	0.4040
(추분)270	264	2.0384	180	180.0000	0.0000	8.1536	15.6735	16	-0.3265
275	269	2.0525	185	184.5871	0.4129	9.8615	17.3814	17.5	-0.1186
280	274	2.0510	190	189.1854	0.8146	11.4627	18.9826	19	-0.0174
285	279	2.0339	195	193.8055	1.1945	12.9135	20.4334	20.5	-0.0666
290	284	2.0011	200	198.4581	1.5419	14.1720	21.6920	22	-0.3080
295	289	1.9529	205	203.1531	1.8469	15.1993	22.7192	23	-0.2808
300	294	1.8896	210	207.8996	2.1004	15.9599	23.4798	24	-0.5202
305	299	1.8116	215	212.7058	2.2942	16.4231	23.9431	24	-0.0569
310	304	1.7195	220	217.5785	2.4215	16.5641	24.0840	24	0.0840
(입동)315	309	1.6139	225	222.5227	2.4773	16.3646	23.8845	24	-0.1155
320	314	1.4955	230	227.5418	2.4582	15.8148	23.3347	23.5	-0.1653
325	319	1.3654	235	232.6370	2.3630	14.9137	22.4336	22.5	-0.0664
330	324	1.2245	240	237.8069	2.1931	13.6706	21.1905	21	0.1905
335	329	1.0739	245	243.0475	1.9525	12.1054	19.6253	20	-0.3747
340	334	0.9147	250	248.3525	1.6475	10.2489	17.7688	18	-0.2312
345	339	0.7482	255	253.7125	1.2875	8.1427	15.6626	15.5	0.1626
350	344	0.5758	260	259.1163	0.8837	5.8378	13.3577	13.5	-0.1423
355	349	0.3987	265	264.5504	0.4496	3.3932	10.9132	11	-0.0868

보통다루 5 《신법산서》의 〈일차표〉 값과 계산값의 비교

〈표 10〉의 첫째 열의 각도는 동지로부터의 각도이다. 동지가 근지점으로부터 -6도정도 떨어져 있기에 평균 근점 이각 M은 둘째 열이고 이에 따른 가감차는 $q(M)$이다. $-q(M)$의 값이 일차의 첫 번째 원인인 태양의 '평균운행 도수'와 '실제 운행 도수'의 차이다. λ는 황경으로 넷째 열에 해당한다. 이를 이용하여 적경 α는

$\alpha = \tan^{-1}(\tan\lambda\cos\varepsilon)$를 계산하여 $\lambda - \alpha$의 값을 구한다. 이 값이 일차의 두 번째 원인인 황도와 적도의 '적도지평 상승 도수의 차이다. 일차인 균시차 EoT는 $EoT = -q(M) + \lambda - \alpha$가 된다. 지구는 24시간에 360도를 자전하므로 1도 가는 데 4분이 걸린다. 따라서 $4 \times EoT$가 단위가 분으로 계산된 일차 값이다. 그런데 동지와 춘분 사이의 각도가 90도 인데 이 값에 대한 가감차는 $q(90°)$이고, 이에 대한 적도 상승 도수는 $\Delta\alpha = \tan^{-1}(\tan(q(90°))\cos\varepsilon)$이다. 이 $\Delta\alpha$값은 동지와 춘분사이의 균시차이고 7.52분이 된다. 이를 보정하면 [그림 13]의 실선을 얻을 수 있다. 이 실선과 《신법산서》 일차표 값과 비교해 보면 거의 일치한다. 두 값의 차이를 보면 [그림 14]와 같다. 거의 ±0.6분 이내의 차이를 보인다.

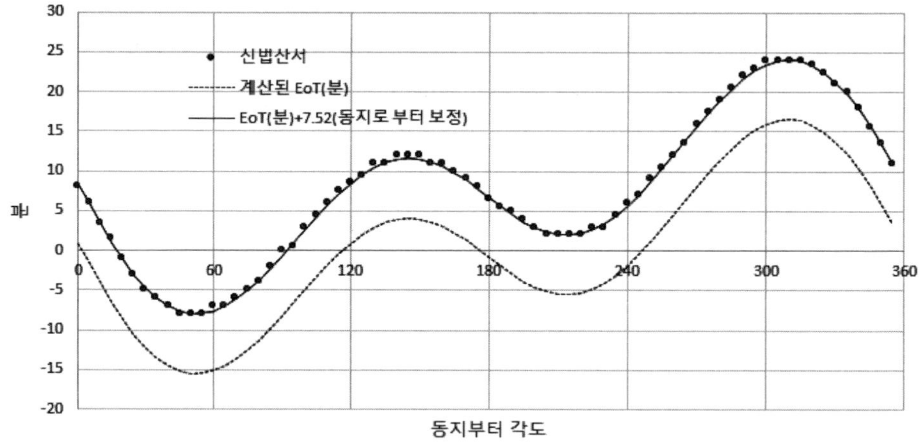

[그림 13] 《신법산서》 〈일차표〉 값과 계산값의 비교

Eot(분)+7.52-신법산서 값

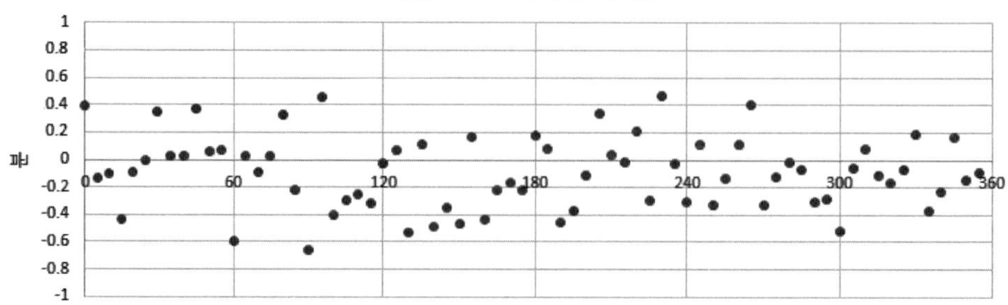

[그림 14] 계산값과 《신법산서》 〈일차표〉 값의 차이

표 해설 Ⅵ 청몽기차표와 지반경차표의 사용법 [청몽지반경표용법(淸蒙地半徑表用法)]

◎ 《숭정역서》 〈일전표〉의 〈청몽기차표와 지반경차표의 사용법(표 해설 Ⅳ)〉과 동일함

표 Ⅺ 제11표. '태양의 고도[日高]'에 따른 청몽기차 표 [일고청몽기차표(日高淸蒙氣差表)]

◎ 《숭정역서》 〈일전표〉의 〈태양의 고도[日高]에 따른 청몽기차표(제8표)〉와 동일함.

표 Ⅻ 제12표. 원지점 거리 등 태양까지 거리를 세 가지로 대별하여 나타낸 지반경차 표[최고삼거지반경차표(最高三距地半徑差表)]

◎ 《숭정역서》 〈일전표〉의 〈원지점 거리 등 태양까지 거리를 세 가지로 대별하여 나타낸 지반경차표(제9표)〉와 동일함.

표 XIII 제13표. 지구 중심으로부터 태양까지 거리 표 [태양거지심표(太陽距地心表)]

◎ 《숭정역서》 〈일전표〉의 〈지구 중심으로부터 태양까지 거리 표(제10표)〉와 동일함.

- 《숭정역서》의 잘못된 표값 두 개가 정정됨

  10궁3도에 대한 '거리값[거수(距數)]' : 099954 → 099054

  10궁6도에 대한 '거리값[거수(距數)]' : 099980 → 098980

공저자소개

강민정 서울대학교 지구과학교육과와 (구)민족문화추진회 국역연수원 상임연구부를 졸업한 후 성균관대학교 한문고전번역협동과정에서 『구장술해(九章術解)의 연구와 역주』로 박사학위를 받았다. 한국고전번역원 연구원, 성균관대학교 대동문화연구원 수석연구원을 지냈으며, 지금은 천문산법류(天文算法類) 한문고전의 전문번역가로 활동하고 있다. 『승정원일기』, 『무명자집』, 『칠정산내편』 등의 번역에 참여하였다.

김석주 서울대학교 서양사학과를 졸업한 후 미국 베일러대학교 대학원에서 중국기독교사(주)와 중국근대사(부)로 박사학위를 받았다. 장로회신학대학교 아시아교회사 조교수였으며, 지금은 안양대학교 HK연구교수, 아시아기독교사학회장이다. 저서로는 *Liang Fa's Quanshi liangyan and Its Impact on the Taiping Movement*, 『동아시아 기독교와 전교문헌 연구』(공저) 등이 있다.

서원모 서울대학교 사회학과를 졸업한 후 미국 프린스턴신학교에서 시리아 기독교에 대한 연구로 박사학위를 받았다. 한국교회사학회장을 역임하였으며, 지금은 장로회신학대학교 고대교회사 교수, 동서그리스도교문헌연구소장이다. 저서로는 『동아시아 기독교와 전교문헌 연구』(공저), 역서로는 『이슬람 세계 속 기독교』, 『고대후기 로마제국의 가난과 리더십』(공역) 등이 있다.

이면우 서울대학교 지구과학교육과를 졸업한 후 동 대학원에서 지구과학교육의 역사로 박사학위를 받았다. 서울 자양고, 경동고, 한성과학고 교사를 거쳐 춘천교육대학교 교수 및 총장, 한국일본교육학회장, 에너지기후변화교육학회장, 한국과학사학회장을 역임하였으며, 지금은 춘천교육대학교 과학교육과 교수이다. 저서로는 『천문학 탐구자들』, 역서로는 『서운관지』(공역) 등이 있다.

최승언 서울대학교 천문학과를 졸업한 후 미국 미네소타대학교 대학원에서 천체물리학으로 박사학위를 받았다. 서울대학교 지구과학교육과 교수, 한국지구과학회장을 역임하였으며, 지금은 서울대학교 명예교수, (사)동서지행포럼 이사장이다. 저서로는 『천문학의 이해』, 『천체물리학의 이해』, 『최승언 교수의 천체지구과학 강의』 등이 있다.
(홈페이지: http://suchoe.snu.ac.kr)

역사천문학 시리즈 1

시헌력의 시작
숭정역서에 기술된 태양의 운동

2020년 6월 15일 1판 1쇄 인쇄
2020년 6월 20일 1판 1쇄 발행

공저자 : 강민정 · 김석주 · 서원모
이면우 · 최승언
발행인 : 한 정 주
발행처 : 교 육 과 학 사

공저자와
협의하에
인지생략

경기도 파주시 광인사길 71
전화 (031) 955-6956~8 / 팩스 (031) 955-6037
Home-page : www.kyoyookbook.co.kr
E-mail : kyoyook@chol.com
등록 : 1970년 5월 18일 제2-73호

잘못된 책은 바꾸어 드립니다.
Printed in Korea.

정가 18,000 원
ISBN 978-89-254-1501-7
978-89-254-1500-0(세트)